石油化工职业技能培训教材

顺丁橡胶装置操作工

（第二版）

中国石油化工集团有限公司人力资源部　组织编写

中国石化出版社

·北京·

内 容 提 要

《顺丁橡胶装置操作工》为《石油化工职业技能培训教材》系列之一，涵盖石油化工生产人员《国家职业标准》对该工种学徒工、初级工、中级工、高级工、技师、高级技师、特级技师、首席技师8个级别专业理论知识和操作技能的要求。主要内容包括：橡胶和顺丁橡胶基础知识、工艺流程和技术特点、设备的使用与维护、装置开车准备和停车处理、聚合单元操作、凝聚后处理单元操作、回收单元操作、事故判断与处理、安全环保与节能。

本书是顺丁橡胶生产装置操作人员进行职业技能培训的必备教材，也是专业技术人员必备的参考书。

图书在版编目(CIP)数据

顺丁橡胶装置操作工 / 中国石化人力资源部组织编写. — 2版. — 北京 : 中国石化出版社，2025. 6. —
(石油化工职业技能培训教材).
ISBN 978-7-5114-7842-9

Ⅰ. TQ333. 2

中国国家版本馆 CIP 数据核字第 20257BW279 号

中国石化出版社出版发行

地址:北京市东城区安定门外大街 58 号
邮编:100011 电话:(010)57512500
发行部电话:(010)57512575
http://www. sinopec-press. com
E-mail:press@ sinopec. com
北京科信印刷有限公司印刷
全国各地新华书店经销

*

787 毫米×1092 毫米 16 开本 15. 75 印张 378 千字
2025 年 6 月第 2 版 2025 年 6 月第 1 次印刷
定价:65. 00 元

《石油化工职业技能培训教材》

编审指导委员会

主　任：秦　都

委　员：许　毅　田宏斌　周娣红

王　欣　黄志华

编撰工作组

（以姓氏笔画顺序）

王瑾瑜　刘　野　杨　俊　李　强　汪　珺

张亚伟　胡金玉　赵旭飞　黄海峰

《顺丁橡胶装置操作工》

编审人员

主编： 管建主（燕山石化）　段常青（燕山石化）

参编： 王冠南（燕山石化）　郭　灏（燕山石化）
冯水利（齐鲁石化）　潘良勋（扬子石化）
程竹杰（燕山石化）　茹　瑞（燕山石化）
刘　文（燕山石化）　张福灿（燕山石化）
崔小亮（燕山石化）

审稿： 赫　炜（化工事业部）　徐　林（北化院）
郑国军（燕山石化）　刘胜利（燕山石化）
潘良勋（扬子石化）　冯水利（齐鲁石化）
朱　寒（北京化工大学）　徐忠亮（化工事业部）
张　键（燕山石化）　王　轮（燕山石化）
罗　军（燕山石化）　王江涛（燕山石化）

前 言

习近平总书记强调，要深入实施职工素质建设工程，引导广大劳动者终身学习、不断提高自身素质，努力建设一支知识型、技能型、创新型的劳动者大军。为进一步加强石油化工行业技能人才队伍建设，更好满足职业技能培训和等级认定的需要，在2007年组编出版的《石油化工职业技能培训教材》基础上，中国石油化工集团有限公司人力资源部开展了该丛书的修订增补工作。本次教材修编工作依照人力资源和社会保障部制定的石油化工生产人员《国家职业标准》的要求，坚持以企业发展、员工需求为导向，以实用好用、简明高效为原则，瞄准重点人才、关键岗位、主要专业、主体工种，紧密结合石油化工行业生产实际，以及技术进步、技术创新、新工艺、新设备、新材料、新操作方法等要求，力求为读者提供一套具有鲜明石油石化特色的高质量职业技能培训教材。

新版《顺丁橡胶装置操作工》在第一版的基础上，对全书内容进行了较大幅度更新、修改和完善，重点体现在增加了合成材料基本概念和性能区别、橡胶相关术语的含义、节能技术和部分后处理专用设备的内容，更新了橡胶工业的发展概况，完善了丁二烯橡胶的相关内容、镍系顺丁橡胶聚合原理，并修正了上一版发现的少量问题。

由于石油化工技能培训教材涵盖的职业(工种)较多，同工种不同企业的生产装置也存在差别，编写难度较大，加之编写时间紧迫，不足之处在所难免，敬请各使用单位及个人对教材提出宝贵意见和建议，以便教材修订时补充更正。

《石油化工职业技能培训教材》编审指导委员会

二〇二五年五月

目 录

第1章 基础知识

第2章 工艺流程及技术特点

第3章　设备的使用与维护

第4章　装置开车准备和停车处理

第5章　聚合单元操作

第6章　凝聚及后处理单元操作

第7章　回收单元操作

第8章 事故判断与处理

第9章 安全环保与节能

第1章　基础知识

1.1　概　　述

1.1.1　合成材料基本概念和性能区别

高分子材料虽然相对于其他材料出现较晚，但是发展迅速，且种类繁多、性能各异、应用广泛。按性能和用途不同可将高分子材料分为三大合成材料、功能高分子材料、纳米高分子材料、高分子基复合材料等。其中，三大合成材料主要包括塑料、橡胶及纤维。

1.1.1.1　塑料

以合成或天然高聚物为基本成分，配以一定的高分子助剂(如填料、增塑剂、稳定剂、着色剂等)，经加工塑化成型，并且能在常温下保持其形状不变的材料，称为塑料。高聚物作为塑料基础成分，不仅决定了塑料的种类，而且决定了塑料的主要性能。同种高聚物，由于制备条件、制备方法以及加工工艺的不同，既可作为塑料，也可作为纤维或橡胶，如尼龙。一般来说，合成塑料用的高聚物的内聚能介于纤维和橡胶之间，使用温度范围在其脆化温度和玻璃化温度之间。

塑料按其受热行为不同，可分为热塑性塑料和热固性塑料，其中热塑性塑料占塑料总量的80%；按树脂的化学结构不同，塑料可分为聚烯烃类、聚苯乙烯类、丙烯酸类、聚酰胺类、聚酯类、聚砜类、聚酰亚胺类等。

按使用功能不同，塑料可分为通用塑料、工程塑料和特种塑料。通常把产量大、价格便宜、原料来源丰富、应用面广的塑料称为通用塑料，例如聚乙烯、聚丙烯、聚氯乙烯、聚苯乙烯、酚醛和氨基塑料。通用塑料占塑料总量的80%，其力学性能、热性能都比较差，主要作为非结构材料使用。一般把可以作为结构材料使用，具有优异的力学性能、热性能、尺寸稳定性，或能满足特殊要求的塑料称为工程塑料，如聚酰胺、聚碳酸酯、聚甲醛、聚苯醚、丙烯腈-丁二烯-苯乙烃(ABS)塑料等。一些生产难度大、产量小、性能优异、价格较贵，可在某些特殊场合使用的塑料被称为特种塑料，如聚四氟乙烯、有机硅树脂、环氧树脂、芳香树脂等。有时难以对它们划分绝对的界限，某些通用塑料如聚丙烯、聚苯乙烯经改性之后也可以作为结构材料使用。

根据组分数目不同塑料又可分为单组分塑料和多组分塑料。单组分塑料基本是由高聚物组成，不加任何助剂，典型代表是聚四氟乙烯。大多数塑料是多组分体系，除高聚物这一基本成分，还加入添加剂(高分子助剂)。助剂能改善材料的加工性能、使用性能，并且降低成本，主要的助剂有填料和增强剂、增塑剂、稳定剂、阻燃剂、发泡剂等。

1.1.1.2　橡胶

橡胶是所有高分子弹性体的总称，是具有高弹性的有机高分子材料。

美国材料与试验协会(ASTM)定义：橡胶是一种材料，它在大的变形下能迅速而有力地恢复原形，且能够被改性(硫化)。改性的橡胶实质上不溶于(但能溶胀于)沸腾的苯、甲乙酮、乙醇-甲苯混合物等溶剂中。改性橡胶在室温(18~29℃)下被拉伸到原来长度的2倍并保持 1min 后除掉外力，能在 1min 内恢复到原来长度的 1.5 倍以下。

国家标准（GB/T 9881—2008）定义：橡胶是一种可以或已被改性为基本不溶于（但能溶胀于）苯、甲乙酮、乙醇和甲苯共沸混合物等沸腾溶剂的弹性体。改性的橡胶在加热和施以中等压力时，不能轻易地再次模压成型。

注：不含稀释剂的改性橡胶于室温（18～29℃）下被拉伸至原长度的 2 倍，保持 1min 后松开，应在 2min 内回缩至小于原来 1.5 倍的长度。

橡胶按其来源可分为天然橡胶（简称 NR）和合成橡胶（简称 SR）。按橡胶的性能与应用不同，除天然橡胶（天然橡胶是最典型的通用橡胶）外，合成橡胶可分为通用合成橡胶（简称通用橡胶）和特种合成橡胶（简称特种橡胶）。凡性能与天然橡胶相近，广泛用于制造轮胎及其他大量制品的合成橡胶则被称为通用合成橡胶，如丁苯橡胶（SBR）、顺丁橡胶（BR）、丁腈橡胶（NBR）、丁基橡胶（IIR）等；凡具有特殊性能，如耐天候性、耐热性、耐油性、耐臭氧性等，并用于制造在特定条件下使用的橡胶制品被称为特种合成橡胶，如硅橡胶、氟橡胶（FKM）、聚氨酯橡胶等。某些特种橡胶，随着成本下降、应用扩大，也可以作为通用合成橡胶使用，如乙丙橡胶等。按大分子主链的化学组成不同，又可将橡胶分成碳链弹性体和杂链弹性体，碳链弹性体又可分为二烯类橡胶和烯烃类橡胶。二烯类橡胶的主要品种有丁苯橡胶、丁腈橡胶、聚丁二烯橡胶、聚异戊二烯橡胶和聚戊二烯橡胶等；烯烃类橡胶的主要品种有丁基橡胶、乙丙橡胶等；杂链弹性体的主要品种有硅橡胶、聚氨酯橡胶等。下面将主要介绍常见的合成橡胶品种。

弹性与强度是橡胶材料的主要性能指标。分子链柔顺性越大，玻璃化转变温度（T_g）越低，橡胶的弹性就越好。橡胶分子量越高，弹性与强度越大，所以橡胶的分子量通常为 $10^5 \sim 10^6$，比塑料和纤维要高。一般橡胶材料的主要特点是能在很宽的温度范围内保持优良弹性，伸长率大（1000%以上）而弹性模量小；有较高的强度、较好的气密性及防水性、耐热性、耐磨性、电绝缘性及其他的优良性能。

未经硫化的橡胶大分子是线型或支链型结构，所得制品强度很低、弹性小、遇冷变硬、遇热变软、遇溶剂溶解，无使用价值。所以橡胶必须经过硫化变成网状或体型结构才有实用价值。对橡胶进行适当的硫化，既可以保持橡胶的高弹性，又可以使橡胶具有一定的强度。同时，为了增加制品的硬度、强度、耐磨性和耐撕裂性等，在加工过程中需要加入惰性填料（如氧化锌、黏土、白垩、重晶石等）和增强填料（如炭黑）等。

所有橡胶及弹性体，在橡胶工业上称为生胶，而由废旧橡胶“脱硫”制造的再生橡胶称为再生胶。以生胶与再生胶为主要原料，配以其他填料与助剂，经硫化加工制造成的各种成品称为橡胶制品。橡胶制品的品种繁多，如轮胎、胶管、胶鞋、胶布、胶板、油封等。

1.1.1.3 纤维

纤维是指长度比其直径大很多倍，并且有一定柔软性的纤细物质，典型的纺织纤维直径为几微米到几十微米，而长度超过 25mm。

纤维可分为两大类：一类是天然纤维，如棉花、羊毛、丝和麻等；另一类是化学纤维，化学纤维又可分为人造纤维和合成纤维。人造纤维是以天然高聚物经化学处理与机械加工而制成的纤维（又称再生纤维）；根据化学组成不同可分为再生纤维素纤维、纤维素酯纤维和再生蛋白质纤维。合成纤维是由合成的高分子化合物加工制成的纤维；根据大分子主链的化学组成不同可分为杂链纤维和碳链纤维。

1.1.2 橡胶相关术语的含义

1.1.2.1 天然橡胶和合成天然橡胶

天然橡胶简称 NR，是指由天然橡胶树树汁（浓胶乳），经风干、熏干或凝聚干燥制得的生胶，俗称白皱片。其橡胶成分为顺式-1,4 含量≥98%的聚异戊二烯，是线型聚合物，其相对分子质量≥35 万；从天然胶乳凝聚出来的固体橡胶除橡胶烃，还含有少量非橡胶成分，如糖类、羧基物和变性蛋白等极性物质。橡胶行业和书刊中所说的天然橡胶专指这种橡胶。合成天然橡胶是指异戊二烯经活性阴离子或配位聚合（人工）合成的顺式-1,4-聚异戊二烯，俗称异戊橡胶，其顺式-1,4 含量随引发剂不同而各异，例如异戊二烯用 RLi 引发剂引发聚合，其顺式-1,4 含量一般为 92%~94%；若用 Ziegler-Natta 催化剂聚合，所得聚异戊二烯的顺式-1,4 含量高达 94%~98%。这种橡胶的顺式-1,4 含量（或者说微观结构）和性能都近似天然橡胶，故在开发出异戊橡胶的早期就取名为（人工）合成的天然橡胶，简称合成天然橡胶。

1.1.2.2 合成橡胶和类橡胶

合成橡胶（Synthetic Rubber）是指来源不同于天然橡胶而在性能上类似橡胶弹性的人工合成聚合物。ISO 对合成橡胶的定义是由一种或多种单体聚合生产的橡胶。该词在沿用过程中还曾出现缩写词“Synrub”来简称这种聚合物，已成为表述所有合成橡胶，并被行业内外普遍采用的标准名称。

类橡胶的全称是类橡胶弹性材料（Rubber-like Elasticity Material），是共轭二烯烃单体合成的类似橡胶弹性的聚合物统称。例如，1910—1932 年，Bayer 公司以二甲基丁二烯经热聚合生产的甲基橡胶，Lebegev 以丁二烯经本体聚合生产的丁钠橡胶等。由于当时对聚合反应和聚合方法的知识所知甚少，因而无法控制聚合物的精细结构，仅以模拟出类似天然橡胶的弹性为目标来对产物取名，沿用至今，已成为非立构规整橡胶的统一名称。其另一层含义是它们的综合物性均不如天然橡胶。不过它们和天然橡胶一样都是高相对分子质量的线型聚合物。

1.1.2.3 生（橡）胶和原料胶

生橡胶是未经加工熟化的原胶，原（始）料胶明确表明它是制造橡胶制品（硫化胶、熟橡胶）的初始基体（主体）物料，两者英文表达均为 Raw rubber，都是线型长链分子。

平常所说的块状天然橡胶和通用合成橡胶都是线型分子生胶，其分子链比较柔顺容易卷曲成无规线团，在常温无负荷条件下这些无规线团又无序地堆积成无定形态；由于其分子间作用力较小，它们受力时既可发生黏性流动，又可发生弹性形变，所以块（条）状生胶是黏性和弹性并存的结合体或简称黏弹体。

1.1.2.4 熟橡胶、硫化胶、橡皮和橡胶制品

熟橡胶是指生胶经过加工熟化的橡胶。硫化胶最早是指生胶与硫黄发生交联反应形成网络结构的橡胶，现在把不用硫黄作交联剂［例如乙丙橡胶用过氧化物作交联剂，氯丁橡胶（CR）用 ZnO 作交联剂］的交联产物都称为硫化胶。橡皮是高度交联的橡胶，所以后来有人就直接将其称为橡皮或硫化胶。事实上，橡胶一词早就专指线型分子生胶。

从分子结构的观点可以认定，熟橡胶、硫化胶、橡皮和橡胶制品都属于交联橡胶。不过，“熟橡胶”只是相对于“生橡胶”而言的，虽容易接受但缺乏结构转变内涵，目前在行业内已很少使用；硫化胶虽在行业和学术界得到广泛认同和采用，但有时会使人误认为不用硫黄交联的橡胶不是硫化胶；橡皮术语不仅字少句短、通俗易懂，而且行业内外均已认同。不过这里说的橡皮大都是指低交联度的硫化胶，而不是原来用作擦拭物的高交联度（加 32 份

硫黄)硫化胶；交联橡胶的结构含义非常明确，且具概括性，同时也更能说明它和生胶(线型分子)在结构和性能上的重大差异，因此被广泛采用，特别是在学术著作中。

1.1.2.5 硬橡胶和软橡胶

这两个术语最初是用来描述(或命名)二甲基丁二烯经热聚合后所得生胶专用于制造硬、软橡胶制品的，由于它既未反映出橡胶的结构，又未表达出这种橡胶的弹性如何，更重要的是橡胶的软、硬不仅与生胶的分子结构和凝胶含量有关，还可通过控制交联度和添加填料量做更大范围的调节，所以这两个术语除在丁苯橡胶生产的初期沿用过，除有部分丁腈橡胶产品仍在沿用外，现代合成橡胶和橡胶加工业已很少采用。

1.1.2.6 热塑性橡胶与热塑性弹性体

相对于20世纪30—40年代生产的丁苯橡胶、丁腈橡胶和氯丁橡胶等热固性大品种橡胶而言，热塑性橡胶则是在20世纪60年代初随着热塑性聚氨酯橡胶的发现而创立的术语。与热固性橡胶的生胶必须经加热硫化才能使橡胶获得良好弹性不同，热塑(性)橡胶无须硫化，只用热塑性塑料的加工成型方法就可制得良好弹性的弹性体，这显然是聚合反应和加工技术的一个巨大进步。这类橡胶之所以具备热塑性，是因为其分子链中同时含有软段和硬段，而由特定基团[如聚氨酯中的氨基甲酸酯基团或链段如苯乙烯-丁二烯-苯乙烯嵌般共聚物(SBS)中的聚苯乙烯嵌段]构成的硬段在常温下可形成玻璃化或结晶微区，各微区又可因受热而发生塑性流动，降温后又可自动恢复成物理交联点的热可逆转化行为。20世纪60年代以后出现的众多热塑性橡胶，为这一术语含义的正确性和持续沿用奠定了坚实基础。不过，近年来在文献中广泛采用的术语是热塑性弹性体(Thermoplastic Elastomer，TPE)。

1.1.3 橡胶的发展概况

目前，合成橡胶有30余种，数千种牌号。新的合成橡胶产品具有某些特殊性能，如阻尼性、耐热性、密封性、耐溶剂性、生理相溶性、形状记忆性等，都是天然橡胶无法比拟的，其应用已拓展到交通运输、建筑、机电、日用品、电子信息、航空航天、医药卫生以及生物科学等领域。

人类在11世纪就开始使用橡胶。1493—1496年，哥伦布第二次航行发现美洲新大陆，同时也发现了天然橡胶，但是直到1839年，古德伊尔经过长期的艰苦试验研究发明了硫化技术后，才使之有了使用价值。加上1862年发明了双辊机，奠定了橡胶加工业的基础。

17世纪中叶，工业上遥遥领先的英国已建立了相当规模的橡胶工业。橡胶进入市场，野生橡胶供不应求，1876年，英国从巴西偷运了70000颗橡胶树种子回国，有2000颗播种在英国皇家植物园。之后将树苗移植到当时英属的锡兰(现斯里兰卡)。从此，英国便在东南亚殖民地开始了橡胶的种植，曾经有人将种植橡胶称为第二代橡胶。

我国从1904年开始在雷州半岛等地种植橡胶树，并于20世纪50年代初成功将橡胶树北移，在北纬18°~24°的广西、云南等地大面积种植，现在我国天然橡胶产量排世界第四位。

橡胶工业的真正起飞则是由于汽车工业的快速发展。1888年发明的充气轮胎代替了金属或实心轮胎，约80%的橡胶用于轮胎制造业。

第一次世界大战爆发后，由于被切断了天然橡胶来源，1917年，德国以2,3-二甲基-1,3-丁二烯为单体热聚合获得甲基橡胶。1932年，苏联实现了丁钠橡胶的工业生产，之后又相继实现了氯丁橡胶、丁苯橡胶及丁腈橡胶的工业生产。

20世纪50年代，齐格勒(Zeigler)和纳塔(Natta)发现了定向聚合，这一发现是合成立体规整橡胶的开始，促进了合成橡胶工业的新飞跃，从而出现了顺丁橡胶、乙丙橡胶、异戊橡胶等新胶种。1965—1973 年间出现了热塑性弹性体(TPE)，这是第三代橡胶。

20 世纪 70 年代以后，由于合成橡胶的需求量接近饱和，人们把精力集中到对现代胶种的改性、完善工艺方法以及研制高效催化剂方面。此外，随着航空航天、军工、电子工业等高科技行业的发展，对弹性体也提出了更高的要求。例如航天飞机、火箭要求在高温甚至在火焰中保持弹性的橡胶，某些领域则要求既能耐高温又能耐低温的橡胶等。因此对特种橡胶的研究十分活跃，通过推陈出新、不断改进，它们在各种特殊领域中发挥着重要作用。

中国合成橡胶生产技术的研究始于 20 世纪 60 年代。经过 60 多年的努力，镍系聚丁二烯橡胶(Ni-BR)、稀土钕系聚丁二烯橡胶(Nd-BR)以及烷基锂为引发剂的低顺式聚丁二烯橡胶(LCBR)、溶聚丁苯橡胶(SSBR)和苯乙烯类热塑性弹性体(SBCs)等品种形成了具有中国特色的成套工业生产技术，其中，Ni-BR、Nd-BR、LCBR 和 SBCs 生产技术均处于世界先进水平。1970 年，我国第一套独立自主开发的 1.5t/a 顺丁橡胶装置在北京燕山石油化工公司(燕山石化公司)破土动工。1971 年 4 月 6 日 11 时，顺丁橡胶装置顺利产出第一批橡胶，打破了西方发达国家的技术和经济封锁。1976 年，实现装置达产，1985 年，顺丁橡胶工业生产新技术荣获国家科技进步奖特等奖，至此我国自主研发的顺丁橡胶技术跻身世界合成橡胶先进技术之列。1984 年，湖南石化(原岳阳石油化工总厂)采用燕山石化研究院的技术，成功进行了千吨级 SBS 工业试生产，并于 1989 年在湖南石化建成国内首套万吨级工业装置。1996 年，“年产一万吨 SBS 成套工业生产技术开发”荣获国家科技进步奖一等奖。该成套工业化成果还实现了对意大利 Enichem 弹性体公司的技术许可，实现了我国石油化工领域成套技术出口零的突破，向发达国家许可成套技术，标志着我国在 SBS 领域掌握国际先进水平的核心技术。1987 年，齐鲁石化 8t/a 丁苯橡胶装置建成投产，2008 年扩产为现在国内最大的乳聚丁苯橡胶生产装置。1990 年，齐鲁石化建成我国自主开发、设计、制造的第一套万吨级丁苯胶乳装置。1996 年，燕山石化建成万吨级 SSBR 生产装置，是我国第一套 SSBR 装置，历经一代、二代的丁苯橡胶商业化，开展了三代、四代的开发研究工作，并在此装置上实现了高品质 LCBR 的柔性生产。1999 年，燕山石化丁基橡胶实现商业化，其“异丁烯可控阳离子聚合与丁基橡胶聚合新工艺技术”获 2006 年度国家技术发明奖二等奖；2010 年，燕山石化溴化丁基橡胶实现商业化，成为中国境内首个丁基橡胶和溴化丁基橡胶生产商。2009 年，巴陵石化 SEBS 实现商业化，成为中国境内首个 SEBS 生产商。2012 年，燕山石化稀土顺丁橡胶实现商业化，其“烯烃可控配位聚合方法与高性能弹性体制备技术”获 2020 年度国家技术发明奖二等奖；至今催化剂实现了三代升级，并完成了多个系列催化体系的生产。2013 年，燕山石化稀土异戊橡胶实现商业化。2017 年，巴陵石化 SEPS 实现商业化，成为中国境内首个 SEPS 生产商。近年来，中国石化在氢化丁腈橡胶和液体橡胶等胶种，在高分子聚异丁烯、支化丁基、支化顺丁、支化稀土、官能化溶聚丁苯及橡塑共混等领域取得了突破性进展。

目前，国外合成橡胶生产能力已超 1500 万 t/a，国内合成橡胶生产能力超 800 万 t/a。在合成橡胶消费量中，顺丁橡胶(BR)和丁苯橡胶(SBR)占合成橡胶消费总量的 60%以上。

1.1.4 橡胶的分类

橡胶是一种具有弹性和多种特性的有机高分子材料。按照分类方法的不同，可以形成不同的橡胶类别。目前橡胶主要按来源及用途加以分类，如图 1-1 所示。

- 按来源与用途分类
  - 天然橡胶（NR）
  - 合成橡胶
    - 通用合成橡胶
      - 丁苯橡胶（SBR）
      - 顺丁橡胶（BR）
      - 异戊橡胶（IR）
      - 丁腈橡胶（NBR）
      - 氯丁橡胶（CR）
      - 乙丙橡胶（EPM、EPDM）
      - 丁基橡胶（IIR）
    - 特种合成橡胶
      - 氟橡胶（FPM）
      - 硅橡胶（MVQ）
      - 聚氨酯橡胶（AU、EU）
      - 丙烯酸酯橡胶（ACM）
      - 氯醚橡胶（CO、ECO）
      - 聚硫橡胶（T）
      - 氯磺化聚乙烯（CSM）
      - 氯化聚乙烯（CPE）
      - 聚乙烯醇橡胶
      - 丁吡橡胶
      - 乙烯-丙烯酸甲酯橡胶（Vamac）
- 按形态分类
  - 固体（块状及片状）橡胶
  - 液体橡胶
  - 粉末橡胶
- 按交联方式分类
  - 化学交联的传统橡胶
  - 热塑性弹性体
- 按化学结构分类
  - 碳链橡胶
    - 不饱和非极性橡胶
      - NR
      - SBR
      - BR
      - IR
    - 不饱和极性橡胶
      - NBR
      - CR
    - 饱和非极性橡胶
      - EPM、EPDM
      - IIR
    - 饱和极性橡胶
      - EPM
      - CPE
      - ACM
      - CSM
      - 丁吡橡胶
      - 聚乙烯醇橡胶
      - 乙烯-丙烯酸甲酯橡胶
  - 杂链橡胶
    - MVQ
    - AU、EU
    - CO、ECO
    - T

图 1-1　橡胶的分类

天然橡胶(简称 NR)属于不饱和、非极性、结晶的自补强性橡胶，分子量分布宽，分子量绝大多数在 3 万~1000 万范围内，分子量分布指数 *HI* 在 2.8~10。来源于橡胶树的胶乳经过收集和凝聚脱水等加工后，便可制得具有弹性的固状橡胶。天然橡胶是一种以异戊二烯为主要成分的天然高分子化合物，其成分分为两大部分：92%~95%橡胶烃和 5%~8%非橡胶烃。其中，橡胶烃几乎是由顺式-1,4 结构组成，一方面，其分子结构的规整性高，有结晶性，因其超高分子量成分多，故拉伸强度、耐磨耗性、撕裂强度等机械强度和低生热性优异；另一方面，主链中的双键导致耐热性较差、老化后易软化。非橡胶烃主要成分是蛋白质类、高级脂肪酸、固醇类物质、无机盐类物质水溶性物质和水分，所以加工时需要塑炼，储存易发霉。

天然橡胶具有优良的物理机械性能、弹性和加工性能，因此被广泛应用，主要用于轮胎、机械制品、胶黏剂、胶鞋、胶乳制品等。天然橡胶因其机械强度和动态特性等性能比较优异，即使在合成橡胶发达的今天仍然是必不可少的橡胶原材料。

天然橡胶的生产受自然条件影响很大，成长周期长，年产胶量增长速度受到极大限制。据资料记载，从培植橡胶幼树到开始割胶，需要 7~9 年时间，且生命周期仅 30 年左右。每年要割 3000 株橡胶树，才能收集到 1t 干橡胶，若年产 1000t 天然橡胶，就要栽种 300 万株橡胶树，需占地 3 万亩，花费几千个农业劳动力。20 世纪，橡胶工业飞速发展，1900 年，天然橡胶的产量仅有 5 万 t，到了 2021 年，世界天然橡胶产量达 1380 万 t，前五大产胶国分别为：泰国(35%)、印尼、马来西亚、中国(8.5%)、印度。2021 年，全球天然橡胶消费量为 1348 万 t，亚洲消费占 70%左右，而中国是最大的天然橡胶消费国，占总量的 40.6%；其次是欧洲 10%、北美 8%。2023 年，全球消费量为 1517.3 万 t，2024 年达 1544.8 万 t。预计到 2026 年，全球产量将达到 1700 万 t，全球消费量达到 1620 万 t。

我国天然橡胶年产量虽然从 2007 年的 70 万 t 左右增长到了 2021 年的 120 万 t 左右，但远远满足不了橡胶制品生产的需求，缺口量除进口国外天然胶外，主要由合成橡胶量来弥补。天然橡胶性能单一，其应用性能虽可与合成橡胶优势互补和匹配使用，但在某种特定需求的应用领域里，其性能远不如合成橡胶。为此，世界上工业发达国家，都在积极发展合成橡胶的生产。

合成橡胶是采用化学方法人工合成的一种性能类似或超过天然橡胶的新型有机高分子弹性体。它是以石油、天然气、煤炭或农副产品为初始原料，通过多种化学方法先制取合成橡胶的基本原料(也叫单体)，再经过聚合或缩合反应以及凝聚、洗涤、脱水、干燥、成型等工序，制得具有弹性的高分子均聚物或共聚物。合成橡胶与天然橡胶虽来源不同，但性能类似，用途同域，各具优势，都是国民经济发展、科学技术进步和人民日常生活不可缺少的重要物资。

现在全球排名在前的合成橡胶生产商有阿朗新科公司、中国石化、中国石油、西布尔、埃克森美孚公司、韩国锦湖化学公司等。中国作为全球最大的合成橡胶消费国，年均生产能力、产量和消费量均居世界第一。中国石化是中国最大、世界第二大合成橡胶生产商，自有技术生产能力占总生产能力的 85%，可生产除氯丁橡胶之外的全部通用合成橡胶品种，其中 BR、SBCs 的产能居世界首位，有力提升了中国合成橡胶行业的国际竞争力。

根据国际合成橡胶生产商协会(IISRP)的统计，2022 年世界合成橡胶的产能共计 2235 万 t，产量为 2089 万 t。2022 年，国内合成橡胶产能 678.4 万 t，产量 484.2 万 t，消费量 545.7 万 t。目前，国外合成橡胶生产能力已超 1500 万 t/a，国内合成橡胶生产能力超 800 万 t/a。按合成橡胶胶种分布，丁苯热塑性弹性体、丁苯橡胶及顺丁橡胶总产能占比超过 60%。

据 IISRP 预测，2025 年，世界天然橡胶消费量将达到 1500 万 t 左右，合成橡胶消费量达到 2200 万 t 左右。其中，中国天然橡胶消费量在 600 万 t 左右，合成橡胶消费量在 800 万 t 左右。

1.1.5 合成橡胶

各合成橡胶分子链结构单元的化学组成和结构各不相同，决定了各合成橡胶具有不同的性能，主要有化学性能、物理性能、机械性能和加工工艺性能等。由于性能差异而其用途也各不相同。

1.1.5.1 合成橡胶的化学组成及特性

合成橡胶是高分子聚合物，它的结构特征是分子量很大，且呈多分散性。其柔顺性好，玻璃化温度低，在室温和未拉伸状态下呈无定形态。为防止橡胶分子在应力作用下相互滑移，可在橡胶分子间进行适度的化学交联和物理交联，以改善其性能。见表 1-1。

表 1-1　合成橡胶的化学组成及特性

名称		分子链结构组成	化学特性
不饱和碳链橡胶	天然橡胶 异戊橡胶	$[CH_2-C(CH_3)=CH-CH_2]_n$	双键处易发生反应，如氧化、硫化等
	顺丁橡胶	$[CH_2-CH=CH-CH_2]_m$	双键处易发生反应，如氧化、硫化等
	丁苯橡胶	$[CH_2=CH-CH_2-CH_2]_x[CH_2-CH(C_6H_5)]_y$	比天然橡胶对氧稍稳定，磨耗小
	丁腈橡胶	$[CH_2=CH-CH_2-CH_2]_x[CH_2-CH(CN)]_y$	比天然橡胶对氧稍稳定，且耐烃类油
	氯丁橡胶	$[CH_2-CH=C(Cl)-CH_2]_n$	较天然橡胶对氧稳定、耐臭氧、难燃，可用金属氧化物交联
饱和碳链橡胶	丁基橡胶	$[C(CH_3)_2-CH_2]_x[CH_2-C(CH_3)=CH-CH_2]_y$	比天然橡胶氧稳定性好，气密性好，耐热老化
	二元乙丙橡胶	$[CH_2-CH_2]_x[CH_2-CH(CH_3)]_y$	相对密度小，耐臭氧
	三元乙丙橡胶	$[CH_2-CH_2]_x[CH_2-CH(CH_3)]_y[\text{二烯烃}]_z$	性能同二元乙内橡胶，但可用硫黄硫化
	氯化聚乙烯	$[CH_2-CH_2]_x[CH_2-CH(Cl)]_y[CH(Cl)-CH(Cl)]_z$	耐臭氧、耐油、耐热、难燃
	氯磺化聚乙烯	$[(CH_2)_2-CH(Cl)-(CH_2)_3-CH(SO_2Cl)]_n$	对氧稳定，可用金属氧化物交联
	丙烯酸酯橡胶	$[CH_2-CH(O{=}COR)]_m$ 或 $[CH_2-CH(O{=}COR)]_n[CH_2-CH(CN)]_m$	对氧稳定，耐油，用胺交联
	氟橡胶 六氟丙烯与偏氟乙烯共聚物 丙烯酸二氢全氟烷酯 三氟氯乙烯与偏氟乙烯共聚物	$[CF_2-CH_2-CF(CF_3)-CF_2]_n$ $[CH_2-CH(O-CO-CH_2-C_3F_7)]_n$ $[CF(Cl)-CF_2]_x[CH_2-CF_2]_y$	耐热、耐氧、耐油、耐燃、耐腐蚀

续表

名称		分子链结构组成	化学特性
杂链橡胶	聚硫橡胶	$\left[R—S_y \right]_n$（R 为 1,2-亚乙基或其衍生物）	耐油、耐烃类溶剂，可利用末端进行反应、黏结性好
	聚酯橡胶	$\left[O—R—O—C(=O)—R'—C(=O)—O—R'—O \right]_n$	对水反应活泼，耐氧化
	聚氨酯橡胶 聚酯型 聚醚型	$\left[R—COOR'—O—CO—NH—R''—NHCOO \right]_n$ $\left[ROR'—OROCO—NH—R''—NHCOO \right]_n$	对氧稳定
	氯醚橡胶 均聚物 共聚物	$\left[CH_2—CH(CH_2Cl)—O \right]_m$ $\left[CH_2—CH(CHCl)—O \right]_x \left[CH_2—CH_2—O \right]_y$	对氧稳定，用过氧化物交联
	硅橡胶（MQ）（包括甲基、苯基、乙烯基硅橡胶，腈硅橡胶，氟硅橡胶）	$\left[SiR_2—O \right]_n$ （R 为—CH_3、—CH_2—CH_3、—CH ═CH_2，—C_6H_5 或—$CH_2CH_2CF_3$）	对氧稳定，用过氧化物交联，电性能优异，耐热性好

任何一种合成橡胶都由分子链长度不同的高分子聚合物混合组成，也就是由两个或两个以上的化学组成相同而聚合度不同的同系混合物组成，所以通常橡胶分子的大小及其分散度是采用平均分子量（$\overline{M}$）和分子量分布（$\overline{M}_W/\overline{M}_n$）（即重均分子量/数均分子量）来表征。

合成橡胶具有一般烯烃类的化学反应性能，如卤化、环化、环氧化、异构化等，可借此对橡胶进行化学改性；还有氧化、臭氧化等老化反应；以及使橡胶分子链形成网状结构的交联反应。

合成橡胶的物理性能主要有电学性质（如介电常数、体积电阻、介电损耗、击穿电压），光学性质（如折光率），热学性质（如体积膨胀系数、导热系数）以及气体透过性和声学性质等。

合成橡胶的机械性能是表征橡胶受力作用与形变关系的力学性能，主要有应力-应变性能、黏弹性能、强伸性能以及耐磨损耗性能等。

合成橡胶的加工工艺性能主要是指橡胶在加工过程中的流变性能和流变行为，对橡胶的合成、加工工艺条件和橡胶机械的设计均有重要的指导意义。

合成橡胶的品种多、门类全、用途广，主要体现在它经过加工处理后，制成多种橡胶制品的使用价值和经济效益上。传统的用途是制造各种轮胎（包括汽车轮胎、飞机轮胎、摩托车轮胎等），它所需用的橡胶量大，在我国已占橡胶总消费量的一半多。其他用途是制作胶带、胶管、胶鞋、电线电缆、密封制品、织物涂层、防水建材、医用橡胶制品、胶黏剂、乳胶制品（手套、防水衣等）以及儿童玩具、日用杂品和多种机械仪器零部件用的配套制品。

1.1.5.2　合成橡胶的三种形态和两个转化温度

无定形聚合物在很低的温度下，分子热运动的能量很低，当受到外力后，只有主链的键长和键角有较小的改变，形变与受力的大小成正比，当外力解除后形变能立即回复。无定形聚合物处于具有这种普弹性的状态，即为玻璃态。

随着温度的升高，分子热运动能量增加，当达到某一温度时，分子热运动的能量已达到足以克服内旋转的位能，这时链段运动受到激发，链段可以通过绕主链上单键的内旋转来不断改变构象，甚至部分链段可以产生滑移。整个分子仍处于被冻结的状态，当聚合物受到外力拉伸时，分子链可以通过主链上的单键内旋转和链段运动来改变构象，以重合外力的作用，这时分子链被拉直，外力解除后，被拉直的分子链又要通过内旋转和链段运动回复到原来的卷曲状态，高分子从卷曲状态到拉直形变是很大的，我们称这种受力后形变很大而且又能回复的力学性质为高弹性，当无定形聚合物具有高弹性的状态时，即为高弹态。

当温度继续升高，不仅链段能够运动，而且整个分子链都能运动时或者说不仅链段运动的松弛时间缩短，而且整个分子链移动的松弛时间也缩短，这时聚合物受到外力时呈现出黏性流动，即整个分子与分子之间能发生相对移动，它和小分子的液体相似，这种流动形变是不可逆的，当外力解除后形变不能回复，当无定形聚合物具有黏性流动状态时，称为黏流态。

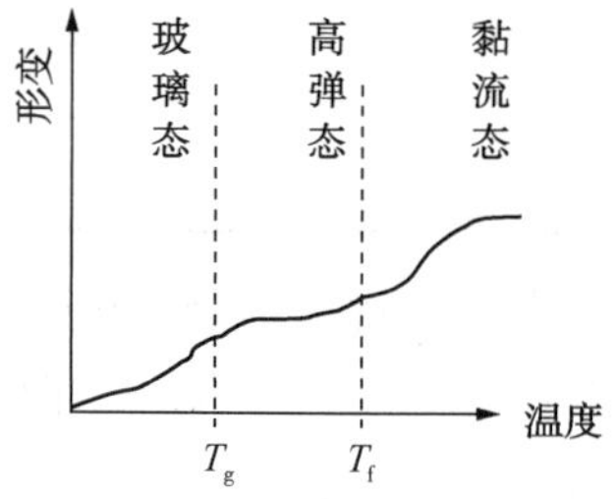

图 1-2　温度-形变曲线

玻璃态、高弹态、黏流态，称为无定形聚合物的三种力学状态，它是以力学性质来区分的，在一定的作用力下不断升高温度，以形变对温度作图可以得到一定温度-形变曲线。如图 1-2 所示。

玻璃化温度 T_g：当温度降低时自由体积收缩，当收缩到自由体积已没有足够的空间供链段运动时的临界温度即为该聚合物的玻璃化温度。

黏流温度 T_f：高弹态向黏流态转变时的温度。

聚合物的时-温等效原理：同一个力学松弛行为既可以在较高的温度下和较短的时间内观察到，也可以在较低的温度下和较长的时间内观察到，故升高温度与延长观察时间对分子运动是等效的，借助转换因子可以将在某一温度下测定的力学数据变成另一温度下的力学数据，称为时-温等效原理。

1.1.5.3　通用合成橡胶

通用合成橡胶一般指广泛应用于国民经济生活中的胶种。其中顺丁橡胶是本书的重点内容，在下一节作详细介绍，下面介绍几种常见的通用橡胶。

(1) 丁苯橡胶(SBR)

丁苯橡胶是苯乙烯和丁二烯两种单体经过共聚合反应生成的弹性体共聚物，可以用乳聚法和溶聚法制造。

丁苯橡胶的弹性、强度特性、耐磨耗性等性能之间的平衡性优良，加工性能好，而且价格低廉，因此主要被用于制造汽车轮胎，其次用于制造减震橡胶、胶管、输送带、胶鞋等。因此，它是当今生产量和消费量最大的一种通用合成橡胶。

(2) 异戊二烯橡胶(IR)

异戊二烯橡胶的结构式与天然橡胶相同，是聚异戊二烯结构。异戊二烯橡胶的制法：先将精制、脱水的异戊二烯溶于有机溶剂，再用钛系、稀土系或锂系催化剂进行加成聚合，而后添加阻聚剂和抗氧剂终止聚合反应，回收未反应的单体和溶剂，最后进行干燥。

用钛系和稀土系催化剂聚合可制得顺式-1,4 结构含量约 98%的异戊二烯橡胶，用锂系催化剂聚合可制得顺式-1,4 结构含量约 93%的异戊二烯橡胶。

与天然橡胶相比，异戊橡胶硫化胶的拉伸强度、定伸应力和撕裂强度稍低，回弹性和生热性较优异。异戊二烯橡胶的最大特征是凝胶含量和灰尘等杂质较少、质量均匀。异戊二烯橡胶和天然橡胶一样，可广泛用于制造轮胎、胶鞋、胶带、胶丝、胶黏剂和医疗卫生用品。

(3) 乙丙橡胶(EPM)

乙烯和丙烯的共聚物，即乙丙橡胶，于 1955 年由意大利的 Natta 等人首先合成，而后，将其与非共轭二烯第三单体共聚，引入不饱和键，开发了可用硫黄硫化的乙烯-丙烯-二烯三元共聚物，即三元乙丙橡胶(EPDM)，被广泛用于工业生产。EPDM 因其主链上不含双键，加之耐热性和耐候性良好、密度小，可填充多量补强剂。

EPM 和 EPDM 是用由 $VOCl_3$、VCl_4等钒的化合物和 $AlEt_2Cl$、$Al_2Et_3Cl_3$等有机铝的化合物组成的齐格勒-纳塔催化剂合成的，少量 EPM 是用钛的化合物催化合成的。乙丙橡胶生产工艺主要采用以己烷等脂肪烃为溶剂的溶液聚合法，但也采用以部分单体为主溶剂的乳液聚合法。

丙烯含量对乙丙橡胶性能的影响很大。商品化乙丙橡胶的丙烯含量范围在 15%～50%(摩尔)以内，丙烯含量超过 20%(摩尔)时乙烯的结晶化被强烈阻碍，丙烯含量超过 30%(摩尔)时结晶程度几乎可以忽略不计，即因丙烯含量减少，就会产生结晶化，所以乙丙橡胶生胶和未硫化胶的强度、包辊性和挤出加工性得到提高，但压缩永久变形性能和低温性能下降。另外，橡胶间的凝聚由于结晶成分的增加而难以产生，可以片状、粒状形式生产和供料。

EPDM 的耐候性、耐热性比丁基橡胶稍优，而且机械特性和弹性与丁基橡胶相比，更接近于一般橡胶，耐电晕和耐漏电痕迹的电性能优于丁基橡胶。另外，EPDM 的密度在市场上出售的橡胶中最小，而且还可以添加大量填充剂。EPDM 的缺点是其为非极性橡胶而不耐油，与其他材料的黏合性差，硫化速度比其他二烯类橡胶慢。EPDM 的用途广泛，主要用于制造汽车用水管、风管、密封条等橡胶配件，其次，可用于制造屋面卷材等建筑用橡胶制品、电线包皮和其他工业用橡胶制品。EPM 也可用过氧化物等进行硫化，制造一般橡胶制品，现在生产中将它添加到聚丙烯这样的烯烃类通用树脂中，用于改善耐冲击性，因而被大量使用。EPM 用于制造一般橡胶制品，主要有汽车保险杠、汽车内装饰材料和薄膜等。此外，EPM 用马来酸酐等进行改性，还可用作聚酰胺树脂和聚酯树脂等的改性剂。

(4) 氯丁橡胶

氯丁橡胶的历史较长，早在 1931 年美国就已实现商品化，氯丁橡胶具有许多天然橡胶不具备的特征，因此其需求量逐年增加。氯丁橡胶单体的制造方法有乙炔法和丁二烯法，现在以丁二烯法为主。用丁二烯法制造氯丁橡胶的步骤：先对丁二烯进行氯化和异构化反应，制成 3,4-二氯丁烯，再进行苛性钠的脱盐酸反应制得氯丁二烯单体，然后对该单体进行乳聚、凝固、干燥，制成聚氯丁二烯，即氯丁橡胶。

氯丁橡胶耐天候、耐臭氧、耐热老化性能优异，耐油、耐化学品性能好，具有阻燃性、透气性小等特点。商品化的氯丁橡胶品种很多，主要用于电线、胶黏剂、建筑和工业方面。

(5) 丁基橡胶

丁基橡胶是以无水氯化铝为催化剂，在氯甲烷中于-100℃左右的超低温下，用异丁烯和少量异戊二烯进行於浆聚合后，经干燥制得的不饱和度极低的橡胶。

丁基橡胶最大的特征是透气性小，电绝缘性、耐电晕性、耐漏电痕迹性优异。但其回弹性低，这一性能对于橡胶弹性体来说的确不利，但因其冲击吸收性能和能量吸收性能优异，所以可用作减震器减震橡胶和隔音材料。丁基橡胶有不少优点与其不饱和度低(为天然橡胶的1/50)有关，例如耐候性、耐热性、耐臭氧性优异。丁基橡胶的双键少而不易被氧化，是化学稳定性相当高的聚合物。

丁基橡胶的其他缺点有加工包辊性不好，塑炼达不到预期可塑化效果，因而混炼困难；缺乏与其他二烯类橡胶的相溶性；与金属和其他橡胶的黏结性较差；不耐油等。为了提高丁基橡胶的硫化性能和改善与其他不饱和橡胶的相溶性，人们开发了两种卤化丁基橡胶，即氯化丁基橡胶(CIIR)和溴化丁基橡胶(BIIR)。这两种卤化丁基橡胶都保持了丁基橡胶的气密性、耐臭氧性、耐老化性、耐电性能、耐化学品等，同时耐热性也优于一般丁基橡胶，而且硫化速度较快，黏结性较好，容易与天然橡胶、丁基橡胶等并用。氯化丁基橡胶的氯含量为1.1%~2.4%(质)。除此之外，已商品化的丁基橡胶还有部分交联的丁基橡胶和液体丁基橡胶。

(6) 丁腈橡胶(NBR)

丁腈橡胶是丙烯腈(AN)与丁二烯的共聚物，其耐油性优异，机械性能和耐化学品性也较好，因此用途广泛。丁腈橡胶分为聚合温度在25~50℃制造的热聚丁腈橡胶和聚合温度在5~25℃制造的冷聚丁腈橡胶，提高聚合温度(25℃左右)支化作用增加，分子量分布拓宽。冷聚丁腈橡胶支化和凝胶少，加工性能和物理性能良好，是商品化丁腈橡胶的主流。而热聚丁腈橡胶多用于对强度和内聚力有要求的胶黏剂制造。

丁腈橡胶的最大特征在于其耐油性，而该特性主要受共聚成分、分子结构和聚合条件等因素的影响。丁腈橡胶的耐油性是由构成聚合物本身因素之一的丙烯腈的腈基(—CN)的极性决定的。因此，丁腈橡胶中丙烯腈含量对硫化胶的耐油性起决定性作用，而且对耐油性以外的物理性能也有很大影响。丁腈橡胶的丙烯腈含量增加时，其耐油性增大，耐磨耗性提高，耐热老化性变好，定伸应力、拉伸强度和硬度增大，回弹性减小，耐寒性和耐低温性能降低，透气性减小，耐化学品性提高，与PVC和酚醛树脂等极性树脂的相溶性提高，丙烯腈含量减少时其结果与此相反。此外，对于丙烯腈含量相同的丁腈橡胶，其丙烯腈组分分布宽时，虽然耐油性相同，但低温性能下降。因此，要求耐寒性的制品最好用丙烯腈组分分布窄的丁腈橡胶制造。

丁腈橡胶广泛用于制造与燃料油等介质接触的胶管、密封垫、油封材料等制品。此外，还可用丁腈橡胶制造胶辊、胶鞋、树脂改性剂和黏合剂等产品。其主要原因是它可采用与天然橡胶相同的硫黄硫化，加工性能和机械性能优异，通过对丙烯腈含量的选择，可获得具有所要求的耐油性、耐寒性的丁腈橡胶。

1.1.5.4 特种合成橡胶和其他橡胶

(1) 特种合成橡胶

特种合成橡胶一般应具有明显的特殊性能和独特的用途，其含义是相对于通用橡胶而言的，但随着合成橡胶加工工业的发展，两者亦无绝对界限，并在不断发展变化。例如氯丁橡胶、丁腈橡胶和丁基橡胶在生产和应用初期曾被公认的特种橡胶，但目前已被归为通用橡胶；再如聚氨酯橡胶、醇烯橡胶虽其性能与用途均属通用橡胶范畴，但因生产工艺和所用催化剂等独特性，人们又将其列入特种橡胶。特种合成橡胶往往具有独特性能，如耐高温、耐高寒、耐天候、耐臭氧、耐油、耐辐射、耐高真空、耐磨耗和耐化学腐蚀等，从而满足某种场合下的特殊用途。当然，全能的特种橡胶是没有的，需要根据使用要求进行择优选用，如汽车、飞机、火箭、导弹、卫星、原子能反应堆、电子计算机以及其他高科技产品等，都需要大量的特种橡胶。

特种合成橡胶的大品种有十多种，现介绍常用的几种：

1）硅橡胶

硅橡胶是主链由硅氧烷键(—Si—O—)构成的有机硅聚合物。相对于其他合成橡胶而言，硅橡胶的特征来源于其主链上的硅氧烷键。

硅橡胶在工业上通用的合成方法是由氯代烷(氯甲烷)与硅粉在铜催化剂存在和300℃下合成二烷基氯硅烷，经水解后得到烷基硅醇，再经缩合即得硅橡胶。

硅橡胶具有高度耐热性、耐寒性、耐臭氧性，以及优异的电性能、非黏合性，因此被广泛用于电气、电子工业、汽车工业、办公器械、医疗、食品和土木建筑等领域。硅橡胶制作的密封垫圈、薄膜、胶管及缓冲防震层等适合于宇航工业部件。在电气工业上也常用硅橡胶制作高绝缘性、耐高温和不沾水的电缆和电线的外层绝缘材料。硅橡胶无毒、无臭味，也可以用于食品工业的运输带、罐头垫圈以及医药卫生方面的橡胶部件。但其物理机械性能、耐磨性能及耐化学腐蚀性能都较差，其生胶难硫化，加工性能差。

2）氟橡胶(FKM)

氟橡胶是分子内含有氟元素的橡胶的总称，按其单体结构不同有许多品种。20世纪50年代中期，以偏氟乙烯(VDF)为单体之一合成的氟橡胶最早的商品名是“Viton”，该商品名也作为氟橡胶的代名词使用。氟橡胶虽然价格较高，但他具有其他橡胶所不能达到的优异的耐热性、耐油性、耐化学品性，因此，在汽车、飞机、化工和机械制造等工业部门占有重要地位。

氟橡胶是采用自由基引发剂的乳液聚合法，使用氧化还原型催化剂，在一定压力和100℃左右温度下进行反应，然后经过凝固、干燥制得。目前，已商品化的具有代表性的氟橡胶有偏氟乙烯类、四氟乙烯-丙烯类、四氟乙烯-全氟乙烯基醚类共聚物。

3）聚硫橡胶

聚硫橡胶是美国于1929年通过二氯乙烷与四硫化钠的反应制造并销售的，是最早开发成功的合成橡胶之一。而后经过改良，1942年开发了分子末端含有巯基的液体聚硫橡胶。固体聚硫橡胶虽然耐油性、耐溶剂性优异，但力学性能却相当差，耐热性、耐寒性也不太好，而且加工时会产生异味，因此，现在仅少量用于特殊用途。目前所说的聚硫橡胶通常是指液态聚硫橡胶，依据其特征主要用于以建筑业为中心的弹性密封材料。

液体聚硫橡胶的分子末端含有活性的巯基，常温下比较稳定。固化反应系利用巯基中的活性氢，固化剂采用金属氧化物、有机过氧化物、环氧化合物、异氰酸酯类、聚酯等，一般可在室温下固化。此外，聚硫橡胶因其主链上不含双键而具有二硫键(S—S)，所以耐候性优异，黏结性和耐油性也良好，但密度较大。与硅橡胶相比，聚硫橡胶虽然其主链的可屈挠性较低、低温性能较差，但气密性(对于水蒸气、氧、二氧化碳、有机溶剂等)优异，另外因其是液体而容易操作，而且与溶剂的相溶性也较好。

液体聚硫橡胶因其耐油性、耐水性、耐疲劳性优异，也可用作飞机油箱、船舶甲板、轨道交通客车的窗玻璃密封、高速公路和机场跑道接缝的密封材料。此外，液体聚硫橡胶与环氧树脂的相溶性也较好，可用作环氧树脂改性剂。若用液体聚硫橡胶固化环氧树脂时，可获得具有耐冲击性、湿润面黏结性、耐化学品性、耐水蒸气透过性和电性能均优异的固化物，可用作电器方面的灌封材料，胶黏剂、混凝土裂缝的密封材料。

4）聚氨酯橡胶

聚氨酯橡胶是分子结构中具有脲烷键的橡胶状弹性体的总称，是由含端羟基的聚酯或聚醚型多元醇与二异氰酸酯、扩链剂(交联剂)通过加成反应制得。聚氨酯橡胶以 1937 年通过二异氰酸酯与二元醇或胺的加成反应合成的聚氨酯和聚脲为起点，而其工业化生产则始于 1950 年。聚氨酯橡胶纯胶强度大的特征起因于加成反应的网络均一性。

聚氨酯橡胶由上述三种原材料组成，原材料选择、反应条件和交联方法的不同可获得性能范围宽广的橡胶，特别是长链活性含氢化合物(软链段)的刚度和交联密度可使聚氨酯橡胶的硬度范围很大。可以说，聚氨酯橡胶是可覆盖从橡胶到塑料全范围硬度的特异弹性材料。聚氨酯橡胶的耐油、耐水解、耐寒和耐氧化等性能主要因其软链段的种类不同而各异。聚酯类聚氨酯橡胶耐油性好，但耐水解性较差。聚醚类聚氨酯橡胶耐寒性优异，但耐油性较差。一般鉴于聚氨酯橡胶交联结构的影响，其耐热性、耐水性、耐湿性较差。

（2）其他橡胶

1）胶乳

胶乳是某种聚合物借助乳化剂等以近于球形微粒子状分散于水中的不均匀系悬浮液，具有与固体橡胶不同的特性。

胶乳分为由植物代谢作用生成的天然产物即天然胶乳，由乳聚法合成的合成胶乳，以及将固体橡胶乳化分散于水中的人造胶乳三种。另外，胶乳还可根据聚合物的种类进行分类，如可分为丁苯胶乳、丁二烯胶乳、丁腈胶乳、氯丁胶乳、异戊二烯胶乳等。天然胶乳是在采集于巴西三叶橡胶树的乳液中加入少量氨以防凝固，再加入保存剂，而后进行浓缩制成。胶乳浓缩方法有离心法、膏化法、蒸发法，采用离心法浓缩的胶乳约占 90%。以天然胶乳为原料的乳胶制品具有壁薄、强度高、耐反复疲劳性好、伸长率大的特性，因此多用于制造橡胶丝、乳胶手套、医用乳胶制品、海绵橡胶、胶黏剂以及道路铺装材料等。但因该胶乳是天然产物，所以其质量和价格的变动较大。

丁苯橡胶系胶乳是最具代表性的合成胶乳，可用于纸加工、地毯背衬、道路铺装等。丁二烯胶乳几乎用作 ABS 树脂的预聚物，因为该种胶乳含有双键，容易与丙烯腈和苯乙烯进行接枝聚合，玻璃化温度较低，可改善耐冲击性和耐寒性。丁腈胶乳的耐油性和黏结性良好，主要用于处理纤维和制造手套等。氯丁胶乳的加工性能和硫化胶的物理性能之间的平衡性在合成胶乳中最好，耐油性、耐候性、阻燃性、耐化学品性和黏合性优异，主要用于制造人造革状浸渍纸、鞋垫、皮革背衬等浸渍制品，以及土木建筑方面的弹性水泥、海绵橡胶、胶黏剂等。这种胶乳的不足之处是价格较高。除上述外，胶乳中还有轮胎帘线纤维处理用的乙烯基吡啶胶乳，用于高尔夫球心胶丝等的异戊二烯胶乳以及丙烯酸乳液等。

2）液体橡胶

能通过适当的化学处理获得三维网状结构，表现出与普通硫化橡胶相同的物理性能，在常温下则具有流动性的聚合物称为液体橡胶。液体橡胶的组成和固体橡胶类似，但其相对分子质量比固体橡胶低得多，一般为500~10000。其黏度随分子量大小而异，外观为稀油状物到黏稠状液体。

液体橡胶的加工和热塑性树脂一样，比较简单，只要将其注模成型，在同一模型中进行交联，随后即可作为成品取出。此外，远螯型液体橡胶若利用其两末端的官能团，形成理想的三元网状结构，则就有可能制得交联点间分子量相同且强度高的制品。在已商品化的液体橡胶中，聚氨酯类液体橡胶是接近这种理想的液体橡胶。为了有效地利用液体橡胶在加工方面的优势，有待于逐步改善其力学性能低、较难与补强填充剂混合及价格高等问题。液体橡胶按其主链的分子结构分类如下：液体二烯类橡胶(包括1,2-丁二烯橡胶、1,4-丁二烯橡胶、1,4-异戊二烯橡胶、丁苯橡胶、丁腈橡胶、氯丁橡胶、丁基橡胶)，液体硅橡胶系，液体聚氨酯橡胶系，液体聚硫橡胶系。

上述液体橡胶是末端含有官能团(—OH、—COOH、—SH、—NH_2、—NCO、—Br等)的远螯型液体橡胶和无官能团型液体橡胶。远螯型液体橡胶与扩链剂反应增大分子量，通过交联反应变成三维网状交联结构，它主要用于浇注成型的橡胶制品。末端无官能团的液体橡胶可用于涂料、胶黏剂和密封胶等。二烯类液体橡胶的性质分别体现出二烯类橡胶的各种性能，液体丁二烯橡胶、异戊二烯橡胶、丁苯橡胶的弹性优异，它们可用作浇注型聚氨酯橡胶的原材料、胶黏剂、电磁绝缘涂料、橡胶加工助剂、树脂改性剂、火箭固体燃料的黏结剂等。丁腈橡胶类液体橡胶可用于制备结构胶黏剂和环氧树脂改性剂。氯丁橡胶类液体橡胶可用于制备密封胶、胶黏剂和橡胶加工助剂等。

3）粉末橡胶

粉末橡胶与块状或颗粒状固体橡胶的基本性能相同，仅是指通过各种适宜的生产方法，把固体橡胶粉末化而制成的产品。最重要的意义是可使橡胶加工厂在橡胶混炼配料过程中减轻劳动强度、降低能耗、改善操作环境从而降低成本，提高劳动生产率和经济效益。但由于粉末化制造费用高、售价贵，推广和销售受限制，技术发展也就缓慢。

粉末橡胶的工业生产方法可分为两大类，一类以块状橡胶为原料，另一类以橡胶胶乳或橡胶溶液为原料。后者较为经济，具体生产方法有机械粉碎法、喷雾干燥法、闪蒸干燥法、冷冻粉化法和共凝聚法。

粉末橡胶与其相对应块状固体橡胶的基本性质和用途相同，但由于其为粉末状态，故特别适用于制造橡胶的注压和压出制品，如制作胶管、胶带、胶板、电缆护套以及模压产品(防震件、刹车制动件)等；也可用作树脂改性剂和胶黏剂，如粉末丁腈橡胶改性聚氯乙烯的共混料作鞋底，既具有弹性，又具有良好的耐磨性和耐候性；也适用于制作垫圈、电缆护套等。

4）热塑性弹性体

TPE是常温下表现出硫化橡胶性能，而在高温下可进行塑化，且可用塑料加工机械进行成型的高分子材料。自1965年苯乙烯类TPE的苯乙烯-丁二烯-苯乙烯嵌段共聚物(SBS)开始投放市场以来，TPE就受到了工业界的瞩目。最初开发TPE的目的是节约橡胶制品硫化所需要的能源和劳动力，从1990年左右开始，还拓展了作为各种树脂耐冲击性改良剂的用途。TPE一般由表现橡胶弹性的柔软成分(软链段)和起着硫化橡胶交联点作用、防止塑性变形的分子约束成分(硬链段)构成。在常温下，TPE硬链段集合形成微区。该微区起硫化和补强作用，因此可表现出和硫化橡胶一样的弹性。但在高温下，该微区熔融，不再起交联点作用，与塑料一样可以塑性变形、自由流动。因此，TPE硬链段的玻璃化温度 T_g 和熔

点 T_m 非常重要，这两个温度本质上称为 TPE 耐热性的极限温度。与硫化橡胶相比，TPE 的优点有可用常用的热塑性塑料成型机加工，无须硫化；注塑成型周期短，挤出机成型速度快；无补强剂也表现出高强度；制品飞边可回收使用。TPE 的缺点为温度上升会引起物理性能大幅降低，高温下会产生塑性变形；橡胶性状不突出，永久变形较大。如上所述，与硫化橡胶相比，TPE 虽然在物理性能方面存在一定问题，但在加工方面却具有很大优势。目前各种性能平衡的 TPE 已投放市场，在充分掌握其特征的基础上再使用这一点十分重要。

苯乙烯类 TPE 消耗量最大，该类 TPE 与其他 TPE 相比，具有柔软和易伸长的性能，缺点是耐热、耐候、耐油等性能较差。氢化型 SBS 即 SEBS 等，在强度、耐热和耐候方面得到改善。SBS 被用于鞋类和聚苯乙烯(PS)的耐冲击改性剂及沥青改性剂。SIS(苯乙烯-异戊二烯-苯乙烯嵌段共聚物)大部分用于压敏胶黏剂。SEBS 被用于改善聚丙烯(PP)等通用树脂和聚苯醚(PPE)等工程塑料的耐冲击性能等。另外还开发了用官能团对氢化型 TPE 进行改性的产品，并将其用于改善热固性树脂等。最后，还开发了硬链段的聚苯乙烯部分由聚乙烯结晶取代的 TPE 和变成聚环己烯的 TPE。

烯烃类 TPE(以下称 TPO)主要是聚丙烯和三元乙丙橡胶(EPDM)、二元乙丙橡胶(EPM)简单掺混，TPO 的价格较低，因其密度小、耐候性和耐臭氧性优异，所以被广泛用于制造车挡、车内嵌板等汽车内外装饰板。TPO 的缺点是压缩永久变形较大，耐油性、耐磨耗性不够好。为弥补 TPO 的这些缺点而开发了动态交联 TPO，其用量剧增。动态交联 TPO 是在聚丙烯与 EPDM 混合时通过加入交联剂，使完全交联或部分交联的 EPDM 粒子微分散于聚丙烯基质中而成的。另外，还有用丁腈橡胶、氯丁橡胶、丁基橡胶代替 EPDM，使 TPO 的压缩永久变形、耐热老化性和耐油性等得以改善的品种，并用其代替硫化橡胶制造汽车门窗密封条和玻璃窗镶边胶条。

1.2 顺丁橡胶

聚丁二烯橡胶在 20 世纪初已经出现，1928 年，苏联以分散的金属钠为催化剂引发丁二烯聚合生产丁钠橡胶，由于其性能差，发展很慢。直到 1953 年，德国学者 K · Ziegler 和意大利学者 G · Natta 发现了 Ziegler-Natta 催化剂体系以后，丁二烯立体定向聚合技术才得到迅速发展；1956 年，Phillips 公司发现 AlR_3-TiI_4 催化体系能使丁二烯聚合，得到顺式-1,4 结构含量较高的聚丁二烯橡胶；接着钴、镍、稀土等催化剂体系相继问世。其中，Ni 催化体系已经历了 60 多年的发展与进步。1958 年，松本毅、植田贤一等人发现，新生态镍添加 Lewis 酸能使丁二烯聚合，得到顺式-1,4-聚丁二烯橡胶。从此，世界各国先后展开了镍催化体系聚丁二烯橡胶的研究。1959 年，日本桥石轮胎公司开发了镍催化体系。1965 年，日本 JSR 公司采用环烷酸镍[$Ni(naph)_2$]-三乙基铝($AlEt_3$)-三氟化硼乙醚络合物(BF_3)催化体系，用庚烷：甲苯为 7 : 3(体积比)的混合溶剂生产顺丁橡胶。美国 Goodyear 公司引进日本 JSR 公司技术，并对该技术进行了改进，成为世界上较大的镍系顺丁橡胶生产公司之一。1964 年，聚丁二烯橡胶的产量已超过乙丙橡胶，成为世界上生产能力仅次于丁苯橡胶的第二大通用型合成胶种。

1960 年美国菲利浦石油公司首先实现了顺丁橡胶工业化生产。由于它具有较高的回弹性、优异的耐低温性(T_g为-105℃)、良好的耐磨性和共混加工性能，广泛应用于制造各种轮胎和作为塑料改性剂，20 世纪 70 年代以来迅速发展，目前世界已有 20 多个国家和地区生产顺丁橡胶。根据 IISRP 的统计，2022 年世界合成橡胶的顺丁橡胶产能为 430.29 万 t，国内顺丁橡胶的产能为 179 万 t，约占世界总产能的 41.6%，比 2007 年前的 14%有了大幅提升。

中国的高分子研究起步于 20 世纪 50 年代初，镍系顺丁橡胶研究始于 1959 年。镍系顺丁橡胶生产技术经历了三个发展阶段：丁二烯定向聚合催化剂研究和镍催化体系的确立阶段，中试放大及镍系顺丁橡胶工业生产技术的开发阶段，五种催化体系中文名分别为：四氯化钛-三异丁基铝、氯化钴 - 4 吡啶络合物- 二乙基氯化铝-水、氯化钴 - 4 吡啶络合物-环烷酸镍-二乙基氯化铝、氯化钴 - 4 吡啶络合物-环烷酸镍-三乙基三氯化二铝、环烷酸镍-三异丁基铝-三氟化硼乙醚络合物，以及镍系顺丁橡胶生产技术持续发展阶段。至今，我国已成为世界上镍系顺丁橡胶生产大国。

1960 年，中国科学院长春应用化学研究所(长春应化所)开展了聚丁二烯橡胶的研究，探索了 110 多种催化剂，对五种催化剂体系进行了系统研究(表 1-2)，并对各催化体系合成胶料的老化性能、力学性能及其测试方法等进行了大量的研究。

表 1-2　五种催化剂体系

五种催化剂体系	催化体系分子式	溶剂
顺丁-1(四氯化钛-三异丁基铝)	$TiCl_4$-Al(i-Bu)$_3$	苯
顺丁-2(氯化钴-4 吡啶络合物- 二乙基氯化铝-水)	$CoCl_2$ · 4Py①-$AlEt_2Cl$-H_2O	苯；苯+加氢汽油
顺丁-3(氯化钴-4 吡啶络合物-环烷酸镍-二乙基氯化铝)	$CoCl_2$ · 4Py-Ni(naph)$_2$-$AlEt_2Cl$	苯；苯+加氢汽油
顺丁-4(氯化钴 - 4 吡啶络合物-环烷酸镍-三乙基三氯化二铝)	$CoCl_2$ · 4Py-Ni(naph)$_2$-$Al_2Et_3Cl_3$	苯
顺丁-5(环烷酸镍-三异丁基铝-三氟化硼乙醚络合物)	Ni(naph)$_2$-Al(i-Bu)$_3$-BF_3 · $OEt_2$②	加氢汽油

注：①表中 Py 代表吡啶。②BF_3 · OEt_2采用苯作溶剂。

1962 年，中国科学院长春应用化学研究所开展了以加氢汽油为溶剂，Ni(naph)$_2$-Al(i-Bu)$_3$-BF_3 · OEt_2(简称 Ni-Al-B)为催化体系的聚丁二烯橡胶的研究，取得较大进展。1965 年，小试工作基本结束，并通过了试验鉴定。

1966 年 5 月，在兰州化工研究院和锦州石油六厂两套中试装置上对 Ni-Al-B 催化体系进行实验，并在锦州石油六厂千吨装置上进行了工业放大。在锦州石油六厂，以加氢汽油为溶剂，采用 Al-Ni、Al-B 双二元陈化方式(简称双二元陈化方式)的丁二烯溶液聚合中试及工业放大实验，为我国镍系顺丁橡胶工业生产提供了设计依据。1969 年，由原化工部北京第一设计院完成万吨级顺丁橡胶生产装置的设计。

1970 年 4 月，燕山石化采用我国自主研究设计的顺丁橡胶生产技术开始建设第一套 1.5 万 t/a 顺丁橡胶生产装置，1971 年 9 月建成投产。燕山石化合成顺丁橡胶生产装置用来自炼油厂铂重整芳烃抽提抽余油代替加氢汽油作聚合溶剂，去掉了加氢装置，简化了工艺。在万吨级生产装置投产初期，聚合系统挂胶严重、生产周期短、产品质量差，不能满足用户需求。

1973 年，原燃化部组织全国八省市十三家科研、设计、生产单位的部分科技人员，以燕山石化合成橡胶厂为主战场，对万吨级生产装置投产后出现的技术、设备、质量等方面的问题进行技术攻关会战。会战的目标是解决丁烯氧化脱氢系统堵、聚合系统挂胶重、产生污水多和产品质量差等问题，打通生产流程，实现顺丁橡胶装置连续平稳生产。

1974 年 7 月 23 日至 1975 年 5 月 3 日，在技术攻关会战的第十二周期聚合工业试验中，催化剂采用 Al-Ni 陈化、稀 B 单加(简称 B 单加)技术，聚合装置连续运转 241d 主动停车，橡胶质量大大提高。从此，我国镍系顺丁橡胶生产技术进入持续发展阶段。

1974 年 9 月，锦州石油六厂一套 0.6 万 t/a 顺丁橡胶装置建成投产；1976 年，齐鲁石化橡胶厂 1.5 万 t/a、上海石化合成橡胶厂 1 万 t/a 顺丁橡胶装置建成投产；1979 年，岳阳化工总厂 1.5 万 t/a 顺丁橡胶装置相继建成投产；1995 年，新疆石化 2 万 t/a 顺丁橡胶装置建成投产；1998 年，大庆石化 5 万 t/a 顺丁橡胶装置建成投产。这些装置经过多次改造扩建，2006 年，我国镍系顺丁橡胶实际生产能力已超过 40 万 t/a，成为镍系顺丁橡胶生产大国，其中，燕山石化的顺丁橡胶装置实际生产能力达到 13 万 t/a 以上，是当时世界上生产规模最大的镍系顺丁橡胶装置。

镍系顺丁橡胶生产技术的巨大进步推动了我国镍系顺丁橡胶工业的长足发展。我国镍系顺丁橡胶生产的原料消耗、能量消耗、反应器生产强度、工程配套、运转周期等多方面与国外同类生产厂水平相当，产品质量水平也与国外同类产品著名品牌相当。镍系顺丁橡胶是我国通用高分子材料生产领域中成功采用全系列国产化技术进行经济规模生产的项目。我国自行开发的镍系顺丁橡胶成套技术，获得首届国家科技进步特等奖。经过橡胶工作者的不懈努力，我国顺丁橡胶生产得到长足发展，在生产技术、产品质量、应用技术等方面居世界先进行列，成为我国通用高分子材料生产领域中唯一成功采用全系列国产化技术进行经济规模生产的项目。

目前，国内镍系顺丁橡胶生产厂家有 21 家，其装置情况见表 1-3。

表 1-3　2024 年国内镍系顺丁橡胶主要生产装置情况

企业名称	区域	产能/(万 t/a)
中国石化燕山石化公司	北京市	12
中国石化齐鲁石化公司	山东省	7
中国石化茂名石化公司	广东省	10
中国石化扬子石化公司	江苏省	10
中国石油大庆石化公司	黑龙江省	16
中国石油独山子石化公司(镍系+稀土)	新疆维吾尔自治区	3
中国石油锦州石化公司	辽宁省	3
中国石油四川石化公司	四川省	15
新疆蓝德精细石油化工股份有限公司	新疆维吾尔自治区	5
台橡宇部(南通)化学工业有限公司	江苏省	7.2
华宇橡胶有限责任公司菏泽科信/山东玉皇化工有限公司	山东省	8
振华新材料(东营)有限公司	山东省	10
山东万达集团股份有限公司	山东省	5
浙江传化合成材料有限公司(镍系+稀土)	浙江省	27
山东益华橡塑科技有限公司	山东省	10
浩普新材料科技股份有限公司	山东省	6
淄博齐翔腾达化工股份有限公司	山东省	9
辽宁胜友橡胶科技有限公司	辽宁省	4
浙江石油化工有限公司(镍系+稀土)	浙江省	10
山东裕龙石化有限公司	山东省	15
山东盛玉化工有限公司	山东省	8

国外镍系顺丁橡胶生产装置约有16套，总生产能力约193.5万t/a，表1-4列出了各生产厂商及其生产能力。

表1-4 国外镍系顺丁橡胶生产厂商及其生产能力

生产企业	国家	现有产能/(万t/a)
AJ-Jubail石化公司	沙特	10
伊朗石化	伊朗	2.6
Takht-e-Jamshid石化	伊朗	4.7
信实工业	印度	12
锦湖石化	韩国	16.5
LG	韩国	18
LVE	韩国	3
泰国合成橡胶公司	泰国	7.2
American Synthetic Rubber Company, LLC	美国	7
ARLANXEO(阿朗新科)	美国	34.5
LION Elastomers	美国	16
Goodyear	美国	26
Versalis UK Ltd.	英国	8
Synthos	捷克	8
Versalis S. P. A.	意大利	8
Efremov合成橡胶	俄罗斯	12

稀土催化体系顺丁橡胶(Nd-BR)自1970年以来在中国科学院长春应化所研制，并先后在锦州石油六厂进行中试和工业试生产。2012年，燕山石化稀土顺丁橡胶实现商业化，至今催化剂实现了三代升级，并完成了多个系列催化剂体系的生产。由于稀土顺丁橡胶的优异性能，近年来国内稀土顺丁橡胶行业发展很快，但大部分生产企业采用稀土顺丁橡胶柔性装置，既可以生产稀土顺丁橡胶又可以生产镍系顺丁橡胶，实际稀土顺丁橡胶的产量较低。其中一个主要原因是稀土顺丁橡胶生产还未达到稳定成熟，导致生产效率不及镍系顺丁橡胶。事实上，许多企业在镍系顺丁橡胶市场好的情况下，转产镍系顺丁橡胶，使得稀土顺丁橡胶不能形成稳定的生产和产品供应，从而在很大程度上影响了产品的推广使用。其次，稀土顺丁橡胶的生产成本偏高，这是使用比例偏低的另一个重要原因。尽管这种产品具有卓越的性能表现，但制造过程需要更多投入，从而增加了生产成本。因此，即使企业意识到稀土顺丁橡胶的潜力，可能也不愿意在生产过程中增加成本。

截至2024年底，中国现有7家稀土顺丁橡胶生产企业，累计产能56.0万t，2024年累计销量8.95万t，主要由传化合成材料及燕山石化进行支撑，详见表1-5。

表1-5 2024年中国稀土顺丁橡胶生产企业统计

企业名称	所在地区	所在省市	产能/(万t/a)	销量/万t	技术路线
传化合成材料	华东	浙江	17.0	8.0	稀土柔性顺丁橡胶
锦州石化	东北	辽宁	3.0	0.0	稀土柔性顺丁橡胶
燕山石化	华北	北京	3.0	0.8	稀土柔性顺丁橡胶

续表

企业名称	所在地区	所在省市	产能/(万 t/a)	销量/万 t	技术路线
独山子石化	西北	新疆维吾尔自治区	3.0	0.0	稀土柔性顺丁橡胶
浙江石化	华东	浙江	10.0	0.15	稀土柔性顺丁橡胶
四川石化	西南	四川	15.0	0.0	稀土柔性顺丁橡胶
裕龙石化	华北	山东	5.0	0.0	稀土柔性顺丁橡胶
合计			56.0	8.95	

截至 2024 年底，韩国的 LG 公司以 18.0 万 t/a 的稀土顺丁橡胶产能排在全球第一，浙江传化合成材料股份有限公司以 17.0 万 t/a 的稀土顺丁橡胶产能排名全球第二，俄罗斯的 Nizhnekamskneftekhim(NKNH)和中国石油四川石化有限责任公司以 15 万 t/a 的产能排名第三见表 1-6。

表 1-6　2024 年全球稀土顺丁橡胶生产企业产能统计

企业名称	所在国家	现有产能/(万 t/a)
中国石油化工股份有限公司北京燕山分公司	中国	3
中国石油四川石化有限责任公司	中国	15
浙江传化合成材料股份有限公司	中国	17
山东裕龙石化有限公司	中国	5
浙江石油化工有限公司	中国	10
印尼合成橡胶公司	印尼	4
锦湖石化	韩国	6
LG	韩国	18
台湾奇美	中国	5
米其林	新加坡	2
Synthos SA	德国	3
ARLANXEO(阿朗新科)	德国	7
Nizhnekamskneftekhim(NKNH)	俄罗斯	15
Sibur	俄罗斯	12.1
全球产能合计		132.1

国外稀土催化剂顺丁橡胶发展也很快，主要是由于稀土催化剂合成的顺式-1,4 含量在 98%~99%的聚丁二烯表现出比传统立构聚丁二烯橡胶(TiBR、Co-BR 和 NiBR)更好的生胶强度和硫化胶性能。文献资料表明，Bayer 公司和 Enichem 跨国公司近几年来各自推出了稀土钕系聚丁二烯橡胶(Nd-BR)的商品。这标志着顺丁橡胶的生产进入了稀土催化剂的新阶段。Bayer 公司的技术是催化剂由 10 个碳原子的叔基羧酸钕盐 $Nd(C_9H_{19}COO)_3$(NDV)、倍半乙基铝 $(C_2H_5)_3Al_2Cl_3$(EASC)与二异丁基氢化铝 $(i\text{-}C_4H_9)_2AlH$(DIBAH)三部分组成。NDV 能较好地溶解在脂肪烃溶剂中，并有很好的聚合活性，聚合过程与传统立构顺丁橡胶相同，为典型的溶液聚合反应。聚合溶剂为饱和脂肪烃或环烷烃，不能用甲苯，但可以用苯，聚合反应温度为 50~90℃，产物的分子量随温度的升高而逐渐下降，因此用温度来调节分子量。

截至 2021 年底，阿朗新科新加坡工厂以 14.0 万 t/a 的稀土顺丁橡胶产能排在全球第一，主要生产牌号为 Buna CB 系列；俄罗斯 ZSK 以 12.0 万 t/a 产能排在第二；日本合成橡胶公司的 8.0 万 t/a、捷克 Synthos 的 8.0 万 t/a、意大利 Versalis8.0 的万 t/a 并列第三，详见表 1-7。

表 1-7　2021 年全球稀土顺丁橡胶生产企业统计

企业名称	装置所在国家	所在地区	产能/(万 t/a)	投产时间	主要牌号
阿朗新科	新加坡	亚洲	14.0	2015 年	Buna CB21；CB22
日本合成橡胶公司	日本	亚洲	8.0	2017 年之前	BR730；CNB700
台湾奇美	中国	亚洲	6.0	2017 年之前	PR040G
韩国锦湖	韩国	亚洲	5.0	2017 年之前	NdBR-40；NdBR-60
Reliance	印度	亚洲	2.0	2017 年之前	—
ZSK Yefremov	俄罗斯	欧洲	12.0	2017 年之前	—
Synthos	捷克	欧洲	8.0	2017 年之前	Synteca44；Synteca63
Versalis	意大利	欧洲	8.0	2017 年之前	Europrene Neocis BR40；BR60
盛禧奥	德国	欧洲	3.0	2017 年之前	Buna CB21；CB22
西布尔	俄罗斯	欧洲	4.8	2021 年新增 1.3 万 t	BR-1243Nd
NKNH	俄罗斯	欧洲	3.0	2017 年	PBR-NDgroup1
固特异	美国	北美	5.0	2017 年之前	Budene1222；1223；1224
阿朗新科	巴西	南美	5.0	2017 年之前	BunaCB21；CB22
KARBO 化学	南非	非洲	2.0	2017 年之前	Neodene40；Neodene45，
中国 NDBR 产能	中国	亚洲	17.0		—
全球产能合计			102.8		

1997 年，燕山石化公司研制成功并建成 1.5 万 t/a 低顺式聚丁二烯橡胶(LCBR)工业装置。同期茂名石化公司引进的 1.0 万 t/a LCBR 于 1997 年投产。LCBR 因其凝胶含量相对较低、色泽浅、不含过渡金属、5%苯乙烯溶液黏度易于调节，是连续本体 HIPS 树脂最理想的增韧材料，80%以上的连续本体 HIPS 树脂采用 LCBR 作为增韧橡胶。截至 2021 年底，全球约有 10 家公司生产近 40 个 LCBR 牌号，中国塑料改性用 LCBR 需求量约为 16 万 t/a，其中高光泽 HIPS 树脂用 LCBR 需求量约为 6 万 t/a。中国低顺橡胶生产企业见表 1-8。

表 1-8　2021 年中国低顺橡胶生产企业统计

国内塑改橡胶供应商	年产能/万 t	所在地	工艺	产线	主要牌号
高桥石化	7	上海	连续法	SSBR/LCBR	55AE、35AE
燕山石化	3	北京	间歇法	SSBR/LCBR	1302、1303F
镇江奇美	8	江苏	间歇法	SSBR/LCBR	PR1255、PR1245、PR1205
LND（辽宁北方戴纳索）	5	辽宁盘锦	间歇法	SSBR/LCBR	S255P、S233P、97 系列、1322、1430
台橡宇部(南通)	7.2	江苏南通	连续法	CoBR	015H
独山子石化	6	新疆克拉玛依	连续法	SSBR/LCBR	50AF
	4		间歇法	LCBR/SBS	P30AF

国外低顺橡胶生产企业见表 1-9。

表 1-9　2021 年国外低顺橡胶生产企业统计

国外主要塑改橡胶供应商	产能/万 t	所在地	工艺	产线	主要牌号
AK Elastomer 旭化成	10.5	日本川崎 Kawasaki Japan	连续法	SSBR/LCBR	55AE、35AE
	3.5	日本九州岛大分 Oita Japan	间歇法	SSBR/LCBR	700A、720AX、730AX
LVE(乐天-玮萨黎司)	10	韩国丽水 Yeosu	连续法	SSBR/LCBR	K50AF、KC30AF
Arlanxeo(阿朗新科)	20	法国 Port Jerome	连续法	SSBR/LCBR/NdBR	550T、4101、565T
KKPC(锦湖石化)	8.4	韩国丽水 Yeosu		SSBR/LCBR	KBR710S、KBR710H
Synthos	9	波兰 Dwory	连续法	SSBR/LCBR	50LP
NKNK	4	俄罗斯	连续法	SSBR/LCBR	SKD-Li

1.2.1　丁二烯橡胶的分类

丁二烯橡胶也称为聚丁二烯橡胶，是单体丁二烯在催化剂作用下通过溶液聚合制得的弹性体。丁二烯单体在聚合反应中能生成顺式-1,4、反式-1,4 以及 1,2 三种结构。

按结构可分为顺式-1,4 结构聚丁二烯橡胶、反式-1,4 结构聚丁二烯橡胶以及 1,2 结构聚丁二烯橡胶，其中顺式-1,4 结构聚丁二烯橡胶按含量不同可分为低顺式、中顺式、高顺式聚丁二烯橡胶，其含量及性能见表 1-10。

表 1-10　不同顺式结构含量的顺丁橡胶的性能

种类	顺式-1,4 结构含量/%	主要性能
低顺式	35~40	当回弹率比天然橡胶大 20%时，具有良好的耐磨性，生热少，低温性能好。加工困难，必须和天然橡胶混用
中顺式	90~95	弹性超过天然橡胶，耐磨性突出。加工性能差，需与天然橡胶混用
高顺式	96~99	兼有低顺式、中顺式的优点。加工性能较上述二者为佳，可单独使用，或者与天然橡胶混用

按催化体系可分为锂(Li)系、钛(Ti)系、钴(Co)系、镍(Ni)系和稀土系。表 1-11 列出了五种催化体系制得的聚丁二烯橡胶的主要性能。

表 1-11　五种催化体系聚丁二烯橡胶的主要性能

催化体系	Li 系	Ti 系	Co 系	Ni 系	稀土系
顺式-1,4 含量/%	34~40	90~91	94~95	95~97	>98
玻璃化温度/℃	-93	-105	-107	-107	-109
压缩永久变形/%	32	25	17	17	—
冷流(50℃)/(g/min)	14	4	6	4	10
分子量分布指数(M_w/M_n)	1.9~2.0	2.1~2.4	2.8~3.5	3.0~5.0	2.8~3.4
加工性能	不包辊	不易包辊	好	好	好

注：表中数据来自中国石化合成橡胶技术开发中心，国内外镍系聚丁二烯橡胶生产技术对比及需求前景预测。

由锂系催化剂制得的聚丁二烯橡胶，顺式-1,4 结构质量分数只有 35%~40%，为低顺式丁二烯橡胶(通用代号为 LCBR，简称低顺橡胶)。其优点是催化剂为单一的丁基锂组分，是快引发、慢增长、无终止的活性聚合，聚合活性高，丁基锂用量可以有效地调节聚合物分子量，聚合反应温度易控制；其缺点是聚合物分子量分布窄、力学性能差、加工比较困难。LCBR 的玻璃化温度为-85~-30℃，乙烯基含量多，玻璃化温度比高顺式聚丁二烯橡胶高。

低顺橡胶与高顺式橡胶相比，在许多性能方面均存在差异，如具有较佳的耐寒性，低温曲挠性更佳，高顺式顺丁胶玻璃化温度(T_g)虽较低，但其分子结构规整度高，因此，在-25℃左右开始结晶，在-40℃变硬，使其耐寒性变差。LCBR 低温曲挠性佳，与其他胶种并用作为轮胎胎面胶，可改善轮胎的抗湿滑性并降低滚动阻力。LCBR 还有色浅、凝胶少的特点，是高抗冲击聚苯乙烯(HIPS)和丙烯腈-丁二烯-苯乙烯嵌段共聚物(ABS)理想的抗冲击改性剂。另外，也可用于轮胎和橡胶制品。

由钛系催化剂制得的聚丁二烯橡胶，顺式-1,4 结构质量分数在 90%左右，为中顺式丁二烯橡胶。钛系催化剂体系主要由钛的化合物与铝的有机化合物及其卤化物组成，工业上常用的是 AlR_3-TiI_4和 $AlR_3-TiCl_4-I_2$，另外，$AlEt_2I-TiCl_4$、$AlEt_2-TiCl_4-TiI_4$、$AlR_3-TiCl_4-CHI_3$也都具有较好的聚合活性。钛系催化剂制得顺丁橡胶顺式-1,4 含量可达 93%左右，其分子量分布较窄，冷流倾向大，加工性能不及由钴系催化剂制得的橡胶，但可以大量地充油、充炭黑。生产成本高，性能不如钴、镍系顺丁橡胶。目前，钛系聚丁二烯橡胶生产装置基本停产或转产。

由钴系、镍系和稀土系催化剂制得的聚丁二烯橡胶，顺式-1,4 结构质量分数在 96%～99%，为高顺式丁二烯橡胶，传统称为顺丁橡胶，本文所指顺丁橡胶系高顺式聚丁二烯橡胶，并在第二章至第九章均以镍系顺丁装置为例。

钴系催化剂体系由主引发剂钴的化合物和助引发剂组成。作为主引发剂的有钴的氯化物、氧化物、有机酸盐和吡啶等络合物。助引发剂常选用 AlR_2Cl、$AlEt_2Cl$、$AlCl_3$、$Al_2Et_3Cl_3$等。在生产时还常加入第三组分活性剂，如水、有机过氧化物、卤素、醇、有机卤化物等。钴系催化剂活性高，制得的顺丁橡胶中顺式-1,4 结构含量可达 94%～95%，且质量均匀、分子量分布宽、易于加工、冷流倾向小。溶剂对聚合反应速度、聚合物的微观结构和分子量都有很大影响，聚合反应要求在较低温度下进行，聚合物的微观结构受聚合温度影响较大，必须严格控制，且产品的支化度较高，凝胶生成量大。

镍系催化剂体系主要是有机羧酸镍盐-有机金属化合物-含氟的路易斯酸等，一般采用环烷酸镍-烷基铝-三氟化硼乙醚络合物体系。此体系的特点是催化剂活性高、稳定性好、凝胶生成量少、聚合温度适应范围宽，聚合速度快且易于控制，制得的顺丁橡胶中顺式-1,4结构的含量可达 97%左右，产品质量均匀，硫化橡胶的综合物理机械性能较好，且分子量容易控制，分子量分布也较宽、加工性能好、冷流倾向也较小。镍系顺丁橡胶已成为产量大、发展快、质量较好的聚丁二烯橡胶品种。

稀土催化剂一般是以稀土化合物为主催化剂的多组分体系，以此合成的顺丁橡胶称为稀土顺丁橡胶。具有工业化应用价值的合成顺丁橡胶用稀土催化剂可分为两类：①当主催化剂为含有卤素的稀土化合物时，通常加入烷基铝即可形成具有催化活性的催化剂，为二元体系。②当主催化剂为不含卤素的稀土化合物时，除了加入烷基铝，还必须加入可提供卤素的路易斯酸，才可以形成具有催化活性的催化剂，为三元体系。三元体系由三部分组成：一是三价稀土化合物，如稀土的羧酸盐或螯合物；稀土元素中对二烯烃聚合反应最有价值的是 Pr 和 Nd；二是卤离子，其中 Cl、Br、I 离子最合适，较好的卤化物是卤化烷基铝；三是具有还原能力或烷基化能力的试剂，如三烷基铝和氢化烷基铝。三元催化剂体系因稀土化合物具有来源方便、便于计量、活性高和聚合产物分子量容易调控等优点，成为目前制备稀土顺丁橡胶的主要催化剂体系。通常为了提高催化剂的活性、改善催化剂相态、调节聚合的分子量和微观结构，还加入一些调节剂，如二烯烃、羧酸、芳香烃等。采用稀土催化剂体系制得的顺丁橡胶中顺式-1,4含量≥98%。其中用钕系催化剂制得的稀土顺丁橡胶(Nd-BR)分子链立构规整度高，乙烯基结构单元含量比钛系、钴系、镍系BR更低，分子链线形规整度高，平均分子量高，生胶强度、加工性能及硫化胶物理性能及动态力学性能均优于其他催化剂体系BR产品，特别适用于胎面胶和胎侧胶。

由于顺丁橡胶结构规整、不含侧链基团，弹性比天然橡胶、丁苯橡胶、异戊橡胶、乙丙橡胶都高，且玻璃化温度低，是耐低温性能最好的橡胶。它具有优异的耐磨性能，即使加入大量的填充油和炭黑，其耐磨性能仍然较高。在动态条件下，顺丁橡胶的耐老化性能比天然橡胶优良，具有滞后损失小，生热低，容易与天然橡胶、丁苯橡胶、氯丁橡胶等多种橡胶互混，便于加工等优点。在合成橡胶品种中，其产量仅次于丁苯橡胶，居第二位。

1.2.2 顺丁橡胶的性能和用途

1.2.2.1 镍系顺丁橡胶的性能和用途

由于镍系顺丁橡胶分子结构比较规整，主链上无取代基，分子间作用力小。分子长而细，分子中有大量的可发生内旋转的C—C单键，使分子十分“柔软”。同时分子中还存在许多较具反应性的C—C键，决定了此种橡胶具有如下特性。

(1) 优点

1) 高弹性

高顺式丁二烯橡胶是当前弹性最高的一种橡胶，甚至在很低的温度下，分子链段都能自由运动，能在很宽的温度范围内显示高弹性，甚至在-40℃时还能保持弹性。一般来说，即使顺式含量最高的聚合物在这一温度下也会结晶。这种低温下所具有的较高弹性及抗硬化性能，使其与天然橡胶或丁苯橡胶并用时，能改善它们的低温性能。

2) 滞后损失和生热小

由于高顺式丁二烯橡胶分子链段的运动所需要克服周围分子链的阻力和作用力小、内摩擦小，当作用于分子的外力去掉后，分子能较快地恢复至原状，因此滞后损失小、生热小。这一性能对于使用时反复变形且传热性差的轮胎使用寿命具有一定好处。

3) 低温性能好

低温性能好主要表现在玻璃化温度低，为-105℃左右，而天然橡胶为-73℃，丁苯橡胶为-60℃左右，所以掺用高顺式丁二烯橡胶的胎面在寒带地区仍可保持较好的使用性能。

4) 耐磨性能优异

对于需耐磨的橡胶制品，如轮胎、鞋底、鞋后跟等，高顺式丁二烯橡胶特别适用。

5) 耐屈挠性优异

高顺式丁二烯橡胶制品耐动态裂口生成性能良好。

6) 填充性好

与丁苯橡胶和天然橡胶相比，高顺式丁二烯橡胶可填充更多的操作油和补强填料，有较强的炭黑润湿能力，可使炭黑较好地分散，因而可保持较好的胶料性能。这一性能有利于降低胶料成本。

7) 混炼时抗破碎能力强

在混炼过程中，高顺式丁二烯橡胶门尼黏度下降的幅度比天然橡胶小得多，比丁苯橡胶也小，因此延长混炼时间时，对胶料的口型膨胀及压出速度几乎无影响。

8) 与其他弹性体的相溶性好

高顺式丁二烯橡胶与天然橡胶、丁苯橡胶及氯丁橡胶都能互容。与丁腈橡胶的相溶性不好，但在25%~30%之间的量可以与之并用，一般使用时，也不会超过此量，否则胶料的耐油性会下降。

9）模内流动性好

用高顺式丁二烯橡胶制造的制品缺胶情况少。

10）水吸附性低

顺丁橡胶的吸水性低于丁苯橡胶及天然橡胶。这一性能可使顺丁橡胶用于绝缘电线等需耐水的橡胶制品。

（2）缺点

1）拉伸强度与撕裂强度较低

高顺式丁二烯橡胶的拉伸强度和撕裂强度均低于天然橡胶及丁苯橡胶，掺用该种橡胶的轮胎胎面，多表现为不耐刺、较易刮伤。

2）抗湿滑性不良

高顺式丁二烯橡胶在轮胎胎面中掺用量较高，在车速高、路面平滑或湿路面上使用时，易造成轮胎打滑，这是一个需要解决的问题。

3）易出现花纹崩掉现象

用于胎面时，使用至中后期顺丁橡胶易出现花纹块崩掉的现象。

4）加工性能欠佳

高顺式丁二烯橡胶胶料在辊筒上的加工性能对温度较敏感，温度高时易产生脱辊现象。

黏性较差。在轮胎胎面胶中，用量太大时，胎面接头稍有困难。胎体中用量较高时（大于30份），需加入增黏剂，否则胎体胶料压延时帘布易出现“露白”现象。

5）较易冷流

由于高顺式丁二烯橡胶分子间作用力小，分子支化较少以及高分子量部分较少，使得生胶或未硫化的胶料在存放时较易流动。因此需要对生胶的包装、储存及半成品存放引起注意。

顺丁橡胶弹性好、耐磨性和耐低温性能好、生热低、滞后损失小，耐屈挠性、抗龟裂性及动态性能好，顺丁橡胶、天然橡胶、丁苯橡胶混合使用，可明显改善轮胎的综合性能。

顺丁橡胶常用于苯乙烯系树脂的改性，经顺丁橡胶改性后的树脂具有较高的韧性和抗冲击强度。此外，它还能与聚丙烯、聚氯乙烯等热塑性塑料共混，以改良这些塑料的韧性。

1.2.2.2 稀土顺丁橡胶的性能和用途

稀土顺丁橡胶，具有较多的顺式-1,4结构和较小的1,2结构含量，几乎无支化，很少凝胶。与镍系顺丁橡胶相比，稀土顺丁橡胶具有更好的拉伸强度和耐屈挠性，更低的滞后损失和生热，可以更好地提高轮胎的高速性、耐久性、节能性，因此是制造“高性能绿色轮胎”的优选胶种。

（1）优点

1）回弹性高和耐寒性好

由于分子链非常柔顺、分子量分布较窄，因此稀土顺丁橡胶具有比天然橡胶还要高的回弹性，其弹性是目前橡胶中最好的。此外，还具有极好的耐寒性（玻璃化温度-109℃），是通用橡胶中耐低温性能最好的。

2）更低的滞后损失和生热

由于分子链非常柔顺，当作用于高分子的外力消失后，稀土顺丁橡胶分子链能较快恢复原状，有利于往复变形，因此内摩擦小、自黏性优、橡胶的加工性能更好，由此做成的成品轮胎在动态力学下滞后损失小、生热也低。

3）耐磨性能优异

由于结构规整性好、无侧基、摩擦系数小，所以稀土顺丁橡胶耐磨性特别好，非常适用于耐磨的橡胶制品，同时抗湿滑性能优于镍系顺丁橡胶。

4）力学和耐屈挠性优异

稀土顺丁橡胶分子链结构规整，受到拉伸、屈挠等应变作用易产生结晶，从而增强自身的物理机械性能，与镍系顺丁橡胶相比，耐屈挠度更高、撕裂强度更好、拉伸强度更优。

5）填充性好

稀土顺丁橡胶与炭黑等无机填料的相互作用更强，生成的炭黑结合胶的胶含量更高，进一步硫化生产的硫化复合胶性能更加优异。

6）优异的滚动阻力

稀土顺丁橡胶具有超高顺式结构，易发生应变诱导结晶，可制造出具有出色物理性能的轮胎，优异的滚动阻力可提高燃油效率并减少二氧化碳排放。

（2）缺点

1）较易冷流

由于高顺式丁二烯橡胶分子间作用力小、分子支化较少，使得生胶或未硫化的胶料在存放时较易流动。

2）生产成本高

由于稀土催化剂价格高于镍系催化剂，橡胶生产成本高于镍系顺丁橡胶。

以稀土顺丁橡胶为原料制造的轮胎可以提高安全性和耐久性，提高燃油效率并减少二氧化碳排放。此外，稀土顺丁橡胶可用于制造各种对抗拉伸性、抗剪切性和抗老化性有更高要求的胶带、胶管、鞋子、传送带等产品，还可以用于对高抗冲聚苯乙烯及 ABS 树脂的改性、制造高尔夫球心及高耐磨、高回弹的鞋底料。

《新能源汽车产业发展规划（2021—2035 年）》（征求意见稿）于 2019 年 12 月发布，明确提出了提高技术创新能力，其中在深化“三纵三横”研发布局中提出“突破整车智能能量管理控制、轻量化、低滚阻等共性节能技术”，对作为车辆重要组成部分的轮胎提出了新的挑战和要求。2025 年，新能源汽车市场竞争力明显提高，关键技术取得重大突破，新能源汽车销量占比达到 25%左右。稀土顺丁橡胶具有高度立构规整结构，易产生应变诱导结晶赋予其优异的回弹性、耐磨性、耐屈挠性及低生热性能，是制造新能源汽车轮胎的重要合成橡胶原材料。稀土顺丁橡胶的开发与生产属于国家鼓励类石油化工产业，符合国家产业政策要求。战略性新兴产业是引领国家未来发展的重要决定性力量，对我国形成新的竞争优势和实现跨越发展至关重要。

1.2.3 顺丁橡胶发展趋势

目前，世界上生产聚丁二烯橡胶大部分采用溶液聚合法，溶剂有己烷、甲苯、甲苯与庚烷混合溶剂，以及己烷、庚烷与环己烷混合溶剂等。催化剂有镍（Ni）系、钛（Ti）系、钴（Co）系、钕（Nd）系、锂（Li）系，除锂系催化剂采用阴离子聚合外，其余均采用配位阴离子聚合。除传统的溶液法外，本体聚合具有高效、节能、环保的优点，在 20 世纪末至 21 世纪初发展较为蓬勃，截至目前尚无气相聚合法丁二烯生产线建成的报道，许多数据还停留在实验室阶段，距离丁二烯气相聚合真正地实现工业化应用，还有很长的一段路要走。新技术开发的关键是采用新型的钕系催化剂淘汰传统的钛系催化剂，在不久的将来，将会用茂金属催化剂进行二烯烃聚合。因为茂金属催化剂有单一活性中心优点，从而能精密控制分子量、分子量分布、共聚单体含量及其主链上的分布和结晶结构。合成的聚合物是等规立构聚合物，分子量分布窄。

我国镍系顺丁橡胶聚合技术发展比较成熟，其特点一是催化剂陈化方式由双二元催化剂陈化改为Al-Ni陈化稀B单加，提高了聚合活性、降低了催化剂用量和橡胶的凝胶含量，聚合釜的年生产能力可达到350t/m^3，远远超过日本JSR公司260t/m^3的年生产水平，聚合首釜的开工周期也大大延长，由最初的30天延长到目前的600多天；二是在镍系顺丁橡胶添加第四组分水，体系中增加适量的水能提高催化剂活性，缩短聚合反应时间，同时降低聚合物生胶和混炼胶门尼黏度，提高产品优级率；三是制备充油镍系顺丁橡胶；四是生产用于高抗冲聚苯乙烯(HIPS)的顺丁橡胶，用镍系顺丁橡胶生产HIPS，要求顺丁橡胶具有适当门尼黏度(37~43mPa·s)，含5%顺丁橡胶的苯乙烯溶液黏度为50~70mPa·s，凝胶含量控制在0.015%(质)以下，其中黏度是一项极难达到的技术指标；五是自行终止技术的应用。我国镍系顺丁橡胶投产后一直用乙醇作终止剂，从1993年开始燕山石化合成橡胶厂进行镍系顺丁橡胶生产不加终止剂的可行性研究，并取得满意效果，这样回收溶剂及丁二烯中不再含有乙醇，聚合将更加平稳。

自“十三五”以来，国内顺丁橡胶行业蓬勃发展，2019—2022年，国内顺丁橡胶产能虽有波动，但总体上呈现不断增长的趋势，目前已经达到了179万t/a的生产能力。2022年产量达到125万t。目前国内顺丁橡胶生产企业大部分仍采用镍系聚合的工艺技术，生产BR9000牌号的产品。生产商之间同质化竞争严重，这不仅让产品无法脱颖而出，更导致企业的利润空间被进一步压缩。而高端鞋用料、高光泽塑改料、新能源汽车轮胎用胶有一定的进口量。为适应高性能节能轮胎以及塑料抗冲改性等应用领域的需要，新品种的研究开发和市场应用需要向高性能高质量的支化镍系顺丁橡胶和具有更高顺式结构的稀土顺丁橡胶发展。

近年来，通过改变顺丁橡胶链结构来提升顺丁橡胶性能成为研究的热门领域。国外的研究工作主要集中在改善镍系顺丁橡胶加工性能、调节分子量并降低分布指数、降低凝胶含量等方面，主要公司包括美国Goodyear、日本Bridgestone及韩国Kumho公司。美国Goodyear公司通过在镍系催化剂体系(辛酸镍/三异丁基铝氟化氢)中引入对苯乙烯化二苯胺、烷基化二苯胺等，制备具有支化结构的聚丁二烯，并推出了具有支化结构镍系顺丁橡胶新牌号产品，改善了顺丁橡胶生胶的冷流性能，橡胶与填料快速混合，提高了加工性能，硫化胶具有更加优异的耐磨性、耐屈挠龟裂性、回弹性、滚动阻力及撕裂性能等。2022年，燕山石化与北京化工大学合作，成功开发出支化镍系顺丁橡胶BR9008，与传统的BR9000相比，回弹性、耐低温性能相近，但耐磨性及耐屈挠性能较普通镍系顺丁橡胶提升20%以上，填料分散性提升、加工性能提升，有利于延长轮胎寿命及提高轮胎安全性。除在轮胎领域的优势外，支化镍系顺丁橡胶具有较好的物理机械性能及耐黄变、耐氧化等性能，可作为鞋材透明料使用，能够替代进口透明料LG1208，已在下游客户中使用。

虽然，我国稀土BR的生产能力位居世界第一，但仍存在诸多问题，存在问题及发展建议如下：

① 在生产技术上，与朗盛、Polimeri Europa公司等生产企业相比，还存在一定的差距，主要表现在催化剂用量偏高、调节聚合物分子量的手段单一(主要以烷基铝为主)、烷基铝用量偏大以及BR溶液黏度大等。应该加大对新型催化剂及聚合工艺的开发，在聚合工艺方

面须解决稳态运转和有效调控聚合物分子量等问题，以逐渐缩小与国外的差距。

② 我国稀土催化剂开发虽然比较早，但对催化剂的制备方法及其活性中心的结构、催化剂的性质对聚合物分子结构的影响规律尚需要进一步研究。因此，探讨活性中心的生成机理、提高稀土催化效率和寻找适宜的非金属链转移剂等，进而提高合成 BR 的能力，仍是今后研究和开发的重要课题。在聚合工艺上，应该加快丁二烯气相聚合、本体聚合等新工艺技术的开发。

③ 目前，我国新建的稀土 BR 生产装置大部分是柔性生产装置，既可生产稀土 BR，也可生产镍系 BR。这种做法增加了企业抵御市场风险的能力；但也应该看到，在镍系产品价格较稀土 BR 产品价格低的情况下，企业为了自身的利益，有可能转产镍系产品而停止稀土 BR 产品的生产，不能实现稳定的生产和产品供应，在很大程度上会影响产品的推广使用。因此，国家有关部门应该在政策上加以扶持，重点支持几家企业定点生产稀土 BR 产品，向相关轮胎企业，尤其是子午线轮胎生产企业提供稳定的稀土 BR 产品；积极跟踪产品在轮胎中的使用情况，推动其在高性能轮胎领域的应用。

④ 通过偶联改性、端基和环化改性等，积极开发性能独特的新牌号产品，以进一步提高产品的物理-机械性能及与炭黑等补强材料的相溶性，适应绿色轮胎发展的需求；此外，还可以通过开发共聚合和原位聚合技术，在利用稀土催化剂聚合丁二烯的基础上，发展适用于塑料增韧改性和特种需求的新型聚合物材料，以满足市场需求。

1.3 镍系顺丁橡胶生产原理

BR 国内以生产镍系为主。

松本毅等人于 1958 年首先发现了载于酸性物质上的还原镍具有引发丁二烯聚合的能力，从此揭开了镍系引发丁二烯定向聚合的序幕。1965 年前后，日本等国家首先采用 $Ni(naph)_2-AlEt_3-BF_3 \cdot OEt_2$三元镍系催化剂，以甲苯为溶剂引发丁二烯聚合，实现镍系顺丁橡胶工业化。我国顺丁橡胶研究工作于 1960 年起步，1964 年底开始了 $Ni(naph)_2-Al(i-C_4H_9)_3-BF_3 \cdot OEt_2$催化体系的丁二烯溶液聚合研究并取得了极大进展，这些研究奠定了我国镍系顺丁橡胶工业化生产的基础。

我国于 20 世纪 50 年代末开始研究镍系顺丁橡胶技术，70 年代实现工业化的国产化技术。目前，国内几大公司的生产技术和流程大体相同，即 Al-Ni 二元陈化、稀硼单加的陈化方式，聚合温度的控制方法为首釜温度利用进料温度控制，二、三釜温度用充冷油的方法控制。

1.3.1 聚合单元

顺丁橡胶的生产有溶液聚合法和本体聚合法。国内采用的是溶液聚合法，在聚合中使用的溶剂有甲苯、苯、加氢汽油、己烷。用芳烃作溶剂优点是单体和催化剂都易于溶解，聚合反应比较缓和，挂胶比较轻；缺点是聚合体系黏度高，聚合物的分子量较低，且毒性较大。以脂肪烃如加氢汽油或己烷为溶剂时，聚合体系的黏度低、溶剂价廉、毒性低、原料易得、易于输送，这是溶液聚合的优点。但从胶液中脱除溶剂及其回收精制需耗费大量的能量，这是溶液聚合一大缺陷。现国外许多公司采用的聚合溶剂是单一组分或混合组分，如以甲苯为溶剂，或用庚烷(30%)+甲苯(70%)为溶剂。现德国某公司采用以甲苯为溶剂，添加辛酸锌、环辛二烯、2-乙基己酸等，可将转化率提高到 95.0%~99.5%。我国选用己烷作溶剂，它是无色透明液体，主要成分是正己烷。

丁二烯聚合单元的任务是将丁二烯、催化剂、溶剂油在规定的工艺条件下进行配位阴离子聚合，得到顺式含量大于96%的1,4-聚丁二烯胶液，然后加入抗氧剂，经静态混合器送往胶液罐，供凝聚单元使用。

1.3.1.1 催化剂陈化

(1) 镍催化剂体系的确立

在丁二烯定向聚合研究初期发现，载于硅藻土上的还原态镍能引发丁二烯顺式-1,4聚合，载于硅石-氧化铝上的还原态镍也能引发丁二烯顺式-1,4聚合，且聚合活性稍高。1953年，Ziegler-Natta催化剂问世后，用于新型高分子材料合成的催化体系得到了迅速发展，引发丁二烯定向聚合的镍催化体系逐步确立。为获得高活性的镍催化体系，国内外曾做过许多研究工作，其中不用载体的镍络合物和有机酸镍聚合活性更高，若将有机酸镍与有机金属化合物和某些卤化物一起使用，可以得到高聚合度、高顺式-1,4含量的聚丁二烯，逐步确立了有机羧酸镍盐-有机金属化合物-含氟的Lewis酸镍催化体系。

我国聚丁二烯橡胶的研究工作起步于1959年。1960年，中国科学院长春应化所开始了钛催化体系和钴催化体系的研究，1962年底开始镍催化体系的研究，并取得了重大进展，奠定了我国镍系顺丁橡胶工业生产的基础。

早期研究认为，镍催化体系包括主催化剂、还原剂和电负性较强的卤素助催化剂三种组分。

主催化剂为有机镍化合物，它是形成活性种的核心，可以采用脂肪族、芳香族、脂环族的羧酸镍盐，如醋酸镍、辛酸镍、苯甲酸镍、乙酰丙酮镍、水杨酸镍、硬脂酸镍、环烷酸镍等有机镍酸盐。我国工业化的镍催化体系以环烷酸镍为主催化剂。

有机金属化合物作为还原剂，可以采用正丁基锂、三乙基铝、三异丁基铝、一氯二乙基铝或二氯乙基铝等，我国顺丁橡胶生产采用三异丁基铝作还原剂。在活性种形成过程中，三异丁基铝不仅将高价镍还原成低价镍，Al还是活性种的组成部分。

在卤素助催化剂中，卤素的电负性越强，聚丁二烯的顺式-1,4结构含量越高。提供卤素的助催化剂可以是三氟化硼、氟化氢、三氟化钛、三氟化铁等氟化物，氟是活性种的组成部分。常温下，三氟化硼处于气体状态，在烃类溶剂中溶解度极低，不易储存，不便使用。三氟化硼是强极性化合物，容易与电子对给予体生成配位化合物，与乙醚或丁醚作用生成液态络合物，便于使用。我国对三氟化硼乙醚络合物和三氟化硼丁醚络合物都进行了研究，但综合考虑各方面因素，在工业生产中，采用的是三氟化硼乙醚络合物。

我国顺丁橡胶生产主要采用的催化剂体系是$Ni(naph)_2$-$Al(i\text{-}Bu)_3$-$BF_3 \cdot OEt_2$(简称Ni-Al-B)，橡胶行业里习惯用简称Ni、Al、B，B剂为$BF_3 \cdot OEt_2$的俗称。

日本JSR公司在三元陈化方式中加入少量丁二烯(Bd)，丁二烯被称为第四组分。一般认为，在镍催化体系活性种制备过程中，丁二烯能与各价态的镍生成π-烯丙基络合物，起到稳定催化剂体系的作用。

我国在三元陈化方式研究和采用双二元陈化方式及B单加方式初期，均将少量丁二烯加到环烷酸镍中，一般Bd/Ni控制在20左右。在催化剂配制小试验过程中，由于丁二烯不易计量，将丁二烯溶解于溶剂油中，加入少量丁二烯实际是加入一定量的丁二烯油溶液，俗称小丁油。

实践证明，采用B单加方式，在Ni中加与不加丁二烯，催化剂活性并无明显差异。从此，在实验与生产中，催化剂配制不再加丁二烯，但这并不能说明丁二烯不再起作用。由于 Al、Ni 反应速度快，B 单加方式工业化后，催化剂配制系统取消了 Al-Ni 陈化釜，改用静态混合器管道陈化，Al-Ni 经短时间陈化便进入聚合釜，聚合体系中的丁二烯有可能起到 Ni 中丁二烯的作用。

在活性种制备过程中，丁二烯是否为镍催化体系不可缺少的一元，主要在于丁二烯是否一定要加在 Al、Ni 反应之前，即必须将丁二烯加在 Ni 中，如果答案是肯定的，那么，Al-Ni陈化，稀 B 单加方式也不能例外，除非镍催化体系活性种具有不同的组成与结构。如果丁二烯与 Al、Ni 反应产物低价 Ni 的络合反应是生成活性种反应历程中不可缺少的一步，那么，它就是镍催化体系的一元，而不仅起到稳定催化剂体系的作用。

20 世纪 70 年代，我国在镍催化体系活性种制备技术的研究中，曾对不同加料顺序的三元陈化方式和双二元陈化方式进行实验，做得更多的是 Al-Ni 陈化、稀 B 单加实验。当时，均在 Ni 中加入少量丁二烯，没有进行过单独改变丁二烯加料顺序的实验。稀 B 单加技术工业应用不久，生产装置便取消了在 Ni 中加入丁二烯，从此，在科研中配制催化剂也不再加丁二烯。采用稀 B 单加方式，活性种是在有大量丁二烯存在的聚合釜内生成的，不便证明丁二烯在生成活性种过程中是否起作用，只有通过加与不加丁二烯及改变丁二烯加料顺序的三元陈化实验才能明确丁二烯的作用，因此未能留下有说服力的实验数据。

对于水是镍催化体系一元催化剂，存在一个较长的认识过程。镍系顺丁橡胶生产初期，由于原材料含水量高，只要降低聚合体系含水量，催化剂活性就能提高。20 世纪 80 年代初期发现，当聚合体系含水量较低时，催化剂活性反而降低，因此，在聚合过程中，采用了加适量水的技术。在聚合加水技术的研究和应用中发现，调节加水量不仅可以调节催化剂活性，而且可以调节聚合物门尼黏度；如果没有水存在，镍催化体系的聚合活性极低，甚至没有活性；在形成活性种的过程中，水与 BF_3 作用，生成 HF，参与活性种生成的反应过程，水是镍催化体系不可缺少的一元助催化剂。

镍催化体系具有以下特点：

① 使用镍催化体系得到的聚丁二烯橡胶的顺式含量较高，一般稳定在 96%~98%范围内，受聚合温度、催化剂配比、陈化方式等工艺条件的影响不明显。

② 催化剂组分必须同时使用并以一定的方式进行催化剂陈化，才能具有较高的聚合活性。

③ 在该催化体系中，必须有一种能提供卤素或电负性较强基团的化合物，电负性越强，聚合物的顺式含量高，BF_3、HF 是比较适宜的卤素化合物。

④ 聚合温度适应范围较宽，当原材料杂质含量低、催化剂用量少时，聚合反应温度可以提高。

⑤ 催化剂的陈化方式、组分间的配比既影响催化剂的聚合活性，又影响聚合物的分子量和门尼黏度。

⑥ 该催化体系生产的顺丁橡胶支化度较低，凝胶生成量少，相对分子质量分布宽，加工行为好，聚合过程挂胶比较轻。

⑦ 催化剂的聚合活性高，用量少，聚合过程存在大量链转移，导致聚合的最终转化率不会太高。

（2）催化剂组分间的作用

活性种是由催化剂组分及组分间作用产物相互作用生成的，为了深入了解和进一步提高活性种制备技术，对催化剂组分间已知可能发生的作用有所了解很有必要。

1）$Al(i-C_4H_9)_3$与$Ni(naph)_2$的作用

$Al(i-C_4H_9)_3$与$Ni(naph)_2$发生放热反应，反应速度很快，5s即能完成全部反应的85%。无丁二烯存在时，陈化液为棕黑色溶液，由于丁二烯能与各价态的镍生成π-烯丙基络合物，在Ni中加入少量丁二烯，陈化液变为橘黄色透明溶液。在丁二烯存在时，A1、Ni反应产物比较稳定，能保存数月，甚至数年仍可以参与活性种生成。

$Al(i-C_4H_9)_3$与$Ni(naph)_2$主要发生下列反应：

$$Al(i-C_4H_9)_3+Ni(naph)_2 \longrightarrow Al(i-C_4H_9)_2(naph)-Ni(naph)(i-C_4H_9)$$

$$2Ni(naph)(i-C_4H_9) \longrightarrow 2Ni^+(naph)+C_8H_{18}$$

$$Ni^+(naph)+Al(i-C_4H_9)_3 \longrightarrow Ni^+(i-C_4H_9)+Al(i-C_4H_9)_2(naph)$$

$$2Ni^+(i-C_4H_9) \longrightarrow 2Ni+C_8H_{18}$$

$Ni(naph)_2$与$Al(i-C_4H_9)_3$发生烷基和羧基的交换反应，使镍烷基化并被还原成Ni^-，Ni^-与$Al(i-C_4H_9)_3$进一步反应，则被还原成Ni^0。丁二烯的加入提高了Ni^+的稳定性和Ni^0的分散性，如有大量Ni^0被还原析出，便有聚集态金属镍黑色沉淀生成。

一般认为，仅参与活性种的生成，唐学铭等人提出，Ni^+与分散态的Ni^0均参与活性种的生成，都是活性种的组成部分。

2）$Al(i-C_4H_9)_3$与$BF_3 \cdot OEt_2$的作用

$Al(i-C_4H_9)_3$与$BF_3 \cdot OEt_2$混合，随着时间的延长，混合液由透明转变为白色悬油。$Al(i-C_4H_9)_3$与$BF_3 \cdot OEt_2$之间发生烷基和卤素的交换反应，反应如下：

$$Al(i-C_4H_9)_3+BF_3 \cdot OEt_2 \longrightarrow Al(i-C_4H_9)_2F+BF_2(i-C_4H_9)+OEt_2$$

$$Al(i-C_4H_9)_2F+BF_2(i-C_4H_9) \longrightarrow Al(i-C_4H_9)F_2+BF(i-C_4H_9)_2$$

$$Al(i-C_4H_9)F_2+BF_3 \cdot OEt_2 \longrightarrow AlF_3 \downarrow +BF_2(i-C_4H_9)+OEt_2$$

$$Al(i-C_4H_9)_3+BF(i-C_4H_9)_2 \longrightarrow Al(i-C_4H_9)_2F+B(i-C_4H_9)_3$$

$Al(i-C_4H_9)F_2$对Ni没有还原能力，AlF_3为沉淀物，它们均不参与活性种的生成。$Al(i-C_4H_9)_2F$对Ni仍具有还原能力，但还原能力下降。

Al与B之间的作用既消耗Al，又消耗B，在聚合过程中，其反应产物能促进凝胶的生成。

3）$Ni(naph)_2$与$BF_3 \cdot OEt_2$的作用

Ni与B混合，发生羧基与卤素的交换反应。

$$Ni(naph)_2+BF_3 \cdot OEt_2 \longrightarrow Ni(naph)F+B(naph)F_2+OEt_2$$

$$Ni(naph)F+B(naph)F_2 \longrightarrow NiF_2 \downarrow +B(naph)_2F$$

$Ni(naph)_2$与$BF_3 \cdot OEt_2$之间的反应速度缓慢，深度反应影响催化剂活性。

4）H_2O与$Ni(naph)_2$、$Al(i-C_4H_9)_3$和$BF_3 \cdot OEt_2$的作用

$Ni(naph)_2$是有机羧酸盐，H_2O与$Ni(naph)_2$不发生化学反应。

$Al(i-C_4H_9)_3$是活泼的有机金属化合物，与H_2O发生剧烈的放热反应，有白色沉淀生成。H_2O与$Al(i-C_4H_9)_3$的作用是消耗催化剂的反应，应尽量避免。

$$H_2O+Al(i-C_4H_9)_3 \longrightarrow Al(OH)(i-C_4H_9)_2+i-C_4^0$$

$$H_2O+Al(OH)(i-C_4H_9)_2 \longrightarrow Al(OH)_2(i-C_4H_9)+i-C_4^0$$

$$H_2O+Al(OH)_2(i-C_4H_9) \longrightarrow Al(OH)_3+i-C_4^0$$

H_2O与Al-Ni陈化液作用，棕黑色陈化液的颜色逐渐消失，并有白色结晶物析出，H_2O

与 Al-Ni 陈化液作用影响活性种的生成。

H_2O 与 $BF_3 \cdot OEt_2$作用，有 HF 生成。

$$H_2O+BF_3 \cdot OEt_2 \longrightarrow B(OH)F_2+HF+OEt_2$$

$$H_2O+B(OH)F_2 \longrightarrow B(OH)_2F+HF$$

$$H_2O+B(OH)_2F \longrightarrow H_3BO_3+HF$$

H_2O 与 $BF_3 \cdot OEt_2$作用生成 HF，HF 参与活性种生成的反应历程，F 是活性种的组成部分。

（3）催化剂陈化方式

镍催化剂体系丁二烯聚合属于配位阴离子聚合，活性种(活性中心)的制备技术是聚合技术的核心，它关系着催化剂的利用效率和产品质量，是顺丁橡胶生产的关键技术之一。镍催化体系丁二烯聚合的活性种是催化剂组分间相互作用，生成的一种能引发丁二烯定向聚合的活性基团，其结构和形成过程非常复杂，许多文献均有论述，但解释却不尽相同。生产中只要抓住形成活性种的反应必须分步进行，主反应(形成活性种)和副反应(消耗催化剂)同时发生又同时进行这一特点，就能通过催化剂陈化工艺如催化剂组分间混合顺序、配比(摩尔比)、陈化温度和陈化时间等条件的优化，选出聚合活性较高的活性种的制备方法。

催化剂的陈化方式及加入顺序对聚合反应影响极大。陈化方式主要有三元单加、三元陈化、双二元陈化、Al-Ni 陈化，稀 B 单加等陈化方式。不同的催化剂陈化方式的聚合实验结果表明：三种催化剂组分分别加入聚合体系中，聚合活性极低；在三元陈化方式中，Ni-Al-B 陈化方式聚合活性最高；Al-Ni、Al-B 双二元陈化比三元陈化的聚合活性高；“Al-Ni 陈化，稀 B 单加”的聚合活性更高，催化剂配比对聚合活性亦有较大影响。

将 Al 剂(三异丁基铝)分为两部分，一部分加入 Ni 中，另一部分加入 B 中，这种“Al-Ni、Al-B”陈化方式称双二元，该方式是我国橡胶工作者自创的，1974 年以前曾在我国顺丁橡胶生产厂广泛应用。其特点如下。

1）催化体系稳定性好

Al-Ni 陈化液有非常好的耐湿性和良好的耐温性。

2）诱导期短、聚合反应速度快、聚合釜生产能力大

在 Al-Ni 陈化、稀 B 单加催化体系中，Al 和 Ni 首先反应生成低价 Ni，再与 B 相撞迅速生成活性种。聚合诱导期短，反应速度快，使聚合釜的生产能力加大。

3）聚合物门尼黏度易调节

改变 Al 用量或改变 B 用量，调节 Al/B 比三异丁基铝与三氟化硼乙醚络合物的摩尔比，均能灵活调节聚合物的门尼黏度。

4）B 的利用率较低

采用 Al-Ni 陈化、稀 B 单加的活性种的制备方式，B 在已烷溶剂中溶解度低，难呈分子分散状态。在聚合体系中，各组分催化剂的摩尔含量低，相互碰撞困难，不能全部发挥作用。为了充分发挥主催化剂镍的作用，B 必须过量。

（4）催化剂组分间的配比

镍催化体系活性种的生成量主要取决于主催化剂镍用量和催化剂组分间的配比，在 BR

生产中，催化剂组分间的配比较催化剂用量更重要。催化剂组分间的配比不当，会造成催化剂的浪费，影响聚合反应和产品质量。

1）Al/Ni 比

在镍催化体系中，有机铝的作用是将有机镍还原成低价态的镍和破坏聚合体系的部分有害杂质，只有低价镍才能与其他组分一起生成活性种。Al/Ni 比小于 1 时，镍不能全部还原成低价镍，造成镍浪费；随 Al 用量的增加，Al/Ni 比加大，开始时聚合活性增加，当 Al/Ni 比大于 4 时，聚合活性反而下降，聚合物的分子量升高，凝胶生成量增加。这是由于过剩的 Al 在聚合体系中与 B 相撞，发生反应，消耗了 B 影响聚合活性，同时 Al 与 B 的反应产物能促进凝胶生成。在无杂质消耗 Al 的情况下，当 Al/Ni 为 1~2 时，Al 即可把 Ni^{2+} 还原成 Ni^{+} 或 Ni^{0}。

2）Al/B 比

在采用 Al-Ni 陈化，稀 B 单加催化剂陈化方式生产顺丁橡胶过程中，用 Al/B 比调节产品的门尼黏度非常灵敏，Al/B 比升高（增加 Al 用量或减少 B 用量），门尼黏度增加，在 BR9000生产中，Al/B 比一般控制在 0.25~0.35 比较适宜。

3）B/Ni 比

在镍催化体系中，如果催化剂组分充分发挥作用，B/Ni 为 2 即可满足生成活性种的需要。

4）H_2O/B 比

聚合体系的含水量应该控制在一个合适的范围内，否则会影响聚合活性和产品质量。采用 Al-Ni 陈化、稀 B 单加方式，在实际生产中，为了保障聚合初期活性，一般 H_2O/B 比控制在 1.0~2.0 范围内，要保障中后期的聚合活性和较高的聚合转化率，控制 H_2O/B 比在 1.0 左右比较合适。

聚合体系含水量低，可适当提高加水量；聚合体系含水量高，可降低加水量，若不加水，聚合体系 H_2O/B 比仍然偏高，在聚合体系含水量恢复到正常水平之前，可适当增加 Al 用量，用 Al 破 H_2O。这样，既能保障催化体系具有较高的聚合活性，又能控制聚合物门尼黏度在合格范围以内。

1.3.1.2 聚合反应

（1）主要反应

主要原料：单体为丁二烯，溶剂为己烷，催化剂为环烷酸镍、三异丁基铝、三氟化硼乙醚络合物。

丁二烯由于存在共轭双键，可在 1,4 位置上发生聚合反应，也可在 1,2 位置上发生聚合反应，生成相应的 1,4-聚丁二烯或 1,2-聚丁二烯，该反应为放热反应，放热量为 17.64kcal/mol。

$$n(CH_2=CH-CH=CH_2)\xrightarrow[\text{己烷+催化剂}]{1,4\text{-聚合}}\left[CH_2-CH=CH-CH_2\right]_n+Q$$

$$n(CH_2=CH-CH=CH_2)\xrightarrow[\text{己烷+催化剂}]{1,2\text{-聚合}}\left[\begin{array}[t]{c}CH\\|\\CH\\\|\\CH_2\end{array}-CH_2-\begin{array}[t]{c}CH\\|\\CH\\\|\\CH_2\end{array}-CH\right]_n+Q$$

按照聚合物链在空间的排列方式不同又有几种不同的立体结构，1,4-聚丁二烯橡胶的顺式-1,4 含量 95%~97%，其余为反式-1,4 和 1,2 结构。

含纯顺式-1,4-聚丁二烯容易结晶，结果使其耐寒性和弹性都很低，因此，顺式含量并不是越高越好，而是希望能有少量的反式-1,4 和 1,2 结构存在。在分子链中引入 1%的非顺式结构即可以改善由结晶造成的不良影响。

（2）丁二烯聚合反应过程

丁二烯分子中的 π 键很活泼，在催化剂的作用下可以打开，使丁二烯分子相互加成，形成聚丁二烯大分子，整个聚合过程由以下几个基本阶段构成。

① 链的引发。丁二烯在催化剂(或催化剂各组分反应产物)的作用下活化，这种被活化了的单体叫活性中心。它很活泼，能够很快地引发单体聚合。单体催化剂活化称作链的引发阶段。如果以 A 代表催化剂(或其作用产物)，M 代表丁二烯单体，则引发反应可用下式表示：

$$A+M \longrightarrow AM\cdot$$

AM · 代表活性中心。

一般说来，促进催化剂各组分发生反应、活化单体、引发聚合都需要能量，所以在开始聚合时通常需要从外部供热。

② 链的增长。带有单体的活性中心很活泼，能很快和更多的单体分子发生反应，反应后的活性链其活性并不衰减，结果在很短的时间内形成了带有成千上万单体链节的活性长链分子，其过程可用下式来描述：

$$AM\cdot+nM \longrightarrow A-(M-)_nM\cdot$$

式中 $A-(M-)_n$ 是由 n 个丁二烯分子连接起来的且仍具有活性的长链分子。

在链增长阶段，由于大量的丁二烯分子进行了聚合，形成了长链大分子，所以这一过程必然使分子数急剧下降，分子量显著升高，同时由于此时小分子间的距离(0. 3～0. 5nm)被共价键(0. 12～0. 15nm)所代替，所以会出现体积收缩和相对密度增加现象。

在链增长阶段，有大量的旧键破坏(π 键被打开)，新键(δ 键)形成，根据键能数据计算和实验测定，每摩尔丁二烯聚合放出 73. 54kJ 的热量，这就是丁二烯聚合时放热的由来。由于聚合反应会放热，所以一旦引发聚合，必须立即加强外部或内部冷却，取走热量。

链的微观结构(1,2 还是 1,4 加成，顺式还是反式)，通常也是由增长着的活性中心的性质所决定的。

③ 链的终止。在一定的聚合条件和环境中，链增长到一定长度之后，由于某种化学或物理因素的影响，活性中心从增长链上脱落，再生出活性中心而使原有的增长链终止，变为无活性的聚丁二烯分子；或者是增长链遇单体、催化剂、溶剂或杂质后，活性中心发生转移，使原有的增长链终止，称为链转移终止。

一般终止：$A-(M-)_nM\cdot \longrightarrow M_{n+1}+A\cdot$

转移终止：$A-(M-)_nM\cdot+B \longrightarrow M_{n+1}+A—B\cdot$

式中，B 为单体、催化剂、杂质、溶剂。

不论以哪种方式终止，最后形成的聚丁二烯都是没有活性的高分子长链。

（3）聚合反应规律及反应动力学

1）聚合转化率与聚合时间的关系

聚合转化率是指单体转化为聚合物的质量分数，也称单体转化率。聚合转化率随聚合时间的延长而增加，聚合反应初期转化率增加较快，增加速度随聚合时间延长逐渐变缓，当聚合转化率达到85%左右时，增加速度趋近于零（见图1-3），聚合反应将自行停止。

图1-3中聚合时间仅代表某一实例，不是固定值，聚合转化率达到85%左右时，所需要的反应时间随聚合反应速度的增加而缩短。

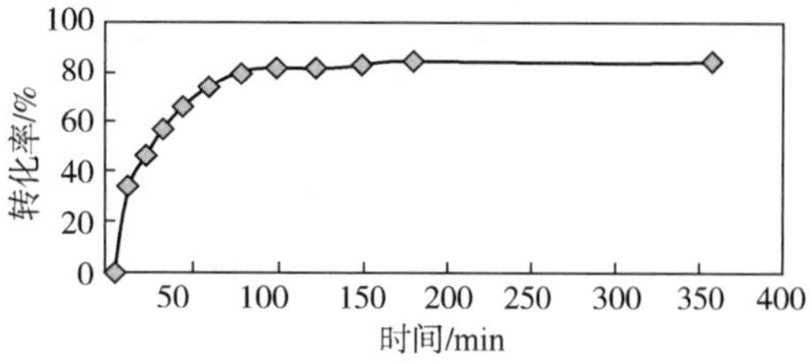

图1-3　聚合转化率与聚合时间的关系

2）聚合反应速度与单体浓度的关系

聚合反应速度是指单体转化为聚合物的速度，一般用单位时间内单体浓度的减少量来表示。镍催化体系丁二烯溶液聚合反应速度随单体浓度的增加而增加。

在聚合反应开始的一段时间内，聚合反应速度与单体浓度呈动力学一级关系。随着聚合反应时间的延长，聚合转化率提高、单体浓度降低、胶液黏度不断增加、链转移生成大量惰性分子链，当聚合转化率达到50%左右时，单体与活性种的碰撞概率越来越低，反应速度降低，聚合反应偏离动力学一级关系。

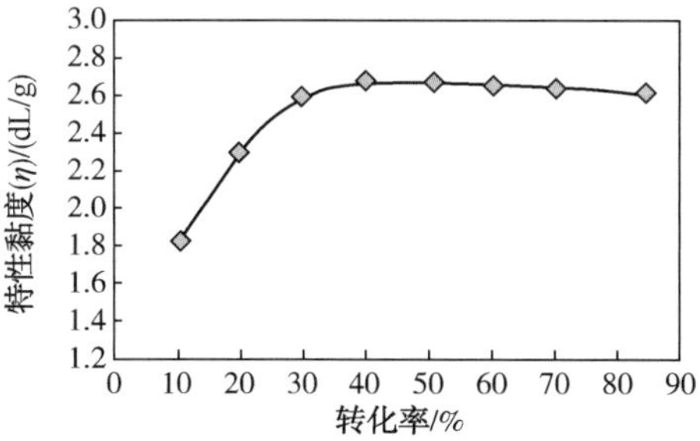

图1-4　聚合物特性黏度与聚合转化率的关系

3）聚合物特性黏度与聚合转化率的关系

在镍催化体系丁二烯溶液聚合反应初期，聚合物特性黏度随聚合转化率的增加而增加。由于聚合过程存在大量链转移，随着聚合反应的进行，低聚合度的聚合物生成量逐渐增加，当聚合转化率达到50%左右，随聚合转化率增加，聚合物特性黏度略有下降，如图1-4所示。

4）聚合反应动力学

吉本敏雄、小松共荣等曾研究了以环烷酸镍-三乙基铝-三氟化硼乙醚络合物为催化体系、苯为溶剂的丁二烯聚合反应动力学。他们认为，该聚合体系属于快引发、慢增长、无链终止、活性种只向单体转移的聚合体系，聚合反应属一级反应。

由于该体系无链终止，且活性种只向单体转移，聚丁二烯数均聚合度方程为：

$$\frac{1}{\overline{P}_n}=\frac{k_{tr}}{k_p}+\frac{\alpha[C_0]}{X[Bd_0]} \tag{1-1}$$

式中　$\overline{P}_n$——聚丁二烯数均聚合度；

k_{tr}——链转移速率常数，L/(mol/s)；

k_p——链增长速率常数，L/(mol/s)；

α——主催化剂利用效率，%；

$[C_0]$——主催化剂起始浓度，mol/L；

X——聚合反应 t 时刻的转化率，$\times10^{-4}$/s；

$[Bd_0]$——单体的起始浓度，mol/L。

中国科学院长春应化所、北京化工大学等单位采用镍催化体系以抽余油为溶剂研究了丁二烯聚合反应动力学，得出了与吉本敏雄相同的观点和数学模型。根据式(1-1)，计算出的镍系丁二烯聚合反应动力学参数，见表1-12。

表 1-12　镍系丁二烯聚合反应动力学参数

项目	聚合温度/℃	$[Bd_0]$/(mol/L)	$[C_0]$/(mol/L)	K/($\times10^{-4}$/s^{-1})	α/%	k_p/[L/(mol·s)]	k_{tr}/[L/(mol·s)]
吉本敏雄等	40	1.18	25.6	2.7	1.8	6	8
	30	1.18	25.6	1.6	1.9	3	5
长春应化所	50	1.85	1.24	1.3	26	4	6
	50	1.85	1.85	3.0	16	10	14
北京化工大学	80.3	2.22	1.33	2.67	27	20.5	33.33
	68.3	2.22	1.33	1.65	27	12.7	20.6
	57.6	2.22	1.33	1.128	27	8.68	12.5

燕山石化合成橡胶厂以抽余油为溶剂，采用 Al-Ni 陈化、稀 B 单加方式，反复进行了丁二烯溶液聚合实验，对实验结果按动力学一级关系进行处理：

$$\frac{-\mathrm{d}[Bd]}{\mathrm{d}t}=K[Bd]$$

$$-\ln\frac{[Bd]}{[Bd_0]}=K(t-t_0) \qquad (1-2)$$

式中　$[Bd]$——丁二烯即时浓度，mol/L；

t_0——聚合反应诱导期，s；

K——聚合反应速率常数，1/s。

设聚合转化率为 X，则：

$$X=\frac{[Bd_0]-[Bd]}{[Bd_0]}$$

$$\frac{[Bd]}{[Bd_0]}=1-X \qquad (1-3)$$

故，$-\ln(1-X)=K(t-t_0)$

在实验过程中，对不同聚合时间的转化率 X 进行测定。对聚合时间 t 作图发现，是一条符合客观规律的曲线如图 1-5 所示。当丁二烯聚合转化率较低时，活性种与丁二烯的碰撞概率高，聚合转化率与单体浓度呈线性关系。随着聚合反应的进行，聚合转化率提高，单体浓度降低，链转移生成大量惰性分子链，活性种与丁二烯分子被惰性分子链分割、包围，扩散困难，相互碰撞概率降低，反应机会减少。因此，在开始的短时间内，聚合反应呈动力学一级关系，当转化率达到 50%左右即偏离动力学一级关系。

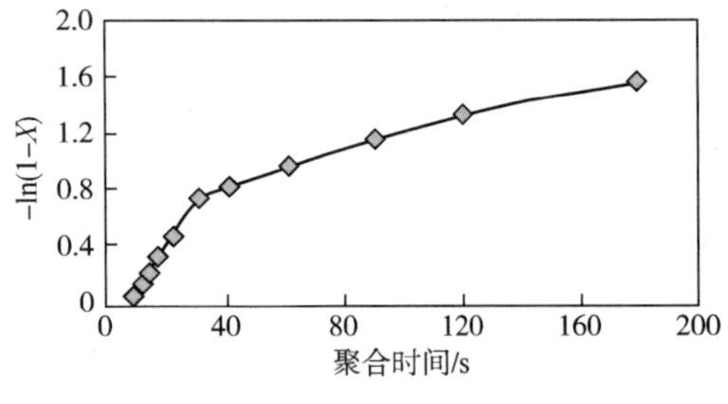

图 1-5　聚合时间与单体浓度的关系

(4) 聚合加水技术

水是可以形成氢键的极性化合物，游离态的水分子相互缔合形成多分子缔合体，使分子量只有 18 的水具有较高的沸点(100℃)。当水以单分子状态分散在非极性溶剂中，氢键难以形成，因此，在丁二烯(沸点-4.5℃)和溶剂(沸程 64～68℃)精制过程中，水总是随轻组分从塔顶脱出，比较容易与丁二烯和溶剂分离。

水是镍催化体系中不可缺少的一元，调节加水量不仅可以调节催化剂活性，而且可以调节聚合物门尼黏度。在镍催化体系丁二烯溶液聚合过程中，尽管水起着重要的作用，但人们对水的作用却有一个较长的认识过程。随着对水作用认识的深化，加水技术得到了广泛应用，聚合加水技术已经成为镍系催化剂活性种制备技术的一个重要组成部分。

1）水作用的认识

在镍系丁二烯溶液聚合中试放大和工业化初期，原材料质量较差、含水量高、催化剂活性随原材料含水量的增加而降低；当聚合体系含水量高到一定程度时，聚合反应则无法进行。因此一致认为，水是聚合体系的有害杂质，能破坏催化剂、“杀死”活性种、降低催化剂活性、影响聚合反应。在科研与生产中，总是千方百计对聚合原料进行脱水。在小试中，用分子筛、γ-氧化铝对溶剂及丁二烯进行精制，进一步脱除其中部分水分。生产中，用脱水塔进行脱水。

1979 年，燕山石化合成橡胶厂溶剂回收装置扩建改造完成后，溶剂中含水量大幅下降，催化剂活性反而降低，聚合物门尼黏度高，且难以调节。为了提高聚合活性、降低聚合物门尼黏度，不得不提高 B 催化剂用量，降低 Al/B。由于 B 用量高，BF_3 水解，严重腐蚀后处理系统设备、回收油管线和回收粗溶剂罐；B 又能使丁二烯在胶液罐气相产生阳离子聚合，影响橡胶质量。同时发现，每当聚合系统被水污染或大检修后，在聚合体系含水量恢复到正常水平的过程中，总有一段低催化剂用量生产时段。

1980 年，曹湘洪结合生产实践提出向聚合体系加水的设想，并在生产装置上进行了加水试验，获得成功。从此，我国镍系顺丁橡胶生产普遍采用了聚合加水技术。

2）水作用的研究

在聚合体系中，改变加水量可以调节催化剂活性，也可以调节聚合物门尼黏度。水不能与溶剂油反应，也不能与丁二烯反应，水的作用是通过与催化剂组分或组分间反应产物反应而发生的。

① 水与环烷酸镍的反应：环烷酸镍是有机羧酸盐，水与环烷酸镍不发生化学反应。

② 水与三异丁基铝的反应：三异丁基铝是活泼的有机金属化合物，与水发生剧烈的放热反应。水与 $Al(i\text{-}C_4H_9)_3$反应，消耗了 $Al(i\text{-}C_4H_9)_3$，影响活性种的生成。

$$H_2O+Al(i\text{-}C_4H_9)_3 \longrightarrow Al(OH)(i\text{-}C_4H_9)_2+i\text{-}C_4H_{10}$$
$$H_2O+Al(OH)(i\text{-}C_4H_9)_2 \longrightarrow Al(OH)_2(i\text{-}C_4H_9)+i\text{-}C_4H_{10}$$
$$H_2O+Al(OH)_2(i\text{-}C_4H_9) \longrightarrow Al(OH)_3\downarrow +i\text{-}C_4H_{10}$$

③ 水与 Al、Ni 反应产物的反应：Al、Ni 反应产物化学性质活泼，与水作用后，棕黑色的反应产物颜色逐渐消失，并有白色晶状物析出。水能破坏 Al、Ni 反应产物，影响活性种的生成。

④ 水与三氟化硼乙醚络合物的反应：水与三氟化硼乙醚络合物发生反应，有 HF 生成。

$$H_2O+BF_3\cdot OEt_2 \longrightarrow B(OH)F_2+HF+OEt_2$$
$$H_2O+B(OH)F_2 \longrightarrow B(OH)_2F+HF$$
$$H_2O+B(OH)_2F \longrightarrow H_3BO_3+HF$$

BF_3不能直接参与活性种的生成，而是 B 反应产物 HF 参与活性种的生成，且 F 是活性种的组成部分。因此，当聚合体系含水量低时，只有加适量水，才能提高催化剂活性。

在原材料质量一定的情况下，聚合加水量有最佳的控制范围，其本质是聚合体系必须含适量水。聚合体系含水量偏高，聚合反应初期活性高，中、后期活性差，聚合物门尼黏度降低；聚合体系含水量偏低，聚合反应初期活性稍差，反应后移，聚合物门尼黏度增加，最终聚合转化率不变。

3）加水方式的进步

聚合加水方式是指如何将适量水加到聚合体系中。起初，加水到聚合釜的溶剂油管线孔板前，试图通过流体的涡流作用将水分散在溶剂中。但水在油溶剂中溶解度很低，又无充分的混合时间，水常游离出来，影响正常生产。后来，将水加到溶剂脱重塔进料管线或回流管线上，这两种方式均能使水在脱重塔内与溶剂均匀混合，提高了聚合的稳定性。由于脱重塔产出的成品油要经过容量较大的油罐储存，造成聚合加水量调节滞后，生产仍然处于被动。

丁二烯分子是具有 π 键结构的有机化合物，与溶剂相比，对水的溶解能力较强。用一定量丁二烯携带水直接进聚合釜是目前我国顺丁橡胶生产普遍采用的加水方式。根据聚合情况调节带水丁二烯的量，该加水方式可以使聚合体系含水量及时得到调节，并能保持聚合反应的稳定性。

4）加水技术的应用

① 在普通顺丁橡胶生产中的应用。

在聚合过程中，通过改变加水量调节聚合活性和聚合物门尼黏度，已经成为普通顺丁橡胶生产的一种有效调节手段。

原材料质量和催化剂用量、配比处于正常控制范围内，当聚合反应活性不高，聚合物门尼黏度较高，增加 B 用量或降低 Al 用量，聚合物门尼黏度仍然较高时，表明聚合体系含水量偏低，此时，适当提高加水量可以提高聚合反应活性，降低聚合物的门尼黏度。当 A1/B 比较高时，成品胶的门尼黏度较低、聚合活性不高，采用 Al/B 比调节聚合物门尼黏度不灵敏时，表明聚合体系含水量偏高，可适当减少加水量，以提高聚合反应活性和聚合物的门尼黏度。

② 在高抗冲聚苯乙烯专用顺丁橡胶生产中的应用。

高抗冲聚苯乙烯是用橡胶改性的聚苯乙烯树脂。用聚丁二烯橡胶作聚苯乙烯的改性剂，要求其具备适当的门尼黏度、5%苯乙烯溶液黏度低、凝胶含量少、颜色浅等特性，其中，5%苯乙烯溶液黏度是一项关键的质量技术指标。

在高抗冲聚苯乙烯专用顺丁橡胶生产中，将聚合体系 H_2O/Bd 控制在较低范围，通过调节其他工艺条件，生产出具有较窄的分子量分布和一定支化度的高顺式聚丁二烯，可以满足高抗冲聚苯乙烯的生产要求。

（5）主要影响聚合反应的因素

丁二烯在镍、铝、硼催化剂作用下的发生定向聚合反应，其反应速度和催化剂、单体浓度之间关系可表示为：

$$-\mathrm{d}[M]/\mathrm{d}t = k_{\mathrm{p}}[C_0][M]$$

式中 $[M]$——时间为 t 的单体浓度，mol/L；

$-\mathrm{d}[M]/\mathrm{d}t$——聚合反应瞬时速度，mol/(L·s)；

k_{p}——链增长速度常数，L/(mol·s)；

$[C_0]$——催化剂起始总浓度，mol/L。

影响聚合反应的因素可以归纳为：

① 凡能影响镍、铝、硼三种催化剂形成活性中心的物质，均可对反应过程产生不良影响，导致诱导期延长、聚合活性降低、聚合物质量下降，甚至完全中断反应。因此，对聚合所用的丁二烯、溶剂油、催化剂等必须有严格的质量要求。

② 溶剂油和丁二烯中的微量水分对聚合反应的速度有明显影响，过多过少均对聚合反应不利，因此，必须严格控制溶剂油和丁二烯中的水分。

③ 有了较好的原材料还必须有合适的催化剂配方，否则，也会对反应速度和聚合物的内在质量带来不良影响。

④ 工艺条件，如：反应温度、丁油浓度等也会影响聚合过程。

（6）杂质对聚合的影响

1）聚合体系中的杂质及其影响

聚合体系中的杂质是指对聚合反应及产品质量产生不良影响的物质，又被称为有害杂质。有些杂质能导致聚丁二烯分子结构发生改变，影响产品质量；有的能导致聚合诱导期延长、聚合活性下降，甚至中断聚合反应。因此，顺丁橡胶生产用原材料必须有严格的质量指标，并加以监控。

聚合体系中的杂质来源于原料、助剂、回收溶剂和丁二烯中杂质的积累，使用不同方法制得的原材料，带入杂质的种类不同。

聚合体系中的杂质可归纳为丁二烯二聚物(4-乙烯基环已烯)、醛、酮、醚、醇、酚、呋喃、有机酸、烯烃、双烯烃、炔烃、乙腈、二甲基甲酰胺(DMF)、对叔丁基邻苯二酚(TBC)、二乙基羟胺、水、氧、CO、CO_2等物质。

杂质对聚合的影响是综合性的，非常复杂，国内外学者对此进行了大量的研究工作，要真正弄清楚杂质如何起作用、如何破坏催化剂乃至活性种、如何影响聚丁二烯的结构和产品质量比较困难。

由于丁二烯具有自聚能力，丁二烯二聚物来自丁二烯的生产和储存过程。在聚合过程中，二聚物对聚合活性、转化率几乎没有影响。由于4-乙烯基环已烯对链转移有促进作用，对聚丁二烯的平均分子量影响较大，使聚合物门尼黏度下降。

乙腈、DMF是丁二烯生产过程的抽提剂，残留在丁二烯中的微量乙腈、DMF能破坏催化剂，“杀死”活性种，即使丁二烯中含10^{-6}级的乙腈，也会使聚合活性明显下降。

醇类、酚类能“杀死”活性种，当OH/Al(摩尔比，下同)大于1时，聚合活性迅速下降；同时，它们属于路易斯碱性物质，能抑制链转移，使聚合物分子量升高。

CO和CO_2对聚合反应有影响，当CO/Al大于0.04时，随CO含量增加，聚合活性下降；当CO/Al大于0.24时，只能得到少量聚合物。与CO相比，CO_2对聚合转化率影响较小，却能提高聚合物分子量。

甲乙醚与乙醚相比，乙醚对聚合反应的影响稍大，对呋喃的影响较小，呋喃/Al达13时，对聚合活性的影响仍不明显。

炔烃对聚合反应有较强的影响，炔烃参与聚合反应，形成支化度较高的聚合物，改变聚合物分子结构，影响产品质量；炔烃能消耗催化剂，降低聚合活性，造成催化剂用量增加或催化剂配比失调，促使凝胶的生成，甚至造成挂胶。炔烃对聚合的影响顺序为：乙烯基乙炔>甲基乙炔>乙基乙炔。

在顺丁橡胶工业化初期，受原材料生产技术和活性种制备技术的限制，催化剂用量高，原定丁二烯中甲基乙炔(MA)、乙基乙炔(EA)、乙烯基乙炔(VA)等总炔烃含量$\leq 20\times10^{-6}$，其中，VA小于5×10^{-6}。随着顺丁橡胶生产技术的进步与发展，催化剂用量大幅降低，炔烃对聚合反应及产品质量的影响越发敏感。

水对聚合反应的影响具有两重性，水是镍催化体系中的一元催化剂，参与活性种生成的反应过程；水又是丁二烯聚合过程中的有害杂质，它与 Al 发生反应，破坏 Al 与 Ni 的反应产物，“杀死”活性种，消耗催化剂。因此，聚合体系必须保持适量水，含水量偏低，催化剂活性低；含水量偏高，水与 Al、Al-Ni 反应产物、活性种的碰撞概率提高，水作为有害杂质的作用增强。

在聚合初期，水作为一元催化剂的作用得到充分发挥，聚合体系含水量高，B、H_2O 碰撞概率提高，活性种生成速度快，表现为加水量多，聚合活性提高，而随着活性种数量的增加，水与活性种的碰撞概率提高；聚合中后期，H_2O“杀死”活性种的作用增强，聚合活性下降，甚至降低聚合转化率。因此，不能盲目地通过提高加水量来提高聚合活性。

综上所述，杂质对聚合的影响表现在三方面。

① 破坏催化剂组分或组分间的反应产物，影响活性种的生成；

② “杀死”活性种，缩短活性种寿命，影响聚合活性；

③ 参与聚合反应，改变聚合物分子结构，影响产品质量。

C_4 抽提技术的广泛应用，催化剂及各种助剂生产技术的进步及聚合技术的提高与发展，如硼单加技术的应用、无甲醇分散剂的应用、BHT 防老剂的停止使用等，无一不减少了带入聚合体系的有害杂质量，提高了催化剂的利用率和产品质量。

2）杂质的影响与粒子碰撞

由化学反应动力学可知，发生碰撞的粒子不一定发生化学反应，而发生化学反应的相关粒子一定经历过相互碰撞，相关粒子碰撞概率越高，碰撞次数越多，反应机会越多。有害杂质与相关粒子的作用也符合这一规律。在顺丁橡胶生产中，只有设法将原材料提纯，使有害杂质降到最低限量之下，才能确保聚合反应平稳，产出质量较好的顺丁橡胶产品。

为了消除杂质对聚合的影响，人们不断地提高对原材料的提纯与精制技术，尽量减少带入聚合体系杂质的量。粒子碰撞理论证明，聚合原材料中杂质含量高，影响聚合活性和产品质量，但是，原材料中杂质的控制指标并非越低越好。只要聚合体系中杂质与相关粒子碰撞概率低，消耗催化剂和影响产品质量的副反应就难以发生，便不必苛求对原材料进一步提纯与精制，否则会提高原材料的生产费用、降低产品的经济效益。

3）副反应及其影响因素

顺丁橡胶的副反应包括：反式-1,4 聚合和 1,2 聚合，凝胶以及大分子支化等。影响这些反应的因素有原材料的杂质及其含量、催化剂配方和配比，以及聚合反应温度等。

（7）反应热平衡方法及手段

丁二烯的聚合反应是放热反应。目前由于排热问题无法解决，只能靠降低进料温度、丁油浓度和提高聚合温度来平衡首釜的反应热，用充冷油的方法来平衡后釜的反应热。

1.3.2　回收单元

溶剂及丁二烯回收单元是顺丁橡胶生产工艺过程的一个重要组成部分，采用多塔分离。它的作用是回收处理溶剂油，使之符合顺丁橡胶聚合要求；回收处理丁二烯，使之符合顺丁橡胶聚合要求。回收单元生产过程是一系列的精馏操作过程，它利用混合物中各组分的挥发度不同，在一定温度、压力下在塔中进行气液接触，多次部分汽化和部分冷凝、传质传热从而达到轻重组分分离的目的。

影响分离的因素有进料组成、塔压、塔顶塔底温度、回流比、回流温度、塔顶塔底采出量等。在正常生产中主要控制塔的操作压力、操作温度和回流比来保证塔的稳定操作。

1.3.3 凝聚及后处理单元

顺丁橡胶生产中最后工序就是聚合物的成品后处理，聚合后顺丁橡胶溶液经凝聚、后处理变成最终产品。后处理在顺丁橡胶生产中占有颇为重要的地位，因为它影响橡胶的加工性能和物理机械性能以及生产的能耗、企业经济效益等。

1.3.3.1 胶液混配

在聚合过程中，由于工艺条件的正常波动是不可避免的，所以每批胶液的综合质量指标门尼黏度值(简称门尼黏度)也存在一定差异。门尼黏度低胶发软、加工性能优良，但平均分子量小，所以橡胶的弹性小，强度差。为了得到质量均一的产品，胶液在凝聚前要先进行掺混(亦称配胶)。为控制产品的门尼黏度(一般控制为45±7)，要对胶液的门尼黏度进行严格控制。由于后处理加工过程中存在门尼黏度升值现象，所以应控制胶液的门尼黏度略低于产品要求的门尼黏度，以控制产品门尼黏度符合要求。

掺和的理论依据是胶液的门尼黏度具有加和性，即较高门尼黏度的胶液和较低门尼黏度的胶液混合后，新胶液的门尼黏度将在两者之间，这样，通过掺混便能把各种门尼黏度的胶液配成合乎要求的胶液。

1.3.3.2 水析法凝聚

水析法凝聚是在机械搅拌下，使胶液呈液滴状分散于热水中，用低压蒸汽直接通入，靠部分蒸汽冷凝放出潜热来加热热水，热量通过热水传递给胶粒。此时，液滴状胶液中的溶剂、丁二烯等受热部分汽化，这部分溶剂气体被水蒸气按一定比例带出，达到脱除溶剂的目的。溶剂蒸出后的橡胶呈颗粒状析出，分散于水中。由于橡胶颗粒和水的充分接触，可以把橡胶中所含的微量催化剂、终止剂等杂质洗去一部分，从而可以降低橡胶中灰分含量。凝聚过程一般分两个阶段，在凝聚过程的初期存在一个等速凝聚阶段(胶液中的溶剂汽化阶段)，这是传热过程；在后期存在一个减速凝聚阶段(胶粒中的溶剂从胶粒内部扩散到胶的表面而汽化，扩散阶段)，这是传质过程。在等速阶段蒸出的溶剂占溶剂总量的95%，这一阶段时间较短(大约几分钟)，气相组成不变。等速阶段凝聚速度与釜温、溶剂沸点、搅拌状态、胶液分散程度有关，而减速阶段与釜压、温度、停留时间、气相组成有关，也与胶粒的颗粒大小和膨松状态有关。

根据这一原理采用压差式三釜凝聚的方式，利用静态混合器作喷嘴获得较小的粒度，推进式及涡轮组合桨作搅拌，利用釜间泵输送热水及橡胶颗粒，既达到节能的目的又提高凝聚的效果。

影响凝聚过程的因素可归纳为胶粒大小、停留时间、胶液质量及分子量大小、釜温、喷嘴热水温度、pH 值、搅拌速度、釜内蒸汽入口方向和汽提剂的使用。

目前国内基本采用三釜凝聚，工业应用表明多釜比单釜省蒸汽。国外凝聚流程与国内相比不同。例如，凝聚釜的内构件上有不同，日本宇部兴产公司研制出一种高效喷嘴，从其宽度为0.3~4mm的环隙中喷出的线速高达200~300m/s的过热蒸汽，与从直径2~5mm圆孔中喷出的胶液相遇，凝聚后胶粒径为4~6mm，远小于采用普通喷嘴时的胶粒(20~50mm)。Bayer公司开发的伸缩式喷嘴，通过压力传感器、控制器和移动装置的作用，可自动或手动调节喷出的中空胶液环流厚度(0.1~5.0mm)，后者与中心管喷出的接近音速的150℃蒸汽相遇凝聚成粒径小而均匀的胶粒。日本JSR公司成功开发一种乳化汽提工艺，其特点是先用由非离子型表面活性剂(如聚乙二醇芳烷基醚)与通式为 $R(OC_3H_6)_nOP(OH)_2O$ 的磷酸酯组成的复合型汽提剂、蒸汽和热水在机械混合装置中使胶液乳化，然后喷入凝聚釜上部空间，喷嘴高出釜内液面0.5~2.0m，经乳化处理后只用一台凝聚釜就可使胶中的溶剂含量降至≤1.0%，凝聚胶粒径5~10mm，且不互黏的满意效果。而采用常规汽提工艺时，粒径则为20~40mm，并有互黏现象。

1.3.3.3 挤压脱水和膨胀干燥

凝聚后胶粒用水清洗掉其中的汽提剂、残存的催化剂及表面杂质，采用挤压脱水-膨胀干燥法将残留的溶剂和大量的水分除掉，即经挤压脱水机脱水，进入膨胀干燥机，橡胶颗粒受螺杆和剪切螺钉挤压、摩擦生热，通过夹套低压蒸汽加热，获得高温、高压。当过热状态的水和处于高温、高压状态的物料被挤出模头时，压力突然降到常压，这时胶料中过热状态水立刻汽化，从胶料中逸出（叫作"闪蒸"），从而达到干燥的目的。闪蒸过后的胶料再经热风干燥进入压块成型机，通过液压成型，成为胶块，经包装成为产品。

影响干燥的因素有生产负荷的大小，胶粒的温度、门尼黏度，胶中含油量、汽提剂，洗胶罐出料的稳定性，挤压机笼条间隙、转速、机头压力、切刀与模板的间隙，膨胀干燥机的转速、温度、机头压力，模头眼的数量、孔径；另外，干燥箱中热风的温度、流量对胶粒的干燥也产生很大影响。

1.3.4 催化氧化

顺丁橡胶后处理催化氧化设施主要用于处理后处理1、2号筛，干燥箱，流化床，冷风箱产生的废气，通过催化剂的作用，将废气（含空气）中的可燃组分（一氧化碳和挥发性有机物）氧化为CO_2和H_2O，从而达到净化气体的目的。与其他有机废气处理方法相比，催化氧化法具有操作温度低、处理效率高、能耗低以及操作安全等优点。处理装置的主要设备有阻火器、旋风分离器、催化风机、废气换热器、电加热器、催化氧化反应器、余热锅炉和排气筒等。

1.3.5 老化与防护

1.3.5.1 橡胶老化的概念

橡胶的老化是指生胶或橡胶制品在加工、储存或使用过程中，由于受热、光、氧等外界因素的影响使其发生物理或化学变化，性能逐渐下降的现象。

橡胶老化因橡胶的品种及制品所处的老化环境不同，它们老化现象的外观表现也是多种多样的，最常见的外观变化是变软、发黏、变硬、变脆、龟裂、发霉、失光、变色、粉化等。随着外观的变化，橡胶制品的使用性能逐渐变差，常表现为强度降低、弹性消失、电绝缘性下降和耐磨性降低等。无论是外观变化还是性能变化，其实质是橡胶在老化过程中结构发生了变化。经研究表明，橡胶在老化过程中分子结构可发生如下几种类型的变化：①分子链降解；②分子链之间产生交联；③主链或侧链的改性。因橡胶品种及老化条件的不同，橡胶分子结构的变化也不一样，外观的表现也不尽相同。

1.3.5.2 橡胶老化的原因

顺丁橡胶分子结构中含有大量的不饱和双键，在机械应力、热、光等外在因素作用下可以与氧、臭氧或其他活性物质发生化学反应，使聚丁二烯分子链断链、交联等，这些反应统称为老化反应。顺丁橡胶的老化包括生胶（硫化前）的老化和橡胶制品的老化。

橡胶老化除受本身的分子结构影响外，也受其工作的环境即外部因素影响。这些外部因素可分为物理因素、化学因素和生物因素三种类型，而每一种类型又包含着很多不同的因素。

外部因素在橡胶老化过程中，往往不是独立起作用，而是相互影响，加速了橡胶老化进程。如常见的轮胎胎侧从侧面保护胎体，在使用过程中要经受反复屈挠和日光暴晒，因而影响其老化的物理因素有热(屈挠生热、光照生热等)、光、交变应力和应变；化学因素主要有氧、臭氧等。这些因素中，热与氧一起产生了热氧老化，光与氧一起产生了光氧老化，热与臭氧一起加速了臭氧老化，交变应力与应变同氧及臭氧一起加速了疲劳老化。这些老化反应同时在胎侧发生，使胎侧比其他部位的老化更加严重。不同的制品在不同的使用条件下，各种因素的作用程度不同，其老化情况也不一样。同一制品，因使用的季节和地区不同，老化情况也有一定的差异。因此，橡胶的老化是一种由多种因素参与的复杂化学反应。在这些因素中，最常见而且最重要的化学因素是氧和臭氧，物理因素是热、光和机械应力。

（1）橡胶的热降解

在影响橡胶老化的物理因素中，热是最基本而且是最重要。当橡胶处于无氧的惰性介质中时，如在模压过程中或者是当橡胶体积很大，氧难以扩散进入时，或者当橡胶制品在高温下短时间使用时，橡胶的耐热性主要取决于它的热降解特性。不仅如此，橡胶的热降解性也在很大程度上影响着橡胶的热氧老化性。

（2）橡胶的热氧老化

生胶或橡胶制品在热和氧两种因素的共同作用下产生的老化称为热氧老化。这时，热促进了橡胶的氧化，而氧促进了橡胶的热降解。橡胶制品在实际使用过程中，往往要经受热并与空气中的氧接触，受到不同程度热氧老化的破坏。因此，橡胶的热氧老化是橡胶老化中最普遍而且最重要的一种形式。

1.3.5.3 顺丁橡胶生产过程中的老化

顺丁橡胶的老化宏观上表现为氧化交联型，微观上亦有分子链降解发生，一般顺丁橡胶老化后颜色变黄、门尼黏度升高、凝胶含量增加，严重老化会影响生胶的加工行为和使用性能。

（1）聚合过程

顺丁橡胶的聚合过程在无氧环境中进行，在该过程中，尽管原材料中含有某些杂质、聚合釜内局部催化剂分散不匀、配比不当，可以生成少量凝胶和微凝胶，看起来这些产物与顺丁橡胶老化后产物相似，但它不属于生胶老化范畴。聚合过程由于无氧存在，故不存在生胶的老化问题。

为了防止后处理干燥过程和储存过程生胶发生老化，必须在聚合后期加入适当抗氧剂。

（2）凝聚过程

曾经在顺丁充油橡胶的研究过程中发现，顺丁橡胶在无氧环境、100℃下老化48h，生胶的内在质量不发生明显变化。在顺丁橡胶连续生产过程中，凝聚釜内基本不含氧气，凝聚温度控制在96~102℃范围内，凝聚过程生胶的门尼黏度和凝胶含量没有变化，生胶在凝聚过程不发生老化反应。

（3）挤压脱水过程

挤压脱水过程是将凝聚后的胶粒经分水筛分水后送入挤压脱水机内脱水到含水量8%~15%的过程，因脱水温度较低，生胶在挤压脱水机内停留时间短，挤压脱水过程不造成生胶的老化。

（4）膨胀干燥过程

膨胀干燥的目的是脱除挤压脱水后生胶中的水分，最终使挥发分含量在0.5%以下。含水8%~15%的生胶进入膨胀干燥机的料斗，在螺杆的推动下进入机体，在膨胀干燥机的一段、二段内脱除一部分水，另一部分水随胶料前进，挤压力和温度越来越高，生胶中的水处于过热状态，当生胶挤到模头时，温度可达170℃，压力可达10MPa，生胶被挤出模头时，压力骤然下降，过热水靠显热气化脱除。

在膨胀干燥机体内，胶料温度升高的能量由膨胀干燥机夹套内蒸汽和膨胀干燥机挤压磨擦生热提供。当夹套蒸汽温度过高或挤压磨擦生热量过多时，会造成膨胀干燥温度较高，机械应力使部分聚丁二烯分子断链产生自由基，自由基、氧及生胶分子链相互作用发生交联反应，使生胶的门尼黏度上升、凝胶含量增加。当膨胀干燥温度较高或某种抗氧剂在此温度下不适用时，可造成生胶门尼黏度值升高3~7个门尼黏度单位，凝胶含量增加2%~4%，影响生胶的质量和使用性能。膨胀干燥温度过高和抗氧剂使用不当是引起顺丁橡胶生产过程生胶老化的主要原因。

顺丁橡胶生产过程有的生胶容易干燥，膨胀干燥机的温度即使降低到130℃以下，成品胶的挥发分仍合格；有的生胶难以干燥，膨胀干燥温度被迫提高到170℃以上才能保证成品胶的挥发分合格。膨胀干燥温度除与夹套蒸汽温度有关，还与胶料在挤压干燥机内生热有关。生胶的分子量分布宽，聚合度小的聚丁二烯分子链含量高、挤压磨擦生热小、不易干燥，必须提高膨胀干燥温度。

（5）压块、包装、储存过程

膨胀干燥后的生胶经通风降温、压块、用塑料薄膜包裹、避光纸袋包装后出厂，该过程生胶的老化速度极慢。

生胶在常温储存中，由于纸袋包装，避光、隔绝空气较好，顺丁橡胶的老化速度慢。试验发现，膨胀干燥温度低于160℃，含0.3%防老剂1076的顺丁胶样储存两年，生胶的质量未发生明显变化。目前，顺丁橡胶生产装置采用1076与1520混合使用或复配防老剂726S等，进一步提高产品的抗老化性。

1.3.5.4 橡胶老化的防护

橡胶老化是橡胶的实用价值逐渐丧失的过程，因此，研究橡胶的老化与防护有重要的实用价值和经济意义。但是，橡胶的老化是一种复杂的不可逆的化学反应过程，是一种不以人们意志为转移的客观规律，要想绝对防止橡胶老化是不可能的，只能通过研究掌握其老化规律，然后采取适当的措施，延缓老化速度，达到延长橡胶使用寿命的目的。为此，制造出了各种抗氧剂，能不同程度地延缓橡胶的老化进程。与此同时，人们也竞相开发其他的防护方法。但迄今为止所采用的防护方法有两种，即物理防护法和化学防护法。

所谓物理防护法是指能够尽量避免橡胶与老化因素相互作用的方法，如橡塑共混、表面镀层或处理、加光屏蔽剂、加石蜡等。

所谓化学防护法是指通过参与老化反应来阻止或延缓橡胶老化反应继续进行的方法，如加入胺类或酚类化学抗氧剂。

不同的因素引起橡胶老化的机理不同，因而应根据具体情况采取相应的抗氧剂或防护方法。

顺丁橡胶具有可以硫化的双键，这些不饱和双键在生产、储存和使用过程中不十分稳定，在一定条件下可以发生老化反应。为了防止橡胶的老化，在生产过程中必须加入适当抗氧剂。

顺丁橡胶生产过程的防老化技术旨在选择合适的干燥工艺条件和使用适宜的抗氧剂体系。在确保生胶挥发分合格的前提下，降低膨胀干燥温度是顺丁橡胶生产过程中生胶防老化技术的关键，可以通过膨胀干燥机的改造、干燥工艺条件的改进等措施实现。只有选择合适的膨胀干燥温度和适宜的抗氧剂体系相互配合，才能达到生胶防老化的目的。

顺丁橡胶生产过程中使用的抗氧剂必须具备：①在胶中不显色，不污染橡胶。②在顺丁橡胶溶剂中溶解速度快，溶解度较大，便于使用。③具有一定的相对分子质量，挥发性小，不污染溶剂。④较高温度下使用性能稳定。⑤来源广泛、价钱便宜。⑥具有较好的防老化性能。顺丁橡胶生产对抗氧剂有要求，适用于顺丁橡胶生产的抗氧剂受到限制。

每一种抗氧剂都有自己的特性，没有万能抗氧剂，必须根据需要进行选择。当一种抗氧剂难以满足要求时，可以采用两种或多种抗氧剂复合，有些抗氧剂复合使用后出现协同效应，能提高抗氧剂的防老化效力。一般说来，取代酚是不污染橡胶的抗氧剂，但某些取代酚(如2,6-二叔丁基-4-甲基苯酚)的相对分子质量低，容易汽化，污染溶剂。双酚类抗氧剂对生胶污染轻微，但防老化效能较差，在烃类溶剂中溶解度较低，影响它在顺丁橡胶生产中的使用；胺类抗氧剂的防老化作用较好，但它在烃类溶剂中溶解度低，且严重污染生胶，在顺丁橡胶生产中不宜采用。

2,4-二辛硫醇-6-甲基苯酚(抗氧剂1520)为无色液体，相对分子质量为425，与己烷混溶，是一种不污染橡胶、不污染溶剂的优良抗氧剂。由于抗氧剂1520含硫醇基取代酚类抗氧剂，除具有酚类抗氧剂的特性，还因硫醇基中的硫原子可以变价，在较高温度下与原子氧结合，提高了高温下的抗氧化能力。

顺丁橡胶生产过程的老化主要发生在膨胀干燥过程，在确保生胶挥发分合格的前提下，降低膨胀干燥温度是防止生胶在生产过程中老化的关键。燕山石化选用混配抗氧剂726S在顺丁橡胶生产中单独应用，能达到较好的抗氧效果，收到更佳的使用效益。

第2章　工艺流程及技术特点

2.1　装置工艺流程

目前，国内几大公司的生产工艺流程大体相同，均使用国产化技术，都是以环烷酸镍、三异丁基铝、三氟化硼乙醚络合物为催化剂，微量水作为催化剂的第四组分，以己烷为溶剂，丁二烯为单体，采用铝-镍、稀硼单加的催化剂陈化方式，使丁二烯在串联的多个聚合釜内聚合，得到门尼黏度为40~50ML的胶液。胶液加入定量抗氧剂后送胶液储罐。未反应的丁二烯用冷溶剂吸收后回收。胶液经混配后，送凝聚釜分离，釜顶气相经(热泵)空冷、水冷后与吸收未反应丁二烯的冷油一同送至回收原料罐(含丁二烯5%~8%)，经回收系统的三(或六)塔分离提纯后的丁二烯、溶剂油循环用于聚合。凝聚釜底液经颗粒泵送后处理单元，经水洗、脱水、膨胀干燥、压块成型得到顺丁橡胶成品。顺丁橡胶生产装置按生产工序可分为：聚合单元、凝聚及后处理、回收单元。以燕山石化12万t/a顺丁橡胶生产装置为例，工艺流程简图如图2-1所示，其他顺丁橡胶生产装置工艺流程可能略有不同。

2.1.1　工艺流程及说明

2.1.1.1　聚合单元

碳四抽提装置生产的丁二烯和顺丁橡胶装置回收单元的丁二烯一同送精丁二烯罐后再送往聚合单元。凝聚单元回收粗溶剂和补充的己烷经回收单元精制后，水值≤20mg/kg的己烷经泵送聚合单元。

一般浓度为20g/L的浓铝、3%浓镍和抗氧剂在各自配制釜配制完毕，经分析合格后，用氮气分别压入相应的计量罐。硼剂在硼储罐储存，用氮气压入硼计量罐，不需配制。

催化剂采用稀硼单加的加料方式。铝、镍催化剂自其计量罐经计量泵送出，在管道(静态混合器)中混合陈化，在丁油换热器出口处与丁油混合进聚合釜。硼剂经计量泵送出，在文氏管内与一定量的溶剂油混合后，由聚合釜的下部侧壁进入聚合釜。催化剂进料量按照丁二烯的处理量和催化剂配方计算。

丁二烯和己烷按一定比例在管道中混合，经换热器控制进料温度后进入聚合首釜，同催化剂混合进行合成反应。聚合首釜中部温度一般控制在50~67℃(扬子橡胶控制在65±5℃)，后续各釜温度则通过调节聚合釜夹套盐水流量和充油量来控制。反应热除了使体系升温保持反应速度外，多余部分热量由聚合釜夹套冷盐水带走。从聚合末釜出来的胶液与抗氧剂混合后进入胶液罐。

2.1.1.2　凝聚及后处理单元

近年来，国内厂家陆续完成了对顺丁凝聚三釜差压式改造，在2#凝聚釜后串联1台釜底不通蒸汽、常压操作的3#凝聚釜，优化蒸汽使用工艺，采用两台蒸汽喷射器分别控制2#凝聚釜和3#凝聚釜操作压力，适当降低操作压力，提高溶剂脱除能力。三釜差压工艺投用后，既降低了蒸汽的消耗，也降低了胶中油含量，减少了溶剂油的损失。

胶液喷入1#凝聚釜的下部，借助热水、蒸汽和搅拌脱除溶剂，成为悬浮胶粒，溶剂自

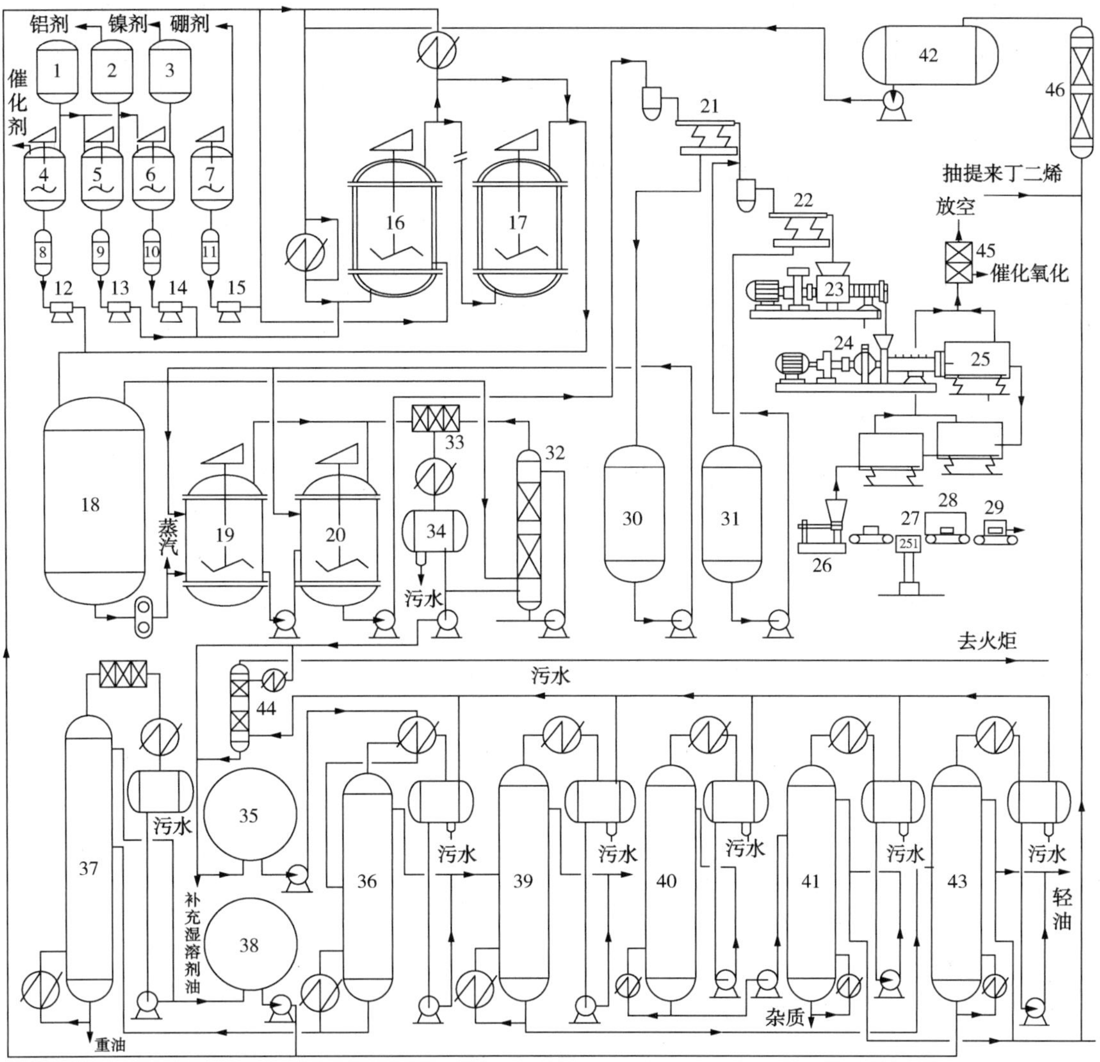

图 2-1　顺丁橡胶装置工艺流程简图

1—溶剂油罐；2—浓三异丁基铝罐；3—浓环烷酸镍罐；4—抗氧剂配制釜；5—三异丁基铝配制釜；6—环烷酸镍配制釜；7—三氟化硼乙醚络合物；8—抗氧剂计量罐；9—稀三异丁基铝计量罐；10—稀环烷酸镍计量罐；11—三氟化硼乙醚络合物计量罐；12—抗氧剂计量泵；13—稀三异丁基铝计量泵；14—稀环烷酸镍计量泵；15—三氟化硼乙醚络合物计量泵；16—聚合首釜；17—聚合末釜；18—胶液罐；19—1#凝聚釜；20—2#、3#凝聚釜；21，22—脱水振动筛；23—脱水挤压机；24—膨胀干燥机；25—流化干燥箱；26—压块机；27—计量秤；28—薄膜热合机；29—自动装袋机；30，31—热水罐；32—碱洗塔；33—风机；34—油水分层罐；35—粗溶剂油罐；36—溶剂油脱水塔；37—溶剂油脱重塔；38—溶剂油罐；39—丁二烯回收塔；40—丁二烯脱水塔；41—丁二烯脱重塔；42—丁二烯罐；43—溶剂油脱轻塔；44—尾气回收塔；45—催化氧化；46—丁二烯精制塔

釜的上部蒸出，冷凝后与水分离。热水、碱和汽提剂自釜的上部加入，胶粒-水悬浮液自釜的下部经釜间泵入2#、3#凝聚釜中部，进一步脱除溶剂，最后由首釜釜顶排出，脱除溶剂的胶粒同热水经颗粒泵送后处理。

由凝聚釜送来的胶粒-水悬浮液，送入1#脱水振动筛，与水分离，分离水进入热水罐，由热水泵送回凝聚釜循环使用，脱水胶粒在洗胶罐中洗涤后在2#振动筛分离洗涤水，洗涤水入洗涤水罐，胶粒入脱水挤压机，控制到水含量小于12%后，进入膨胀干燥机继续脱除水分，然后在流化干燥箱内用热风干燥，使水分和挥发分再次除去，干燥后的胶粒经冷风箱进一步挥发和冷却，经水平振动输送机(或垂直提升机)送至自动秤称量，经压块机压成25±0.05kg重的胶块，通过薄膜包装机包上聚乙烯薄膜，再经金属检测、重量检测后，装入纸袋，用缝纫机封口，包装好的成品由皮带输送至成品仓库。

为实现后处理尾气达标排放，国内厂家陆续完成了催化氧化尾气处理装置的建设，脱水筛、两机和干燥箱废气经空气稀释、过滤、除雾、除沫等预处理后，再经换热器、加热器预热到一定的反应温度后，进入催化燃烧反应器，在催化剂的作用下，废气中的有机物(VOCs)与氧气发生氧化反应，生成二氧化碳和水，废气经处理后VOCs含量降至20mg/m^{3}以下，实现达标排放。

2.1.1.3 回收单元

含5%左右丁二烯的凝聚回收油脱除游离水后送回收单元。进料油与溶剂油脱水塔塔顶物料换热后，进入溶剂脱水塔，塔底物料进溶剂油脱重塔脱除重组分，塔顶含丁二烯的物料在回流罐脱除分层水后送丁二烯回收塔。溶剂油脱重塔塔顶物料经空冷、水冷后送精溶剂油罐作为聚合溶剂，溶剂油脱重塔塔底重组分送出装置。

自顺丁溶剂更换为已烷后，部分厂家积极优化溶剂回收工艺，将溶剂油脱水塔底30%~50%物料直接采出作为聚合溶剂，大大缓解了溶剂油脱重塔负荷压力，节能效果显著。

丁二烯回收塔塔底为不含碳四组分的已烷，经溶剂油脱轻塔进一步脱除轻组分杂质后，返回精溶剂油罐作为聚合溶剂。塔顶含饱和水的碳四组分进入丁二烯脱水塔经共沸精馏脱水。

丁二烯脱水塔塔底物料进入丁二烯脱重塔，丁二烯脱重塔塔顶纯度大于96%的丁二烯送罐区丁二烯储罐供聚合使用，塔底重组分送出装置。

2.1.2 重要工艺控制指标

2.1.2.1 聚合单元

聚合单元重要工艺参考指标见表2-1。

表2-1 聚合单元重要工艺参考指标

项目名称	单位	参考指标
首釜中部温度	℃	50~67
系统压力	MPa	0.05~0.85
丁二烯浓度	g/100mL	12~17
胶含量	g/L	≥100
稀镍配制浓度	g/L	5.0±0.5
稀铝配制浓度	g/L	6.0±0.5
硼油稀释比	—	1∶(500~1000)
抗氧剂加入量	—	依抗氧剂品种定
其余各釜温度	℃	75~105

注：扬子橡胶铝和镍配制浓度为3±0.2g/L，聚合四釜温度≤110℃。

2.1.2.2 凝聚及后处理单元

凝聚工序重要工艺参考指标见表2-2。

表 2-2　凝聚工序重要工艺参考指标

项目名称	单位	参考指标	备注
胶罐压力	MPa	≤0. 10	表压
胶罐装料	—	≤80%	—
1#釜釜底温度	℃	<95	—
2#釜釜底温度	℃	<102	—
3#釜釜底温度	℃	≥100	—
1#釜釜顶压力	MPa	<0. 04	表压
2#釜釜顶压力	MPa	<0. 08	表压
3#釜釜顶压力	MPa	<0. 02	表压
pH 值	—	9. 0~10. 0	—
喷胶量	m^3/h	30~60	—
水胶比	—	3~7	—

后处理工序重要工艺参考指标见表 2-3。

表 2-3　后处理工序重要工艺参考指标

项目名称	单位	参考指标
洗涤水温度	℃	50~89
挤压机电流	A	≤279
干燥机电流	A	≤85
干燥机五段温度	℃	≤175
胶块重量	kg	25±0. 25

2. 1. 2. 3　回收单元

回收单元重要工艺参考指标见表 2-4。

表 2-4　回收单元重要工艺参考指标

塔系	项目名称	单位	参考指标
溶剂油脱水塔	塔顶压力	MPa	0. 3±0. 07
	塔顶温度	℃	83~97
	塔底温度	℃	102~125
	回流比	—	1~3
溶剂油脱重塔	塔顶压力	MPa	0~0. 06
	塔顶温度	℃	71~85
	塔底温度	℃	85~105
	回流比	—	0. 3~0. 8
丁二烯回收塔	塔顶压力	MPa	0. 3±0. 07
	塔顶温度	℃	28~47
	第十五层塔盘温度	℃	58~72
	回流比	—	1~3

续表

塔系	项目名称	单位	参考指标
溶剂油脱轻烃塔	塔顶压力	MPa	0~0.08
	塔顶温度	℃	60~80
	塔底温度	℃	60~80
	回流指数	—	0.2~1.0
丁二烯脱水塔	塔顶压力	MPa	0.3±0.07
	塔顶温度	℃	28~42
	塔底温度	℃	34~41
	回流指数	—	0.4~1.0
丁二烯脱重塔	塔顶压力	MPa	0.3±0.07
	塔顶温度	℃	33±5
	塔底温度	℃	44~62
	回流比	—	1~3

注：回流比：精馏塔回流量与塔顶采出量之比；回流指数：精馏塔回流量与进料量之比。

2.2 原料和产品

生产顺丁橡胶的主要原材料包括丁二烯和溶剂油。生产过程中还使用各类助剂，包括催化剂(三异丁基铝、环烷酸镍、三氟化硼乙醚络合物)、抗氧剂(BHT、726S、1076、1520)、阻聚剂(对叔丁基邻苯二酚、二乙基羟胺等)、汽提剂、氢氧化钠溶液、硫酸亚铁、亚硝酸钠等。

中间产品包括聚合末釜胶液、湿溶剂油、回收单元生产的溶剂油和丁二烯，产品为顺丁橡胶。

2.2.1 原料

2.2.1.1 丁二烯

(1) 物理性质

1,3-丁二烯简称丁二烯，是顺丁橡胶聚合的单体，在常温常压下是无色且具有特殊气味的气体，密度比空气大，易聚集在厂房低凹处，能与空气形成爆炸性混合物。常压下于-4.4℃可液化。它微溶于水，易溶于甲醇、乙醇、芳烃等有机溶剂中。丁二烯主要的物理参数见表2-5，顺丁橡胶生产所用丁二烯规格见表2-6。

表2-5 丁二烯的主要物理参数

指标名称	单位	指标
状态	—	气体
外观	—	无色
气味	—	芳香或汽油味
相对密度(20℃)	—	0.6211
水中溶解度(0℃)	%	0.23

续表

指标名称	单位	指标
相对分子质量	—	54.09
沸点(0℃，1.013×10^5Pa)	℃	-4.413
闪点	℃	-4.5
熔点(0℃，1.013×10^5Pa)	℃	-108.92
临界温度	℃	152.0
临界压力	MPa	4.33
折光指数 n_D(-25℃)	—	1.4293
燃点	℃	804
爆炸极限	%(体积)	2.0~11.5
气体比热容 C_P	kJ/(kg·K)	1.359(0℃)
		1.472(25℃)
		1.780(100℃)

表 2-6 顺丁橡胶生产所用的丁二烯规格

指标名称	单位	指标
1,3-丁二烯	%	≥98.5
N,N-二甲基甲酰胺	mg/kg	≤1
总炔烃	mg/kg	≤20
乙烯基乙炔	mg/kg	≤5
水	mg/kg	≤20.0
外观	—	无色透明无悬浮物

（2）化学性质

丁二烯的分子结构示意如下：

$$CH_2=CH—CH=CH_2$$

1）加成反应

丁二烯能和氢、卤素、卤化氢等发生加成反应：

$$CH_2=CH-CH=CH_2+H_2\longrightarrow CH_3-CH_2-CH=CH_2$$

$$CH_2=CH-CH=CH_2+H_2\longrightarrow CH_3-CH=CH-CH_3$$

$$CH_2=CH-CH=CH_2+HCl\longrightarrow CH_2=CH-CH_2-CH_2Cl$$

$$CH_2=CH-CH=CH_2+Br_2\longrightarrow BrCH_2-CH=CH-CH_2Br\text{(1,4 加成)}$$

$$CH_2=CH-CH=CH_2+Br_2\longrightarrow BrCH_2-CHBr-CH=CH_2\text{(1,2 加成)}$$

继续加成生成四溴化物：

$$BrCH_2-CH=CH-CH_2Br+Br_2\longrightarrow BrCH_2-CHBr-CHBr-CH_2Br$$

$$BrCH_2-CHBr-CH=CH_2+Br_2\longrightarrow BrCH_2-CHBr-CHBr-CH_2Br$$

2）与氧反应生成过氧化自聚物

丁二烯在氧存在的条件下，受热时能自动氧化生成过氧化物，并进一步发生聚合反应，生成过氧化自聚物：

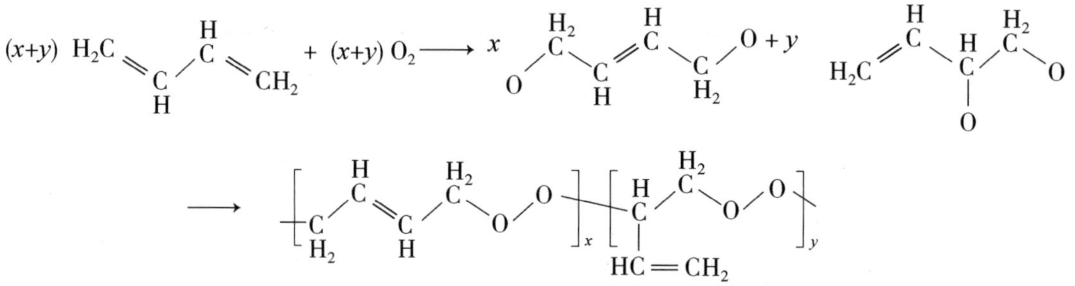

(1,4结构，约占80%)　　(1,2结构，约占20%)

过氧化聚合物是淡黄色油状物，在丁二烯中溶解度较小，在60~80℃或光照、撞击、摩擦下易发生爆炸。

3）聚合性能

在氧存在下，能自聚为二聚体(狄尔斯–阿尔德反应)

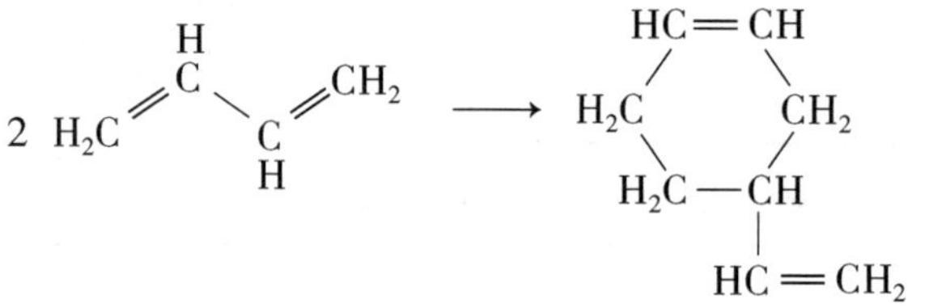

乙烯基环己烯

丁二烯二聚体是一种液体，常温下比较稳定，能缓慢地生成三聚物。

丁二烯在钠存在下，生成无规聚合物，即丁钠橡胶：

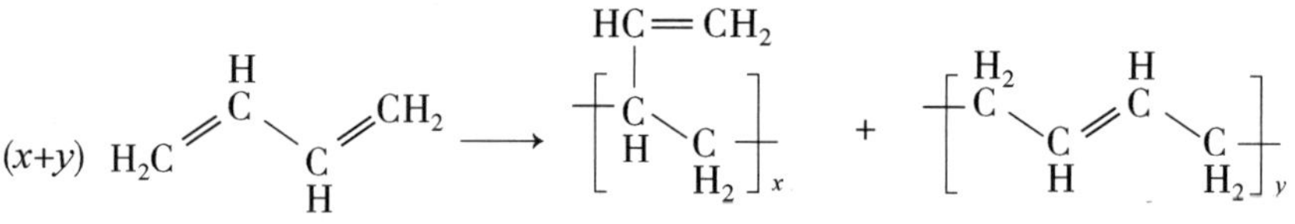

丁二烯在齐格勒–纳塔催化剂的作用下生成顺式聚丁二烯橡胶：

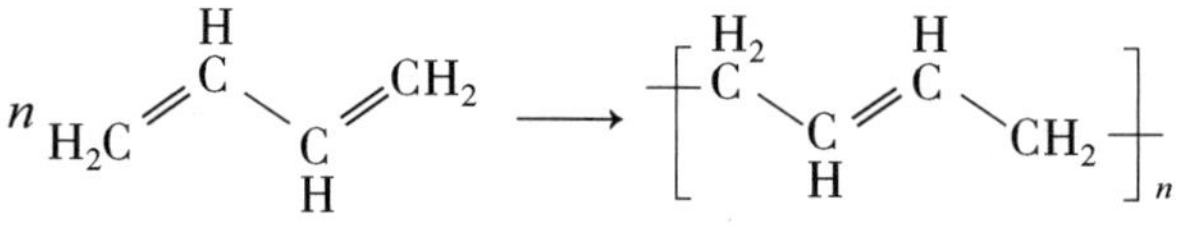

丁二烯和苯乙烯共聚生成丁苯橡胶，与丙烯腈共聚生成丁腈橡胶。

2.2.1.2　己烷

己烷是顺丁橡胶生产的溶剂，为丁二烯液相聚合提供液态环境，同时溶解聚合物并传递反应热。己烷是无色澄清液体，不溶于水，易溶于大多数有机溶剂，能溶解油脂和脂肪等，相对密度为0.66~0.68；易挥发和着火，爆炸极限为1.1%~7.5%(体)。

顺丁橡胶生产所用己烷的规格见表2–7。

表2–7　顺丁橡胶生产所用己烷规格

指标名称		单位	指标
水值		mg/kg	≤20
C_4		m/m	检不出
正己烷		m/m	≥60
馏程	5%初馏点	℃	≥66
	95%馏出温度	℃	≤70

2.2.1.3 催化剂

(1) 三异丁基铝

三异丁基铝是用活性铝粉与异丁烯和氢在高温、压力下合成，其反应式：

$$2Al+6iC_4H_8+3H_2\xrightarrow[60atm]{150℃}2Al(iC_4H_9)_3$$

三异丁基铝是无色或微黄色透明液体，相对分子质量为 198，沸点为 86℃（1.33×10^3 Pa），熔点为 6℃，相对密度为 0.79。顺丁橡胶生产所用三异丁基铝的规格见表 2-8。

表 2-8　顺丁橡胶生产所用三异丁基铝的规格　　%(质)

指标名称	指标
外观	无色或微黄透明液体，无悬浮物
三异丁基铝	≥97.0
三正丁基铝	≤0.5
铝	≥13.4
氢铝(以 AlH_3 计)	≤0.8
异丁烯	≤2.5

三异丁基铝极为活泼，在空气中强烈冒烟分解，放出大量的热而自燃。这是由于发生剧烈氧化，其氧化反应式为：

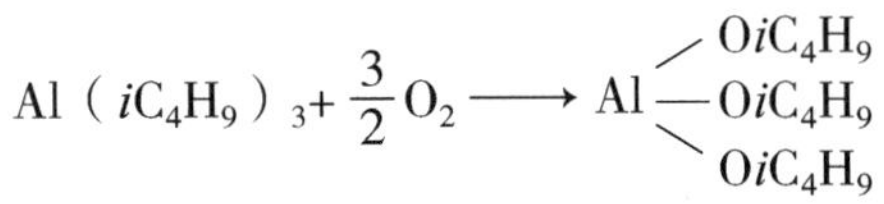

三异丁基铝遇水、醇、酸等即发生水解、醇解、酸解等反应，同时放出大量的热和异丁烷，反应剧烈时甚至发生爆炸。其水解反应式为：

$$Al(iC_4H_9)_3+3H_2O\rightarrow Al(OH)_3+3iC_4H_{10}\uparrow$$

三异丁基铝与三氟化硼乙醚络合物反应：

$$Al(iC_4H_9)_3+BF_3OEt_2\longrightarrow Al(iC_4H_9)_2F+BF_2(iC_4H_9)+OEt_2$$

此反应中-F 取代第一个-iC_4H_9时反应较快，取代第二、三个-iC_4H_9时，反应逐渐变慢。

(2) 环烷酸镍

环烷酸镍是用环烷酸和氢氧化钠反应，再与氯化镍作用制得，其反应式：

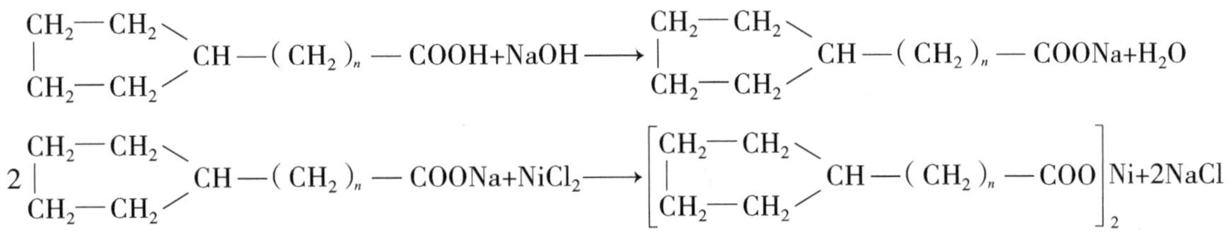

生成的产物与水分层，分离后，经洗涤、干燥，即得绿色膏状环烷酸镍。环烷酸镍易溶于苯和己烷中，不溶于水，生产用环烷酸镍规格见表 2-9。

表 2-9　生产用环烷酸镍规格　　%(质)

指标名称	指标
外观	绿色油状溶液
镍	3.00±0.20
水	≤0.20
有机溶剂溶解性	全溶

(3) 三氟化硼乙醚络合物

三氟化硼乙醚络合物用硼酐(B_2O_3)、萤石(CaF_2)和发烟硫酸反应制得：

$$B_2O_3+3CaF_2+3H_2SO_4 \longrightarrow 2BF_3\uparrow+3CaSO_4+3H_2O$$

生产的 BF_3 是气体，经浓硫酸洗涤除去 HF 后用乙醚吸收，吸收液经蒸馏提纯即得三氟化硼乙醚络合物。

$$BF_3+(C_2H_5)_2O \longrightarrow BF_3 \cdot O(C_2H_5)_2$$

三氟化硼乙醚络合物的相对分子质量为 142，沸点为 124.5~126℃，相对密度为 1.12~1.14，为无色透明液体，有刺激性，易溶于苯，但在已烷中的溶解度很低。顺丁橡胶生产中一般采用 $BF_3 \cdot O(C_2H_5)_2$/已烷≤1/250(体积比)。顺丁橡胶生产所用三氟化硼乙醚络合物的规格见表 2-10。

表 2-10 顺丁橡胶生产所用三氟化硼乙醚络合物的规格

指标名称	单位	指标
外观	—	无色或浅黄色透明液体
三氟化硼	%(质)	≥46.80
水分	mg/kg	≤5000
油溶性	—	在 250 倍油中溶解 3h 后无沉淀
密度	—	1.12~1.14

三氟化硼乙醚络合物暴露在空气中立即生成白色烟雾，与水反应生成 HF 和白色固体硼酸，与金属有机化合物反应生成烷基硼(BF_3)，对人体有腐蚀作用。BF_3 水解时，因水量不同会发生如下反应：

$$BF_3+H_2O \longrightarrow BF_3 \cdot H_2O$$

$$BF_3+2H_2O \longrightarrow BF_3 \cdot 2H_2O$$

$$2BF_3+3H_2O \longrightarrow HBF_4+B(OH)_3+2HF(\text{冷水})$$

$$4BF_3+3H_2O \longrightarrow 3HBF_4+B(OH)_3(\text{热水})$$

2.2.1.4 抗氧剂

(1) 抗氧剂 BHT

抗氧剂 BHT 的化学名称为 2,6-二叔丁基对甲酚，分子式为 $C_{15}H_{24}O$，相对分子质量为 220.36。抗氧剂 264 外观为白色晶体，熔点为 71℃，相对密度为 1.048(20/4℃)，折光率 1.4859(75℃)。常温下在下列溶剂中的溶解度分别为：甲醇 25、乙醇 26、异丙醇 30、丙酮 40、石油醚 50、苯 40，不溶于水、甘油、丙二醇，无臭、无味，具有良好的热稳定性。顺丁橡胶生产所用抗氧剂 264 的规格见表 2-11。

表 2-11 顺丁橡胶生产所用抗氧剂 264 的规格

指标名称	单位	指标
初熔点	℃	≥69.0
游离酚	%(质)	≤0.02
灰分	%(质)	≤0.01
水分	%(质)	≤0.06

(2) 抗氧剂 1076

抗氧剂 1076(Irganox1076)的化学名称为β-(4'-羟基-3,5-二叔丁基苯基)丙酸十八碳醇酯，分子式：$C_{35}H_{62}O_3$。抗氧剂 1076 的外观为白色、无臭、无味粉末，相对分子质量为 530. 87，熔点为 49~54℃，透光率(10g/100mL 甲苯)为 425nm>90%、500nm>95%，挥发分<0. 5%，灰分<0. 1%，易溶于苯、丙酮和酯等溶剂，不溶于水，微溶于乙醇。本品无污染，耐热和耐水抽出性好，与顺丁橡胶相溶性好。顺丁橡胶生产所用的抗氧剂规格见表 2-12。

表 2-12　顺丁橡胶生产所用的抗氧剂 1076 的规格

指标名称	单位	指标
外观	—	白色结晶粉末
熔点范围	℃	49~54
溶解性试验(2g/20mL 甲苯)	—	澄清溶液
透光率(2g/2mL 甲苯)	%	425nm≥95 500nm≥97
挥发分(105℃，2h)	%(质)	≤0. 5

(3) 抗氧剂 1520

抗氧剂 1520 的化学名称为 2，4-二(正辛基硫亚甲基)-6-甲基苯酚，分子式：$C_{25}H_{44}OS_2$，相对分子质量为 424. 7，熔点<20℃，闪点>200℃，相对密度(20℃)为 0. 9600~0. 9850。本品为低黏度、不污染、不水解、挥发性低的黄色液体。顺丁橡胶生产所用的抗氧剂规格见表 2-13。

表 2-13　顺丁橡胶生产所用抗氧剂 1520 的规格

指标名称	单位	指标
外观	—	淡黄色液体
闪点	℃	>200
透光率	%	90

(4) 抗氧剂 726S

抗氧剂 726S 为无色或浅黄色透明液体，不溶于水，具有良好的热稳定性。顺丁橡胶生产所用抗氧剂 726S 的规格见表 2-14。

表 2-14　顺丁橡胶生产所用抗氧剂 726S 的规格

指标名称	单位	指标
外观	—	无色或浅黄色透明液体
酸值	mgKOH/g	≤0. 4
相对密度(20℃)	—	0. 93±0. 02
黏度	Pa · s	≤300
凝固点	℃	≤-25

2. 2. 1. 5　阻聚剂

(1) 对叔丁基邻苯二酚

对叔丁基邻苯二酚简称 TBC，分子式为 $C_{10}H_{14}O_2$，相对分子质量为 162。TBC 为白色或浅黄色的固体，吸潮后即成为黏稠状液体；溶于醚、醇、四氯化碳、丙酮、苯及甲苯，微溶于热水，在 60℃时阻聚效能较对苯二酚高 25 倍。

丁二烯在含有游离氧的系统中，丁二烯中自由基 R· 与氧气结合生成 RO_2·（R·+O_2 ⟶RO_2·），RO_2·会夺取 TBC 双酚中的 H 而把 TBC 氧化成醌，从而阻止自由基的形成，起到阻聚作用。生产用 TBC 指标见表 2-15。

表 2-15　生产用 TBC 指标

指标名称	单位	指标
TBC 含量	%(质)	≥99.0
结晶点	℃	≥53.0

（2）二乙基羟胺

二乙基羟胺为无色或淡黄色透明液体，水溶液中含量为 85%。分子式为 $C_4H_{11}NO$，相对分子质量为 89.20，相对密度为 0.902，折光指数为 1.419，沸点为 125~130℃，凝固点为 250℃，可溶于水，闪点为 46℃。生产用二乙基羟胺指标见表 2-16。

表 2-16　生产用二乙基羟胺指标

指标名称	单位	指标
二乙基羟胺	%(质)	≥95.0
二乙胺	%(质)	≤1.0
水含量	%(质)	≤5.0
相对密度(20℃)	—	0.8550~0.9050
外观	—	无色或浅黄色透明液体

2.2.1.6　汽提剂

汽提剂的主要成分为多元羧酸钠盐，分子中含有大量的亲水基团和疏水基团，可以降低水的表面张力，有助于水对固体的分散作用；同时分子长链中的亲油基团吸附于烃类分子表面，在外力的作用下极易脱附，有利于烃类溶剂脱除。用于合成橡胶的凝聚工艺中，具有提高溶剂回收率，防止胶粒结团，及降低后处理过程中胶粒夹带溶剂量，提高安全生产系数的作用。生产用 TYS 型汽提剂质量指标见表 2-17。

表 2-17　生产用 TYS 型汽提剂质量指标

项目	要求
外观	淡黄色透明液体
气味	轻微油脂味
色值(Hazen 单位)	≤35
pH 值(10%水溶液)	9.5~11.5
固含量/(g/100g)	20±1.5
相对密度(20℃)	1.000~1.200

2.2.1.7　其他助剂

（1）氢氧化钠水溶液

NaOH 熔点为 318.4℃，相对密度为 2.12，易溶于水、乙醇、甘油，不溶于丙酮，强碱性，易吸水，遇水大量放热，水溶液白色不透明显强碱性，腐蚀性极强。顺丁橡胶在生产中，主要用于中和凝聚系统中的酸。作用原理为向顺丁橡胶凝聚系统中连续稳定地加入

NaOH 水溶液，中和胶液中微量的酸，调节系统 pH 值，减轻酸性物质对设备、管线的腐蚀。生产中使用的 32%氢氧化钠质量指标，见表 2-18。

表 2-18　氢氧化钠质量指标

指标名称	单位	指标
NaOH	%(质)	≥32.0
Na_2CO_3	%(质)	≤0.5
Fe_2O_3	%(质)	≤0.005
NaCl	%(质)	≤0.05

(2) 硫酸亚铁

硫酸亚铁，别名绿矾、铁矾，分子式为 $FeSO_4 \cdot 7H_2O$，相对分子质量为 278，蓝绿色单斜晶系结晶或颗粒，无气味，相对密度 1.898，熔点 64℃，溶于水(50℃时 48.6g/100mL 水)，微溶于醇，溶于无水甲醇。硫酸亚铁在 64~90℃时失去 6 个结晶水，加热到 300℃时失去全部结晶水变成无水物。红热时分解生成三氧化二铁并放出二氧化硫、三氧化硫；有腐蚀性，在干燥空气中会风化，易被潮湿空气氧化。生产用硫酸亚铁质量符合国家标准 GB/T 10531—2016，见表 2-19。

表 2-19　生产用硫酸亚铁质量标准

指标名称	指标
外观	淡绿色或淡黄绿色结晶
$FeSO_4$/%(质)	≥90.0
TiO_2/%(质)	≤0.75
水不溶物/%(质)	≤0.50

(3) 亚硝酸钠

亚硝酸钠，分子式为 $NaNO_2$，相对分子质量为 69，白色或淡黄色细结晶，无臭，有潮解性，能溶于水，微溶于乙醇及醚，置于空气中会逐渐氧化，表面变为硝酸钠，相对密度为 2.168，熔点为 271℃，沸点为 320℃(分解)。生产用亚硝酸钠质量符合国家标准 GB/T 4553—2016，见表 2-20。

表 2-20　生产用亚硝酸钠质量标准　　%

指标名称		指标		
		优等品	一等品	合格品
亚硝酸钠($NaNO_2$)含量(以干基计)	≥	99.0	98.5	98.0
硝酸钠($NaNO_3$)含量(以干基计)	≤	0.80	1.30	1.90
氯化物(NaCl)含量(以干基计)	≤	0.10	0.17	—
水不溶物含量(以干基计)	≤	0.05	0.06	0.10
水分	≤	1.4	2.0	2.50

2.2.2 产品

2.2.2.1 中间产品

根据生产对中间产品质量要求，中间产品包括聚合工序生产的胶液、回收工序精制后的己烷和回收丁二烯。

（1）胶液

聚合末釜胶液，黏稠状无色透明液体，含有大量溶剂油和少量未反应的丁二烯、残留的催化剂。生产中控制胶液的质量指标见表2-21。

表2-21 生产中控制胶液的质量指标

指标名称	单位	指标
门尼黏度	ML(1+4)100℃	38~49
顺式-1,4丁二烯含量	%	96~98
凝胶含量	%	<0.2

（2）己烷、回收丁二烯

己烷、回收丁二烯是顺丁橡胶生产中的中间产品，其性质和己烷质量指标前已介绍。回收丁二烯质量控制指标见表2-22。

表2-22 回收丁二烯质量控制指标

指标名称	单位	指标
丁二烯纯度	%(质)	≥96.0
水值	mg/kg	≤20
顺、反丁烯含量	%(质)	≤2

2.2.2.2 顺丁橡胶产品

一般顺丁橡胶胶块规格为680mm×340mm×145mm(压块机型号不同，规格略有区别)，质量为(25.0±0.25)kg/块，产品质量指标符合GB/T 8659—2018(表2-23)。

表2-23 GB/T 8659—2018规定的顺丁橡胶质量指标

项目	试验条件	试验方法	单位	指标		
				Ⅰ类	Ⅱ类	Ⅲ类
外观	—	目测	—	浅色半透明，初级形状为块状，不含焦化颗粒、机械杂质及油污		浅色半透明，初级形状为块状，不含焦化颗粒、机械杂质
灰分	—	GB/T 4498-法A	%	≤0.20	≤0.20	≤0.20
挥发分	—	GB/T 24131.1—2018 热辊法	%	≤0.50	≤0.80	≤1.10
生胶门尼黏度	ML(1+4) 100℃	GB/T 1232.1—2016，样品如需过辊，辊温度应为(35±5)℃	—	45±4	45±5	45±7

续表

项目	试验条件	试验方法	单位	指标		
				Ⅰ类	Ⅱ类	Ⅲ类
混炼胶门尼黏度	ML(1+4) 100℃	GB/T 8660—2018 (C_2 法混炼) GB/T 1232.1—2016	—	≤65	≤67	≤70
300%定伸应力	145℃，25min	按 GB/T 8660—2018 中 C_2 法混炼，按 GB/T 528—2009 测定，采用 1 型裁刀	MPa	7.0~12.0		
	145℃，35min		MPa	8.0~13.0		
	145℃，50min		MPa	8.0~13.0		
拉伸强度	145℃，35min		MPa	≥13.2		
扯断伸长率	145℃，35min		%	≥330		
硫化特性	160℃，25min	按 GB/T 8660—2018 中 7.2 节规定设置参数，按 GB/T 25268—2010 测定	—	报告值		

注：混炼胶和硫化胶的技术指标均采用 ASTM IRB No.8 进行评价，也可使用其他同类标准参比炭黑，结果可能略有不同。仲裁检验应使用 ASTM IRB No.8。

2.3 控制系统和分析

2.3.1 控制系统

顺丁橡胶装置生产控制系统一般采用计算机集散控制系统(DCS 系统)，后处理单元控制系统也可采用 PLC 系统控制。它们的核心设计思想是控制分散、信息集中，即生产过程的控制采用全分散的结构，生产过程的信息全部集中储存，系统功能分为控制功能和监视操作功能，操作人员可通过系统监视和控制生产过程，处理报警，显示打印画面、报表及趋势等。系统由操作站、计算机和控制器组成、操作员可以通过任何一台工作站进行操作。装置需要设置独立的安全仪表系统(SIS 系统)和可燃气有毒气报警系统(GDS 系统)。

在流程图画面中，显示各种物料走向、PID 点(可调控点)及 PI 点(只能显示)的即时 PV 值。在流程图画面上，可对可调控制点进行调节。一般用手指或钢笔触摸可调点后，屏幕下方出现控制点情况，调节其 SP 值或 OP 值。控制方式有程序、手动、自动、串级等。报警系统包括工艺控点报警和可燃气体报警。

在操作组画面中，可以查看各控制点历史趋势和即时趋势，甚至可查阅几个月历史趋势。历史趋势指从现在开始往前的一段时间内的历史数据记录；即时趋势指从当前开始随时间而记录下来的一段即时数据，即时趋势一般用来观察调整后对象的变化趋势快慢。

橡胶装置的控制回路大部分为单回路控制，也称参数简单控制，自现场或其他点采集来的数据(PV 值)进入常规控制 PID 功能块，经 PID 算法进行控制运算后，将输出值输出到调节阀，形成闭环控制回路。

顺丁橡胶生产中主要的控制方案包括流体输送设备(离心泵、计量泵、风机)的控制、传热设备的控制(再沸器、冷凝器)、反应器的控制(聚合釜)、精馏塔的控制。

2.3.1.1 流体输送设备控制

离心泵流量控制可通过改变出口阀的开度，直接截流控制，但流量不宜低于正常流量的

30%，效率过低，甚至憋压损坏机械密封，可通过旁路阀调节控制，安装较方便，也可用变频器改变离心泵的转速进行控制，即改变离心泵的特性曲线的形态。计量泵流量控制可通过改变原动机的转速、改变冲程、旁路分流措施控制。但使用旁路控制时不能同时关闭两出口阀。风机风量控制主要通过改变风机转速、空气流的流通面积来实现。

2.3.1.2 传热设备的控制

根据物料在传热设备的相态不同，传热设备的控制包括无相变热交换器控制、一侧有相变热交换器的控制和两侧有相变热交换器的控制。其具体控制方法如图 2-2~图 2-4 所示。

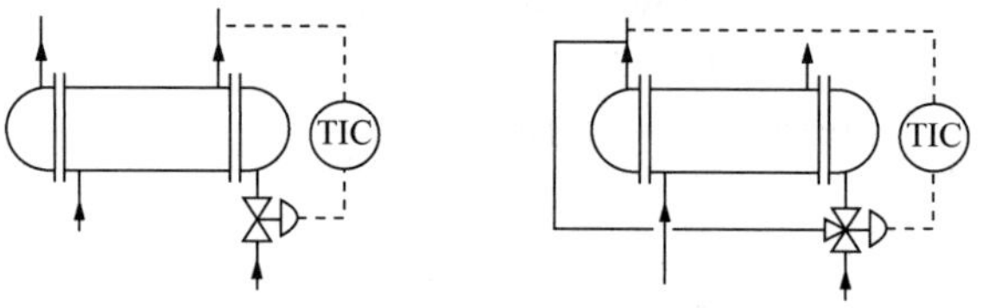

冷热物料换热温度控制　　热交换器的旁路温度控制

图 2-2　无相变热交换器控制

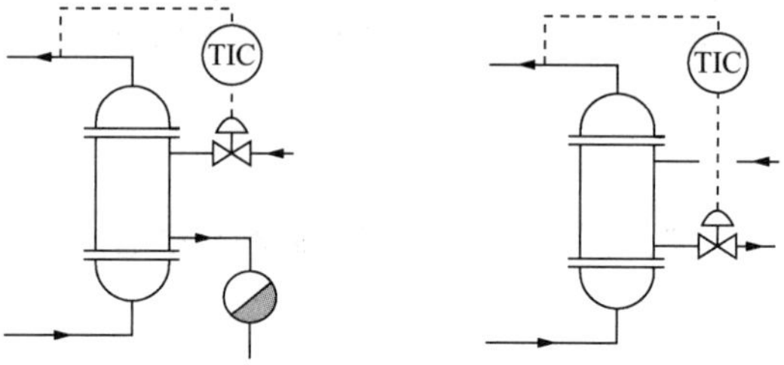

调节传热温差的方案　　改变传热面积的方案

图 2-3　一侧有相变热交换器的控制

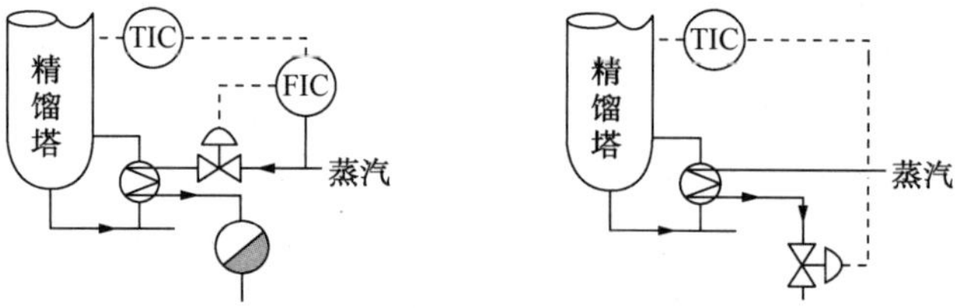

调节阀装在蒸汽管线上　　调节阀装在冷凝水管线上

图 2-4　两侧有相变热交换器的控制

2.3.1.3 反应器的控制

为稳定聚合首釜反应，首釜采用单回路控制，后续釜温采用串级控制。控制方案如图 2-5 所示。

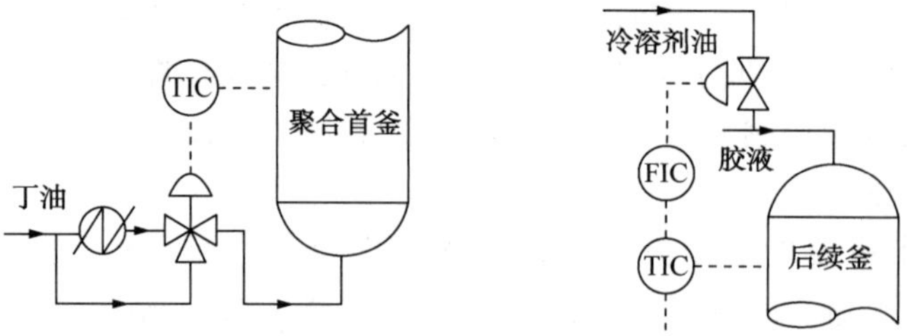

反应器的单回路温度控制　　反应器的串级温度控制

图 2-5　反应器的控制

2.3.1.4 精馏塔的控制

生产过程中精馏塔的进料、进料组分、进料温度、塔釜加热蒸汽量、塔回馏量、回流液的温度等因素会造成精馏塔操作条件的改变。为稳定精馏塔操作条件，要维持塔压、流量、液位的稳定。

(1) 精馏塔的压力控制

精馏塔的压力控制如图 2-6 所示。

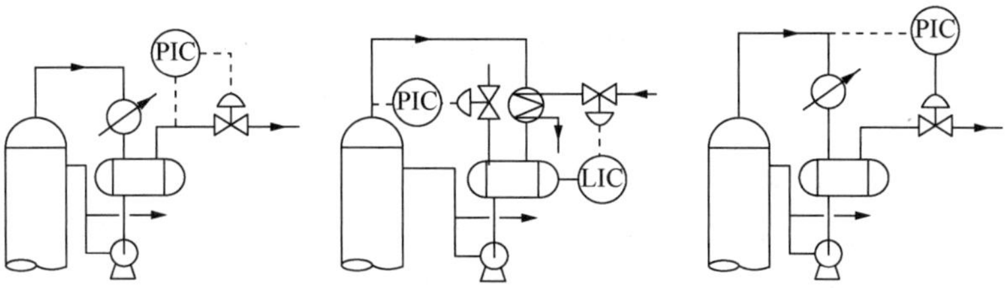

加压塔塔顶有大量不凝气物控制方案　　塔顶为气相出料控制方案　　调节不凝性气体的排出方案

图 2-6　精馏塔的压力控制

(2) 精馏塔的流量控制

精馏塔的流量控制如图 2-7 所示。

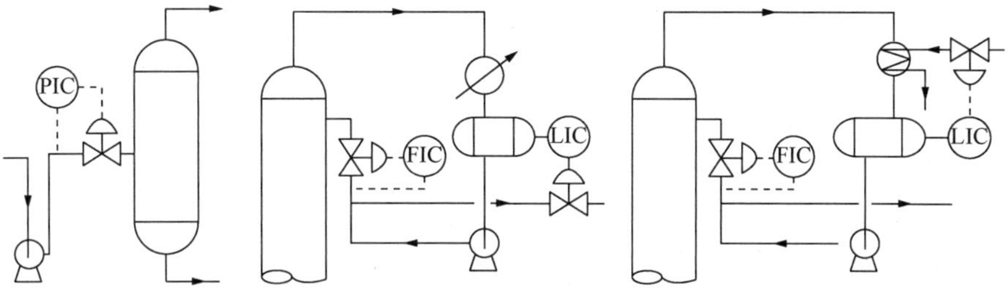

塔进料控制　　全凝器的回流控制　　分凝器的回流控制

图 2-7　精馏塔的流量控制

(3) 精馏塔的液位控制

1)塔釜的液位控制

塔釜的液位控制如图 2-8 所示。

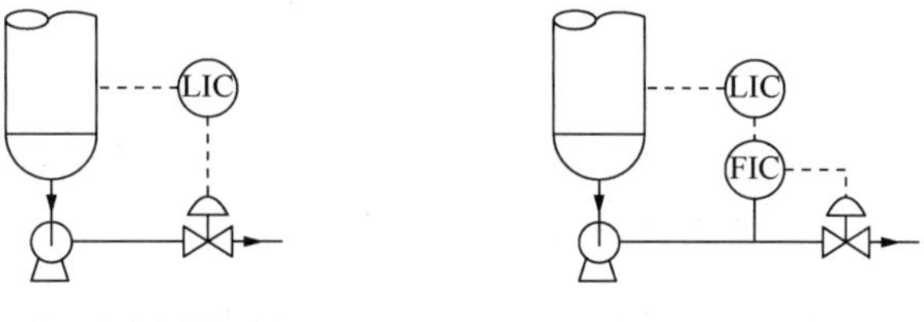

塔釜液位定值控制　　塔釜液位均匀控制

图 2-8　塔釜的液位控制

2）回流罐的液位控制

回流罐的液位控制如图 2-9 所示。

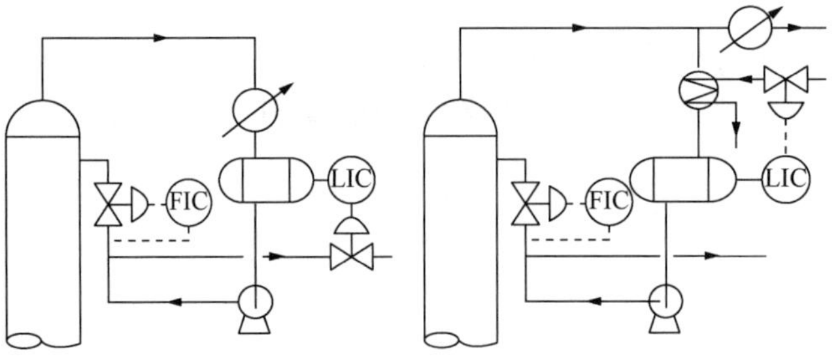

图 2-9　回流罐的液位控制

2.3.2　简单控制回路的功能

顺丁橡胶生产装置最常见的控制方式为单回路控制，也称参数简单控制，是指自现场或其他点采集来的数据(PV 值)进入常规控制 PID 功能块，经 PID 算法控制运算后，将输出值(OUTPUT)输出到调节阀，形成闭环控制回路。

2.3.2.1　简单控制回路的主要操作

无扰动切换是指调节器的控制方式进行手动、自动和串级切换时，其输出工作点除控制规律引起的以外不发生阶跃变化，即为无扰动切换。在单回路控制中，在手动方式下，给定值(SD)跟踪 PV 值(偏差始终为零)，因此从手动切换到自动方式时，实现无扰动切换；从自动方式切回手动方式时，输出保持不变，切换也是无扰动的。

① 常规控制点的控制方式(MODE)，即自动(AUT)或手动(MAN)控制；

② 自动方式下改变 SP；

③ 手动方式下改变其阀位输出值(OUTPUT 或 OP)；

④ 对工艺负责人来讲，可进行 PID 参数整定，以达到平衡控制；

⑤ 报警处理：当测量值出现报警时，仪表面板提示报警类型和报警状态，流程图中也有相应提示。

(1) 改变单回路的给定值

前提条件：单回路的控制方式为 AUT。

方法 1：单击参数显示区中的 SP，在 SP 下侧方框内输入给定值数值；

方法 2：单击棒图 SP 上下侧三角形按钮，对给定值进行微调。

(2) 改变单回路的输出值

前提条件：单回路的控制方式为 MAN。

方法 1：单击参数显示区中的 OUTPUT，在 OUTPUT 下侧方框内输入输出值数值；

方法 2：单击棒图 OUTPUT 上下侧三角形按钮，对输出值进行微调。

2.3.2.2　比例、积分、微分参数在自动调节中的作用

① 比例调节依据“偏差的大小”来动作，它的输出与输入偏差的大小呈比例关系。比例调节及时、有力，但有余差。它用比例度 δ 来表示其作用的强弱，δ 越小，调节作用越强，比例作用太强时，会引起振荡。

② 积分调节依据“偏差是否存在”来动作，它的输出与偏差对时间的积分呈比例关系，只有当余差消失时，积分作用才会停止，其作用是消除余差。但积分作用使最大动偏差增大，延长了调节时间。积分调节用积分时间 T 来表示其作用的强弱，T 越小，积分作用越

强，但当积分作用太强时，也会引起振荡。

③ 微分调节依据“偏差变化速度”来动作。它的输出与输入偏差变化的速度成比例，其效果是阻止被调参数的一切变化，有超前调节的作用，对滞后大的对象有很好的效果。它使调节过程偏差减小，时间缩短，余差也减小(但不能消除)。它用微分时间 T_d 来表示作用的强弱，T_d 越大，作用越强，但 T_d 太大，也会引起振荡。

2.3.2.3 采用临界比例度进行参数整定的方法

临界比例度法考虑的实质是通过现场试验找到等幅振荡的过渡过程，得到临界比例度和等幅振荡周期。其具体整定步骤如下。

① 调节系统稳定后，将积分时间放到最大，微分时间放到零，然后逐步将调节器比例度减小，观察在给定值提升或干扰量改变时的过渡过程情况。如果调节过程是衰减性振荡，则应把比例度继续放小；如果调节过程是发散的，振荡加剧，则应把比例度放大，直到持续四五次等幅振荡。记下此时的临界比例度 δ_k，并从记录曲线上求得等幅振荡的周期 T_k。

② 根据表 2-24 所示经验公式求出调节器各参数。

表 2-24 调节器各参数的经验公式

调节规律	比例度/%	积分时间/min	微分时间/min
P	$2\delta_k$	—	—
PI	$2.2\delta_k$	$0.85T_k$	—
PID	$1.7\delta_k$	$0.5T_k$	$0.125T_k$

注：此处公式中的积分时间和微分时间单位是 min，而有些系统的积分时间和微分时间单位是 s。

在调节器上，取稍大于求得的比例度值，再依次调整所需的积分时间和微分时间，最后把比例度值放到求得的值上。如果记录曲线不是很理想，再适当调整调节器的各参数。

2.3.2.4 串级调节系统

串级调节系统就是利用主、副两只调节器串联在一起来稳定一个主参数的系统。

(1) 串级调节系统的特点

① 具有主、副两个互相串联的调节器，其中副调节器的给定值由主参数通过主调节器自动加以校正。

② 有主、副两个调节回路。

在脱水塔、丁二烯塔塔釜液位、脱水回流罐液位调节回路中，液位调节器是主调节器，流量调节器是副调节器。

(2) 串级调节系统的参数整定步骤

① “先副后主”，即先将主回路比例度放到 100%，积分时间放至最大，微分时间为零，用 4 : 1 衰减曲线法整定副回路调节器参数，记下副调节器的 4 : 1 衰减过程的比例度 δ_{s2}，及振荡周期 T_{s2}。

② 将副调节器比例度放到 δ_{s2}，积分时间放到最大，仍不用微分，用同样的方法整定主回路调节器，得出主调节器的 δ_{s1} 及 T_{s1}。

③ 用前述经验数据求出主、副调节器的比例度积分时间和微分时间。

④ 先放副调节器的参数，再放主调节器的参数。如果不满意，再适当修正。

一般副调节器都采用比例作用，比例度调得较小以增强调节作用，能克服主要干扰。由于副调节器是“粗调”，发挥辅助作用，所以不必加积分消除副参数的余差，加积分作用将会影响副回路的快速性。在很多场合下，副调没有必要加微分。使用串级调节的场合往往是主参数要求较高，不允许主参数有余差存在，一般主调节器都采用比例积分调节，有时为提高调节质量还加微分作用。

(3) 串级调节系统的切换操作

1) 手动操作

将主、副回路两个调节器都置于"手动"位置，用主回路调节器的定值器进行手动操作。这时主、副回路上调节器的给定针和输出针同时动作。

2) 手动→副回路自动调节

这时，主回路调节器的切换开关仍在"手动"位置，以主回路定值器的输出值作为副调节器的给定值。然后调整副调节器给定值，使副回路的调节器上的给定值和副参数记录一致，再把副回路调节器上的切换开关拨到"自动"位置，实现了副回路的自动调节。这个过程实际就是一个简单调节系统。

3) 副回路自动→串级调节

① 将副回路调节器的切换开关拨到"切换"位置，就可封死副调节器和调节阀的压力，使切换操作平稳。

② 将主回路调节器的切换开关拨到"切换"位置，调主回路的给定值，使其给定值与主参数记录一致，然后把主回路调节器的切换开关拨到"自动"位置，再调节主调节器的给定值，使主调节器的输出(即副调节器的给定值)与副回路调节器上的副参数记录一致，然后把副回路的切换开关拨到"自动"位置，实现串级调节。

4) 串级调节→副回路单参数自动调节

① 将主回路调节器的切换开关拨到"切换"位置，调主调节器的给定值，使其给定针与输出针(即副调节器的给定值)一致，然后将主调节器切换开关拨到"手动"。实现副回路的自动调节。

② 副回路单参数自动调节→手动操作

和简单调节系统的自动→手动一样，把副回路调节器的切换开关拨到"切换"，调节主调节器的输出，使副调节器的给定值与副调节器的输出值一致。然后把切换开关拨到"手动"，实现手动操作。

为简化操作步骤，在正常生产中，也可以主、副回路一次投运，也就是一开始就把副调节器放到"自动"位置，而用改变主调节器给定值的方法进行手动操作。当主参数接近预期的给定值后，设置好参数，保持给定值不变，让系统自动运行。

2.3.3 顺丁橡胶生产过程主要分析项目

顺丁橡胶生产过程中原料、中间产品和成品的分析分为在线分析和取样分析。在线分析主要用于原料丁二烯、溶剂油、回收丁二烯、回收溶剂油中水值的监测。原材料、中间产品、成品的分析项目和分析方法见表2-25。

表2-25 原材料、中间产品、成品的分析项目和分析方法

分析项目名称		参考指标	分析方法
丁二烯	纯度	≥98.5%	色谱法
	水值	≤20mg/kg	卡尔费休法
	胺值	≤1mg/kg	化学法

续表

分析项目名称		参考指标	分析方法
己烷	水值	≤20mg/kg	卡尔费休法
	碘值	g/100g 油	化学法
聚合首末釜胶液	门尼黏度	42~48ML	物测
	胶含量	≥100g/L	化学法
丁油	水值	≤20mg/kg	色谱法
	浓度	(12~17)g/100ML	色谱法
回收丁二烯	顺反丁烯	≤2%	色谱法
稀镍浓度		(5.0±0.5)g/L	化学法
稀铝浓度		(6.0±0.5)g/L	化学法
丁二烯中 TBC 阻聚剂含量		6~12mg/kg	分光光度法
脱水塔进料组分		碳四	色谱法
脱水塔塔顶组分		碳四 15%~55%	色谱法
回收丁二烯		(碳五+碳六)≤0.5%	色谱法
脱重塔塔顶油		丁二烯检不出	色谱法
回收塔塔底组分		丁二烯检不出	色谱法
丁二烯精馏塔产品		丁二烯≥96.0%	色谱法
精馏塔重组分		丁二烯	色谱法

2.4 国内镍系顺丁橡胶装置技术特点

2.4.1 己烷为溶剂

顺丁橡胶聚合溶剂采用碳六饱和烃的混合组分，以馏程在66~70℃的己烷为溶剂。我国己烷资源丰富，且价格低、毒性小，而苯则较为短缺，不利于劳动保护和环保。Al-Ni陈化、稀硼单加催化剂陈化方式是专门针对我国生产NiBR的己烷溶剂体系开发的。这种溶剂与顺丁橡胶溶解度参数相差较大，溶液黏度低，所以胶液的搅拌和输送能耗也较低，比芳烃作溶剂节能。

随着生产技术的提高，各厂溶剂馏程都在逐渐变窄和降低，有的已接近己烷馏分，这对凝聚和溶剂回收系统有利。

2.4.2 催化剂陈化方式

催化剂陈化方式采用“稀硼单加”。“稀硼单加”是我国继“双二元”之后开发的新技术，现国内各厂均采用此项技术。

“稀硼单加”的陈化工艺流程简单，使用设备少；催化剂活性高，引发速度快，反应时间短，配方低，挂胶低；催化体系稳定性好，Al-Ni陈化液在常温下储存96h仍具有较高的聚合活性，该催化体系在120℃以上仍具有使丁二烯聚合的能力。其缺点是初活性高，对原材料质量要求苛刻，聚合反应后劲不大，总的转化率不高，一般在85%左右。聚合反应过程属快引发、慢增长、无终止的反应历程。

采用适量水作为催化剂的第四组分，提高聚合反应活性。镍系“稀硼单加”的陈化工艺要求系统必须有适量水，最佳在10~13mg/kg之间。在顺丁橡胶生产初期，系统水值过高，造成Al/B高，反应活性差。若系统水值很低，反应活性也不好，而且Al/B势必很低，造成系统腐蚀加剧，为此提出加水方案。

催化剂单耗低，聚合釜运转周期长。近些年各生产厂家原料质量控制相对稳定，确保了聚合反应稳定，同时为降低催化剂单耗提供了有利条件。催化剂单耗降低后，减轻了聚合釜挂胶，不断延长聚合釜运转周期(有的运转达28个月)，达到世界最好水平。

2.4.3 聚合釜结构

聚合釜采用夹套换热，搅拌方式有偏框和双螺带两种。假设在不挂胶的情况下，当夹套传热系数取$K=418\text{kJ}/(\text{m}^2\cdot\text{h}\cdot℃)$时，经计算夹套采出的热量只有反应热的百分之几。由于生产中挂胶现象难免，即使只有1~2mm厚的胶膜，除热效率便急转直下。经对挂胶最轻的聚合釜实测，其传热系数只有$67\text{kJ}/(\text{m}^2\cdot\text{h}\cdot℃)$，根本无法及时排出反应热。生产过程中，不得不采用降低丁油浓度(以下简称丁浓)、预冷进料和后釜充冷油等既不经济，效果又不理想的补救措施。由于工程上这些问题，我国顺丁橡胶技术与国外先进水平仍存在一定差距。

目前，聚合釜搅拌形式向多样化发展。对于高黏性流体来说，一般采用螺带搅拌。12m^3釜多采用偏框式搅拌。这种搅拌只有径向混合，物料基本没有返混，釜内上下黏度、温度相差较大。30m^3釜全采用双螺带搅拌，釜中上下的胶液黏度和温度差都较小。这对减轻挂胶和稳定首釜反应颇为有利。现有厂家为提高催化剂混合效果、传热效率、改善物料在聚合釜内的返混状态，进一步提高顺丁橡胶内在质量，已探索使用新型上下搅拌器分离的复合搅拌形式。

2.4.4 使用生胶快速表征方法

燕山石化橡胶厂和中国科学院长春应化所协作开发了生胶质量表征方法，并用于指导生产和控制生胶的产品质量。用生胶的应力-应变曲线图形和应力松弛时间，可间接判断生胶内在质量和加工性能的品级，为控制质量和调整生产带来了很大方便。

2.4.5 凝聚系统采用三釜水析法

随着时间的推移，顺丁技术也在不断进步，溶剂更换为已烷，“热泵”工艺逐渐退出，大部分厂家采用凝聚三釜差压式工艺，即在2#凝聚釜后串联1台釜底不通蒸汽、常压操作的3#凝聚釜，优化蒸汽使用工艺，采用两台蒸汽喷射器分别控制2#凝聚釜和3#凝聚釜操作压力，适当降低操作压力，提高溶剂脱除能力，既降低了蒸汽的消耗，也减少了溶剂油的损耗。

2.4.6 后处理单元

后处理干燥技术采用挤压脱水-膨胀干燥法，该技术具有操作方便、维修简单、生产能力高、脱水效果好、对橡胶的性能影响不大等优点，压块采用自动成型包装生产线。

2.4.7 回收单元

国内各装置生产工艺流程差距较大，有的采用三塔流程，有的采用六塔流程。三塔流程包括溶剂脱水塔、溶剂脱重塔和丁二烯回收塔，将丁二烯回收塔塔顶物料送碳四抽提装置进一步精制，不在回收单元分离精制丁二烯。六塔流程在本章已有详细叙述，主要特征是在回收单元分离精制丁二烯。

总体来说，国内顺丁橡胶装置与国际先进水平相比尚有一定的差距，主要表现为自动化程度低，设备效率不高，产品产量受设备等方面因素的制约，能耗、物耗偏大。

第3章　设备的使用与维护

生产顺丁橡胶的化工设备包括机泵、换热器、塔、容器、釜及后处理工序的专用设备等，本章主要对各种设备的作用、基本结构、工作原理、使用与维护要求简要介绍。

3.1 机　　泵

化工生产中，输送液体的机械为泵。由于需要输送的物料种类较多，物理性质各不相同，输送时的温度、压力和流量也不一样，所选用的泵的类型和结构也就不同。顺丁橡胶生产常使用的泵主要有离心泵、计量泵、齿轮泵、螺杆泵等。

3.1.1 离心泵

顺丁橡胶生产使用最多的泵是离心泵。离心泵常用的术语有扬程(压头)、流量、转速、有效功率、轴功率、效率、汽蚀、汽缚等。

3.1.1.1 结构和工作原理

离心泵主要部件有蜗壳形的泵壳和固定在轴上的叶轮，叶轮上有向后弯曲的叶片。泵壳中央的吸入口与吸入导管相连，导管底部装有单向底阀，泵壳的切线方向有一个泵出口与压出管相连。

离心泵工作原理：启动前先向泵体内灌满液体，电机通过泵轴带动叶轮一起旋转，叶片中的液体也随之高速转动，在离心力的作用下，液体从叶轮中心被甩向叶轮边缘，以很高的速度流入泵壳。由于蜗壳形的泵壳通道逐渐扩大，液体的流速逐渐降低，大部分动能转变成静压能，于是液体以较高的压强被压出。与此同时，叶轮中心处由于液体被甩出而形成负压，液体从泵的吸入口流向叶轮中心。随着泵轴不停地旋转，叶轮不停地吸入和排出液体。

3.1.1.2 离心泵的正常使用

开泵前向轴承箱加入相应标号的合格润滑油，关闭出口阀门，打开排气阀和入口阀，进行灌泵，同时缓慢盘车，以排出叶轮及蜗壳内的气体。盘车过程应均匀灵活，泵内无杂音和擦碰。灌泵结束后，关闭排气阀。

将入口阀开至最大流量，启动电机，观察电机转向是否相反，若是，停泵对调电源线。待出口压力达到正常值且稳定时，缓慢打开出口阀，直到出口阀开至最大位置。为避免电机负荷过大，在启动泵时严禁出口阀处于开启状态。此外也禁止采取关闭入口阀、开出口阀启动泵的方法，否则将造成吸入管路真空度过大而导致泵的气蚀。

离心泵正常运行时，泵入口阀应处于全开状态，出口阀开度可视泵出口压力和流量情况而定，机泵的动静密封点应无泄漏。

停泵时先关闭泵出口阀、停电动机，待泵停转后，关闭泵入口阀。

切换备用泵时，先将备用泵启动，缓慢打开备用泵出口阀，同时逐渐关小运转泵的出口阀(切换过程要尽量减小出口流量和压力的波动)，直到原运转泵出口阀全关、原备用泵出口阀全开、原备用泵出口压力和电机电流在正常范围内后，停原运转泵电机，关该泵入口阀。

3.1.1.3 离心泵的维护保养

日常巡检中，应对以下方面做重点检查：轴承温度和密封情况，防止泵轴磨损或轴承烧坏；泵内杂音和振动情况，发现异常要及时停泵检修；压力表和电流表的指针摆动情况，超过规定值应立即查找原因并予以处理；动密封泄漏情况，发现泄漏严重要立即进行切换；泵润滑情况，确保良好状态；泵体和电机的清洁情况等。

在北方地区冬季时，启动泵前，最好先用蒸汽吹一下泵头密封处，以避免密封填料损坏。停泵后应在泵的最低点处，排净泵内含水的物料，避免将泵体冻裂。

3.1.1.4 异常现象及原因分析

当离心泵抽空时，将会出现以下现象；机泵出口压力表读数大幅变化，电流表读数波动；泵体及管线有异音、振动；泵出口流量减小。其原因可能是泵内有气体或吸入管线漏气；入口过滤器堵塞或阀门开度小；入口压头不够；因介质温度高而部分汽化；介质温度低，黏度过大；叶轮堵塞。可按以下顺序进行处理：处理漏点，排净机泵内的气体；开大入口阀或清理过滤器；提高入口压头；适当降低介质的温度和黏度；联系检修机泵。

泵长时间抽空，将导致泵密封损坏，介质泄漏。此时应立即切换至备用泵、停运转泵、关闭泵出入口阀，待排净泵内物料后，交由钳工检修。

发现振动增大，其原因可能是泵发生汽蚀；转子不平衡；轴承故障；泵与电机不对中；叶轮防松螺母松动；泵内有杂物；机泵地脚螺栓松动。可按以下顺序进行处理：调整工艺条件；切换备用泵，联系检修人员进行转子重新找平衡、更换轴承、泵与电机重新找正、清除杂物、紧固地脚螺栓等。

轴承箱温度过高，其原因可能是冷却水不足、中断或冷却水温度过高；润滑油不足或过多；轴承故障；润滑油油质不合格。可按以下顺序进行处理：加大冷却水或联系调度降低循环水的温度；加注润滑油或调整润滑油液位至油标线；联系钳工维修；停泵更换润滑油。

如果盘不动车，其原因可能是长期不盘车而卡死；泵的部件损坏或卡住；轴弯曲严重；填料泵填料压得过紧；配合间隙过小。可按以下顺序进行处理：吹扫预热；加强盘车(备用泵)；联系钳工处理。

电流超额定值，严重时将造成泵停转，其原因可能是电机负荷过大；介质密度或黏度增大。因此要降低负荷；调整工艺条件，也可启动备用泵，检查泵是否存在问题。

遇有下列情况之一者，应做紧急停泵处理：泵内发出异常的声响；泵突然发生剧烈振动；电流持续超高不降；泵抽空不再排液；密封泄漏加大。

3.1.2 计量泵

计量泵是一种可调节流量的小型往复泵，又称比例泵。通常是在往复泵的基础上增加了流量调节装置，最常用的是调节行程，流量在0~100%的范围内进行无级调节，主要用于要求精确控制流量均匀连续加入的场所，如顺丁橡胶生产中聚合反应催化剂的加料、丁二烯阻聚剂加入、系统加碱等过程。

计量泵包括柱塞式泵和隔膜式泵。一般柱塞式泵是靠曲柄的回转，使柱塞往复运动，通过吸入阀和压出阀而压送液体，柱塞与液体直接接触，不能完全消除漏损，但精度比隔膜式泵高，适合高压场合。隔膜式泵通过隔膜位移来控制泵室容积变化，将被处理的液体完全隔离在隔膜内，从而解决了密封泄漏问题。

3.1.2.1 结构和工作原理

（1）结构

计量泵主要是由泵头、传动部分、调节部分组成。其中，泵头主要由柱塞、填料压盖、填料、缸体、阀座、吸入单向阀、排出单向阀组成，传动部分由电机、泵体、联轴节、蜗杆、蜗轮、偏心轴、柱塞推拉杆、压缩弹簧等组成，调节部分由冲程调节手把、冲程调节尾座、冲程调节顶杆、调节紧固环和调节螺钉组成。

（2）工作原理

柱塞(隔膜)都是在传动系统的带动下做往复运动。每往复一次就吸入、排出液体一次，柱塞的行程和截面决定了泵一次排出液的体积，改变柱塞(隔膜)的行程或改变柱塞(隔膜)在单位时间内的往复次数，均可实现计量泵的流量调节。

3.1.2.2 计量泵的使用

催化剂、防老剂溶液是用计量泵来输送的，根据其实际用量，通过改变计量泵柱塞冲程的大小或电机转速来改变输出流量。

计量泵出厂前已通过调节手柄校正好刻度“0”点，使用时只要旋松紧固螺钉，逆时针旋转调节手柄，计量泵的柱塞冲程就由小变大，流量也随之由小变大；反之调节流量则由大变小。当柱塞行程调节好后，一定要旋紧紧固螺钉，以防计量泵运行的振动引起冲程变化，造成流量不稳而聚合反应波动。

（1）开泵前准备

通过油箱空气排空孔慢慢给泵的齿轮箱注油，直至齿轮箱外表面油位标志处，使油位等于或略高于指示油位，向补偿器内加入合格的油，用直径为2～3mm的金属丝按压补偿阀，使隔膜油腔排气充满油，打开泵的入口阀，确保吸入管路、泵头和排出口阀体已注满物料，排出管路和泵内的空气，将流量调节手柄设定到“0”位置。

（2）试泵

打开泵出口阀和入口阀，启动泵的电机，按安装说明检查电机转向，注意听电机或曲柄有无异常噪声。初次启动时，将流量由“0”位逐步调节到最大流量的30%～40%并运行几分钟，重复数次，以便灌满隔膜油腔，将流量调节到量程流量的100%，运行10～20min，按停泵按钮，关闭泵出口、入口阀门。

（3）开泵

泵启动前，先将流量调至最低，打开泵的出口阀和入口阀，启动机泵，逐渐调整流量至正常，检查上量情况和泄漏情况。

（4）停运

按停泵电钮，关闭泵出口阀门。如果需交付检修，还要关闭泵入口阀，打开排凝阀排尽泵内物料。

3.1.2.3 异常现象及原因分析

泵启动后上量不足，其原因可能是入口管部分堵塞；吸入口压力低；吸入管路漏气；液体温度过于靠近沸点；液压或物料系统中带有气体；流体结晶，出现固体沉积等。可按以下顺序进行处理：将吸入管口径增大或增加吸入压力；修理或更换破损管件；降低温度或增大吸入力；排净系统气体；将流量减少至20%运行几分钟，然后增大到100%运行几分钟；清洗或更换组件；降低溶液浓度至合适值。

泵内产生冲击声，其原因可能是泵体内进入气体，吸入管阻力大，调节或传动机构间隙大，缸内进入异物。可按以下顺序进行处理：采取措施清除空气；检查入口管线、过滤器是否堵塞或阀门开度是否过小，并进行处理；联系钳工处理。

出口压力突然升高，其原因可能是聚合系统压力突然升高；计量泵出口与泵管线到入釜口间的管线堵塞；出口阀故障。可按以下顺序进行处理：停泵，处理出口管线或检查流程；更换出口阀。

泵输送不稳定，其原因可能是吸入管漏；出口单向阀或阀座磨损或变脏；球阀与阀座偏差太大；吸入压力不足；液体过于靠近沸点。可按以下顺序进行处理：修理或更换破损管件；清洗或更换组件；提高管液位或吸入罐加压增高吸入压力；降低温度或增大吸入压力。

补偿器内油位增高或溢流，其原因可能是弹性隔膜损坏，若损坏则需要更换隔膜。

遇有下列情况之一时，应紧急停泵进行处理：泵内发出严重异常的声响；泵突然发生剧烈振动；电流超过额定值并继续上升；泵流量下降；密封泄漏量加大；泵出口转子流量计破碎等。

3.1.3 齿轮泵

3.1.3.1 结构和工作原理

齿轮泵属于容积泵，是依靠齿轮的轮齿啮合空间的容积变化来输送液体的，它由泵壳和一对互相啮合的齿轮组成，其中一个齿轮是主动轮，与电机轴直接相连，另一个齿轮为从动轮。泵体内部被两个齿轮分成了吸入室和排出室。当齿轮按箭头方向转动时，吸入室两个齿轮的轮齿互相分开，室内空间增大，形成低压将液体吸入。被吸入的液体被旋转的齿轮带动，分两路进入排出室。在排出室内，由于齿轮的啮合，室内空间缩小，形成高压将液体压出。主动轮和从动轮不停地旋转，泵就能连续不断地吸入和排出液体。

齿轮泵除具有自吸能力、流量与排出压力无关等特点，泵壳上无吸入阀和排出阀，还具有结构简单、流量均匀、工作可靠等特性，一般常用来输送黏度大的胶液，以及各转动设备附属的润滑油泵、密封油泵等，但不能用于输送含有固体颗粒的悬浮液。

3.1.3.2 齿轮泵的使用

开泵：泵启动前，打开泵出口阀和入口阀，启动机泵，逐渐调整流量至正常，检查有无泄漏。用泵出口、入口管线之间的回流支路阀门调节流量和出口压力。

停运：按停泵电钮，待泵完全停下后，关闭泵出口、入口阀门。

3.1.3.3 泵的异常现象及原因分析

流量不足或压力不够，原因可能是液位低；泵体或入口管漏气；液体黏度大；入口管线或过滤器堵塞。可按以下顺序进行处理：提高液位；修复管路，更换垫片，紧固螺丝；升温；清理管线或过滤器等。

泵体过热，原因可能是油温过高；出口阀开度过小，造成压力过高；润滑效果不好。可按以下顺序进行处理：冷却；开大出口阀，降低压力；更换润滑油。

电机超负荷，原因可能是液体黏度过大；壳体内有杂物；出口管线不畅通。可按以下顺序进行处理：清除过滤器和壳体内杂物；处理管线。

振动或噪声增大，其原因可能是液位低，泵抽不上量；壳体内有杂物。可按以下顺序进行处理：降低采出量，直至泵前罐的液位达正常指标；启用备用泵，切出该泵后安排倒空检修处理。

凡是发现下列情况之一时，必须采取紧急停泵操作：泵内发生异常的严重声响和振动突然加剧；轴承温度突然上升，超过规定标准；泵流量突然下降；泵电流超过额定值，持续上升不降。

3.1.4 螺杆泵

3.1.4.1 结构和工作原理

(1) 结构

螺杆泵属于回转式泵，依靠螺杆与螺杆相互啮合空间的容积变化来输送液体，根据螺杆的数量，可分为单螺杆泵、双螺杆泵和三螺杆泵等。

(2) 工作原理

壳体、齿条在螺杆上形成一个个密封空间，这个密封空间就是螺杆与螺线之间的空隙，是螺杆泵的工作室。当螺杆旋转时，靠吸入室一侧的啮合空间打开，与吸入室相通，使吸入室容积增大、压力降低，而将液体吸入。液体进入泵后随螺杆旋转做轴向运动，最终从排出管排出。液体的运动相当于螺母在螺杆上的轴向相对移动。齿条的作用是紧密地靠在螺纹内将液体挡住，使充满螺杆齿槽的液体因旋转而不发生回流。

(3) 主要特点

被输送介质沿轴向移动，液体的流动连续均匀，脉冲小，流量随压力变化小，运转时比齿轮泵平稳，无振动和噪声，具有自吸能力等，适用于输送具有润滑能力且不含固体杂质的油类和高黏度的液体。

顺丁橡胶胶液的输送一般采用黏胶螺杆泵，此泵用于输送不含固体颗粒、无腐蚀性、温度低于 80℃的高黏度液体。它是由与电机直接连接的主动螺杆、两根从动螺杆及容纳三根螺杆的泵体构成的一个个彼此隔离的密封空腔，使泵的吸入腔和排出腔隔开，当电机带动主动螺杆旋转时，隔离的密封空腔带着液体由吸入腔向排出腔移动，把液体带到排出腔。此泵具有压力稳定、流量均匀、运转平稳、无噪声等特点，泵的结构为单吸式双螺杆泵，吸入口位于泵的一端正中，排出口位于泵的上方。主动螺杆的轴向力由圆锥滚珠推力轴承来承担，而从动螺杆的轴向力由单向推力球轴承来承担。排出端轴向密封采用机械密封。

3.1.4.2 螺杆泵的使用

(1) 启动前的准备工作

泵内灌注胶液，以防止启动瞬间发生干摩擦，避免螺杆发生咬死现象；盘车 2~3 转，在螺杆没有振动的情况下，才能开车；采取点开的方式，检查泵的转向是否反向；在泵的出口、入口管线上要增加循环阀，避免在超负荷下运转，损坏机泵和管路。

(2) 螺杆泵的启动

启动泵前，打开泵入口阀门、出口阀门和循环阀门，试运半分钟无异响即可正常运转。泵内如发生异常声音或排出口压力突然上升，要立即停车。泵内运送介质温度不能超过 80℃，轴承温度不得超过 80℃。如泵出口压力表指针波动剧烈要立即停车，待查明原因并排除故障后，再开泵。

(3) 螺杆泵的停车

先按停泵电钮，然后关闭泵的出口、入口阀门和循环阀门。

3.1.4.3 螺杆泵的异常现象及原因分析

流量不足，原因可能是入口管线漏气或堵塞；机械密封泄漏。可采取的措施是查消漏点；清理管线；更换机械密封。

出口压力表指针波动，原因可能是吸入管路密封不严；吸入管路堵塞；泵入口压力降低；胶液黏度增大。可采取的措施是更换密封；清理管线；提高胶液罐压力；降低胶液黏度。

泵体过热，原因可能是油温过高；出口阀开度过小，造成压力过高；润滑效果不好。可采取的措施是冷却；开大出口阀，降低压力；更换润滑油。

电机超负荷，原因可能是液体黏度过大；壳体内有杂物；出口管线不畅通。可采取的措施是清除过滤器和壳体内杂物；处理管线。

振动或噪声增大，原因可能是液位低，泵抽不上量；壳体内有杂物；入口管线不畅。可采取的措施是提高胶液罐液位；清除过滤器和壳体内杂物；处理管线。

生产过程中，当螺杆泵发生严重故障，发现有下列情况之一时，必须采取紧急停泵操作：泵内发生严重的异常声响；泵体振动突然加剧；泵电流超过额定值，持续上升不降。

3.1.5 真空泵

3.1.5.1 喷射式真空泵

喷射泵是借助流体流动时，发生静压能和动能相互转化，以达到输送的目的。它既可输送液体，亦可输送气体。在化工生产中，它常用抽气造成真空，故又称喷射真空泵。

当高压流体(冷油)经过喷射室喷嘴膨胀并以高速喷出时，它的静压能转化为动能，因此产生负压，而将气体(丁二烯油气)吸入。然后进入扩大管，流速逐渐降低，压强随之升高，动能转化为静压能，而后从压出管排出。

冷油吸收主要是依据气体在液体中的溶解度，随着温度的升高，气体在液体中的溶解度降低，因此温度的高低对吸收影响极大。由于气体的溶解是放热过程，在吸收过程中存在温升现象，为了吸收操作顺利进行，往往将吸收与冷却结合起来。顺丁橡胶生产过程中用冷油吸收胶液罐气相的原理就在于丁二烯、碳六油气相与冷油混合后进行热交换，气相被液化吸收。丁二烯与溶剂油相似相溶，故可用溶剂油来吸收丁二烯油气。

喷射式真空泵结构简单，制造容易，没有运动部件，不易发生故障，维修工作量小，能输送高温、腐蚀性及含有固体颗粒的流体。但其效率较低，一般在25%~30%。在化工生产中喷射泵不仅用来替代其他机械式真空泵，而且还广泛用作混合器、冷却器、吸收器等。顺丁橡胶生产中一般用于胶罐气相物质的冷油吸收。

3.1.5.2 水环式真空泵

水环式真空泵是液环泵的一种，最高真空度百分数可达85%，即所形成的压强约为15kPa。在泵外壳中，偏心地安装着叶轮，叶轮上有许多径向叶片。运转前，泵内充有适量(约为机壳容积的一半)的水。当叶轮旋转时，水在叶轮的带动下形成了一个水环，水环的内圆正好与叶轮在叶片根部相切，使机壳内形成一个月牙形截面的空间。此空间被叶片分隔成大小不等的小室。当叶轮逆时针旋转时，由于水的活塞作用，左边的小室逐渐增大，气体由入口进入机内，右边的小室逐渐缩小，气体从出口排出。运转时必须不断地向泵内补充水，以保持泵内水环的活塞作用。

水环式真空泵结构简单紧凑、没有活门、经久耐用、故障率低。主要用于抽吸设备中的空气或其他无腐蚀性、不溶于水和不含固体颗粒的气体。

3.1.6 磁力泵

磁力泵是利用磁性联轴器的工作原理无接触地传递扭矩的一种新型泵，当电动机带动外磁转子旋转时，通过磁场的作用带动内磁转子与叶轮同步旋转，从而达到抽送液体的目的，因为液体被封闭在静止的隔离套内，所以它是一种全密封、无泄漏的泵型。

3.1.6.1 结构

磁力泵主要由泵头、磁力驱动装置和其他零部件共三部分组成。泵头部分主要由叶轮、泵体(压水室)、轴承、轴套、泵盖、泵轴等零件组成；磁力驱动装置部分主要由内磁转子、外磁转子、隔离套等部件组成；其他零部件主要包括托架、底座、电机、中间轴承体。

3.1.6.2 工作原理

在电机轴上装有一个圆筒形的外磁转子，在其内侧圆柱面上均匀密排着 N、S 极相间排列的外磁钢(永磁体)。在泵轴的右端也装有一个圆筒形的内磁转子，在其圆柱外表面上同样均匀密排着 N、S 极相间排列的内磁钢(永磁体)。因为内磁转子与输送介质相接触，为防止受介质的浸蚀，所以在内磁转子的外表面上加一个不受介质腐蚀的非磁性材料的内包套。在内、外磁转子之间有一个非磁性材料制作的隔离套，隔离套紧紧固定在泵盖上，将被抽送的介质以静密封的形式密封在泵体内，故介质不会外泄。当电机带动外磁转子旋转时，因永磁体的吸斥作用，带动内磁转子同步旋转，叶轮与内磁转子连成一体，从而叶轮也就和内磁转子一起旋转而达到输送液体的目的。

3.1.6.3 操作参数

磁力泵输送介质的密度不大于 1300kg/m^3，黏度不大于 30×10^{-6}m^2/s 的不含铁磁性和纤维的液体。常规磁力泵的泵体为金属材质，最高工作温度为 80℃，额定压力为 1.6MPa；高温磁力泵的使用温度≤350℃；对于泵体为非金属材质磁力泵，最高温度不超过 60℃，额定压力为 0.6MPa。对于输送密度大于 1600kg/m^3 的液体，磁性联轴器需另行设计。磁力泵的轴承采用被输送的介质进行润滑冷却，故磁力泵严禁空载运行。

与使用机械密封或填料密封的离心泵相比较，磁力泵具有以下优点：轴由动密封变成封闭式静密封，彻底避免了介质泄漏。无须独立润滑和冷却水，降低了能耗。由联轴器传动变成了同步拖动，不存在接触和摩擦。功耗小、效率高，且具有阻尼减振作用，减少了电动机振动对泵的影响和泵发生汽蚀振动时对电动机的影响。过载时，内外磁转子相对滑脱，对电机、泵有保护作用。

3.1.6.4 使用注意事项

① 防止颗粒进入：不允许有铁磁杂质、颗粒进入磁力传动器和轴承摩擦；输送易结晶或沉淀的介质后要及时冲洗，停泵后向泵腔内灌注清水，运转 1min 后排放干净，以保障滑动轴承的使用寿命；输送含有固体颗粒的介质时，应在泵入口管处过滤。

② 防止退磁：磁力矩不可设计得过小；应在规定温度条件下运行，严禁介质温度超标；可在磁力泵隔离套外表面装设铂电阻温度传感器检测环隙区域的温升，以便温度超限时报警或停机。

③ 防止干摩擦：严禁空转；严禁介质抽空；在出口阀关闭的情况下，泵连续运转时间不得超过 2min，以防磁力传动器过热而失效。

3.1.7 屏蔽泵

屏蔽泵又名无填料泵，属于离心泵的一种，但其结构比较特殊，其特点是泵的叶轮和电动机转子连成一体，并且共同装在一个密封壳体中，这样就不需要任何填料密封装置，从根本上消除了泄漏的可能性，故适用于输送易燃、易爆、有毒、有放射性和贵重的料液。

屏蔽泵工作原理是屏蔽泵中电机的转子和定子之间用一个称为屏蔽套的薄壁圆筒封闭起来。泵通过叶轮对所输送的液体加压，使液体产生所需要的流量和扬程，同时，使部分高压液体经过滤器流入转子室和泵后面的各部分，通过空心轴孔回到泵进口处的低压区，使液体起到润滑轴承、冷却电动机的作用。

屏蔽泵具有结构简单紧凑、零件少、占地面积小、操作可靠、长期不需要检修等优点，但其缺点是效率比一般离心泵低。

对于在真空状态下运行的制冷屏蔽泵，启动泵之前要确认泵的进出口阀门已打开。开泵前，要先将泵点动3~4次，彻底排除泵内的残余气体，同时观察泵的运行状态，是否有异常的振动和噪声。停机状态下应按规定保持系统内的真空度。

对于一般的化工屏蔽泵，启动前打开入口阀，使泵内灌满液体。然后进行启动泵运转，打开排液阀排气，再缓慢打开泵的出口阀，运转10~20s后关闭出口阀，停泵。30s后再次重复上述操作，连续进行三次。最后启动泵，检查压力表是否正常，确认正常后再缓慢打开出口阀。禁止在启动泵后较长时间仍关闭出口阀。停用前，先关闭出口阀，然后立即停泵，最后关闭入口阀。应注意：屏蔽泵整机空运转不能超过3s，而逆运转时间也必须在1min以内。

3.2 换 热 器

在化工企业中，实现物流之间热量交换的设备，统称为换热器。换热器有多种结构型式，其中，顺丁橡胶生产使用的都是管壳式换热器，管壳式换热器又可分为固定管板式、浮头式和U形管式三种，根据它们在生产过程中的实际用途和目的可分别称为冷却器、冷凝器、再沸器、预热器等。

管壳式换热器的优点是结构坚固，承受高温、高压的适应性大，制造工艺成熟，生产成本低，选材广泛，适应性强，处理量大，易于清理，便于维修，使用方便等，但也有结构不紧凑、金属耗量大、传热效率不太理想等缺点。

在管壳式换热器中，哪一种流体走管内，哪一种流体走管外，是关系到设备使用是否合理的问题。一般不清洁的流体走管内，便于清洗；流量小的流体走管内，因管子的截面积相对管间小，流速可提高，有利提高传热效果；有腐蚀性的流体走管内，这样只要管子和管板选用耐腐蚀材料即可，筒体仍可用一般钢材；因管子可承受的压力高，压力高的流体走管内；高温或低温流体走管内，可减少能量消耗；饱和蒸汽走管间，便于排除冷凝水。

3.2.1 固定管板式换热器

（1）结构

固定管板式换热器主要由外壳、管板、管束、封头等部分组成，在圆筒形的外壳内，装入平行的管束，管束两端以焊接或胀接的方法固定在管板上，而管板以焊接的形式与壳体相连。管束的表面积，就是两种流体换热的传热面积。

（2）特点

固定管板式换热器结构紧凑、简单，在相同的壳径内放置的管子数最多，单根管子在进行更换或封堵时不影响其他管子，管程清洗方便，但壳程清洗困难。特别是当冷、热流体温差大时，由于管束与壳体膨胀系数不同，会产生很大的温差应力，因而不适合处理脏或腐蚀性介质以及温差大于50℃的场合，如溶剂回收装置进料换热器等。

3.2.2 浮头式换热器

3.2.2.1 结构和特点

换热器的一块管板与壳体固定，另一块管板能自由移动，称为浮头。当管束和壳体受热伸长时，相互不受影响，不会产生温差应力。浮头部分由浮头管板、钩圈和浮头封头组成，可以抽出管束，使管程和壳程进行清洗检修。主要应用于冷、热流体温差大，介质不清洁或腐蚀严重，需要经常清洗或更换管束的场合。丁二烯和溶剂回收的各塔塔顶冷凝器、凝聚釜釜顶后冷器大都采用浮头式换热器。

3.2.2.2 浮头式换热器的使用

投用前要检查压力表、温度计及有关阀门是否齐全好用，定期测量换热器的壁厚，至少两年一次。

换热器投用前，先打开冷介质阀和放空阀引入冷介质，同时排除空气和不凝气，然后缓慢打开热介质阀门，做到先预热后加热，防止骤冷骤热损害换热器减少使用寿命。尽量减少换热器的开停次数，冬季停止使用时要将内部水和物料退净，防止冻裂和腐蚀。

经常检查冷、热两种介质的进出口温度和压力变化，发现异常，立即查找原因。经常检查换热器有无渗漏、外壳有无变形及有无振动现象，特别要关注有腐蚀介质存在或可能产生丁二烯自聚的设备。发现法兰和阀门有渗漏时，应抓紧处理。

3.2.3 U 形管式换热器

这种换热器的换热管被弯成 U 形，管子两端固定在同一块管板上，省去了一块管板和一个封头。因管束与壳体是分离的，管子受热时，互不牵制，不会产生温差应力。此外管束可以抽出清洗，但管内清洗困难，管板上布管数少、结构不紧凑，管外介质容易短路，影响传热效果。U 形管式换热器适用于管、壳壁温差较大、壳程介质易结垢，而管程介质清洁不易结垢以及高温、高压、腐蚀性强的场合。

3.2.4 空冷器

空冷器是以空气作为冷却介质，错流通过翘片(也称翅片)管的外侧，把管内流动的流体冷却或冷凝的换热设备。

空冷器的优点在于对环境没有热污染和化学污染；空气可随意取得，不需任何辅助设备；空气腐蚀性小，运转周期长；空气的压降小，操作费用低，维护费用一般情况下仅为水冷系统的 20%~30%；此外一旦风机电源被切断，仍有 30%~40%的自然冷却能力。

空冷器的缺点在于空气比热容小，很难把介质冷却到环境温度以下；大气温度波动大，风、雨、阳光，以及季节变化均会影响空冷器的性能，在冬季有引起管内介质冻结的可能；由于传热系数低，空冷器的冷却表面积要大得多；空冷器安装不能紧靠大的障碍物(如建筑物、大树)，否则会引起热风循环；要使用特殊工艺制造的翅片管和风机等。

在顺丁橡胶生产中，空冷器常用于溶剂回收装置溶剂脱重塔塔顶和凝聚工序的凝聚釜釜顶气相换热。

3.2.4.1 空冷器的结构和工作原理

空冷器主要包括管束、风机、支架等。管束是由带有铝制翅片的钢管或铝管组合而成，管子两端胀接在管箱的侧面上，管箱上下两侧各与物料进、出口相连接，整个管束呈长方形，管子按正方形排列。目前装置中一般采用水平式、送风型空冷器，即风机置于管束之下，风机可设置在平台上，易于安装和修理，但占地面积大。风机吸入的是冷风，可以相对节省动力。管束水平安装当作冷凝器使用时，通常管束倾斜 3°左右，便于冷凝液的排出。

3.2.4.2 空冷器的使用、运行及维护

风机启动前应检查轴承是否有润滑油和轴承冷却水，是否通畅无阻；检查设备上是否有杂物妨碍转动；检查轴承座的地脚螺栓是否有松动；检查风机启动时是否倒转；对于新换的电动机，启动前应先测量电机的实际转速是否合乎要求。

在正常运动中，必须定时监控风机的电流，因为它不仅是风机负荷大小的指示，还是一些异常事故发生的预兆。

要经常检查风机轴承的润滑油，冷却水是否通畅，轴瓦温度、轴承振动是否正常以及有无摩擦碰撞的声音。

3.2.4.3 空冷器的异常事态处理

在正常运行中如遇下列情况，应立即停机检查或修理：滑动轴承温度超过 70℃（滚动轴承超过 60℃）或轴承冒烟，电机冒烟，发生强烈振动或有较大的摩擦声。

3.2.5 换热器主要故障的原因分析

两种介质互窜，可能是换热管腐蚀泄漏、换热管与管板接口裂开、浮头式换热器浮头法兰密封泄漏等原因。

法兰外密封泄漏，可能是垫圈承压不足、损坏或螺栓强度不足、松动腐蚀或法兰刚性不足等原因。

传热效果差，可能是换热管结垢、物料凝结、丁二烯自聚等原因。

3.2.6 换热器的使用与维护

换热设备的使用包括开工和日常检查两大部分。

（1）开工

开工是指在装置开工过程中换热器必须完成的工作程序，或达到装置开工条件对换热器的必备要求。换热器和冷却器的开工程序基本相同，但略有区别。

基本开工程序：升温→螺栓预紧→置换空气→冷却水侧预膜处理。

1）升温

升温使换热器达到装置所要求的基本温度，一般使用蒸汽作为预热的热载体。加热初期排气阀应先小开，及时排出设备内的凝水，有蒸汽排出后再关闭。升温应逐渐进行，加热速度不超过 50℃/h，并保证长度方向的温度梯度不大于 30℃/m。

2）螺栓预紧

为确保介质在运行过程中不发生泄漏，要对换热器主密封面螺栓逐根进行热紧，消除螺栓热膨胀后可能造成的压紧力下降。在螺栓连接中，可采用合适的预紧碟簧，有效防止螺栓膨胀造成的压紧力下降。

3）置换

对要求隔绝空气的装置，需用氮气进行置换，在换热设备最高的放空点采样分析氧含量小于 500mg/kg 为合格。

4）冷却器水侧预膜处理

为保证换热器在循环冷却水系统中能长期正常稳定地运行，必须在投入运行前进行预处理。预处理包括清洗和预膜两项操作。

① 清洗：目的是清除冷却水系统中的铁锈、无机盐垢、沉淀物、黏泥等污垢，使换热器有清洁和新鲜表面，提高换热效率。清洗应在开车前进行，便于对清洗好的金属表面进行预膜处理，预膜结束后可立即投入正常运行。

② 预膜：目的是用预膜剂在洁净的金属表面上预先生成一层薄而致密的保护膜，使设备在运行中不被腐蚀。预膜过程应在清洗结束后立即开始。

（2）日常检查

日常检查是及早发现和处理突发性故障的重要手段，主要检查设备的运行异声、压力、温度流量、泄漏、介质、基础支架、保温层、振动、仪表灵敏度等方面。

1）温度

温度是换热器运行中主要控制指标，测定及检查换热器中各流体的进出口温度变化，可以分析出各个介质流量的大小及设备换热情况的好坏。传热效率主要表现在传热系统上，传热系数降低，换热器的效率也降低，则应切出进行清洗管束工作。运行过程要避免温度的急剧变化，否则会造成换热器管束与管板的膨胀和收缩不一致，产生温差应力，引起管束与管板脱离或局部变形，加快腐蚀及产生热疲劳裂纹。用水作为冷却介质时，回水温度最好在38℃以下，最大不能超过45℃；超过38℃，将引起管子腐蚀穿孔，加重结垢程度。

2）压力

对流体压力及进出口压差进行测定及检查，可判断换热器内部结垢、堵塞、泄漏及流体流量大小等情况。高压流体向低压流体中泄漏，使低压流体压力上升，甚至超压。如发现有压力骤变现象，除检查换热器本身问题，还应考虑阀门损坏、输送流体的机泵发生故障等因素。

3）外部泄漏

换热器在运行中产生外漏是较容易发现的。检查换热器外壳体表面涂层的剥落污染情况，来预测壳体的泄漏，是低压换热器检查壳体外泄的一种常用方法。低毒介质轻微的气体外漏，可以直接抹上肥皂水进行检查。对严禁泄漏的中高毒性介质，最常用的方法是在易泄漏口(如法兰、接管处)涂抹对该介质反应非常灵敏的涂料，如有微小泄漏，涂料颜色即会发生明显的变化。定期对壳体各连接处周围空气取样分析，也能判断是否泄漏及泄漏量的大小，此法不仅准确可靠、操作方便，而且对外部、内部泄漏都适用。

4）内部泄漏

内部泄漏是不易直接发现的，但可从介质的操作温度、压力、流量、异声、振动及其异常现象来分析判断。例如：某一换热器管程是压力较高的气体，壳程是压力较低的液体，当管子穿孔时，管内的气体窜到壳程液体中，引起液体剧烈翻腾，造成壳程压力波动，此时能听到壳体内有异常响声。如泄漏较大，用手摸壳体和液体出口管，会有振动的感觉。对于冷却器，可在冷却水出口处对低压介质管上装取样接管，定期取样检查，判断有无被冷却介质混入。当被冷却介质是气体时，可在冷却水出口管道上部装积气报警器，以此检测有无泄漏。对一般换热器(不使用冷却水)，在出口处对低压介质定期取样分析，可知有无泄漏，试验项目根据两种介质的色相、密度、黏度和成分等特性来选取。

5）振动

换热器内的流体一般有较高的流速，由于流体的脉冲和横向流动都会引起基础支架的振动，如支架结构位置不合适或螺栓松动、折断等会使振动加剧。要求控制振动偏差在250μm以下，超过此值，则需要进行检查处理。

6）保温(保冷)

保温(保冷)层的损坏会直接影响换热器的传热效率，而且保温(保冷)层破损后，将在壳体外部积水，使壳体发生局部腐蚀，因此，一旦发现保温(保冷)层破损应尽快予以修补，并且采取措施防止积水进入保温层内部。

3.3 塔

3.3.1 塔设备简介

塔设备主要用于气、液两相之间传质传热过程。按操作过程不同，塔设备可分为精馏塔、解吸塔、吸收塔和萃取塔等；按塔内操作压力大小可分为常压塔、减压塔和加压塔；按塔内部构件结构型式不同可分为板式塔和填料塔。

板式塔是炼油生产、石油化工广泛应用的一种传质设备，通过塔板的气泡与液相的传质效率、速率要比填料面液膜大得多。板式塔结构分主体、内件、设备接管口和附件四部分。主体部分由塔体和裙座组成。内件部分由塔盘、降液管、溢流堰、受液盘、紧固件、支承件及除沫装置等组成，是塔设备进行化工过程和操作的主要部分。设备接管口部分包括用于安装、检修塔盘的人孔，用于气体和物料进出的接管，以及安装化工仪表用的短管等。附件部分包括吊装塔板用的吊柱，支承保温材料的支承圈及扶梯平台等。塔顶是气、液分离段，塔体是传质过程的主要部位，塔体下部通常设有加热设备，在间接加热时设有再沸器或中间再沸器，而直接加热则设一个加热管；裙座是塔的支撑部分，作用是把塔体和基础连接在一起。顺丁橡胶生产中最常用的板式塔是浮阀塔和筛板塔。

填料塔外壳是一个圆筒体，塔内装有一层或多层一定高度的填料，填料下有支撑栅板，塔顶有喷洒液体的分布器，多层填料还设有液体再分布器。填料塔可以用于吸收操作，也可以用于蒸馏操作。其优点是结构简单、阻力小、分离效果好、生产能力大；缺点是液体负荷小，不能润湿填料时，则分离或吸收的效率低，易产生轴向返混现象等。顺丁橡胶生产的尾气回收就是采用的填料塔。今后填料塔的发展方向是改进填料、强化操作、提高处理能力。

3.3.2 浮阀塔

浮阀塔的塔盘上有若干个孔，每个孔装有可以在一定距离内上下浮动的浮阀。检修后应对塔的安装质量进行以下检查：塔盘零部件用料符合生产工艺要求；已对掉落和卡住的浮阀进行补齐和更换，其质量与同层浮阀一致，浮阀安装灵活；塔盘水平度、弯曲度允许偏差合格；卡子、螺栓齐全，安装正确；塔内、容器内及各部件内的杂物已消除干净；封装人孔时，垫片必须放正，法兰工作面光洁、无垢，螺栓戴上螺帽后外露螺纹长短一致，检修记录准确、齐全。

塔投料前应检查以下内容：确认测温点、测压点等仪表已安装和调校完，灵敏好用；塔体及附属设备、管线已进行吹扫，确认无堵塞；人孔、法兰、阀门焊缝及各静密封点已根据工艺操作压力进行了气密试验，确认漏点已消除；塔及其相连的设备、工艺管线用氮气进行了置换，系统含氧量符合规定；生产流程上的阀门开、关正确，确认水、电、汽已引入了装置。

精馏塔开车初期，进料量应控制适当，升温速度应缓慢，避免发生超温超压事故；投料后应检查现场人孔、阀门、法兰等设备的密封情况；检查流量、压力、液位、温度的指示值是否同现场仪表及生产实际情况相符；检查各回流泵、塔底出料泵、空冷风机等设备的运转是否正常，现场是否有跑、冒、滴、漏等。

3.3.3 筛板塔

筛板塔的结构简单，其内部结构主要有一定数量的筛板，筛板上钻有许多小孔。开始操作时，塔内上升气体动压头很小，托不住塔盘的液体，全部从筛孔漏下，塔盘上没有液层；当气速增大到一定程度时，塔板上就开始有液层并且液层高度不断增加，超过溢流堰时就从降液管流到下一层塔板，此时气、液两相通过鼓泡进行传质传热。

筛板塔的分离效率与蒸汽的速度、筛板上液层的高度、筛孔的直径和数目等有关。其主要优点是结构简单、汽液相之间接触比较充分、压降小；缺点是操作弹性小、普通筛孔易堵塞。一般来说，在顺丁橡胶生产流程中，常用于丁二烯、溶剂油等物料的水洗，筛孔直径为4~5mm，开孔率为15%左右。生产时筛板上保持一定高度的水层厚度，洗涤水由上而下，而油相由下而上通过筛孔进入水层，两相充分接触后达到洗涤的目的。

筛板塔使用和维护注意事项：开工前先用水将全塔冲洗干净，排放出塔内的杂质脏物。正常操作时要保持洗涤水和油料的流量稳定，减少塔的压力和界面的波动，确保洗涤效果。经常检查塔顶与塔底间压力降和界面情况，从而判断塔内是否有堵塞问题。每年定期检修和清理筛板，使筛孔通畅，溢流液均匀。

3.4 容　　器

容器是化工生产所用各种设备壳体的总称，承受一定的介质压力，并与外界隔离的密闭容器称为压力容器，其他为常压容器。在顺丁橡胶生产过程中，根据容器的实际用途和目的可分为原料罐、回流罐、计量罐、缓冲罐、油水分离罐等。

3.4.1 压力容器的使用与维护

压力容器使用前，应检查并确认各阀门的开关是否正确，确定压力表、安全阀和报警器灵敏好用。变换阀门时，必须核实无误后才能缓慢进行动作，使容器有一个预热过程，防止容器骤冷骤热而产生较大的热应力。监测压力容器上的压力、流量和温度仪表，发现数值异常要及时调整，严禁超压、超温和超负荷运行。

生产过程中要定时检查工作介质的压力、温度、流量、液面和成分是否在工艺控制指标范围以内；查看各法兰接口有无渗漏，容器外壳有无局部变形、鼓包和裂纹；测量容器壁温有无超温的地方；测听容器和管道内介质流速情况，以判断畅通与否；检查容器和管道内有无振动等。

压力容器在运行中，如果发生以下严重泄漏情况之一时，操作人员应立即采取紧急停运措施：容器发生超温、超压、过冷或严重泄漏情况，经采取各种措施仍无效果并有进一步恶化的趋势时；容器的主要受压元件出现裂纹、鼓包、变形，危及安全运行时；容器的近处发生火灾或相邻设备管道发生故障，直接威胁到容器安全运行时；安全附件失效、接管断裂、紧固件损坏，难以保证安全运行时等。

紧急停止运行的操作步骤一般是切断进料和蒸汽阀门，打开排空阀，使压力和温度降下来。

压力容器的维护保养包括：压力容器停止运行时，一定要将其内部介质排净，对于易燃、易爆、有毒介质应用氮气或液体置换或中和合格，然后再清洗干净；螺栓的螺纹应保持无锈见本色，保持容器的油漆和保温完好，包装外罩齐全整洁、无破损；对于液面计和仪表管等，要经常清理；备用的容器内部介质要排放干净，以防腐蚀和冻结；冬季注意防冻等。

3.4.2 常压容器的使用与维护

3.4.2.1 计量罐

计量罐是储罐的一种，体积较小，外部装有液面计，用以计算罐内液体的体积，用这种罐可以计量加入聚合反应釜的催化剂量。因为顺丁橡胶生产装置所用催化剂、防老剂的流量较小并且对流量要求较严格，所以一般通过计量罐液面刻度的变化来计算催化剂、防老剂的输出流量，即计算催化剂、防老剂的实际输出流量。

计量罐的物料是催化剂和防老剂，其溶液的溶剂为溶剂油，都具有易燃易爆性质，个别催化剂还具有强烈的腐蚀性[如 $BF_3 \cdot O(C_2H_5)_2$]，在生产过程中如发生泄漏将直接影响实际流量输出。因此投用前要对整个计量系统进行试压和试漏，消除密封点的漏点。根据罐液面刻度的变化，调整输出流量，保证丁二烯的聚合反应。正常操作中，液面计要保持干净、清晰，收料时严格控制好液位收料高度，避免因液面超高造成计量不准。

以下几种情况将对计量操作有很大的影响：计量泵不上量或流量不稳定；平衡线堵塞，可导致计量罐收料困难及流量不稳定；液面计堵塞，可导致实际输出量错误，收料时也会出现超高或罐内物料抽空现象；高位罐向计量罐放料的阀门不严，会误认为输出流量变小而加大输出量，从而造成催化剂实际配比失调，而影响聚合反应的控制。

3.4.2.2 胶液罐

胶液罐主要由电机、减速机、罐体(筒体，上下封头)、搅拌等组成，其作用是储存胶液，混配门尼黏度合格的胶液，闪蒸未反应的丁二烯和碳六油。

正常停车或临时停车后，各胶液罐中不同程度地存有一定量的胶液，所以投用前，应检查液面计是否灵敏好用，掌握胶液罐存胶量、压力、阀门的开关情况，现场有无泄漏点，一切正常后投用胶液罐。

胶液罐进料后，要随时核对胶液罐液面和压力变化情况，避免超高、超压现象。当某个胶液罐装料量达到控制量时，应先立即打开另一个罐收胶，确认过胶后再关闭原进胶阀门，搅拌 2h 后做样品分析。若胶液门尼黏度不合格时，可采用倒胶、窜胶的办法将胶液与其混配成合格胶液备用。

生产过程中影响胶液罐正常运行的因素有罐液面计指示不准，将导致胶罐超装窜料；聚合终止釜温度高或单程转化率低，入胶液罐后气相闪蒸量大，造成压力迅速上升；冷油温度高，油吸收效果差；收胶、喷胶阀门操作失误等。

3.4.2.3 油水分层罐

油水分层罐内右侧为油相，装有液面计；左侧为油水净化相，装有界面计。气相冷凝器冷凝下来的油水混合液体，由插底管导入分层罐内进料缓冲器，目的是防止冲击、影响净化分层。在油水净化相，由罐顶部引出一条管线把油相连续不断地送入溶剂油储罐，罐底部引出一条管线把水相连续不断地送出，顶部气相与环保处理设施相连实现达标排放。

正常操作中，应随时检查核对操作室内界面指示与现场界面指示是否一致，发现异常，及时处理；稳定分层罐压力。

检修后投用前，要先检查罐内进料缓冲装置是否良好，罐壁、水包的腐蚀情况，罐内清理是否干净等。确认罐气密试漏合格、各阀门开关正确、液面计和压力表好用后，才可准备投用。

分层罐的投用操作，一般按以下步骤操作：关闭罐底水相出口阀及副线阀，打开罐顶气相阀，打开罐顶侧线油相出料阀，投用液面计，打开分层罐进料入口阀接料。进料后注意分层罐液面和界面变化情况，当油水界面达到规定值后，打开罐底水相出料阀控制油水界面。

3.4.2.4 缓冲罐(筒)

从凝聚来的颗粒胶和热水处于湍流状态，若直接进入第一振动筛，流速过大，热水容易飞溅出来发生人员烫伤事故；还容易在筛面上产生液封，影响脱水效果，所以用缓冲罐将热水的流速减慢。由于顺丁橡胶相对密度比水小，可以利用胶粒上浮的特点，使胶粒随热水一起溢流漂浮出缓冲罐。

操作时要注意溢流口出料情况，要求出料均匀、无结团现象。若出现结团现象，则需要进行检查，看挂胶是否严重、插入管是否被腐蚀、结构是否合理，如存在这些问题，则立即停车进行处理。

3.4.2.5 热水罐

热水罐是一个敞口常压中间储罐，主要是由筒体、下底上部活盖和筒体折流板组成。作为热水循环的中间储罐，其主要作用是暂时储存、缓冲循环水，补充热水，过滤循环热水中的杂质和残存细小胶粒，同时沉降循环热水中较重的杂质。

检修后投用前需要检查罐壁有无腐蚀、罐内隔板有无变形或裂痕、水垢及罐底沉积物清理是否干净、罐顶溢流管有无堵塞等问题。生产过程中应注意检查罐体及阀门是否有泄漏、罐内水液面是否正常，若需补水时打开罐顶补水阀补水至满罐。

3.4.2.6 洗胶罐

洗胶罐投用前应进行详细检查，包括：减速机润滑油液位是否符合要求，启动润滑油泵和洗胶罐搅拌后运行情况是否正常，洗胶罐内有无水垢、污物、铁锈、木屑等杂质，若有，必须清理干净，以免影响成品胶质量。

洗胶罐投用后，要密切注意洗涤水流量，防止量过大或过小，造成干燥工艺波动。观察胶粒颜色，根据情况确定是否换水，观察胶粒水中有无污物，发现问题及时采取措施。

3.5 釜

釜式反应器是液相、液固相反应最常用的一种反应器，在化工生产中应用较广，适用于不同的生产规模，可以在较大的压力、温度范围内使用，可以间歇操作，也可以连续操作，操作灵活性大。顺丁橡胶生产中的聚合釜，凝聚釜和各种催化剂、助剂的配制釜都属于这类反应器。

3.5.1 反应器的类型及应具备的条件

反应器的分类方法很多，可以按反应物聚集状态、反应器结构、操作方式等分类。

按反应物聚集状态，反应器可分为均相反应器和非均相反应器。均相反应是指反应在一种相态中进行；非均相反应是指反应至少在两种相态中进行。

按设备结构型式，反应设备可分为釜式反应器、管式反应器、塔式反应器三种。釜式反应器反应是在一个密闭釜体内进行的，带有搅拌器，可间歇或连续操作，适应性强；管式反应器反应是在单管串、并联构成的设备中进行的，反应器外套一般用套管进行供加热或冷却；塔式反应器反应是在一个高径比大于3的垂直圆筒中进行的。顺丁橡胶生产中主要使用釜式反应器，因此将做详细介绍，而管式反应器和塔式反应器将不再详细叙述。

按操作方式，可分为间歇操作反应器和连续操作反应器。

此外，反应器还有流化床和固定床反应器之分。在使用固体催化剂时，催化剂在固定床层上与气体物料进行催化反应，这种反应器称为固定床反应器。而当气体通过反应器，使固体催化剂悬浮起来，在反应器中上下翻滚，好像沸腾一样，这种反应器称为流化床反应器。

反应器应具备以下条件：

有足够大的体积，从而保证反应物在反应器中有充分的停留时间，以达到规定的转化率和产品质量指标。

保证反应物系之间能接触良好，从而进行化学反应，接触越充分，反应效果越好。因此反应器的结构要保证反应物之间、反应物与催化剂之间充分接触。

能及时、有效地供给或移走热量。许多化学反应都是在规定温度下进行的，同时，反应过程中还会有热量放出或需外部提供热量，因此反应器必须能及时、有效地供给反应所需要的热量，或者移走反应所放出的热量，以保证反应在最适宜的温度下进行。

反应器有足够的机械强度和耐腐蚀的能力，以保证反应过程安全可靠，设备经济耐用，尽量做到易操作、易制造、易安装和维护检修。

3.5.2 聚合反应釜

聚合釜又称釜式反应器，是顺丁橡胶生产中用来混合丁二烯单体、溶剂油、催化剂与进行聚合反应的重要设备。选择或设计合适的聚合釜时首先要考虑釜的体积能否满足一定生产能力和聚合反应时间的要求；其次，是否具有良好的搅拌装置，使反应物料能均匀混合和控制连续聚合生产时物料返混的程度；最后，是否有足够的传热面积以保证反应放出的热量被及时有效地移走。

3.5.2.1 聚合釜的结构

目前，顺丁橡胶生产常用的反应釜是由釜体、釜盖、夹套、搅拌器、减速机、电动机以及各种工艺管接法兰等组成，其中釜体为细长的圆筒形，釜顶和釜底呈碟形。采用釜壁夹套通冷介质移出反应热的传热方式。目前，工业化大生产中主要采用 $12m^3$ 和 $30m^3$ 两种容积的聚合釜。

$12m^3$ 釜的内径为 1.8m，筒体高度为 4.33m，底-中部测温点距离为 1.22m，测温点间容积为 $3.1m^3$，顶-底部测温点间容积为 $6.41m^3$。搅拌器形式为偏框式或双螺带式，搅拌器外沿-釜内壁间隙一般为 100mm。$12m^3$ 聚合釜的总传热面积为 $27m^2$，单位容积的传热面积为 $2.2m^2$。

$30m^3$ 釜的内径为 2.4m，筒体高度为 6.28m，底-中部测温点距离为 3.8m，测温点间容积为 $17.2m^3$，顶-底部测温点间容积为 $26.4m^3$。搅拌器形式为双螺带式，搅拌器外沿-釜内壁间隙一般为 30mm。因为聚合釜的体积和釜直径的平方成正比，而釜的夹套传热面积只与釜的直径成正比，所以随着聚合釜的容积增大，单位容积的传热面积就变小，因而 $30m^3$ 釜总传热面积为 $50m^2$，单位容积的传热面积为 $1.67m^2$。$30m^3$ 釜的轴向测温点分布比 $12m^3$ 釜更合理一些。

3.5.2.2 搅拌器的形式

为了使聚合釜内各物料均匀混合、增大传热效果及控制釜内物料的返混程度，搅拌器的形式是非常重要的。顺丁橡胶一般用 3~4 个釜串联进行连续聚合生产，搅拌器的形式要适应各釜内不同黏度的需要。目前聚合反应釜常用的形式是偏框式和螺带式。其中，偏框式搅拌器主要用于 $12m^3$ 聚合釜的首釜，一般有三个偏框，用不锈钢管焊在搅拌轴上，物料的混合以径向为主。

螺带式搅拌器分单螺带和双螺带两种。螺带分三段，相邻两段螺带的旋向相反。在双螺带的搅拌器中，每段的大螺带和小螺带旋向相反，相邻的两大螺带和相邻的两小螺带旋向都相反。这样，物料在轴向和径向均有较大的搅动，沿径向做圆周运动，沿轴向做上下翻滚运动。双螺带的搅拌器适用于低转速、高黏度胶液的搅拌，其桨叶直径约为釜体直径的 95%，螺带宽是桨直径的 10%左右。$12m^3$ 聚合釜搅拌器的直径一般定为 1.6m；$30m^3$ 聚合釜搅拌器的直径一般定为 2.34m。有的搅拌器还在桨叶边缘安装几把聚四氟乙烯的刮刀，以弹簧连接，刮除挂在釜壁上的胶，提高釜壁的传热能力。双螺带搅拌器主要应用于 $12m^3$ 聚合釜除首釜外的后几釜和 30m³ 聚合釜的各釜。30m³ 聚合釜结构简图如图 3-1 所示。

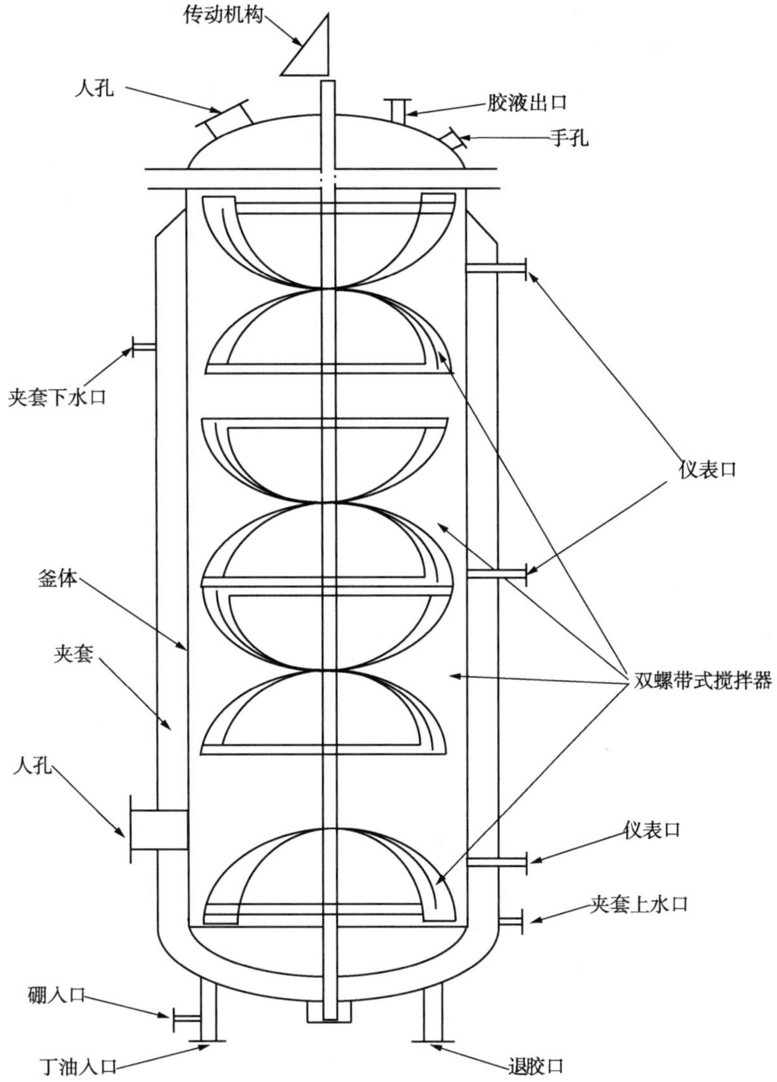

图 3-1　30m³ 聚合釜结构简图

顺丁橡胶聚合反应过程中，随着丁二烯聚合转化率的增加，胶液的黏度不断上升，搅拌器转动所需要的功率也迅速增加，这时聚合釜内部物料混合状况变差，传热能力下降，通过釜壁的热传导受到阻碍。此时不能单靠提高搅拌转速来加强传热能力。原因是搅拌转速提高后搅拌器所消耗的功率显著增加，但传热能力增加不多，机械能最终都变成了热能，移出的热能不如生成的热量多。

3.5.2.3　聚合釜减速机

顺丁橡胶生产聚合釜减速机主要有行星摆线针轮减速机和齿轮减速机两种形式，下面将对最常用的行星摆线针轮减速机做简单介绍。

基本结构由减速机构[一个固定的太阳轮(针轮)、一个行星轮(摆线轮)]、输入和输出机构组成。所不同的是，行星轮的齿形不是渐开线，而是摆线，称为摆线轮，摆线轮上圆弧数一般比针轮的齿数少一个。

工作原理：输入轴的旋转带动偏心轴衬与摆线轮做偏心运动。摆线轮的齿被挤压与针齿销啮合，并被迫向相反方向以齿数分之一的转速反向旋转，同时，摆线轮通过销轴带动销轴盘及输出轴。以同样的转速将动力输出。

特点：行星摆线针轮减速机优点有很多，如体积小、重量轻；传动范围大；传动效率高；运转平稳无噪声；使用寿命长；经得起冲击和过载；结构简单。但也存在一些缺点，如主要部分采用的材质较好，制造精度要求高，制造工艺复杂；转臂轴承受力比大。

减速机安装调试完毕后，应按下列步骤进行开车前的准备工作：检查各部件是否安装正确和符合技术、安全等有关要求。检查各联结件、紧固件是否有松动。加油到所规定的油位高度，启动油泵电机，检查润滑系统是否正常，运行10min后方可允许启动主电机。主电机如发现异常(冲击振动、分贝超标等)应停车检查，排除后方可进行空载试验。

空载试验后应满足以下要求：减速机各联结件、紧固件不应产生松动。减速机各接合面、接口处、输出轴等密封点不应有泄漏现象。在正常情况下，减速机应运行平稳，无异常冲击振动。在正常情况下，减速机的运行应符合：油温≤85℃，温升≤45℃，噪声≤85dB等技术指标值。减速机空载运行时间不少于2h，负载运行时间不少于4h。

减速机应设专人对减速器设备进行维护、检修和保养，监控运行状态，主要参数应作记录。

减速机第一次使用10~15d后以及第一次连续运转3个月后，应分别对减速机检查，对齿轮箱进行冲洗、换油等维护工作。正常每运行半年换油一次。如停止使用1个月以上，必须对齿轮、轴、轴承等零(部)件采取有效的防腐措施。

减速机使用中如连续油温过高(>85℃)或状态异常，应停车检查：清洗各零件外露部分，对重要零件的表面可作适当修补。检查或更换各易损件、密封件和重要零(部)件。更换的易损件、密封件和重要零件必须符合有关技术要求，齿轮应成对更换。大修后，减速机的安装、运行过程与要求应按以上有关程序重新进行。

3.5.2.4 搅拌器的轴封

搅拌器的轴封一般有两种。一种是填料密封，填料采用的是石棉条或聚四氯乙烯，它比较简单，但容易泄漏。另一种是机械端面密封，是作用于轴的两个密封元件(被称为静环与动环)的平面相互贴合，且做相对运动以达到密封的装置，分双端面和单端面两种形式。目前12m^{3}聚合釜采用的是填料密封或双端面机械密封，而30m^{3}聚合釜全部采用的是外装式非平衡型双端面机械密封。

端面密封与填料密封相比较，由于填料密封中的圆轴外表面与填料内表面之间的圆柱形成密封面转换成了旋转环与静止环之间的两个环形平端密封，当运行过程中出现磨损时，填料密封需要更换或重新压紧填料，而端面密封可以在弹簧力作用下使密封端面磨损时出现的缝隙得到自动补偿，因而端面密封的运行周期比填料密封要长得多、密封效果更好。

聚合装置现用的密封液是中性油，是一种无毒、无腐蚀、润滑性能良好、汽化温度较高，且不影响釜内介质性能的液体。由于密封液是流动的，不但对密封端面有润滑作用，而且可以将磨擦产生的热量带走，如果将密封液的压力调整到比釜内介质压力高0.05~0.15MPa，则帮助封堵釜内有毒或易燃介质外泄的效果更佳。

3.5.2.5 聚合釜的使用

聚合釜投用操作前必须严格做好以下工作：检查聚合釜压力表附件是否齐全；对聚合釜系统进行严格的吹扫、试压、试漏确保合格，并用氮气置换，使其氧含量合格；按要求电机送电，减速机加润滑油至油位1/2~2/3，且检查电机接地线是否符合要求；检查各仪表，使其达到运行状态；贯通流程，进行系统油运，检查机械传动、轴封、仪表等运行情况及各密封点有无泄漏情况。

顺丁橡胶生产装置所用聚合反应釜，为连续操作釜，生产中采用多釜串联，原料连续由第一釜底部加入，顶部出料，进入第二釜底部，依次类推，经过其他釜，物料在每一釜内，在搅拌器作用下充分混合，达到较均匀的组成，所串釜数按其转化率要求及物料停留时间而定。投用前，确定开车用釜数，物料依次按催化剂、丁油的顺序加入聚合釜；投料后，及时调整丁油浓度，使其达到要求范围；之后开启首釜搅拌，为减少丁二烯汽化，可将第二釜或末釜出口阀关闭，保持釜内的一定压力。随物料的投入及反应温度上升，再据其釜内压力上升情况，逐渐打开所关阀门。投料时，为缩短聚合诱导期，可使进料温度、丁油浓度及催化剂配方相对偏高些，投料后随聚合反应加快，逐渐将丁浓及催化剂配方调至正常。日常为使反应温度减小波动，可采用进料温度调节聚合反应温度，当反应不正常时，可配合调节丁浓及催化剂配方来调整聚合反应。

聚合釜操作主要控制反应温度、系统压力、聚合转化率及门尼黏度。因为丁二烯聚合为放热反应，温度越高，反应速度越快，对橡胶质量和安全生产越不利，所以当反应速度过快时，可采用聚合釜釜顶充冷油或夹套通冷冻盐水的方法来控制反应速度。

3.5.2.6 影响聚合釜正常运转的因素

影响聚合釜正常运转的因素：轴封泄漏，减速机润滑不好(包括：润滑油位低，润滑油质量差及润滑油泵工作不正常)，门尼黏度或动力黏度过高，釜内或管线挂胶严重，生产负荷过大，设备各部件安装精度差及各运转部位发生问题，轴封冷却不好，电压不稳。

3.5.3 胶液凝聚釜

采用水析凝聚法脱除胶液中的溶剂及未反应的单体，同时凝聚成颗粒状胶的设备被称为凝聚釜。

3.5.3.1 结构

釜体是由钢板、不锈钢板焊接而成的，从上至下开有多个 ϕ160mm 的视孔，60m^3 的凝聚釜直径为 3200mm，釜筒体高 8000mm。喷胶管与釜壁呈 60°角，喷嘴与蒸汽入口、搅拌的叶轮三者在一点上，减轻了釜内挂胶。釜壁上对称焊接了四块长 2500mm、宽 200mm 的折流板，折流板的作用是使按一个方向运动的水流经受对折流板的阻力，促使水流从层流状态变为湍流状态，从而提高搅拌效果。60m^3 凝聚釜结构简图如图 3-2 所示。

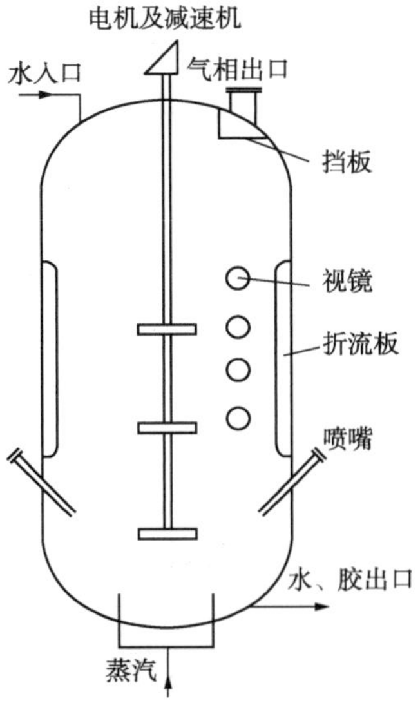

图 3-2　60m^{3}凝聚釜结构简图

凝聚釜搅拌器上装有三层涡轮式叶轮，最上一层叶轮的叶片与水平呈 45°角，中层和下层叶片与水平面呈 90°角。一般来说，上层叶片距离中层叶片 1550mm，中层叶片距下层叶片 2200mm，下层叶片距釜底 860mm。其轴封一般选择的是机械密封形式。

由釜底垂直方向伸入釜内四个蒸汽喷头，长度一般为 400mm，为增加蒸汽的线速度和消除噪声，喷嘴一般要缩回到直径 50mm。

颗粒胶与水的出口设置在釜底边侧呈切线方向伸出，在保持流量均匀的同时，也避免了出口堵塞。釜顶设有水蒸气和油气的出口，并焊接了一块挡板，以防止胶粒随气体流动带出。

3.5.3.2 凝聚釜的使用

空釜投用前要对凝聚釜进行全面检查，包括：釜内搅拌、衬里是否正常，有无鼓包、裂痕或漏点，折流板、喷嘴是否正常，出料管口有无杂物，釜内清理是否干净，喷嘴有无堵塞、挂胶，封釜人孔前，釜内有无杂物，气相过滤器是否畅通；盲板抽加是否正确，视镜、压力表、液面计是否完好；搅拌转向是否正确等。当以上各项检查合格后，凝聚釜才具备投用条件。

3.5.3.3 凝聚釜的异常问题处理

胶粒密度大：胶粒水输送困难，导致液面波动或堵塞管道，应及时调整水胶比，适当增加釜压加以疏通。

气相出口堵挂严重：立即降量并切换釜继续维持生产。

液面超高：易导致气相雾沫夹带，堵塞气相滤网，应迅速降低釜液面。

液面过低：胶粒水无法搅拌易导致胶粒坨釜，应迅速提高釜液面。

3.5.4 配制釜

在顺丁橡胶生产过程中，配制釜用来配制环烷酸镍浓溶液及环烷酸镍、三异丁基铝、防老剂的稀溶液以供聚合使用。

配制釜投用前要进行试压、试漏确保合格，且用 N_2 置换使釜内氧含量合格，最好用溶剂油将釜洗干净。洗釜过程中启动搅拌器，检查机械部分的运转情况及轴封密封情况，溶剂油洗釜完毕，按要求退油，并用 N_2 保压。配制釜结构简图如图 3-3 所示。

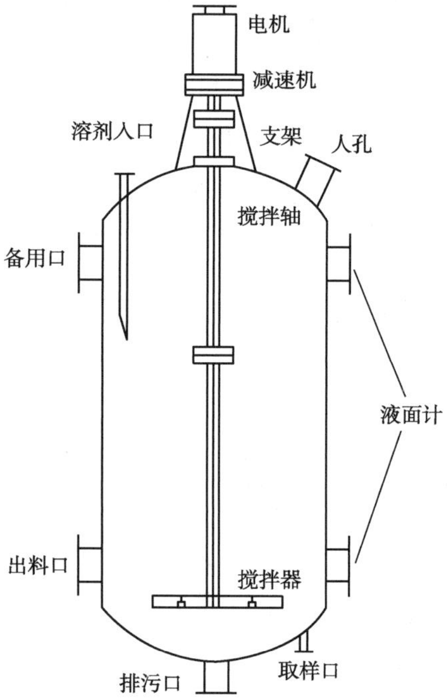

图 3-3　配制釜结构简图

配制釜进行物料配制时，要确定好实际物料配制体积，计算各物料的实际需要量，加料前检查确认压力表及液面计阀处于全开状态，避免出现误操作。

向釜内加料前，要打开放空阀，防止釜内超压，加料时按顺序及实际需求量，严格控制物料加入量，加料完毕釜内 N_2 保压至操作压力。启动搅拌器进行物料混合，确保搅拌时间 2h 以上。检查传动部位、润滑系统及轴封部分运行是否正常。

配制完毕进行浓度分析，如果浓度误差超出要求范围，应按规定进行二次配制。

3.6 后处理专用设备

3.6.1 脱水挤压机

用水清洗掉凝聚后胶粒中的汽提剂、残存的催化剂及表面杂质，经筛分机过滤后，进入挤压脱水机，橡胶颗粒受螺杆挤压排掉大部分胶中含水，挤出的胶棒在模头处被切成一定大小的颗粒，落入膨胀干燥机，废气进入尾气处理系统。

3.6.1.1 脱水挤压机的工作原理

顺丁橡胶后处理工序生产用的脱水挤压机主要由机座、减速箱、进料斗、机体、机头、辅助润滑系统和主电机，以及集水槽等部件组成。机体分为筒体部分和弹杆部分。筒体部分由骨架和笼条组成两个半圆筒，用 24 个螺钉把紧，分为四段，各段笼条间间隙依次减小。在两半圆筒体之间的合拢部位，装有相对应的六对刮刀，正好伸入螺杆和螺叶的断开部位。螺杆由轴、螺套、键组成，和一般的螺杆不同，是由若干节断开式螺旋叶构成的，各节螺旋叶是等深不等距的，螺距逐渐减小。工作时电机带动螺杆旋转，胶粒从进料斗进入，在螺杆的旋转挤压下，其密度和压力增加，所含的水分从笼条的缝隙流出，胶粒被挤向出料口，排出脱水机。

机头包括机头和切刀部分以及机头调压装置部分。机头和切刀部分由机头模板和切刀组成，机头调压装置部分有八块堵塞爪，其中四块手动调节，另四块由液动调节，安装在机头出料口之前，用来调节和控制机头出口大小，从而可以改变挤压脱水机体内压力，使物料达到所需要的脱水效果。挤压脱水机螺杆由主电机经皮带轮、减速箱两级减速驱动，以 130~150r/min 的速度旋转。从脱水振动筛来的物料连续加入料斗，被连续螺旋叶推入机体，物料在给料料斗内已受到初步挤压和脱水。由于机体内轴上的各节螺旋叶是等深不等距的，故物料受到逐渐加大的挤压力，随着物料沿螺旋推进方向推进，压力也越来越大。机体的筒体是由带弹性的笼条组成的，水从胶料中被挤出后，及时地由笼条的间隙中排出机体了。

机体内的六组刮刀，起到了阻止胶料随螺杆旋转的作用，并且还可以帮助造压，使物料受到比连续式螺旋叶螺杆更强的挤压程度，机头出口处前的 8 块可调节的堵塞爪，可以限制出料口的环形面积。这样，当螺杆挤压弹性体时，可以进一步增加物料所受的挤压力。一般在机头出口前，胶料将受到 5~7MPa 压力，将胶料中水分排出一大部分。脱水后的胶料从机头模板挤出，被切刀切成小于 1mm 的薄片，投入挤压膨胀干燥机，此时物料中含水量为 8%~12%，温度为 70~90℃。操作时利用机头调压装置调节机头出口大小，控制机头压力，使出口胶粒水含量在 8%~12%范围内。操作时仔细观察笼条间隙是否被胶料堵塞过多以及脱水效果，若有堵塞现象，应及时清理。仔细观察进料口吃料情况，防止堵塞，发现堵塞及时排除，在排除过程中，要特别注意安全，严禁使用金属棒。同时应停止脱水振动筛供料。

3.6.1.2 脱水挤压机的使用操作

挤压机启动前，应检查齿轮箱油液面是否达到规定要求，皮带松紧情况，料斗、入料口处有无杂物、积胶，脱水处是否有积胶，机头出料口黏胶是否清理干净，冷却水压力、温度是否达标；启动润滑油泵，检查油压是否达到工艺要求，油路是否泄漏，切刀与机头模板间隙是否符合要求等。

一切准备工作完毕，通知电工送电，提前 5min 启动挤压机齿轮箱润滑油泵。油压正常后，启动挤压机，待电流指针稳定，通知洗胶送料。初投料时进料要均匀，确保挤压机正常运行。根据机头出料情况，调节旋塞阀控制机头压力，使胶料含水量控制在 8%~12%范围内。

3.6.1.3 脱水挤压机的维护保养

运行中的挤压脱水机，要注意检查齿轮箱油温、油压、油液面情况，有无异常声音，电机电流、温升及设备运转部位温升，笼条积胶及清理情况，脱水效果及排水情况，机头及下料斗处是否挂胶，排水管下水是否畅通，挤压机吃料情况等；并根据实际操作进行调节。脱水挤压机结构示意图如图 3-4 所示。

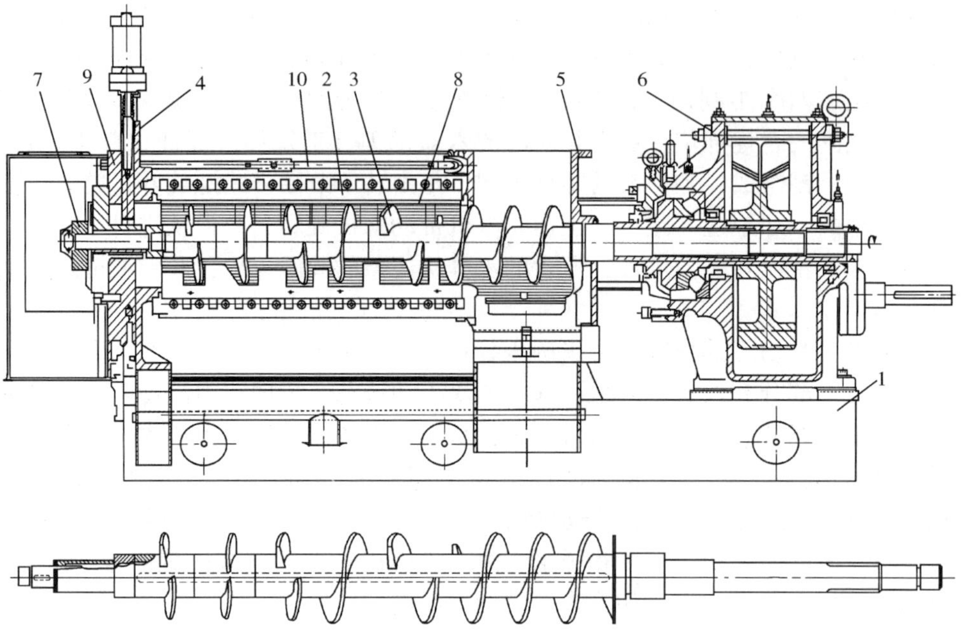

图 3-4 脱水挤压机结构示意图

1—机座；2—机体；3—螺杆；4—调压装置；5—加料斗；
6—减速箱；7—切刀；8—笼条；9—机头；10—拉杆

3.6.2 膨胀干燥机

3.6.2.1 膨胀干燥机的结构及工作原理

膨胀干燥机的主要结构包括机座、减速箱、机体、机头、辅助润滑系统和主电机及液力联轴变速器等。机体包括筒体部分和螺杆部分。筒体分前后两节，由 8 个螺钉把紧，两筒体都分别带有蒸汽夹套，工作压力 1.6MPa，筒体内部衬有 8 节衬套，前 7 节表面氮化处理深度为 0.3mm，洛氏硬度为 50，第 8 节表面堆焊硬质合金为 3.0mm，洛氏硬度大于 50。第一节和第二节衬套各有 12 条均布的排水槽，筒体上共有 4 排剪切螺钉插入体内，于断开式螺旋叶之间，每排 22 个，前筒体 40 个，后筒体 48 个，共计 88 个。剪切螺钉插入机体深度与螺旋叶深度相对应，以不碰到螺杆基部为准。螺杆由轴、螺套、键组成，它同样是由若干节断开式螺旋叶所构成的，各种螺旋叶分为 6 种，等深不等距，螺距依一定次序排列，此排列可分为两个压缩段。在前筒体范围内，即前 10 节螺旋叶为第一压缩段；而在后筒体范围内，即后 12 节螺旋叶为第二压缩段。在每个压缩段内，螺旋叶螺距依次减小，但是第一压缩段最后几个螺旋叶的螺距比第二压缩段的开头几个螺旋叶的螺距要小些。各节螺旋叶表面需要堆焊硬质合金为 3.0mm 厚，洛氏硬度在 50~54。机头包括机头模板部分和切刀部分，机头模板有 52 个模孔，可供安装模头和堵头。另外，模板内有供加热和冷却用的环形通路，切刀架于模板上，与模板的间隙为 0.5~1.0mm。进料斗由料口部分和脱水筛板所组成，与进料口的连续式螺旋叶的间隙为 3~5mm，以不碰不磨为准。膨胀干燥机结构示意图如图 3-5 所示。

操作时挤压膨胀干燥机螺杆由主电机经液力无级变速轴器、齿轮箱两级减速，以 88~210r/min 的速度旋转物料连续加入料斗，被连续式螺旋叶推入机体。在第一压缩段内，物

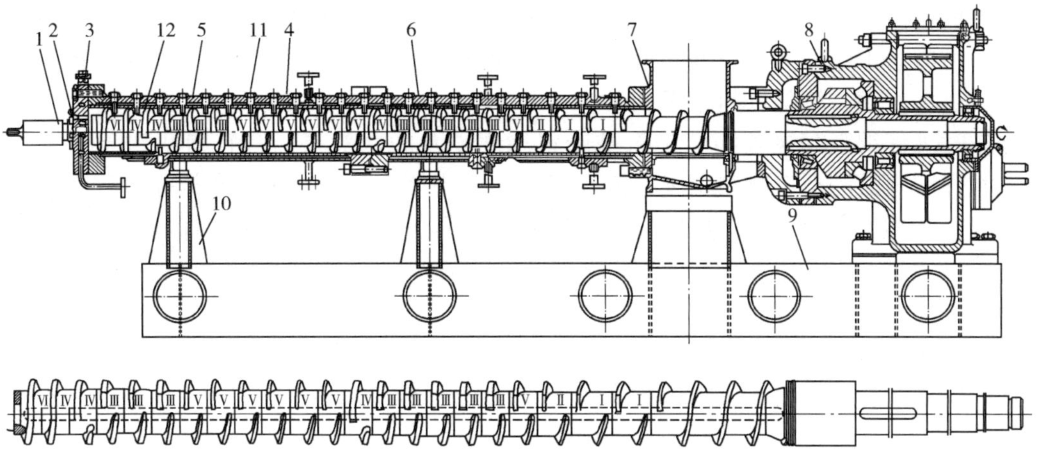

图 3-5　膨胀干燥机结构示意图

1—切料装置；2—调节装置；3—机头；4—螺杆；5—后段筒体；6—前段筒体；7—加料斗；8—减速箱；9—机座；10—支腿；11—剪切螺钉；12—衬套

料在向前推进同时，所受到的挤压力越来越大，机体四周安装的四排剪切螺钉，一方面阻止了物料随螺杆的转动，可以帮助造压；另一方面增加了很大的摩擦力和摩擦热量，使胶料逐步加热。从物料中挤出的一部分水，由体内第一、二节衬套的排水槽流向进料斗，经脱水筛板出机体。随着物料的向前移动，物料的温度和压力越来越高，此时物料中尚残存的部分水处于过热状态。当物料经过第一压缩段进入第二压缩段时，螺旋叶的螺距突然变大使物料有所松动，在机体内可能翻滚一下，紧接着，物料再经受越来越大的挤压力和越来越高的温度。

此外，还由于膨胀干燥机机体的夹套不断给热，在物料到达机头模板前，就达到了所需要的温度(120~175℃)和压力(5~8MPa)。当过热状态的水和处于高温、高压状态的物料被挤出机头模头喷入大气时，压力突然降到大气压，这时胶料中过热状态水立刻汽化，从物料内逸出，从而达到干燥的目的，这个过程叫作闪蒸。闪蒸之后的胶料温度 95~98℃。此时，物料中还有 2%~2.5%的水分未蒸发汽化。膨胀干燥机机头出来后的物料，经切刀切成直径为 20mm 松散的颗粒状，入热风干燥箱。操作时利用螺杆转速和蒸汽量来调节机内的压力和温度，一般转速控制在高速状态，第五段温度一般控制在 130~170℃，机头压力在 5~8MPa 范围内。需要注意物料从机头喷出来的效果，要求被挤出物料呈爆米花状松散状态。同时，必须注意进料口吃料情况，防止堵塞。

3.6.2.2　膨胀干燥机的使用

干燥机启动前必须按规定认真检查，包括：检查各转动设备的连接、固定、润滑情况，确认润滑油液面在 1/2~2/3 处；检查各电器、仪表联锁是否正常，报警器、控制仪表、电器调节是否灵敏；检查入料口处是否有积液、挂胶以及石块铁器等杂物，滤水板是否清洁；检查模孔清理及上次使用情况；检查无级变速器勺管是否在“0”位，润滑油液面是否符合要求；确认单机试运热风机，输送机运行正常，无撞击、摩擦声，各润滑油压力温度在要求范围内。

与前后岗位人员联系后投用所有仪表，将选择开关扳至“手动”位置，接通电机电源。

提前10min对干燥机预热，预热速度不宜过快，五段温度预热至100℃。提前10min启动挤压机、干燥机齿轮箱润滑油泵、无级变速器润滑油泵，启动输送机、热风机，并给热风机送蒸汽。一切准备工作就绪后，通知洗胶送料，启动挤压机的同时，启动干燥机。投料初期进料量不宜过大，逐步调整进料量至正常。

操作时须仔细观察笼条间隙是否被胶料堵塞以及脱水效果，若有堵塞现象，应及时清理。同时仔细观察进料口吃料情况，防止堵塞，发现堵塞及时排除，在排除过程中，要特别注意安全，严禁使用金属棒。同时应停止脱水振动筛供料。操作时利用螺杆转速和蒸汽通过量来调节机内的压力和温度，一般转速控制在高速状态，需要注意物料从机头喷出来的效果。

3.6.2.3 膨胀干燥机的异常情况

加料段滤水孔堵，或入口胶中含水量大，造成返水。

干燥机第一段、三段温度过高，造成返汽。

胶料物性不好、汽提剂量大、pH值高，造成干燥机进料困难。

负荷不稳，进料量忽大忽小不均匀，易造成入料口堵。

模头孔堵塞严重，使模头压力超高，螺杆位移。

蒸汽量不足或干燥机夹套冷却水阀泄漏，使干燥机温度达不到工艺要求。

无级变速器提供的螺杆转速不够，使机膛压力达不到要求，影响橡胶干燥。

3.6.3 干燥箱

3.6.3.1 干燥箱的结构及作用

干燥箱的作用是保持水呈蒸汽状态，并进一步脱除胶粒表面水分。一般由箱体、箱门、排气筒、热风机、消防蒸汽管线、挡风板、输送机等组成。空气由鼓风机输入，经加热器加热升温，使空气中的相对湿度显著下降，干燥的热空气和含水量2%~2.5%的胶粒接触，使水汽蒸发，湿空气从排风机排出。一般热空气温度控制在80~120℃范围内，风机的风量要平衡调节。干燥箱结构示意图如图3-6所示。

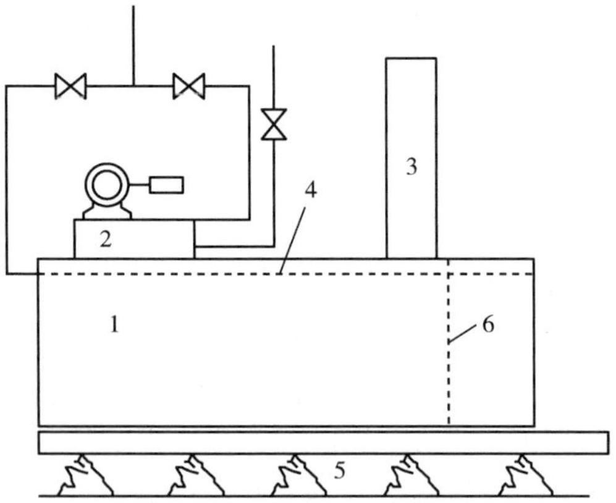

图3-6 干燥箱结构示意图

1—箱体；2—热风机；3—排风筒；4—消防蒸汽；5—输送机；6—挡风板

3.6.3.2 干燥箱的使用

干燥箱投用前应进行详细的检查，防止开车过程中有灰尘、塑化胶粒影响橡胶质量，塑化胶粒在生产过程中还可能塑化着火。

检查热风机进风罩、排风罩是否安装牢固，风机罩及风机上有无灰尘，消防蒸汽管线上有无塑化胶，干燥箱体及箱门上有无塑化胶及挂胶，热风机及排风筒输送机上有无黏胶，若有必须彻底清理干净。检查输送机弹簧、地脚螺栓是否紧固，三角带松紧情况，轴承是否加足润滑油，橡皮簧有无开裂现象。

对干燥箱检查完毕，确认达到投用条件后，将干燥箱门关闭，启动输送机、热风机，开热风机，蒸汽升温，干燥箱温度达60℃以上时，可投料生产。

3.6.3.3 干燥箱的维护

干燥箱投用后，应经常检查输送机走料情况、热风机运行情况、热风温度、消防蒸汽管线上有无塑化胶、箱体及箱门黏胶情况、箱门关闭情况、排风筒排气是否畅通等。

3.6.4 输送机

在顺丁橡胶生产中，输送固体胶块的机械主要有带式输送机和滚筒输送机。

3.6.4.1 输送机的结构及特点

（1）结构

输送机主要由输送带、驱动装置和机头滚筒、张紧装置和机尾滚筒、托轮等部分组成。它是借助于连续运动的输送带输送带子表面上的物料。

（2）特点

该种设备运输能力大，运输距离长，操作连续稳定，动力消耗低，安装维护方便，但爬高困难，不适于坡度大的升降运输，因此主要用于热合封膜后的成品胶袋输送。

滚筒输送机靠距离相等的多个滚筒，来输送压块成型但未进行热合封膜的成品胶。

3.6.4.2 输送机的使用

启动前给机头传动装置加好润滑油，然后开空车试运行，待运行正常后，即可输送胶袋。在正常情况下，一定要等到输送机上没有胶袋后，方可停车。

生产过程中输送带上的胶袋要均匀分布，防止偏斜或过载。发现运输带跑偏时，应及时调整，以防止到达胶库之前中途落袋和撕坏皮带。调整跑偏的方法是皮带在滚筒上往哪边跑偏，就拉动哪边的轴承座；皮带在托辊上跑偏时，往哪边跑偏，就将跑偏部分的几组托辊往皮带前进的方向调动一点。

要避免皮带输送机满负荷启动，以防止烧坏电机。皮带输送机上无胶袋时，不允许长时间空转运行。禁止皮带表面沾有大量油或水，这将导致皮带跑偏或在爬高时打滑，无法输送胶袋。

3.6.4.3 输送机的维护保养

日检查：检查各处螺栓有无松动，有无异常噪声，槽体摆动是否过大，弹簧、摆杆有无断裂，橡胶轴承有无过大变形，发现后应及时更换。

周检查：检查皮带有无损坏，弹簧、橡胶弹簧垫有无断裂，各焊接处有无裂纹。发现紧固件松动，皮带接头开裂，托辊磨穿或不转动时应及时修理。要保持传动系统和拉紧装置润滑良好，保持防护装置齐全。传动轴承应每周进行一次注油，加油量占整个轴承室空间比例的 1/3~1/2。

经常清扫皮带内部的残留物料，保持设备整洁。

3.6.4.4 输送机的常见故障及处理

皮带在滚筒上打滑的原因可能有皮带张力不够，滚筒上有油污和水，滚筒粗糙度不够。可采取的处理措施：增加皮带拉紧力；擦拭和调整刮板；设法增加滚筒摩擦力。

皮带跑偏的原因可能有滚筒位置偏斜，皮带接头缝不垂直于中心线，托辊与机架纵向中心线不垂直，装料位置不对准皮带中心。可采取的处理措施：调整滚筒方位，重新接头，调整托辊斜度，调整装料位置。

皮带损坏快的原因可能为挡板磨损，返程带上经常有硬块物料卡在机尾辊上，皮带跑偏被托架磨损撕裂，接头破损造成大面积的损坏。可采取的处理措施：调整刮板位置，及时纠正跑偏，及时修整接头。

在下列紧急情况时，可以采取紧急停车措施：皮带将要断裂或已经断裂时，大块物料落到皮带上或皮带被卡塞时，电机或轴承温度超高或已散发出烧焦味和冒烟时，危及操作人员安全时。

3.6.5 振动筛

3.6.5.1 振动筛的工作原理及作用

振动筛槽体由螺栓固定在机座上，连杆通过滚珠轴承套在偏心轴上，端部用销子与槽体相连，连杆中心线向前倾，和槽体呈45°夹角，电机通过皮带轮减速，传动偏心轴带动连杆时，连杆则推动槽体在弹簧上来回振动，其振动角度与弹簧刚度有关，物料受到槽体振动力的作用则沿着槽体向前跳跃，物料由此向前输送。振动筛结构示意图见图3-7。

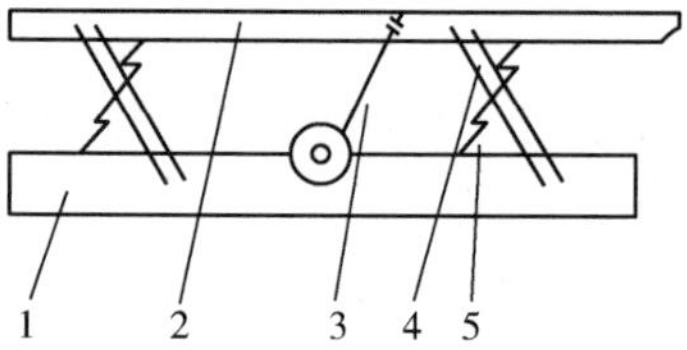

图3-7 振动筛结构示意图

1—机座；2—筛体；3—螺旋弹簧；4—板簧；5—偏心连杆

振动筛主要作用是输送胶粒，过滤水分。其中1#振动筛是用于将凝聚送来的颗粒胶与热水分开，热水从筛下返回热水罐循环利用，筛面上的颗粒胶被送入洗胶釜中洗去其中的残存催化剂、汽提剂及其他杂质。2#振动筛是用于将洗胶釜出来的颗粒胶与洗涤水分开，洗涤水从筛下返回洗涤水罐循环利用，筛面上的颗粒胶被送入脱水挤压机中继续脱除水分。

3.6.5.2 振动筛的使用

振动筛启动前要对各部件进行详细检查。检查筛板紧固程度，筛板有无破损，筛板孔有无堵塞，弹簧连杆是否紧固；轴承是否加足润滑油，用手盘车数转，检查有无碰撞声和卡住现象；紧固螺栓有无松动和皮带松紧是否适宜。还要检查1#振动筛帆布是否完好。

一切准备工作就绪，联系电工送电，在无负荷情况下启动振动筛，待其运行正常，振动次数达到规定数值后，通知凝聚送料。检查走料情况及脱水效果，供料要沿整个筛网宽度均匀进行，供料量不可过载。如发现走料偏、慢或筛板冲水等现象，应采取相应措施，筛板堵塞严重时，清理筛板。

停振动筛时，要先停止给料，待筛板面上无料时，再按停车按钮，停止运行。

3.6.5.3 振动筛的维护保养

经常检查筛板有无破裂，发现后及时停车更换。

保持振动筛的整洁卫生和润滑良好。密切监控防止杂物进入振动筛，以避免损坏筛网。

振动筛应运行平稳，有节奏，没有不规则的跳动，无冲击及异常振动声音。弹簧形变应平稳，无扭曲及倾斜现象。经常注意振动筛的声音和振幅情况，如发现异常，查明原因及时处理。

3.6.5.4 振动筛常见的故障及处理

筛分效果不好原因可能是筛网孔堵塞或破裂，供料不均匀或料层过厚，筛网松弛，振幅变化大。可采取的处理措施是停车更换筛网或修补清理，减少给料量，拉紧筛网。

振动剧烈原因可能是紧固件松动，弹簧力失调，配重脱落或错位。可采取的处理措施是停车紧固和调整，复位后调试。

发出撞击声原因可能是紧固件或地脚螺栓松动，筛网拉得不紧，弹簧断裂或轴承损坏。可采取的处理措施是：拧紧螺栓，调整绷紧筛网，更换新件。

轴承温度高，原因可能是油路堵塞；轴承缺油或油变质；轴承磨损严重或接触不良。可采取的处理措施是清理油路；补充或更换新油；更换或修理轴承。

3.6.6 自动电子秤

3.6.6.1 自动电子秤工作原理

对于顺丁橡胶的称重，一般都采用水平振动输送机给自动电子秤的进料系统供料。开始投料时，快速大量地投料，以保证称量的速度，当秤斗内积累到一定重量后(一般在85%左右)，关闭大投料门改为小投料，直到达到要求的25kg时，关闭所有进料门停止进料。此时电子秤就可以向压块机供料了。当电子秤完成排料后关闭排料门，再开始进行新的进料操作。

3.6.6.2 自动电子秤影响因素

影响称重精度的主要因素是橡胶的粒度，也就是橡胶颗粒尺寸的大小。当水平振动输送机输送效果不好时，很容易使那些膨胀着的胶粒黏结在一起而形成大的胶团，当这些比正常颗粒大很多的胶团在小投料的最后时刻进入秤斗时，就很容易造成此次称量的物料超出规定值，增加重量复检时的人工工作量。

3.6.7 垂直提升机

3.6.7.1 垂直提升机工作原理

螺旋式垂直提升机由螺旋槽、槽体底盘、底座、橡皮弹簧、弹性连杆、刚性连杆、偏心轴等组成。偏心轴经电机通过皮带轮驱动，带动弹性连杆，作用在和螺旋槽体固定在一起的槽体底盘上，使其上下运动。由于槽体底盘和底座之间用橡皮弹簧和刚体连杆互成90°夹角，而橡皮弹簧和中垂线倾斜45°角，在槽体底盘上下运动时，它同时被刚性连杆强迫来回转动一个小角度，使螺旋槽上的物料受到一个向上倾斜的力，物料就向前跳跃，使胶料升高到利于称量、压块的位置。同时由于胶粒在提升机上停留时间较长，经过自然冷却达到了降温的目的。

提升机启动前，应检查输送槽内有无杂物及黏胶，橡皮弹簧有无老化、松脱现象，皮带松紧情况，顶簧是否松动或断裂，传动轴和偏心轴套是否加足润滑油，电机地脚螺栓是否紧固，接地是否良好。

提升机检查完毕，达到投用条件后，盘车，联系电工送电，启动提升机。调节提升机振幅至工艺要求，通知干燥岗开车送料。接料后，观察胶料在提升机上输送情况，及时清理提升机，以防黏胶结团，使胶粒在提升机上均匀输送。

3.6.7.2 提升机日常维护检查

正常生产中，要经常检查提升机走料情况，有无黏胶，若有，应及时清理，皮带松紧情况或是否脱落，检查转动部位的声音，润滑温升是否正常，橡皮弹簧有无脱节，顶簧是否断裂，并根据生产情况及时调整振幅，以防振幅过小造成走料不好，振幅过大造成设备损伤。

为了防止胶粒黏结在提升机上时间长后变黄成杂质胶，通常在提升机的螺旋槽内表面贴上一层防黏胶材料。

螺旋式垂直提升机结构示意图见图3-8。

3.6.8 压块机

3.6.8.1 压块机工作原理

压块机主要由主机机身、主缸及滑块、侧缸及小车、动力系统和电器程控系统等组成，如图3-9所示。称量后的橡胶颗粒从电子秤的料斗内被投放到压块机的模具箱中，利用液压原理，使主缸和侧缸分别带动箱体滑块和上门小车，按一定程序控制动作。当物料投入箱体，侧油缸进油，上门关闭，主缸向上运动，物料压成块，然后主缸卸压，上门开启主缸继续上行，顶出胶块，各自回程。最后挤压成一个长680mm、宽340mm、厚145mm的矩形方块，从而完成压块成型操作。

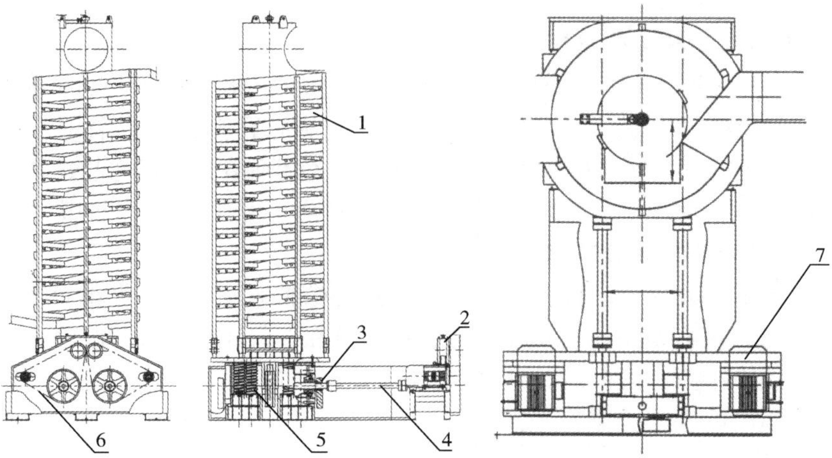

图 3-8　螺旋式垂直提升机结构示意图

1—输送塔；2—同步齿轮箱；3—激振器；4—传动轴；5—支承弹簧；6—同步带；7—电动机

压块机的成型效果会直接影响到后面的工作，若橡胶块的厚度过大，则会使该块橡胶无法装入纸袋中，使包装工作无法进行。为了保障成型效果，要注意尽量使物料均匀地散布在压块机的模具箱内，并保持压块机油压系统的正常工作，这样才能保证压块机的活动挤压模头有足够的力，压成生产所需要的成品胶形状。

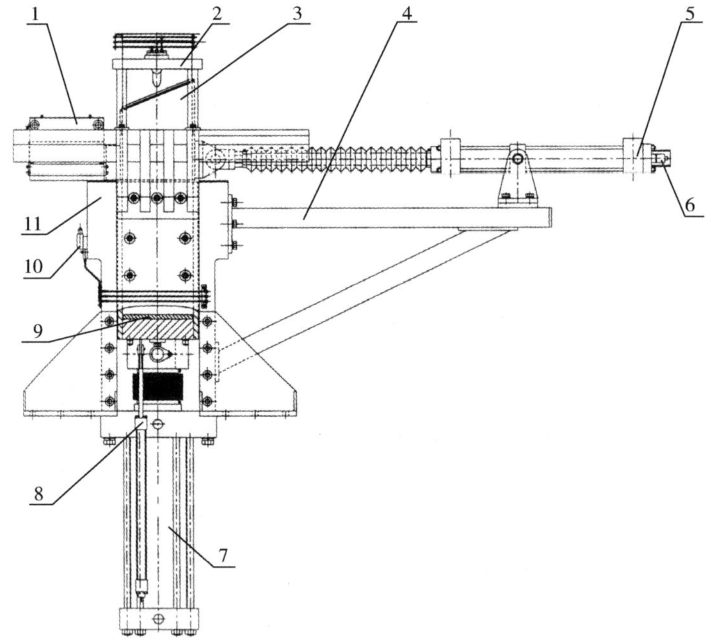

图 3-9　压块机结构简图

1—上盖板；2—固定料筒；3—活动料筒；4—支架；5—上盖油缸；6—位置传感器 1；

7—顶升油缸；8—位置传感器 2；9—挤压头；10—润滑系统；11—机体

3.6.8.2　压块机的使用

压块机启动前，应检查压缩室及自动秤箱内有无杂物，小车轨道润滑是否良好，自动秤上下料门是否灵活好用，各电器开关是否在正确位置，油箱液位是否符合要求，冷却水、电源、风是否引入系统并达标。

一切准备工作就绪后，启动高、低压油泵、使其空负荷运行5min。合上程控器电源开关，将选择开关扳至“手动”位置，扳动手动控制开关，试运压块机各动作。正常后，将选择开关扳至“自动”位置。给自动秤送电，并手动联动试运自动秤及压块机动作程序正常，通知上道工序人员开车送料。接料后观察自动秤是否准确，压块机动作是否灵活，程序是否正常等。

3.6.8.3 压块机的日常维护检查

正常生产中，对压块机的运行情况，要随时注意检查，并做好维护保养。主要检查压块机液压系统油温、油压、油液面情况是否正常，并根据情况及时调整；检查液压系统有无泄漏，液压元件动作是否灵敏正常；检查自动秤计量是否准确，小车轨道润滑情况，确认主、侧缸动作灵敏到位，无卡位现象，小车料斗无变形和积挂胶；胶块成型是否规则并无飞边，表面无油污、杂质、湿斑及大量隔离剂等。

3.6.8.4 压块机操作异常的原因

工艺问题主要有提升机走料偏或环境温度低，使胶料结团；胶料黏度大，使提升机、给料机黏胶结团。

设备故障主要有提升机振幅小，不走料，使胶料结团黏胶；提升机共振、致使设备不走料；自动秤上、下料门关不严，造成重量不准；自动秤失灵，造成重量不准；压块机液压系统故障，致使压块机不能正常工作；压块机控制系统失灵，不能正常生产。应立即停车后由维修人员进行处理。

3.6.9 自动重量复检秤

从压块机出来的胶块，必须由滚筒输送机送到自动重量复检秤上进行复检，通过屏幕显示的称量结果，知道胶块的重量是否符合出厂产品标准，否则将由人工进行添减操作，添减操作后的胶块必须再次进行复检，直到通过检验。

复检秤由箱体、秤架、平衡锤箱、秤箱梁、气动装置等组成。如图 3-10 所示，当胶块从金属检测机进入输送带时，光电开关Ⅰ开始被胶块遮挡。当胶块离开光电开关Ⅰ，而光电开关Ⅱ被胶块遮挡时，表明胶块已完全载于秤体上，系统启动压力传感器开始采集数据并计算直至复检结束，如重量合格，则胶块继续向前输送并准备对下一胶块进行复检，若遇胶块的重量不符合出厂产品标准，系统将发出报警信号，否则将由人工进行添减操作，添减操作后的胶块必须再次进行复检，直到通过检验。在进行补重时，添加的胶块尺寸不能太大，否则无法顺利进行薄膜热合操作和纸袋包装操作。

生产过程中应小心操作，避免冲击、振动或物体掉在称重皮带输送机上，更不能把检修工具放在上面。如果输送机上不清洁，只能使用柔软的、潮湿的布擦拭，用压缩空气吹扫残留的胶条和粉尘，以避免出现设备故障。

3.6.10 金属检测器

在顺丁橡胶成品胶中，禁止其中含有任何的金属物质，以避免对下游轮胎制造行业的设备和产品质量造成严重影响，因此在处理包装过程中要配备相应的金属检测器，使得含有金属杂质的成品胶块被挑选出来。实际生产中将金属检测器放置在胶粒压块成型后和重量复检前。

金属检测器包括带式输送机和金属检测仪两部分。输送机是经过特别设计和制造的皮带式输送机，它与普通带式输送机的区别是其输送带是经过检测的不含有金属物的；它的转动和活动部件与检测仪有一定的距离，和设备的滚筒、托辊的两端不能形成电流的回路，以避

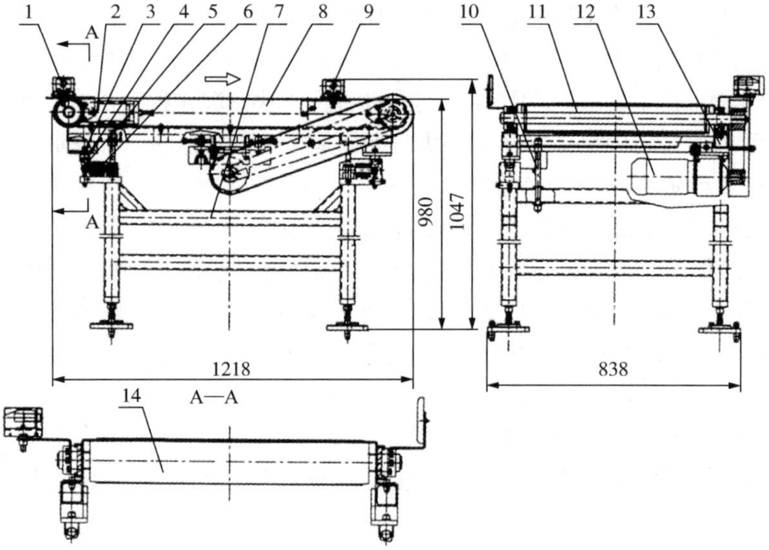

图 3-10　重量复检秤结构简图

1—光电开关Ⅰ；2—张紧板；3—上支架；4—钢球；5—下支架；6—压力传感器；7—机架
8—托板；9—光电开关Ⅱ；10—秤体支撑螺杆；11—主动卷筒；12—电机；13—秤体；14—从动卷筒

免对检测仪形成干扰；带式输送机和它输送的胶块不得对检测仪产生撞击、振动，并保持在规定的速度范围之内。

金属检测仪由发射极线圈、接收极线圈、电子控制和报警系统、支架组成。其工作原理是利用低功率、高频率电磁线圈系统产生的磁场，在输送机将混有金属颗粒的胶块输送到检测仪的开口区域内时，将会改变检测仪内部的磁场，磁场的变化导致在线圈系统中发牛电信号，检测仪就会感知金属颗粒产生的微小干扰，从而判断是否有金属物体的存在，确认后发出报警光声信号。

金属检测器在使用过程中，可以根据生产的实际需要对其灵敏度进行调整，但必须由专业技术人员进行操作。

金属检测器结构简图，如图 3-11 所示。

3.6.11　热合薄膜包装机

在顺丁橡胶后处理过程中，通过了金属检测和重量检测的橡胶块进入热合包装机中，用聚乙烯薄膜热合焊接封装包裹起来。

热合薄膜包装机由胶块输入装置、薄膜供应装置、薄膜热封装置、胶块输出装置和机架组成，如图 3-12 所示。

工作原理：胶块由输送辊将其向前输送，两侧导向板使胶块准确地进入热封工位，本部件与前一部件速度不同，可使靠在一起的两胶块分离开，避免两胶块同时进入热封工位。在输送辊的下方装有一光电开关，配合热封工位的行程开关控制制动电机的启动和停车。当热封工位行程开关检测到有胶块正在热封时，电机停止并制动，胶块停在此待包装位置，等待进入热封工位。如行程开关检测热封工位无胶块时，胶块在此位置不停，直接进入热封工位，直至压下行程开关后停止。此时在胶块的上、下方均有由薄膜供应装置的上下薄膜卷筒提供的前端已经黏合在一起的聚乙烯薄膜，当胶块向前运动时，薄膜被胶块拖动与胶块一起进入胶块送出装置的传送带上并停在热封位置上。由于胶块将控制上、下框架运动的行程开关压下，使上、下框架做合模运动。框架合模面的两侧及前端均装有加热器，当合模时上薄膜与下薄膜被迅速地黏合在一起，完成薄膜热封。与此同时，切断器在气缸的推动下向上运动，切刀将当前胶块和前一个胶块的包装薄膜分开，上、下框架及切断器返回原位，完成一个薄膜包装循环。

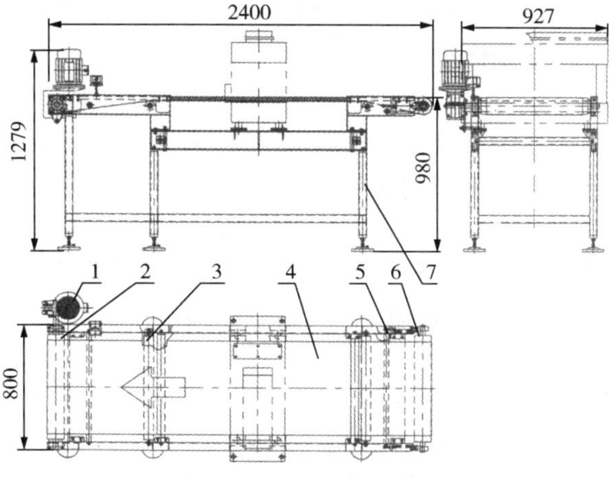

图 3-11　金属检测器结构简图单位：mm

1—减速电机；2—主动卷筒；3—托辊；4—输送带；5—张紧螺杆；6—从动卷筒；7—机架

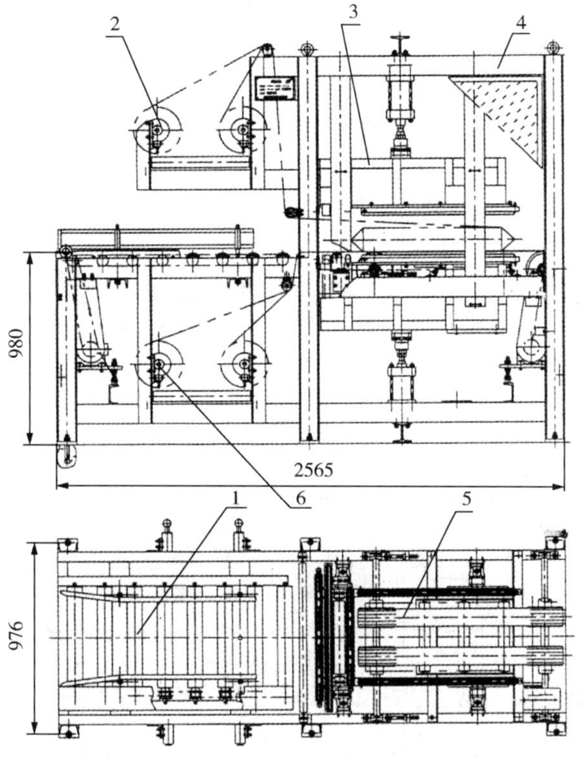

图 3-12　热合薄膜包装机结构简图单位：mm

1—胶块输入装置；2、6—薄膜供应装置；3—薄膜热封装置；4—机架；5—胶块输出装置

在操作中，要注意检查塑料薄膜焊接口的情况，要保证焊口牢固、完整，及时监测和调整热合加热器的温度和热合时间。

日常维护及保养：每日巡回检查副动作是否灵活，螺栓等紧固件是否有松动，光电开关位置是否有移动等；如发现有异常须立即停车检查并处理。严禁将任何杂物放入热封部件和切割部件的工位处，以免造成机构的损坏；严禁在设备工作时用手触摸加热或切割的元器件，防止烫伤或割伤。

3.6.12 纸袋机

纸袋机包括横进台车，料门、开袋/抱夹机构、夹袋机构、吹袋装置和墩袋机构，台车在送袋位置和取袋位置之间往复运动。

控制过程：

① 台车处于取袋位置，料门关闭状态则开袋/抱夹机构闭合，同时开袋真空阀建立真空，闭合到位，开袋吸盘吸住包装袋，抓袋真空释放，抓袋机构与包装袋脱离，台车开始送袋。

② 当台车到达送袋位置，空袋到达料门下方时，若开袋真空达到设定值，夹袋机构夹住袋口，并向检测管路内充压，夹袋机构内缩，开袋/抱夹机构打开，进行开袋(若开袋真空释放，则夹袋机构不动作，开袋/抱夹机构打开，弃袋)。

③ 当抱夹机构到达半开位时，如果包装袋夹持良好，则料门打开伸入袋口中(包装袋没夹住或开袋不成功，则弃袋)；包装系统会在适当时机向称重系统发出允许卸料信号，直到收到称重系统卸料信号，撤销允许卸料指令，并经过落料延时关闭料门，完成填充(若定量秤未完成称重，则料门打开后，将等待定量秤投料)；物料向包装袋内填装过程中，墩袋机构动作(墩袋次数可设定)；投料完成后，料门关闭，墩袋动作停止，墩袋机构停在上位，托住料袋底部，以便料袋由抱夹机构送入立袋输送机。

④ 当抱夹机构到达全开位时，台车动作回到取袋位置；完成一次循环。

3.6.13 码垛机

顺丁橡胶装箱码垛生产线平立面布置图如图 3-13 所示，用于顺丁橡胶的输送及码垛。

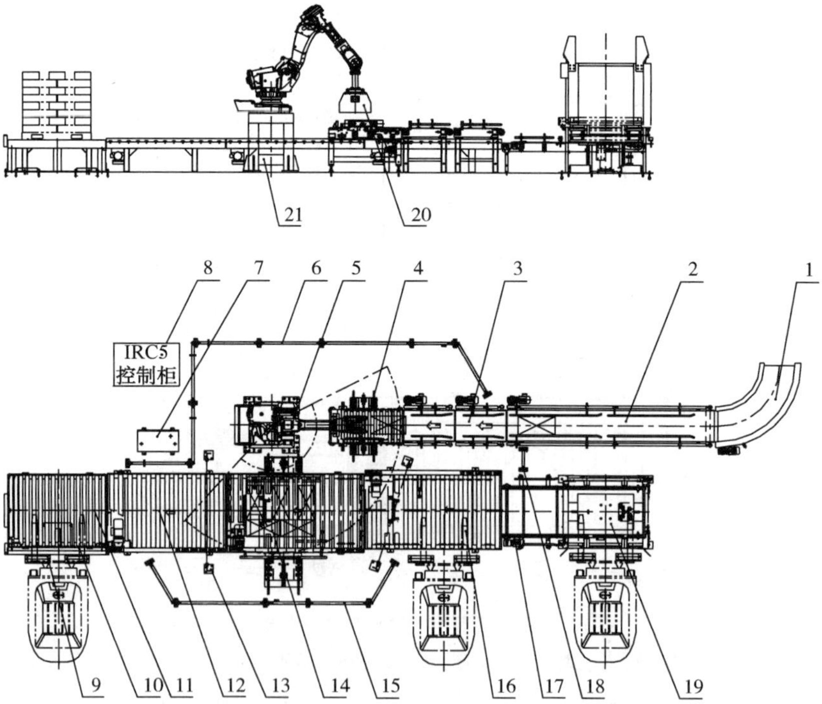

图 3-13 顺丁橡胶装箱码垛生产线平立面布置图

1—弯道输送机；2—皮带输送机；3—缓停输送机；4—辊子输送机；5—机器人本体；6、15、18—安全护栏；7—输送状态控制柜；8—机器人控制柜；9、10—叉车挡板；11—垛盘输送机 4；12—垛盘输送机 3；13—支架；14—垛盘输送机 2；16—垛盘输送机 1；17—托盘输送机；19—托盘仓；20—机械手；21—机器人底座

上游输送来的胶块经弯道输送机转向输送至皮带输送机，皮带输送机将胶块输送至缓停输送机上，缓停输送机将胶块输送至辊子输送机上。

叉车将成垛的托盘放置在托盘仓内，托盘仓将一个托盘释放在托盘输送机上，托盘输送机将托盘经垛盘输送机 1 输送至垛盘输送机 2 上。码垛机器人从辊子输送机上抓取胶块，按预定的编组要求转位后，码放在垛盘输送机 2 上的托盘上，直至码完一垛为止。码垛结束后，垛盘经垛盘输送机 3 输送至垛盘输送机 4 上，由叉车将垛盘下线。

3.7 顺丁橡胶生产主要设备一览表

3.7.1 聚合单元

顺丁橡胶装置聚合单元一览表见表 3-1。

表 3-1 聚合单元一览表

设备名称	设备的规格型号与功用	数量/台
聚合釜	ϕ3000mm×15000mm，搅拌转速 59、44、23r/min，双螺带式搅拌，容积 30m^3，电机功率 110/75/55kW； 丁二烯聚合反应器，生成高顺式含量的高分子聚合物——胶液	4~8
防老剂配制釜	ϕ2600mm×3700mm，搅拌转速 134r/min，桨式搅拌，容积 15m^3，电机功率 55kW； 将固体(或液体)防老剂和精碳六油一起混配成适宜浓度的防老剂溶液	1
浓镍配制釜	ϕ1200mm×1400mm，搅拌转速 134r/min，桨式搅拌，容积 3m^3，电机功率 5.5kW； 将膏状环烷酸镍和精碳六油一起混配成较高浓度的环烷酸镍溶液	1
稀镍配制釜	ϕ1800mm × 2921mm，搅拌转速 134r/min，透平式搅拌，容积 6m^3，电机功率 7.5kW； 将较高浓度的环烷酸镍溶液和精碳六油进一步混配成低浓度的镍催化剂	1
铝剂配制釜	ϕ1800mm×2921mm，搅拌转速 134r/min，桨式搅拌，容积 6m^3，电机功率 7.5kW； 将高浓度的三异丁基铝溶液和精碳六油进一步混配成低浓度的铝催化剂	1
镍剂高位槽	ϕ1000mm×1500mm×2382mm，容积 1.4m^3； 存放低浓度的镍催化剂	1
铝剂高位槽	ϕ1800mm×2400mm×6mm，容积 6m^3； 存放低浓度的铝催化剂	1
硼剂高位罐	ϕ1400mm×3720mm×5mm，容积 5.2m^3； 存放三氟化硼乙醚络合物催化剂	1
镍剂计量罐	ϕ1000mm×1500mm×5mm，容积 1.48m^3； 暂时存放镍催化剂，并定时计算进料量	1
铝剂计量罐	ϕ1000mm×1500mm×5mm，容积 1.48m^3； 暂时存放铝催化剂，并定时计算进料量	1
硼剂计量罐	ϕ200mm×1950mm，容积 0.05m^3； 暂时存放硼催化剂，并定时计算进料量	1

续表

设备名称	设备的规格型号与功用	数量/台
防老剂高位罐	ϕ2000mm×3000mm×8mm，容积 8m^3； 暂时存放适宜浓度的防老剂溶液	1
防老剂计量罐	ϕ900mm×3330mm×10mm，容积 2.54m^3； 存放防老剂溶液，并计量加料量	1
丁二烯加水罐	ϕ900mm×3330mm×10mm，容积 1.62m^3； 使少量丁二烯带饱和水，用来调节聚合反应和胶液门尼黏度	1
丁油预热器	给进料的碳六油和丁二烯进行加热	1
丁油预冷器	G1000Ⅳ-25-170-4； 给进料的碳六油和丁二烯进行冷却	1
镍剂计量泵	CMBAY-0.8V-28S2DSP，流量 2L/min，功率 0.75kW； 将定量的镍催化剂加入聚合首釜中	2
铝剂计量泵	CMBAY-0.8V-28S2DSP，流量 2L/min，功率 0.75kW； 将定量的铝催化剂加入聚合首釜中	2
硼剂计量泵	CMAAP-0.4V-7S2DSP，流量 0.011L/min，功率 0.4kW； 将定量的硼催化剂加入聚合首釜中	2
防老剂计量泵	J-DM800/1.3Ⅲ，流量 800L/h，功率 2.2kW； 将定量的防老剂加入聚合终止釜中	2
机械密封油站	为端面机械密封提供中性油	1
润滑油站	为聚合釜减速机集中提供润滑油	1

3.7.2 回收单元

顺丁橡胶装置回收单元一览表见表 3-2。

表 3-2 回收单元一览表

设备名称	设备的规格型号与功用	数量/台
溶剂油脱水塔	ϕ3000mm×32404mm，浮阀塔，40 层塔盘； 将凝聚回收油中的丁二烯、水、轻组分、轻组分杂质和碳六油、重组分分离	1
溶剂脱重塔	ϕ3400mm×36410mm，浮阀塔，50 层塔盘； 脱除凝聚油中的重组分杂质并精馏得到精溶剂	1
丁二烯回收塔	ϕ1600mm×41400mm，浮阀塔，64 层塔盘； 将凝聚回收油中的丁二烯与碳六油分离后回收	1
溶剂油脱轻塔	ϕ1000mm×42400mm，浮阀塔，85 层塔盘； 脱除溶剂油中的轻组分杂质并精馏得到精溶剂	1
丁二烯脱水塔	ϕ1000mm×29019mm，浮阀塔，50 层塔盘； 将回收丁二烯进行脱水脱轻组分后送入精馏塔	1
丁二烯精馏塔	ϕ1400mm×37072mm，浮阀塔，70 层塔盘； 对丁二烯进一步精馏，脱除重组分杂质	1
丁二烯脱水塔顶冷凝器	G800Ⅱ-16-225-2； 冷凝冷却塔塔顶的气相物料到适宜温度	1

续表

设备名称	设备的规格型号与功用	数量/台
丁二烯脱水塔塔再沸器	GCH1200-16-140-1； 为丁二烯脱水塔的精馏操作提供热量	1
丁二烯精制塔塔顶冷凝器	FLB1200-18-470-4； 冷凝冷却塔塔顶的气相物料到适宜温度	1
丁二烯精制塔再沸器	GCH1100-10-208； 为丁二烯精制塔的精馏操作提供热量	1
溶剂油脱轻塔塔顶冷凝器	FL800IV-2/5-160-4； 冷凝冷却塔塔顶的气相物料到适宜温度	1
溶剂油脱轻塔再沸器	GCH600-10-25； 为溶剂油脱轻塔的精馏操作提供热量	1
溶剂油脱水塔冷凝冷却器	G1000Ⅱ-16-354-2； 冷凝冷却塔塔顶的气相物料到适宜温度	1
溶剂油脱水塔换热器	G800Ⅱ-16-225-2； 塔顶气相与进料物料进行热交换	1
溶剂油脱水塔再沸器	GCH1600-3.7/1.15-600； 为溶剂油脱水塔的精馏操作提供热量	1
精馏溶剂冷却器	G1000Ⅱ-16-350-2； 冷却物料到适宜温度	1
溶剂油脱重塔再沸器	GCH1800-10/16-400； 为溶剂脱重塔的精馏操作提供热量	1
溶剂油脱重塔塔顶冷却器	冷却物料到适宜温度	1
丁二烯回收塔冷凝器	G800IV-16-210-4； 冷凝冷却塔塔顶的气相物料到适宜温度	1
丁二烯回收塔再沸器	GCH1200-10/16-140； 为丁二烯回收塔的精馏操作提供热量	1
丁二烯回收塔塔底冷却器	G500IV-16-70-4； 冷却塔塔底物料到适宜温度	
溶剂油脱重塔空冷器	PGX9-43021/129-16R2； 冷凝冷却溶剂脱重塔塔顶的气相馏出物	4
丁二烯脱水塔回流罐	ϕ1600mm×5940mm×10mm，容积 10m^3； 存放塔顶凝液，用于回流和采出	3
丁二烯精制塔回流罐	ϕ1400mm×3804mm×8mm，容积 5.4m^3； 存放塔顶凝液，用于回流和采出	1
溶剂油脱轻塔回流罐	ϕ1400mm×3804mm×8mm，容积 5.4m^3； 存放塔顶凝液，用于回流和采出	1
溶剂油脱水塔回流罐	ϕ2600mm×8004mm×12mm，容积 40m^3； 存放塔顶凝液，用于回流和采出	1
溶剂油脱重塔回流罐	ϕ2800mm×7504mm，容积 43m^3； 存放塔顶凝液，用于回流和采出	

续表

设备名称	设备的规格型号与功用	数量/台
丁二烯回收塔回流罐	ϕ2000mm×2466mm×6mm，容积 16m^3； 存放塔顶凝液，用于回流和采出	1
凝结水罐	ϕ1000mm×2766mm，容积 2m^3； 回收蒸汽凝结水	2
阻聚剂罐	ϕ1000mm×1860mm×6mm，容积 1.4m^3； 存放阻聚剂，用泵加入丁二烯回收塔和精制塔中	1
溶剂脱水塔进料泵	向溶剂脱水塔输送循环原料油	2
丁二烯脱水塔回流泵	40YⅡ40X2B，扬程 60m，流量 5.4m^3/h，功率 4kW； 将回流罐中的冷物料部分打回塔内，部分向下道工序输送	2
丁二烯脱水塔塔底泵	CZ40-250,，扬程 60m，流量 5.4m^3/h，功率 4kW； 将塔底的物料向精制塔输送或返回原料罐	2
丁二烯精制塔回流泵	CZ40-315，扬程 38m，流量 20m^3/h，功率 7.5kW； 将回流罐中的冷物料部分打回塔内，部分向下道工序输送	2
丁二烯精制塔塔底泵	40YⅡ40X2A，扬程 70m，流量 5.85m^3/h，功率 5.5kW； 将塔釜物料用泵排往抽提装置	2
溶剂油脱轻塔回流泵	65YⅡ60，扬程 60m，流量 25m^3/h，功率 10kW； 将回流罐中的冷物料部分打回塔内，部分向下道工序输送	2
溶剂油脱轻塔塔底泵	50YⅡX60，扬程 67m，流量 13m^3/h，功率 10kW； 将塔釜物料用泵送往精溶剂罐	2
溶剂脱水塔回流泵	100YⅡ-120C，扬程 75m，流量 79m^3/h，功率 40kW； 将回流罐中的冷物料部分打回塔内，部分向下道工序输送	2
溶剂油脱重塔回流泵	150YⅡ-75，扬程 80m，流量 200m^3/h，功率 55kW； 将回流罐中的冷物料部分打回塔内，部分向下道工序输送	2
溶剂油脱重塔塔底泵	ZJ-800/3Ⅱ，流量 800L/h，功率 2.2kW； 将塔底重组分连续送出	1
阻聚剂加料泵	3S2AY-0.8-10D1DSP，0.25L/min，功率 0.75kW； 向丁二烯回收塔和精制塔连续加入阻聚剂	1
丁二烯回收塔回流泵	65AY100，扬程 110m，流量 25m^3/h，功率 22kW； 将回流罐中的冷物料部分打回塔内，部分向下道工序输送	2

3.7.3 凝聚及后处理单元

顺丁橡胶装置凝聚及后处理单元见表 3-3。

表 3-3 凝聚及后处理单元一览表

设备名称	设备的规格型号与功用	数量/台
凝聚釜	ϕ3000mm×15000mm，搅拌转速 115r/min，桨叶共 3 层，容积 60m^3，功率 75kW； 采用水析法，将胶液凝聚成颗粒状，并脱除溶剂油后，送往后处理干燥工序	2~4
碱液配制釜	ϕ1400mm×2283mm，搅拌转速 88r/min，容积 3m^3，功率 5.5kW； 将固体 NaOH 配制成稀溶液	1
胶液罐	容积 100~400m^3； 顺丁橡胶胶液的储存和混配	5~8

续表

设备名称	设备的规格型号与功用	数量/台
洗胶釜	ϕ2200mm×2458mm，搅拌转速 85r/min，容积 8.8m^3，电机功率 11kW； 用水洗掉胶粒表面的杂质	1
油水分层罐	釜顶冷凝后的油水混合液体静置分层	1
凝聚油储罐	储存静置分层后的碳六油	1
混胶油吸收罐	储存吸收了胶罐气相丁二烯的冷油	1
凝聚釜空冷器	X4.5X3-4-1432/61-16RIa，翅片高度 4434mm，电机功率 55kW； 将凝聚釜釜顶的油水气相混合物冷凝冷却	6
凝聚釜循环水冷凝器	将凝聚釜釜顶的油水气相混合物冷凝冷却	2
盐水冷却器	固定管板式，换热面积 355m^2； 用盐水将凝聚油降温后进行吸收	1
胶液泵	JY155 * 96-1.2-B-750，扬程 100m，流量 60m^3/h，功率 37/45kW； 把胶液罐中的胶液送到凝聚工序	2~4
颗粒泵	6J35，扬程 35m，流量 250m^3/h，功率 22kW； 将 2#凝聚釜出口的颗粒胶和水送到缓冲筒	2
釜间泵	6J35，扬程 35m，流量 250m^3/h，功率 55kW； 将 1#凝聚釜的颗粒胶和水送入 2#釜	2
汽提剂泵	680-S-E； 把汽提剂加入凝聚工序中	1
碱泵	1SBFZ-0.4-20S3K，流量 0.8L/min，功率 0.55kW； 把碱液加入凝聚工序中	1
热水泵	6J35，扬程 35m，流量 250m^3/h，功率 55kW； 将热水罐里的热水注入凝聚釜	2
洗涤水泵	扬程 40m，流量 40m^3/h，功率 13kW； 将洗涤水罐里的热水注入洗胶釜	2
碳六油泵	CZ80-315，扬程 75m，流量 150m^3/h，功率 55kW； 将凝聚油送往胶罐或回收罐区	2
冷油吸收喷射泵	用冷油吸收胶罐气相丁二烯	3~6
热水罐	热水的循环使用	1
洗涤水罐	洗涤水的循环使用	1
缓冲筒	减慢凝聚来的热水流速	1
脱水挤压机	螺杆直径 300~302mm，有效长度 1600mm，转速 110r/min，皮带和齿轮减速，功率 115kW； 利用螺杆对胶料挤压脱除大部分水，使含水量降至 8%~12%并呈片状	1
膨胀干燥机	螺杆直径 250mm，有效长度 3450mm，转速 0~213r/min，机级采用液力耦合器、齿轮变速，夹套 0.65MPa 蒸汽加热，功率 460kW； 利用螺杆使物料从机头喷出时，胶料中的水分突然减压闪蒸汽化	1
1#脱水振动筛	筛体 900mm×2600mm，筛孔 1.65mm×25mm，双振幅 14mm，振次 630 次/min，排水口直径 400mm，功率 4kW； 将凝聚釜送来的胶粒和热水分离	

续表

设备名称	设备的规格型号与功用	数量/台
2#脱水振动筛	筛体 900mm×2600mm，筛孔 1.65mm×25mm，双振幅 14mm，振次 630 次/min，排水口直径 150mm，功率 4kW； 将洗涤后的胶粒和热水分离	
干燥箱及水平输送	输送槽体 900mm×8500mm，双振幅 20mm，振次 676 次/min，箱高 1350mm，长 7900mm，功率 7.5kW； 用热空气和含水量 2%~2.5%的胶粒接触，使水汽蒸发，从而达到干燥的目的	1
冷风箱及水平输送	输送槽体 900mm×1200mm，双振幅 20mm，振次 670 次/min，功率 7.5kW。功用同提升机	1
螺旋提升机	把橡胶颗粒进一步干燥，并提升至振动输送机分料机入口	1
造粒机	把橡胶切削呈松散状小于 20mm 的颗粒	1
水平振动输送机	输送槽体 659mm×3200mm，双振幅 15mm，振次 572 次/min，电机功率 4kW。把松散状橡胶输送至螺旋提升机入口	1
橡胶称重机	定量 25kg； 对压块前的橡胶颗粒进行定量称量，并分配给振动给料机	1
橡胶压块机	压模尺寸 700mm×350mm×120mm，胶块重 25kg，主缸行程 620mm，侧缸行程 420mm，主缸最大合模压力 140t，电机功率 17kW；将橡胶颗粒压成一定尺寸的胶块	1
交替输送机	链条传动，运速 17.4m/min，电机功率 2.2kW； 交替输送橡胶块，避免两胶块相撞	1
金属检测器	运输带 4800mm×500mm，能检测出直径>3mm 金属球，4.5mm 铜球，5.5mm 不锈钢球，检测橡胶胶块中是否含有金属	1
重量二次复检秤	检测橡胶块重量是否在称重精度允许范围内	1
薄膜包装机	运速 10m/min，热合温度 105~115℃； 用塑料薄膜将胶块包裹起来，便于装入纸袋	1
橡胶包装机	缝纫机为 MGW324，电机功率 0.4kW； 将塑料薄膜包裹起来的胶块装入纸袋	1

第 4 章　装置开车准备和停车处理

本章主要介绍顺丁橡胶各生产单元开车准备和停车处理的一般操作内容，包括新装置第一次开工、大修后开工、正常开工、正常停车、停工后常规检修工作及紧急停工操作等。

4.1　新装置第一次开工

新装置的第一次开工包括开工前的准备、设备检查与试运、装置吹扫、装置的试压和试漏、水运、联动油运、投料试车等步骤。

4.1.1　人员准备和对内外联系

首先，要成立开工指挥部，明确各级管理人员职责；编制开工方案，对操作人员进行培训和考试；再次安排好开工及保运人员，准备好开工用具；最后，按设计要求进行装置设备的检查验收。

装置开车前首先应通知电工、仪表工(包括在线仪表人员和 DCS 系统维护人员)进行送电和仪表投运，并配合他们进行电机试车和仪表调校工作，检查并确认可燃气报警器是否灵敏，使其处于良好状态，具备使用条件。

其次，与公司调度联系引循环水、软化水、新鲜水、冷冻盐水、低压蒸汽、仪表净化风等进装置，并分别打开蒸汽和水系统的倒淋阀，以排除冷凝液和管线的积水。蒸汽引入后，倒淋阀应维持少许开启，用于缓慢排凝，待开车正常后将其关闭。

最后聚合、回收、凝聚、干燥等各岗位在开车前，都要与相关岗位保持密切的联系，以便互相通报开车情况，进行必要的相互了解。

4.1.2　设备检查与试运

4.1.2.1　设备的检查

塔、釜及容器主要检查人孔、安全阀、液面计、液位传送指示仪表、测温点、测压点、压力表及设备上连接的物料阀、氮气阀、放空阀等附件是否符合设计要求且安装得齐全完好；平台、梯子等防护设施是否符合安全规定。

换热设备主要检查封头安装是否符合要求，出入口阀门、压力表、温度计、排污口等是否安装齐全完好。

传动设备主要检查压力表、电机接地线、电流表、设备所连接的阀门等是否齐全完好；轴封系统、油封系统、冷却水系统、润滑系统是否符合要求。

工艺流程主要检查：管线安装是否合理；流量计、控制阀、倒淋阀等是否齐全完好；阀门与法兰连接是否符合规定；盲板是否已经抽出等。

4.1.2.2　设备单机试运

单机试运主要是为了考察机械设备的性能及安装质量，为随后的联动试运打好基础，分两步进行：

第一步，电动机空运。机械设备单机试运前，必须先进行电动机的空运试车 2~4h，从而检查电动机的正反转及电动机电流是否符合要求、地脚螺栓是否紧固、电动机的轴承温度是否正常及电动机有无杂音等。

第二步，单机试运。在电动机空运试车合格后，将电机与设备以联轴节、靠背轮、传送皮带等方式连接后即可进行单机试运。不同的机械设备，其试运方法并不相同。

泵的试运一般采用水运试车方法，使泵带着负荷运行，检查泵体的振动大小是否超标、电机与泵体连接的好坏、泵体地脚螺栓是否松动、电机电流是否正常、轴封密封是否良好等。

釜试运时，先向釜内注入一定量的水，然后启动搅拌器，检查电机电流是否超标、减速机有无杂音、润滑油流动好坏、电机减速机温升高低、搅拌器有无刮壁、支承轴承运行是否正常、搅拌轴摆动是否过大等情况。

振动设备主要是指振动筛、给料机、提升机等橡胶生产专用设备等，试运时主要检查各紧固件的紧固情况、振幅大小平衡情况、电机电流是否正常等。

4.1.3 装置吹扫

新装置建成后，为了彻底清除在施工期间遗留在设备及管道内的焊渣、锈皮、泥沙等杂物，避免装置在开车中损坏阀门、机泵、仪表元件或堵塞管道，保证生产正常运行，需要在开工前对装置进行严格的吹扫操作。

4.1.3.1 吹扫的一般原则和要求

吹扫介质的加入口一般设在设备或管线上的最高点，而排出口一般设在设备或管线上的最低点、死点和端点。

吹扫介质可采用压缩空气或氮气，吹扫前应通知仪表维护人员关闭仪表一次引出阀门，以防止管路堵塞。为防止爆裂，还需要切除塔、罐的玻璃板液面计。吹扫时先向设备或管线内充气至一定压力后，再一次性打开排气点阀门，以保证吹扫质量。扫线时计量表、控制阀门改走副线，对于副线及分支较多的管线要交替吹扫，凡有副线的换热器，先走副线，待副线扫通后再扫主体设备。吹扫完毕后恢复所断开的流程。

操作介质为遇水不反应的液体的管道，一般要进行连续水冲洗。水冲洗前，管线上的控制阀和限流孔板要拆除，防止杂质吹入泵、仪表、控制阀内而损坏设备、仪表及阀门。冲洗的水流量应以 1.5m/s 以上的流速进行，并应采取分段冲洗、在设备前排放的方法，每段管线清洗介质必须干净，上段管线合格后再清洗下一段管线。当水从一个容器流入另一个容器时，容器上的高点放空阀必须打开，使容器在灌注液体时能够排气。冲洗后设备和管线里的水要全部排净。

泵的出入口管线在冲洗前应与设备本体断开或加隔断盲板，管线上的过滤器也要事先拆除，在泵入口管线冲洗完之后，全部回装。凡与设备相连的管线法兰，在拆开排水时必须加堵板，以便隔离正在被清洗的管线。冲洗过程中对管径较细的管线可用铜锤轻轻地敲击焊缝、死角、凹陷等处。

4.1.3.2 吹扫合格标准

在排放口用过滤网或白布检查排水清洁程度，直到没有污垢、脏物、机械杂质吹出。

4.1.3.3 吹扫安全事项

操作人员着装、工具必须符合安全操作规定。吹扫前必须先检查所有准备冲洗的管线，特别注意在高处的管线支架、管托等是否稳定，然后清除现场障碍物。在排放区域和排放点要设置明显标志，管线排出口端要指向安全位置，严禁对人，特别禁止在有水流时用手去触试。

4.1.4 装置的试压、试漏

新装置试运或开车前，首先必须进行水压强度试验，合格后再进行气密试漏。

4.1.4.1 强度试压

强度试压所用介质通常为水，而不能用气体。一般根据设备及管线的不同操作压力进行分段加压，加压标准：当工作压力 P 小于或等于 0.5MPa(表压)时，试验压力为 $1.5P$，但不能小于(P+0.2)MPa；而当工作压力 P 大于 0.5MPa 时，试验压力为 $1.25P$；受外压的真空系统水压试验，应不超过设计规定压力。

水压试验时，应在设备、管线的试验压力下停留 5min，然后降至最高工作压力。在此压力下检查器壁、管壁，并用手锤轻轻敲击焊缝处，确认设备、管线、阀门、法兰等表面无裂缝和无残余变形，焊缝或铆缝无渗漏现象，则确认为试压合格。

试压合格后，泄掉压力排水，再用压缩空气或氮气，将设备及管线内的水吹扫干净。

4.1.4.2 气密试验

气密性试验的目的为通过试验检查设备密封情况，如发现有泄漏必须在开工进油前处理完，防止生产过程中因有毒易燃物料的泄漏而造成安全事故。正常情况下所使用的介质为净化空气，极特殊时也可使用氮气，用净化空气试验后，要用氮气置换到工艺要求指标后方可进行试车投料。

气密试验一般根据设备、管线的操作压力不同，采取分段加压方法。试验压力一般为工作压力的 1.1 倍。对于工作压力在 0.5MPa(表)以上的设备，试验压力为工作压力的 1.05 倍。此外，在试验过程中最好使用两个压力表同时观测。

当设备压力达到试验压力后，用肥皂水(或洗衣粉水)喷洒在法兰、人孔、接头、阀门压盖等密封点和焊缝处，如发现有气泡或细小泡沫出现，即可判定为漏点，并用粉笔做好标识。设备的气密性试验，一般要求保持压力 8h，如果设备压力平均每小时下降不超过 0.2%，即可认为气密试漏试验合格。

4.1.4.3 注意事项

强度试验或气密试验，应按不同操作压力分段进行，试验压力必须达到规定值。试验检查应由专人负责，如发现漏点，要做好记录，待系统泄压后再统一进行处理。

4.1.5 水运

水运是在装置完成了机械设备的单机试运、吹扫、试压、试漏后，用水代替油料进行的试运工作，目的是检查流程畅通与否，转动设备运行状况好坏，液面计、压力表、阀门、仪表控制阀等是否好用。此外，水运也对设备和管线进行比较彻底地冲洗，为随后的油运和投料开工打好基础。

凝聚釜注水并循环后，应检查凝聚釜视镜、人孔、管线、法兰、阀门、机泵等有无泄漏。通入蒸汽升至规定温度后，逐个检查凝聚釜气相管线、空冷器水冷器、分层罐、水罐、油罐等设备的手孔、人孔及其管线上的法兰、阀门等处有无泄漏；如发现泄漏，应及时处理。

确认水运合格后，在设备、管线的最低点，将水排出，用压缩空气将设备、管线内的水吹扫干净，重点关注一些死角处的吹扫。

4.1.6 氮气置换

在顺丁橡胶生产中，由于丁二烯、碳六油、胶液等都是易燃易爆的物质，因而装置投用前一定要用高纯度氮气置换设备和管线中的空气。氮气与这些物料不发生化学反应，可在开车过程中慢慢地排空。为防止生成丁二烯自聚物和过氧化物，氮气置换后要采样分析系统中的氧含量，一般来说，氧含量不大于 500mg/kg 即可。

装置置换一般是在系统完成了吹扫冲洗、气密试压、单机试运、联运工作，并将所有影响投料开车的问题全部处理好后才开始进行的。

氮气置换的方法有两种：一种方法是氮气边进边出，即由充氮气点连续进气，而排气点连续排气，比较适用于管道或较小的设备，但对于大的设备则置换速度较慢，氮气浪费较大。另一种是氮气充至一定压力后，根据工艺流程选取几处最低点或端点间断打开阀门排气置换，置换比较彻底，并且节约氮气和时间，一般多用于装置检修后的置换。

氮气置换合格后要及时恢复流程，系统内保持正压，确保随后进行的联运和油运操作安全，应逐个检查并关闭各处的排凝阀，防止发生跑油事故。

装置置换前要先对氮气进行放空检查，确定无异常现象。对操作压力较低的设备进行氮气吹扫时，要防止超压。对于厂房内的设备，在氮气置换时要先将厂房门窗打开进行通风，并将泄压管线引出室外，以免出现氮气窒息。此外，在氮气置换和保压期间，密切关注整个系统和氮气的压力变化，对于分段置换的各系统，要避免相互间的串压现象出现。

4.1.7 公用工程投用操作

4.1.7.1 蒸汽的投用操作

将蒸汽引入装置前，先打开装置内各蒸汽管线上的排凝阀，再稍开蒸汽总阀慢慢排除管线内的冷凝水，等各排凝点冷凝水排尽并见气后，关排凝阀，并将装置蒸汽总阀全部打开。然后检查系统蒸汽压力是否达到工艺要求，各蒸汽阀门、法兰、排凝阀等有无泄漏现象。

进行引蒸汽操作，操作人员一定要先排净设备和管线内的冷凝水，以防产生水击损坏设备和管线，同时避免被水汽烫伤。开、关蒸汽总阀的动作要缓慢，蒸汽量由小到大，按流程将排凝点逐个脱净水后关小排凝阀。避免因蒸汽流量过大，使管线和设备因温度骤增、热膨胀过度而损坏。

4.1.7.2 装置引水操作

装置引水操作包括引入新鲜水、循环水、软化水及冷冻盐水四种介质，前三种操作基本相同，都是先关闭装置各设备上的上、下水阀和排凝阀，与调度联系后，打开循环水进、出口总阀及最高处放空阀，随后逐台打开各冷换设备的循环水上、下水阀，等放空阀出水后关闭放空阀，用上水阀门控制达到工艺所要求的水量。从水流动的声音判断各个阀门掉砣与否，同时检查各换热器有无泄漏。

引冷冻盐水前，先检查并确认管线上的排凝阀处于关闭状态，与调度和冷冻岗位人员联系后，打开盐水进、出口总阀及最高处放空阀，随后再逐台打开冷换设备的盐水上水、回水阀及流量控制阀，待放空阀出水后关闭放空阀，用控制阀控制水流量。

各种水引入工序后，操作人员应及时检查压力与温度是否满足生产工艺要求，如有问题要立即协调解决。

4.1.7.3 装置送电操作

装置转动设备停、送电操作，必须按规定制度办理停、送电票。设备停、送电票上应写清楚岗位，停、送电日期与时间，设备名称与位号，停、送电原因，并由当班班长签字后交与电工确认执行。停、送电后，操作员对转动设备进行点启动，并与电工共同检查确认设备已停、送电以及电机运转方向正常。

4.1.8 装置的联动油运

在顺丁橡胶生产过程中，聚合、计量、胶罐系统进行油运的目的是清除各个系统内的少量水、杂质、铁锈，确保投料后聚合反应不出现异常以及成品胶外观质量合格。溶剂回收装置可以直接投料开车，经过工艺调节，生产出质量合格的碳六油供聚合装置使用。从凝聚工序至成品后处理工序不用进行油运，只需通过热水循环来清除设备和管线内的杂质。

油运过程中，应尽可能将所有仪表投入运行，认真检查机、电、仪运行情况，尽可能调整温度、压力、流量等工艺参数以达到预定指标，并利用工艺调节及设备切换操作进行技术练兵和装置停水、电、汽、风等反事故演练，以进一步提高人员的操作技能。

4.1.9 投料试车

投料试车是指装置经过土建施工、设备安装、单机试车、联动试车、吹扫、试漏试压、水运、置换、油运后，第一次对装置投入原料进行试生产的过程，是对装置的生产工艺、工程设计、设备制造、施工安装质量、公用工程条件、物料供应、人员培训、生产管理等诸多方面准备工作的综合检验，也是对操作人员操作技能、工艺条件和设计指标控制情况的实际考察。

4.1.9.1 投料开车的检查工作

塔、罐主要是检查热电偶、压力表、液面计、安全阀、指示仪表是否完好准确，与设备相连的阀门开关状态是否正确，设备或管线是否有滴漏现象等。机泵主要检查润滑油是否按标准加好，用手盘车是否灵活，泵出、入口管线上的阀门是否完好并处于正确的开关状态上。冷换设备主要检查管程和壳程的出、入口阀门是否完好并处于正确的开关状态，是否有滴漏现象等。工艺管线主要检查阀门是否好用并按开工流程要求组织开关正确、盲板是否抽插准确、法兰和垫片是否有滴漏现象等。

对机械密封采用集中供油的聚合釜来说，首先应启动润滑油系统和密封油系统，检查油泵运行和油流动情况是否正常；其次启动搅拌电机，观察电机转动方向，有无异音，轴封是否泄漏等情况；然后检查与釜连接的阀门是否开关正确。另外，对于填料密封形式的其他釜来说，还要检查轴封冷却水是否畅通。

对新投用的催化剂计量泵，一般在聚合系统油运时或开车前物料切头时进行试运标定，标定时要对行程进行不同位置的调节，以确保计量泵投用后能正常运行。

脱水挤压机和膨胀干燥机应检查水、蒸汽、仪表风是否满足工艺要求，进料口处是否有杂物，排水是否畅通；模头有无堵塞现象；设备的润滑情况是否符合标准，启动润滑油泵后的运行是否正常，无级变速器的调速设施是否灵活好用，指示仪表是否准确等。干燥箱应检查接地线是否完好，防黏布是否完好无损，输送槽内有无杂物。

压块机应检查油箱油位是否在2/3处，润滑油质量是否符合标准，传动部位防护罩是否安装好，连接件、紧固件有无松动、脱落现象，各限位开关有无松动、位移现象；设备润滑情况是否良好。压缩空气、循环水的压力是否在规定范围内。

水平输送机、交替运输机、油泵应进行手动盘车，检查有无异常现象。水平输送机输送槽、自动称箱体和压模箱内以及各运动部位应无杂物，输送机、自动秤下料斗、传动辊上的防粘布或防粘涂层处于完好状态。

振动设备要检查确认提升机、振动筛的地脚弹簧、螺栓等固定点和连接点是否有松动、脱落问题，传动皮带的松紧状态。设备启动后振幅与声音是否异常，提升机和振动筛内有无杂物等事项。自动包装线主要检查并确认设备连接件、紧固件是否有松动；热合机、电热丝、电阻片是否良好；程控开关与换向开关是否灵敏好用；输送机输送带是否完好等。油泵要预注入一定量的润滑油，并盘车。对自动秤、液压动力机构及压块机组分别进行手动、自动试车；将高、低压油泵的压力调至规定值；对水平输送机，交替运输机进行试车运行；校验二次秤。

薄膜包装岗应检查各红外开关有无松动和位移现象，各设备润滑部位是否加好润滑油剂，各个传动辊的防粘涂层是否完好，压缩空气的压力是否在规定范围内，薄膜包装机的切刀、垫料、热合头及导线是否安装好，薄膜是否已准备好并确认安装正确，安全装置是否有效好用。薄膜包装机温度升至合适值，对上下薄膜进行预热。

纸袋包装岗应检查确认缝纫机针、线、包装袋已备好，批号机已注好墨水；对缝纫机进行试缝，对批号机试打批号。

4.1.9.2 投料开车要求

整个开车过程，必须按照开工方案和工艺技术规程要求严格执行，做到不跑料、不窜料、不漏料、不超温、不超压、不着火爆炸、容器操作不抽空、不冒顶、流量控制准确，工艺控制稳定。

4.1.9.3 装置投料试车步骤

溶剂回收装置和丁二烯精制装置应提前3~4d开车，当碳六油和丁二烯水值合格后，分别进入脱重塔脱除重组分及其他杂质，然后碳六油经中间罐送到聚合系统开始油运，同时，冷冻、胶罐、凝聚及后处理系统做好开车各项准备工作。

在聚合系统油运的同时，还需进行小瓶聚合鉴定试验，考察原料丁二烯、碳六油和催化剂的质量情况，确定开车时的工艺方案。

聚合系统油运合格后，聚合釜可以投料生产。同时，冷冻系统开车，凝聚釜做好热水循环升温工作。当胶罐中的胶液混配后质量合格达到喷胶条件时，凝聚系统投料试车，同时启动后处理及尾气工序的转动设备。

4.2 装置大检修后开工操作

正常大检修后开车虽然不如首次开车复杂，但也要按已制定好的开车方案逐步严格执行并确认，确保开车成功。

4.2.1 装置检修后的验收工作

装置大检修的内容主要包括设备和管线的更新或清理、工艺流程改进、阀门更换或安装等工作。在检修完毕后，应组织专业人员进行验收，查找检修施工中的质量问题并及时解决。

对于更新的设备，应首先检查设备是否符合设计要求，内部有无杂物、积水和锈蚀现象；安全附件是否齐全，设备与管线、阀门、仪表等的配套是否合适，连接点的垫片和螺栓的使用是否符合标准，紧固点是否松动，检查接地线是否合格等。此外，为了确保安全，在设备吹扫、抽盲板等工作之前，还要针对设备、管线的动火部位进行气密试验，方法同前。

釜设备主要检查釜内堵挂物是否清理干净，有无杂物及其他机械杂质；测温、测压点有无损坏；搅拌器有无变形。

塔设备主要检查塔盘、降液管内是否清理干净，无任何杂物和积水；降液管、塔盘支承圈、测温、测压点无变形和损坏现象，底隙无堵塞；浮阀齐全并起落灵活；塔盘回装符合标准，塔盘连接与固定螺栓紧固得当。

空冷器主要检查风扇安装是否紧固，风机运行时有无异常声音，散热片有无损坏及损坏程度大小。

冷换设备主要检查管程、壳程内是否清理干净，列管有无变形损坏现象。

容器主要检查内部是否清理干净，有无积水和杂物。各管口(包括测压口、液面计口)是否畅通，有无堵塞。各测温点、测压点、压力表、液面计等是否安装齐全。

高压水清理后的管线主要检查其内有无杂质和水、是否吹扫干净、有无明显变形。阀门主要检查是否开关灵活。

安全设施主要检查确认安全阀定压情况，确认启动和关闭灵活、准确；放空阀灵活好用。

4.2.2 开车前的准备

4.2.2.1 人员组织与工作安排

确保开车成功的关键是指挥机构和人员合理安排，专人负责每项工作，明确每一步的内容及标准，认真做好记录。编制开车方案，对装置更新改造的内容组织操作人员进行学习培训和考核。

4.2.2.2 装置吹扫

针对装置大修中检修过的设备和管线，采取吹扫的方法除去残存的杂质与水，为随后的开车成功打好基础。其操作过程与装置首次开车的吹扫操作要求相同。

4.2.2.3 装置抽插盲板

装置大修是有计划、有针对性的检修，对不参与检修工作的设备、管线，在检修前按盲板图用盲板将其与需要检修的部分进行隔离，并按要求挂好盲板标识牌。检修完毕后，再按盲板图将所加的盲板一一抽出。

一般来说，抽插盲板作业的要求是先设立盲板负责人，改变任何一块盲板的位置必须要经过盲板负责人的批准；作业人员要熟悉所隔离介质的性质和安全注意事项，并使用合适的工具。作业过程中管线内压力要排净，人员身体要偏离法兰口，避免管线内部有残存物料泄出造成人身伤害。盲板抽插后按要求更换垫片，再将螺丝紧固。抽出的盲板要集中存放。作业完成后要做好详细记录，对照图检查盲板数量以防盲板漏抽。

4.2.2.4 装置气密试验

装置大修后，除个别改造项目按设计要求进行设备强度试压外，其他只按要求进行气密试验，将操作压力同一的系统流程贯通，按试验压力充压，进行静密封点和动密封点的气密试验，对于检查中发现的漏点，及时进行紧固消漏，紧固无效的漏点则做好标记，待整个气密检查完毕，排压后进行统一处理。处理完毕后再次充压试验检查至无漏为止。具体试验方法及步骤与装置第一次开工的气密试验相同。

4.2.2.5 装置氮气置换

装置氮气置换是在检修完毕，且在吹扫、抽盲板和气密试验等工作完毕后进行的，也是装置大修后投料前的最后一项准备工作。具体操作步骤同装置第一次开工。

4.2.2.6 丁二烯塔化学清洗操作

为了彻底除去系统中的微量氧，减轻丁二烯自聚，延长装置运转周期，可以在开工前对丁二烯塔进行化学清洗操作。其一般方法是将一定量的亚硝酸钠用蒸汽冷凝水溶解后，通过回流用泵打入塔内，形成循环回路清洗8~10h。化学清洗后，用氮气吹净设备和管线内的存水，置换到系统含氧量500ml/m^{3}以下。

4.2.2.7 进油前的其他准备工作

设备方面：检查并确认各传动设备的润滑油符合标准。办理电气设备送电票，同时对设备进行启动检查，确认电机运转方向正确。

仪表控制方面：联系仪表人员对各仪表控制阀进行运行调试，检查各液面计是否全部复位，现场流量指示仪表是否齐全完好。确认 DCS 系统无故障，运行正常。打开各测压点的压力表阀。

原料和催化剂方面：准备好防老剂、膏状环烷酸镍、浓三异丁基铝、三氟化硼乙醚络合物等。在碳六油质量合格后，配制各催化剂、防老剂溶液，收入中间罐。备齐记录用品及所需工具。

公用工程方面：将循环水、盐水、软化水、蒸汽引入装置，检查水、蒸汽压力，使其达到生产标准；检查并确认室内和装置照明，使其达到完好状态。

安全方面：准备好消防器材、气防器材，并按规定位置摆放；检查并确认安全附件齐全、完好，处于投用状态，并且标有高、低限红线。对于进出装置的总阀、与设备连接的第一道阀门及开工过程中无法更换的阀门，重点检查是否灵活好用、有无泄漏。

4.3 装置正常开工操作

装置正常开工操作是指在生产过程中因装置短时间停工或处理好个别设备后的再次投料过程。一般情况下正常开车操作只需重新检查开车流程情况，各原料罐、中间罐、计量罐、成品罐中的物料存量情况，关键设备和公用工程的运行情况等，确认无误并与有关岗位联系后，就可按已审批好的开工方案投料开车，并不需要进行设备吹扫、气密试验、置换等工作。

开工过程中的注意事项：换热器一定要先引入冷物料后再引入热物料，防止换热器因过热变形引起泄漏。向重沸器内引蒸汽一定要注意先排凝，防止水击。重沸器内的不凝气一定要排出，否则影响换热效果。空塔开车过程中塔釜液的升温速度要缓慢地进行，绝不能超温。如果升温速度过快，则重组分会大量地随气相流体被带到精馏段，而不易为轻组分所置换，塔顶产品的质量合格困难，开车时间延长。

开车时必须按已确定的流程方案及顺序进行操作，并且投料后随物料所到部位，进行沿路检查，防止出现意外。

4.4 装置正常停车处理

在顺丁橡胶生产中，由于装置检修的需要，或者出现突发事件，需要装置能安全、平稳地停车并进行处理。一般包括正常停车和紧急停车两种情况。

顺丁橡胶生产装置运行了一个周期后，需要进行设备检验或检修时，按计划和方案实施停工操作。首先停止聚合单元进料，终止聚合反应；其次将聚合釜内物料压入胶液罐；再次丁二烯精制和回收单元可同时安排停车操作，后处理单元则在将胶液罐中质量合格的胶液喷完后停下来；最后将尾气装置停运。装置停车后水、电、气等公用工程也随之停用。

4.4.1 停车检修处理应达到的标准

装置检修应明确检修项目、落实检修任务、备好检修所需的材料。制定装置的停车、物料倒空、置换方案，绘制装置检修盲板图，确定盲板负责人和盲板的规格、数量。做好检修前全体员工的安全教育和基本技能培训。

装置检修过程中，不能将油、碱液及污水随意排放，应设法回收；清理出的废胶应清扫干净、包好、统一存放。

机泵、振动设备、转动设备检修时，必须首先切除电机电源。对需要检修的设备和管线要加装盲板与物料隔绝，确认盲板加得准确无误后注水进行吹扫和蒸煮等处理。为了保证需要进入作业的设备内有足够的氧气，避免因缺氧而造成的人员窒息，同时为了防止可燃物含量超标而引起的火灾爆炸事故，在设备处理后交付检修人员之前，必须对设备内进行可燃气和氧含量分析，直至合格。

在压送物料过程中，现场要有专人监护。所加氮气压力不能超过设备操作压力，避免发生超压事故。发生跑料事故后，大部分物料要在装置内回收处理，实在无法现场回收的余料收集到高浓污水池妥善处理。

装置停车后，在停送蒸汽以前，要完成装置所需的蒸汽蒸煮、吹扫、置换工作，循环水则关闭上、下水总管线上的阀门和各换热器循环水出入口阀门，且换热器内的循环水残液在冬季需倒空防冻，并将盐水冷却器内的盐水残液倒空，关闭冷却器盐水出入口阀门。新鲜水则可根据装置停车后需要与否，决定是否关闭阀门。

4.4.2 正常停车准备工作

停车前，要组织生产、技术、设备和安全专业管理人员制订详细的停工处理方案，内容应包括：停工统筹图(或进度表)、装置退物料方案、盲板图及要求、设备蒸煮方案、氮气置换方案、装置吹扫方案、试压试漏方案等。

停工统筹图(或进度表)主要包括各工序停工顺序、停工要求与标准、大致工艺操作步骤等内容。

装置退料方案应包括以下内容：倒空流程，各设备倒空顺序，详细的操作步骤、要求、安全注意事项等。停工前应将停工要求及目的向操作和作业人员讲解清楚，使其对有可能发生的事件有一定的思想准备，并掌握正确的处理方法。停工要按已批准的方案严格执行，操作人员要在方案上逐步签字确认。

物料倒空时，尽量将物料倒入指定设备内集中处理或贮存，禁止随地乱放或排入两排沟，从而减少物料损耗和避免事故的发生。需要倒空的设备和管线不能存料。如果担心个别设备或管线可能有死角而存留余料，可以在倒完物料后，用氮气继续吹扫处理。

4.4.3 聚合单元停工后的处理

聚合单元一般来说按以下步骤进行停工操作：停丁二烯加水→停催化剂进料→停丁二烯进料→充油降温→停碳六油和稀释油→停防老剂→聚合釜退胶。

聚合釜退胶前先联系胶液罐做好收胶准备，向聚合釜加入氮气，压力保证在0.3MPa以上，按从后向前的顺序逐个将釜内胶退到胶液罐中。当聚合釜压力突然降低或在入胶液罐前的管线上排出全部是气体时，则该釜退胶完毕。退胶后将挂胶严重需要清理的聚合釜切出，按照检修方案，加好盲板，注水进行蒸煮。停汽放水通风置换后，确认设备停电，分析釜内可燃气和氧含量，合格后办理作业票，安排作业人员进釜清理。同时拆除清理釜顶堵胶的管线、阀门，更换压力表，钳工检修密封泄漏的釜。此外，聚合单元停车后要对所有的液面计、压力表、阀门进行详细的检查和维护保养，消除泄漏点和弥补设备、仪表、电气方面存在的缺陷。

4.4.4 凝聚及后处理单元停工后的处理

胶罐和凝聚停车后的处理应达到以下标准：切断胶罐尾气与凝聚系统停车线的联系；切断需要检修设备与其他设备之间的联系，必要时应加装盲板；通知电工停所需检修设备的电机电源，根据停车方案检查停车完成情况。

胶液罐和凝聚工序一般按以下步骤进行停工操作：停止收胶→停冷油吸收→停胶液泵→凝聚停喷胶→停分散剂及碱液→凝聚釜倒料→停颗粒泵、热水泵→停空冷→停送油→关闭阀门。

胶液罐停工后的主要工作：倒空胶液罐、静置罐、盐冷器及各物料管线，加装盲板封堵油管线和设备；对需要进行清理的胶液罐加水蒸煮后，停汽放水、通风置换；带电设备办理停电手续，胶罐搅拌按钮处挂禁动牌，分析罐内可燃物含量、氧含量合格后，办理有限空间作业票后进罐清理；挂胶管线拆下进行射流清理，对开关费劲的阀门予以更换；检查胶液罐、静置罐及油管线腐蚀情况，发现问题及时采取措施。

凝聚停工后的主要工作有倒空凝聚釜中胶料，退净釜顶冷却器、油水分层罐、静置罐中的油，加装好盲板，利用釜中蒸汽蒸煮冷换设备、分层罐，停汽放水后，分析设备内的可燃物含量和氧含量，合格后办理作业票进行检修；对有问题的阀门予以更换；检查胶液罐、静置罐及油管线腐蚀情况，发现问题及时采取措施。

后处理工序停车前应了解掌握停车的原因，制定停车方案，并与上、下工序取得联系，根据来料量大小适当调整操作。一般来说后处理工序按以下步骤进行停工操作：洗胶的停工→挤压机停车→干燥机停机→提升机胶料排完后停工→给料机停机→自动秤停→高低压油泵停→压块机停工→交替机、热合机停→停装袋机、缝纫机→停金属检测器、输送机。

洗胶岗位若长时间停车，为防止再次开车颗粒管线堵塞，应联系凝聚岗位用热水回顶颗粒胶管线进行清洗置换处理。若停车短时间，需保持热水罐和洗涤水罐温度。冬季停车，热水应循环防冻，室外机泵也要用胶管盘上，通少量蒸汽进行伴热防冻。此外应及时将1#、2#筛筛面上清理出的积胶，以及热水罐和洗涤水罐内捞出的碎胶装袋。停车后，还应检查振动筛的筛体、筛板、筛板架、板簧、弹簧有无断裂现象，泵、管线、阀门、法兰有无泄漏堵塞情况，各过滤器的过滤网是否需要更换，电气、仪表设备有无异常现象，设备润滑及加油或换油情况，各连接件和紧固件的松动情况及转动设备的轴承温升情况。

干燥岗位停车后，应对脱水挤压机笼条间隙及料斗、膨胀干燥机料斗及脱水孔、机头模板、干燥箱及其输送槽、抽风筒入口的积挂胶进行彻底清理，停低压蒸汽，并将回水管线的倒淋阀全部打开，用以排凝，在下次开车前再关闭。停冷却水，但冬季停车不可将阀门关死，开少许进行防冻。停车后，还应检查脱水挤压机笼条和膨胀干燥机剪切螺钉有无松动现象，两机下水管道有无堵塞，干燥箱的箱体、连杆、橡皮弹簧等有无断裂现象，膨胀干燥机模头有无堵塞现象，箱内防黏布有无脱落现象，各连接件、紧固件有无松动现象，设备润滑情况，现场有无跑、冒、滴、漏情况等。

压块和包装岗位停车后，应对冷风箱、水平输送机、自动秤、压块机、交替运输机的积胶进行彻底清理，检查热合机热合布及电阻丝是否需要更换，用毛刷或棉纱清洗电磁离合器和缝纫机等。停车后，还应检查冷风箱、水平输送机、输送槽、座体、弹簧有无断裂开焊现象，吸振垫有无移动，地脚螺栓有无松动、脱落、开焊现象，各设备的红外开关、电气、机械、气动系统有无异常现象，压块机主机及动力机构有无异常现象，液压系统有无泄漏，连接件、固定件是否松动，各气缸、电动气阀及其气动系统的工作状况，托辊(包括防黏涂层）、托轮、托板及各转换机构是否正常，金属检测器的工作情况，链条传动系统的运转情况等，并及时调整处理，使所属设备处于可用状态。

尾气停车后，停运转动设备，检查各连接件、紧固件有无松动现象，设备润滑情况，现场有无跑、冒、滴、漏情况等。

4.4.5 回收单元停工后处理

回收单元一般来说按以下步骤进行停工操作：溶剂脱水塔和溶剂脱重塔可同时停进料→水洗→丁二烯回收塔。

溶剂脱水塔和溶剂脱重塔停止进料后，脱水塔塔底物料经换热器送原料罐，溶剂脱重塔塔顶产品停送罐区，塔底物料用塔底油泵送出。停蒸汽，用回流降塔温。停车过程中，一般控制仪表在手动控制状态。塔温逐渐降低后，开始倒空检修设备和管线中的物料。物料倒空的顺序是先设备后工艺管线：用回流泵把脱水塔回流罐内物料全部送丁二烯回收塔或直接送罐区储罐，脱水塔塔釜物料返回原料油罐，换热器内物料可接临时管线送入油罐，余料装入铁桶。设备内物料倒完后，倒空管线、机泵内物料。从各点倒淋处检查并确认设备、管线物料倒空后，用氮气吹扫，排净设备内的水，关闭相关的阀门，泄压，应按照检修方案盲板图加装盲板隔离。

为破坏系统内可能残存的丁二烯过氧化物和自聚物，防止发生事故，一般对溶剂脱水塔、丁二烯回收塔及相应的罐、冷换设备、管线等进行硫酸亚铁水溶液水洗的操作，即把配制好的浓度5%左右的硫酸亚铁水溶液加入回流罐或直接加入塔内，贯通水洗流程，控制塔釜液位70%，温度80~90℃，用泵打回流循环清洗8h。硫酸亚铁水溶液水洗完毕，灭活蒸煮48h以上。蒸煮时要注意温度不可升得过快，用汽量要适度，对于动火项目及进入作业的设备，要求用蒸汽蒸煮至可燃物合格，蒸煮期间要设专人负责看护，确保蒸煮质量。蒸煮、置换要按控制点进行，使用铁管，禁用软管连接，避免软管使用中断裂而摆动或软管不牢固脱落而发生意外。蒸煮完毕后，设备排水量要适度，同时要避免出现烫伤事故。停止蒸煮、置换后，从倒淋阀处把所有设备、管线内的水排干净，蒸煮后的塔可用泵加凉水洗塔以尽快降低塔温。再按要求进行可燃物、氧含量分析，对于可燃分析不合格的设备或管线，要及时采取措施进行二次处理至合格，分析结果要保存。设备蒸煮、置换完毕，组织人员进行检查验收，以进一步确认装置、设备、管线蒸煮、置换合格。

各塔蒸煮置换过程中，塔釜温度控制在90~100℃，压力控制在0.01~0.05MPa。对设备和管线，可采用加水通蒸汽蒸煮、直接通蒸汽吹扫、用N_2置换等方法蒸煮、置换，合格标准为可燃物含量<0.2%，需进入设备作业的设备，设备内氧含量19.5%~21.5%。蒸煮过程中，应确定蒸煮、置换的分段流程及检查点，检查点一般放在回流罐、塔顶排空管线，还必须在进料管线、回流管线、回流泵倒淋阀等排汽点间断检查，特别要注意对蒸煮气流不易流通的管线检查，避免留有死角造成安全事故。

4.5 停工后常规检修工作

4.5.1 盲板抽加

盲板管理制度：在编制装置停车方案时，应绘制出盲板图，并编制装置停车所用的盲板规格及数量表，同时任命车间盲板负责人。

停车前，在操作室内张贴盲板安装进度表。大检修结束时，在盲板图上备注拆除盲板的进度，并回收所拆除的盲板。

加盲板前，必须准备好盲板票、盲板图、盲板牌，按实际所需盲板数量及规格准备好盲板。要由专人负责，所加盲板大小、厚度要符合标准；必须用新垫片。抽加盲板前，必须确认设备、管线内无料、无压后方可进行；所加盲板按要求挂盲板牌、写盲板号。

4.5.2 设备蒸煮、置换

根据不同的设备和管线情况确定不同的蒸煮、置换方法：如加水后再通蒸汽蒸煮，直接通蒸汽吹扫和用氮气置换。制定蒸煮措施(如丁二烯系统加硫酸亚铁蒸煮等)；确定蒸煮、置换时间；确定蒸煮、置换的分段流程及进、排汽(气)检查点；蒸煮、置换至设备、管线内可燃物含量小于0.2%，需进入设备作业的，设备内氧含量合格。

需要注意的是对于动火项目及进入作业的设备，要求用蒸汽蒸煮至可燃气分析合格。蒸汽蒸煮时，最好使用铁管，给汽量要适度；蒸煮期间要设专人负责看护；蒸煮完毕放水时，排水速度不得过大，防止出现烫伤事故。进入设备作业前按要求进行可燃物和氧含量分析，对于分析不合格的设备或管线，要进行二次处理至合格。

4.5.3 丁二烯储罐及堵塞自聚物的清理

将需清罐的物料全部退净，排除罐内余压，加好必要的盲板。通过管线向罐内注水到罐容积的1/4处，按加水重量的0.05%密闭加入硫酸亚铁溶液。通蒸汽蒸煮时长48h以上，控制温度在85~90℃。排尽罐内水后再加冷水降温。当温度低于40℃后方可打开人孔，通空气对流，取样分析罐内含氧量确认合格后，方可进罐清理。

开好检修工作票，备好灭火器材、消防蒸汽和新鲜水。不允许用黑色金属工具敲打自聚物，现场应以竹制工具为主，清理人员一次限定两人。

清理自聚物以高压水枪为主要工具，禁止用力敲打自聚物。

用竹帚把罐内和罐外清理出的自聚物收集到一起，用水浇湿后装袋，尽快联系相关部门进行危废处理。

清理后的罐，每罐放入阻聚剂，用布袋装好，悬于罐中，上好人孔，拆掉盲板，恢复正常生产状态。进行试压试漏，氮气置换，分析含氧量小于500ml/m^3，恢复正常生产状态。

4.5.4 装置停工检修安全规定

凡进入检修现场的人员必须戴好安全帽，在2m以上的高空作业必须系安全带和携带工具袋，卸下的零件或螺栓要摆齐，废料及时清理移走。

塔容器等设备检修，要用蒸汽按规定时间吹扫，待温度降低以后，经现场工艺负责人检查合格后，方准由上而下拆卸人孔盖，避免物料温度高造成自燃着火或烫伤施工人员。同时严禁在地面、平台上随意排放污油。

凡进入塔，釜、罐等设备内必须办理有限空间作业票，戴好安全帽或防毒面具，外边有人看护，作业时间不得过长，严防中毒及事故发生。临时照明灯应采用胶质软线(不能有破损)低压(≤12V)安全灯，以防触电。

4.6 装置紧急停车

紧急停车一般是指因水、电、汽、仪表风突然停送或关键的设备、管线泄漏、跑料等突发性的事件发生后，影响到整个装置的设备及人员的安全，而采取的紧急停车方式。其目的是防止事态进一步扩大，减少事故造成的损失。因此在实施紧急停工过程中，操作人员必须头脑冷静、服从指挥，按照操作规程和突发事故处理预案，果断采取措施，切忌慌乱行事。

4.6.1 聚合单元的紧急停车

当循环水突然中断后，对于采用填料密封形式的聚合釜来说，将无法把聚合釜轴封处的机械热带走，使轴封温度迅速升高，若发现不及时，将使轴封填料烧坏，大量胶液从轴封处外泄，造成跑料事故，严重时则可能发生抱轴现象。因此如果发生循环水突然中断事故，应立即停止各釜搅拌。如果短时间停循环水，可视反应情况在恢复送水后及时恢复生产；如果长时间断水，因搅拌无法启动，则应按紧急停车处理。

如果聚合系统停电，原材料和催化剂等将同时中断，聚合釜搅拌也停止运转，室内外照明中断。如处理不及时将发生聚合反应焖釜和物料倒流情况，易造成聚合釜的超温、超压和反应的大幅波动。此时应按紧急停车处理，迅速关闭蒸汽阀、原材料和催化剂进料阀，打开釜底退胶阀，利用聚合釜压力将釜内物料退入胶液罐。恢复送电后，再按正常开车程序组织恢复生产。

如果催化剂配制计量系统单独停电，各计量泵将停运，催化剂和防老剂流量中断，从而造成聚合反应迅速下滑。短时间停电通过提高原料进料温度或丁油浓度来维持生产；但长时间停运应按停车处理，立即将各泵开关打至停运位置，迅速关闭各有关阀门。

聚合系统停仪表风后，所有自控调节阀不能正常运作，如果操作跟不上，聚合釜温度、压力将得不到及时控制，因此短时间内应根据现场一次表指示，用副线阀手动控制碳六油和丁二烯进料量，待送风后再组织进行正常生产。若停风时间较长，则按停车处理。

4.6.2 回收单元的紧急停车

溶剂回收系统循环水中断后，各塔温度和压力迅速升高，放空量将被迫开大。此时应做紧急停车处理。立即停止各塔进料，塔顶和塔底产品停止输出，关闭蒸汽控制阀和前后阀，全回流降温，待温度降下后停回流泵。密切注意各塔压力变化情况，若出现超压时，可采取在回流罐上部小量排火炬管网的方式。

如果蒸汽中断，精馏操作缺少了热源，那么塔操作温度下降、产品质量不合格，此时应做紧急停车处理。

如果系统突然停电，各塔系统的机泵和空冷风机停运，造成物料中断，塔罐内液位发生显著变化。同时因回流中断，塔内汽、液相的平衡和热平衡遭到破坏，塔压和温度波动增大，造成碳六油和丁二烯质量不合格。因此一旦出现较长时间停电事故，应立即采取下列措施：关闭各塔加热蒸汽调节阀，停脱水塔、脱重塔进料和产品采出。脱水塔塔底物料改循环，关闭有关阀门，将各泵开关打到“停止”位置。注意各塔罐液位和压力的变化情况，如果压力超高可从回流罐排压。

如果系统突然停仪表风，所有的自控制调节阀将失去调节作用，气开阀全部关闭、气关阀全部打开，如不及时处理，将使整个工艺系统发生大幅波动，产品质量不合格，严重时会酿成事故。此时应按紧急停车处理。

4.6.3 凝聚及后处理单元的紧急停工

如果凝聚系统循环水突然中断，凝聚釜顶冷凝器油相出口温度迅速升高，油水分层罐因油气温度高而压力增大，大量油气排出，此时应采取下列措施：立即停止喷胶，关闭喷嘴阀，切断入釜蒸汽。若1[#]振动筛上油味大或胶粒中油含量高时，应停止热水循环，通知干燥停车，关闭颗粒泵出口阀，停颗粒泵和热水泵。及时通知车间管理人员和调度，查清事故原因。

如果凝聚系统蒸汽突然中断，凝聚釜内物料缺乏热源，釜温迅速下降，凝聚效果变差，胶粒易结团，且易堵塞管线，此时应采取下列措施：立即停止喷胶，关闭喷嘴阀，凝聚釜搅拌维持继续运行，同时维持热水循环。但若1[#]振动筛上油味大或胶粒中油含量高时，应停止热水循环，通知干燥停车。

如果凝聚系统突然停电后，热水泵、颗粒泵及凝聚釜搅拌等将停止运转，釜内胶粒易结团、挂胶，堵塞胶粒水管线，此时应采取下列措施：立即停止喷胶，关闭喷嘴阀，减少蒸汽用量，打开釜顶排压阀。关闭颗粒泵及热水泵出入口阀，将所有转动设备的停车按钮按一下。注意油水分层罐与溶剂油罐的压力变化情况，发现压力超高时，应立即处理。

如果凝聚系统停仪表风，则所有自控系统中的自控阀不能动作、失去控制，导致生产无法正常进行。此时应采取下列措施：立即将所有自控操作改为用副线手动操作，及时与调度联系，了解停仪表风的原因。如是短时间停风，手控操作时应密切关注各个工艺参数的变化，及时进行调节；若长时间停风，则按停车处理。

如果后处理系统循环水中断后，各润滑油换热器的油温逐渐升高，润滑效果变差，同时因压力降低造成油压联锁启动，迫使干燥工序紧急停车。在此过程中还有可能损坏润滑机件，引起机械密封漏油。压块机油箱温度也将随循环水的中断而升高，过高时将使润滑机件受热膨胀，影响电、液动滑阀换向，造成生产混乱。因此一旦发现循环水中断，应紧急停车：先立即通知凝聚、洗胶岗位停止向干燥机送料。然后关闭干燥机的夹套蒸汽，并根据润滑油温升情况决定洗胶罐是否排料。排完料后停挤压机、干燥机、振动筛、风机及蒸汽，再停润滑油泵、洗涤水泵及输送机。

如果后处理系统停蒸汽，将造成干燥机的各段温度和热风温度下降，降低干燥效果，造成成品胶的挥发分超标；同时洗胶罐温度降低，也易使罐内胶粒结团堵塞，此时应立即通知凝聚、洗胶岗位停止送料；再根据干燥机各段温度决定洗胶罐是否排料。当振动筛、脱水挤压机、膨胀干燥机的料排完后停运设备，然后停洗涤水泵及润滑油泵。压块、包装各工序依次按程序停车。

后处理系统一旦发生停电事故，所有转动及振动设备将全部停运，生产停止进行，胶料结团黏结在设备上。此时应立即关闭干燥机和热风机的蒸汽阀，打开夹套冷却水阀，同时通知凝聚停止送料。然后将所有转动设备的停车按钮按一下，将无级变速器调至“0”位，防止突然来电后自行启动。将洗胶罐中的颗粒胶捞出装入塑料薄膜上，输送机、提升机、给料机、自动秤内积胶扒出装入纸袋中。

后处理系统停仪表风后，所有自控调节阀将不能正常动作，包装线各气缸因缺乏气源而停止动作，无法正常生产。此时应立即通知凝聚岗停止喷胶，洗胶岗停止送料，然后将振动筛、洗涤水泵、挤压机、干燥机、输送机等设备上的料排完后停运，停各润滑油泵、冷却水、蒸汽等。

第 5 章　聚合单元操作

5.1　开 车 操 作

5.1.1　催化剂的收料和配制

丁二烯聚合所用催化剂都来自界区外，接收界区外来的催化剂称催化剂的收料，包括收高浓度的铝剂、镍剂和纯净的硼剂。用于引发聚合反应时，为保证聚合反应平稳和计量准确，将高浓度的铝剂、镍剂配制成低浓度的溶液，称催化剂的配制。配制铝、镍时，要根据预配制体积和浓度，计算浓溶液(溶质)和溶剂的需用量，然后按顺序分别将所需物料加入配制釜，搅拌混合一定时间后取样进行浓度分析。

在配制催化剂时，假设配制过程不发生体积变化，计算依据体积、质量、浓度之间的换算关系，即溶液体积=溶液中溶质的质量÷溶液浓度(此时溶液浓度单位为质量/体积，如 g/L)。

5.1.1.1　三异丁基铝的收料和配制

浓三异丁基铝储罐日常要用氮气保压，接收三异丁基铝储罐泄压时，罐内应保持一定正压，防止空气窜入罐内。另外，收料时，根据压力上升情况随时泄压。

收料时，液位不得超过最高警戒线，防止出现冒顶；如有静密封点出现泄漏，对泄漏出的物料要用沙子覆盖，不得用水冲洗，处理漏点时，要戴好防护用品(如：防酸手套、面罩等)，以防烧伤；罐内压力保持平衡，不得出现超压或长期无压的现象。

(1) 浓铝的收料

打开浓铝储罐的液面计阀、压力表阀，关闭氮气阀、浓铝出口阀，打开浓铝进口阀，稍稍打开放空阀，用放空阀控制浓铝储罐内保持正压，通知界区外送浓铝。待浓铝储罐液面达到要求时，先关闭浓铝进口阀和放空阀，通知停止送料，并吹扫送料管线，打开氮气阀用 0.05MPa 的氮气保压。记录接收量和质量情况，记录好接收浓度，物料待用。

(2) 浓铝配制计算

$$\text{浓铝加入量}=\text{配制后体积}\times\text{所需稀铝浓度}/\text{浓铝浓度}$$

$$\text{溶剂油用量}=\text{配制后体积}-\text{浓铝加入量}$$

例 5-1　配制浓度为 3.0g/L，体积为 6000L 的稀铝，需加入浓度为 20g/L 的浓铝多少升？稀释油多少升？(配制釜中剩余 3.05g/L 的浓铝 700L)

解：

$$\text{浓铝加入量}=\frac{\text{配制后体积}\times\text{配制稀铝浓度}-\text{釜中剩余铝量}}{\text{浓铝浓度}}=\frac{6000\times3-3.05\times700}{20}=793\text{L}$$

$$\text{稀释油用量}=\text{配制后体积}-\text{浓铝加入量}-\text{釜中剩余体积}=6000-793-700=4507\text{L}$$

答：需加入浓铝 793L，稀释油 4507L。

把计算好的溶剂油先加入配制釜中，然后从浓铝罐中按计算量向配制釜中加入浓铝；保压搅拌，分析合格后待用。使用注意事项：①聚合用三异丁基铝，必须用溶剂稀释到安全浓度以下，通常为20g/L。②生产和储存过程中均需与空气隔绝，所有设备和管路要预先干燥。③使用或转移三异丁基铝时，要用干燥的 N_2 保护。

（3）稀铝配制操作

检查稀铝配制釜液面计、压力表阀是否打开，关闭稀铝配制釜稀铝出口阀、平衡阀、氮气阀，打开稀铝配制釜放空阀（注意配制釜必须保持正压）、溶剂油入口阀，待进油量合适后，关闭稀铝配制釜油入口阀，再打开铝高位槽浓铝出口阀、稀铝配制釜浓铝入口阀，加入定量的浓铝油溶液后，再关闭浓铝储罐铝出口阀、稀铝配制釜浓铝入口阀、放空阀，打开氮气阀、平衡阀。用0.05MPa的氮气保压，启动搅拌，1h后停止搅拌，分析稀铝溶液的浓度后，物料待用。

5.1.1.2 环烷酸镍的收料和配制

（1）浓镍收料

浓镍的收料和浓铝的收料操作相同，浓镍从界区外运来后，可以接收备用，进行配制。

（2）浓镍配制计算

$$浓镍加入量=\frac{配制后体积\times所需稀镍浓度}{浓镍浓度}$$

$$溶剂油用量=配制后体积-浓镍加入量$$

例 5-2 用20g/L的浓镍配制5000L的稀镍，稀镍浓度为1g/L，求浓镍及稀释油加入量。

解：

$$浓镍加入量=\frac{配制体积\times配制稀镍浓度}{浓镍浓度}=\frac{5000\times1}{20}=250L$$

$$稀释油加入量=配制后体积-浓镍加入量-5000-250=4750L$$

答：应加入浓镍250L，稀释油4750L。

将计算好的镍加入配制釜中，按计算量加油至配制体积，搅拌分析合格后，用 N_2 保压待用。

（3）稀镍配制的操作过程

检查稀镍配制釜液面计阀、压力表阀是否打开，关闭其稀镍出口阀、平衡阀、氮气阀，打开放空阀，溶剂油入口阀，待进油量合适后，关闭稀镍配制釜油入口阀，再打开浓镍储罐浓镍出口阀，稀镍配制釜浓镍入口阀，加入一定量的浓镍溶液后，再关闭浓镍储罐浓镍出口阀、稀镍入口阀、放空阀，打开氮气阀、平衡阀，用0.05MPa N_2 保压，启动搅拌，1h后停止搅拌，分析物料，合格后待用。

5.1.1.3 三氟化硼乙醚络合物的收料和配制

（1）硼剂收料

硼剂从界区外运来后，检查储罐上的各阀门、压力表、液面计是否符合标准，硼剂的数量和质量有无异常现象，能否接收备用。

从储罐往硼高位槽压料时，将储罐管线与硼高位槽物料管线连通，检查各接头，然后将硼高位槽氮气阀、硼出口阀关闭，检查液面计是否打开，其他与硼高位槽相连管线是否关闭，打开放空阀和硼入口阀，接通储罐上的氮气，用氮气将硼压往硼高位槽。压空后，依次关闭下列阀：硼高位槽硼入口阀、硼高位槽放空阀、储罐出口阀，打开硼高位槽上的氮气阀，用 0.05MPa 的氮气保压，把储罐出口与物料管线断开。若硼剂自界区外管线来，收料与铝剂、镍剂的收料操作相同。

（2）配制

生产中三氟化硼乙醚络合物是以稀溶液状态送入聚合釜，将浓硼经计量泵送至文氏管或静混器内，用适量溶剂油将浓硼稀释为稀溶液进入聚合釜，稀释油用量一般为硼剂用量的 500~1000 倍。

5.1.2 抗氧剂的配制

（1）配制计算：

抗氧剂的配制用料计算公式：

$$抗氧剂用量=\frac{预配制体积\times预配制浓度}{1000}$$

配制抗氧剂时，由于抗氧剂为袋装，为保证计算出的抗氧剂用量为整袋数，可先确定抗氧剂用量（以整袋为准），再根据抗氧剂用量计算出预配制体积，计算公式为：

$$预配制体积=\frac{抗氧剂用量}{预配制浓度}$$

例 5-3 预配制抗氧剂溶液 3000L，抗氧剂浓度为 187g/L，抗氧剂相对密度为 1.0，抗氧剂、溶剂油的需用量各为多少？

解：

$$抗氧剂用量=\frac{预配制体积\times预配制浓度}{1000}=\frac{3000\times187}{1000}=561\text{kg}$$

$$溶剂油用量=预配制体积-抗氧剂用量=3000-561/1=2439\text{L}$$

答：配制 3000L 抗氧剂溶液时，需加抗氧剂 561kg，溶剂油 2439L。

例 5-4 预配制抗氧剂 400kg，实际配制总体积为多少升？（预配制抗氧剂浓度为 187g/L。）

解：

$$配制总体积=\frac{抗氧剂用量}{预配制浓度}=\frac{400\times1000}{187}=2139\text{L}$$

答：实际预配制总体积为 2139L。

（2）抗氧剂配制

将抗氧剂配制釜倒淋排污阀、出口阀、氮气阀关闭，蒸汽阀加好盲板，检查抗氧剂配制釜液面计阀、压力表阀是否打开。打开放空阀，待无压力后，打开油入口阀进油，待溶剂油量达到所需量时，关闭油入口阀，打开加料斗盖，启动推进器，将定量的抗氧剂倒入加料斗，加料时注意不要加料太快，以防将纸袋、塑料袋等包装物掉入加料斗内，液态抗氧剂用泵单加，加料完毕后关闭加料斗阀，加料斗加盖，停推进器，关闭抗氧剂配制釜排空阀，打开氮气阀，用 0.05MPa 的氮气保压，搅拌 1h，物料待用。

5.1.3 聚合反应系统的开车

聚合系统开车要在给定的丁二烯浓度（简称丁浓）、配方下生产。单位时间内，投入丁二烯质量与总投料体积（按 100mL 计）的比值为丁浓。催化剂配方是指催化剂与进料丁二烯的摩尔比。生产中通常采用配方为：$Ni/Bd=(0.6\sim1.2)\times10^{-5}$、$Al/Bd=(0.18\sim0.48)\times10^{-4}$、$B/Bd=(0.5\sim1.2)\times10^{-4}$，并常根据原材料质量情况、聚合时工艺操作条件、门尼黏度、丁二烯转化率、生胶质量，对配方进行适当调整。

5.1.3.1 开车过程的计算

（1）丁浓

丁浓指丁二烯在系统中的含量，其单位常用 g/100mL 表示，计算过程中忽略丁二烯与溶剂油混合时的体积变化，其计算式如下所示：

$$丁浓=\frac{丁二烯量}{V_1+V_2+V_3+V_5}\times 100$$

式中，V_1 为丁二烯进料体积，mL；V_2 为溶剂油体积，mL；V_3 为硼稀释油体积，mL；V_5 为 Ni、Al 进料体积，mL，常忽略不计。

当计算首釜丁浓时 $V_4=0$，每一釜充油均影响到其后各釜丁浓的大小。

例 5-5 设溶剂进料量为 15t/h，丁二烯进料量为 4t/h，丁二烯相对密度为 0.62，溶剂相对密度为 0.65，三釜充油量共计 $2m^3/h$，硼剂稀释油量为 550L/h，设丁二烯转化率为 0，求首釜丁浓。

解：

$$V_1=4\div 0.62=6.452m^3/h$$

$$V_2=15\div 0.65=23.077m^3/h$$

$$V_3=0.55m^3/h$$

$$首釜丁浓=\frac{4}{6.452+23.077+0.55}\times 100=13.298g/100mL$$

答： 首釜丁浓为 13.298g/100mL。

（2）催化剂用量的计算

生产中用镍丁比（Ni/Bd）、铝丁比（Al/Bd）、硼丁比（B/Bd）来表示催化剂各组分与丁二烯的摩尔比。各种催化剂的用量均由配方大小来决定，计算公式如下：

$$铝剂用量=\frac{丁二烯摩尔数\times(Al/Bd)\times 铝的原子量}{稀铝溶液浓度}$$

$$镍剂用量=\frac{丁二烯摩尔数\times(Ni/Bd)\times 镍的原子量}{稀镍溶液浓度}$$

$$硼剂用量=\frac{丁二烯摩尔数\times(B/Bd)\times 三氟化硼乙醚络合物相对分子质量}{三氟化硼乙醚络合物密度}$$

例 5-6 聚合釜丁二烯进料量为 4t/h，纯度为 99%，催化剂配方：$Al/Bd=0.2\times 10^{-4}$、$Ni/Bd=1.0\times 10^{-5}$、$B/Bd=0.6\times 10^{-4}$，硼剂密度为 1.13kg/L，求：铝、镍、硼催化剂进料量（丁二烯、铝、镍、三氟化硼乙醚络合物硼的相对分子质量分别为 54、27、58.7、142，[Ni]=1.0g/L，[Al]=3.0g/L）。

解：

$$丁二烯摩尔流量=4\times 10^6\times 0.99/54=73.33\times 10^3 mol/h$$

$$镍剂用量=\frac{73.33\times 10^3\times 1.0\times 10^{-5}\times 58.7}{1.0}=43.04L/h$$

$$铝剂用量=\frac{73.33\times 10^3\times 0.2\times 10^{-4}\times 27}{3.0}=13.2L/h$$

$$硼剂用量=\frac{73.33\times 10^3\times 0.6\times 10^{-4}\times 142}{1130}=0.55L/h$$

答：铝剂进料量为 13.2L/h，镍剂进料量为 43.04L/h，硼剂进料量为 0.55L/h。

5.1.3.2　聚合反应系统的开车油运

凡经拆卸、检修、清理的容器和管线均应进行油运试车。主要是除去聚合系统中的水分和杂质，检验工艺设备、管线和计量仪表，以保证开车顺利。按生产线分别进行油运，油运流程如下：

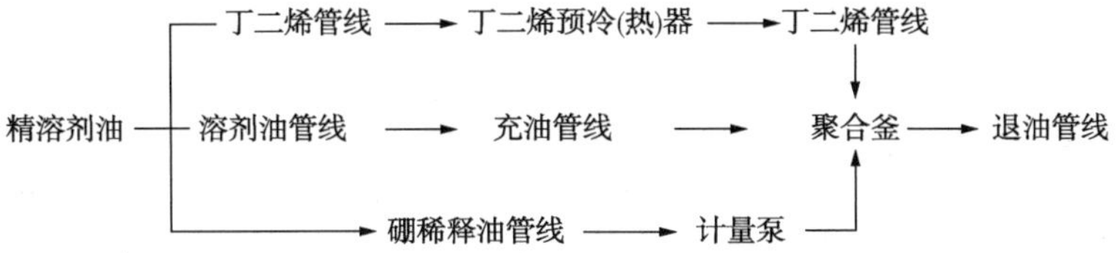

催化剂系统油运，要求系统内水值小于 20mg/kg，油运完毕后，用氮气压空，再用 0.05MPa 氮气保压。

聚合釜油充满时，停止首釜进油，搅拌一段时间后，用氮气将油从底部送至第二釜。待丁油预冷(热)器和聚合首釜出口溶剂油水值小于 20mg/kg 后停止油运。油运完毕，退空釜内油。用氮气吹扫相关油运管线、设备，并将退油管线加装盲板。氮气保压。

5.1.3.3　聚合反应系统的开车

以聚合三釜开车为例：

① 首先检查机械密封油系统、工艺设备、管道、电、气、仪表等。

② 告知生产调度、电仪、罐区等单位开车，并接到回复确认。

③ 打通机械密封油去聚合釜机械密封流程，确认流程无误，启动泵，检查、确认机械密封系统运行正常。

④ 确认聚合系统流程是否畅通，丁二烯、溶剂油、丁油预冷(热)器、各聚合釜底、氮气、放空、压力表、胶罐等相关阀门阀位正确。

⑤ 确认聚合釜减速机油位，启动减速机油泵，正常后，将首釜切入系统，启动催化剂计量泵，按开车配方往首釜送催化剂，并启动聚合搅拌电机，启动丁二烯和油一次表及二次表，调节丁浓、流量，丁二烯和溶剂油按半负荷进料。此过程中决不允许只进丁二烯不进油的操作，丁浓不得超过 17g/100mL；监视聚合釜压力，不得超过 0.65MPa。

⑥ 视首釜反应温度变化情况，调整丁二烯和溶剂油的进料量，逐渐调整丁浓到正常值。

⑦ 进料量、反应温度达到要求后，通知分析人员开始质量检测活动，用进料温度调节首釜温度，其他釜温则用充油和夹套盐水控制。

⑧ 计算进料时间，有胶液送胶罐时及时启动抗氧剂泵送抗氧剂。

⑨ 按工艺条件和胶液质量指标，及时调节催化剂配方，进行正常生产控制。

5.2　正常操作

5.2.1　配制计量工序正常操作

5.2.1.1　计量作用

由于顺丁装置所用催化剂、抗氧剂溶液的流量较小而且对计量精度要求较严格，除用计量仪表监控流量，还可通过计量罐液面刻度的变化来计算催化剂、抗氧剂的流量。

5.2.1.2　计量的操作

计量罐内的物料是催化剂或抗氧剂溶液，其溶剂为己烷，都具有易燃易爆性质，并且催化剂都具有强烈的腐蚀性[如 $BF_3 \cdot O(C_2H_5)_2$]，因此，投用前应按标准进行严格的试压、试漏验收，确保各静密封点严密不泄漏，运行中根据其液面刻度的变化，严格控制流量。正常操作中，计量罐收料时严格控制液位收料刻度，不得超过液位的最高警戒线，日常运行中还要对液面计及其阀门加强维护，对液面计要保持好的清晰度，避免出现流量的误控制。

5.2.1.3 影响计量正常操作的因素

一般影响计量罐正常操作的因素有：

① 平衡管线堵塞，可导致计量罐收料困难及流量不稳定。

② 液面计堵塞，使计量出现偏差，造成收料超限或抽空罐内物料等。

③ 收料阀内漏时，会误认为输出流量变小而加大输出量，造成催化剂实际配比失调，影响聚合反应，同时加大了物料的消耗。收料阀门内漏严重时，计量罐盛装超限，另酿成事故。

④ 计量泵不上量或上量不稳定，无法按设定流量正常输送，直接破坏了计量的正常操作。

5.2.1.4 催化剂、抗氧剂溶液的输送与调节

催化剂、抗氧剂溶液通过计量泵送入聚合工序时，催化剂、抗氧剂的实际用量是通过调节相应计量泵的电机频率或计量泵冲程的大小来实现的。

调节方式：①用电机频率控制催化剂、抗氧剂实际用量时，可通过自动或手动方法改变变频器输出电流频率来完成。②调节计量泵冲程时，可通过调节顺、逆时针旋转手柄，达到流量调节的目的，调节柱塞行程完毕，一定要拧紧紧固螺钉，以防计量泵运行中的振动引起冲程变化，造成流量不稳而致使聚合反应波动。

5.2.1.5 主要常见异常现象、原因及处理

主要常见异常现象、原因及处理见表 5-1。

表 5-1 主要常见异常现象、原因及处理

异常现象	原因及处理方法
单机停转	迅速打开备用泵进出口阀，启动备用泵，关闭停转单机进出口阀，请有关人员检查
液面计管破裂	迅速关闭液面计上下阀，更换液面计，清理现场
硼泵出口压力高	硼文氏管堵，停车清理
	硼管线堵，停车，拆除清理
镍、铝泵出口压力高	镍、铝三通管堵，停车，拆除清理
铝、镍、硼、抗氧剂泵出口压力同时超高	聚合系统压力高或胶液管路不畅，通知相关工序处理
计量罐窜入胶液	聚合釜催化剂入口阀未关，应关上(停车时)
铝、镍计量罐颜色变浅茶色	去聚合阀门未关严或阀内漏，应关严或消除内漏
计量罐液面缓慢上升	物料进口阀门未关严或内漏，应关严或消除内漏
计量罐放不下料	配制釜氮气阀或平衡阀未开，应打开
	平衡管堵，应及时清理
	放料管堵，应及时清理
	放料管上过滤器、过滤网堵，应及时清理

续表

异常现象	原因及处理方法
计量罐液面不动	液面计管堵或液面计上下阀堵，应及时拆除清理
	泵不上量，检查原因
	物料进出口阀未关严或阀内漏，正好进料等于出料，应关严或消除内漏
计量泵不上量	计量罐至计量泵管线堵、单向阀堵、泵出口堵，应及时清理
	氮气阀、平衡阀未开或平衡管堵，应及时清理
	管内有气，产生气阻，应排气
使用中的稀铝、镍浓度出现变化	重新进行搅拌后，进行浓度分析
	及时更换阀门
所配制铝、镍稀溶液浓度误差大	重新复查溶液浓度
	核算配料体积，所存物料体积
	清理液面计，确保液位计完好
催化剂抗氧剂溶液输出流量不稳定	找修理工修理计量泵
	清理泵入口管线或阀门

5.2.2 聚合工序正常操作

在生产中几乎所有的物料和工艺条件都对聚合反应有着不同程度的影响，为了使生产工艺稳定、产品质量均一，往往把大部分的工艺条件确定下来，如反应温度、压力、生产负荷、催化剂陈化方式、陈化条件、陈化浓度等，以此来实现对生产的调控。

各厂生产 BR9000 工艺指标一般如下：

聚合温度　首釜 50~67℃

　　　　　后续釜 80~105℃

转化率　首釜 35%~65%

　　　　　末釜≥80%

门尼黏度　末釜 40~50ML

系统压力　<0.85MPa

聚合时间　1.5~4.0h

丁油浓度　12~17g/100mL(正常控制)

Ni/Bd　$(0.8\sim1.2)\times10^{-5}$(正常控制)

Al/Bd　$(0.18\sim0.5)\times10^{-4}$(正常控制)

B/Bd　$(0.5\sim1.2)\times10^{-4}$(正常控制)

上述工艺指标可根据生产牌号不同，按生产需要进行相应调整。

5.2.2.1 工艺操作

(1) 聚合反应温度的调节

聚合反应温度是影响反应速度和橡胶相对分子质量的重要因素，在高温下聚合会导致分子支化和形成凝胶增多，因此是聚合反应的重要工艺指标。一般来说，聚合温度升高，反应速度加快、转化率提高、产物的分子量下降，从而使胶液的动力黏度也有所变化，所以在某种情况下用改变聚合温度的办法来调节聚合物的分子量和转化率。在生产中，为了保证生胶质量的均一，规定聚合反应在一定的反应温度下进行。

为了保证橡胶的质量，要控制聚合温度在一定的范围之内。根据温度对丁二烯聚合的综合影响，生产中首釜温度一般控制在 50~67℃，后釜温度控制在 105℃以下。为更好地控制首釜中部温度的稳定，进料量尽可能保持不变。

在反应正常时，一般固定丁浓、配方，通过改变进料温度、夹套盐水流量来控制首釜反应温度，为了及时调节首釜反应温度，通常采用进料温度自控的调节手段。当反应不正常时，一般通过改变催化剂配方、改变丁油进料量、进料温度来调节首釜反应温度，一般不采用改变丁浓的方法来调节。后釜反应温度则通过釜顶充油和调节夹套盐水来调节（当胶液黏度较大时多采用釜顶充油，若胶液黏度正常或偏低时，多采用盐水流量来控制）。

聚合反应首釜和后续釜温度控制回路如图 5-1、图 5-2 所示。

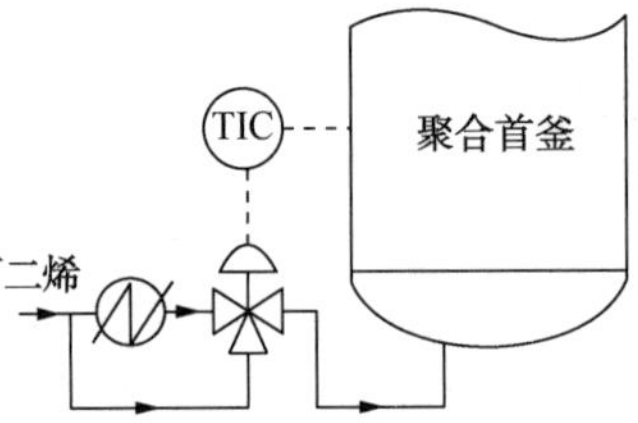

图 5-1　聚合反应首釜温度控制

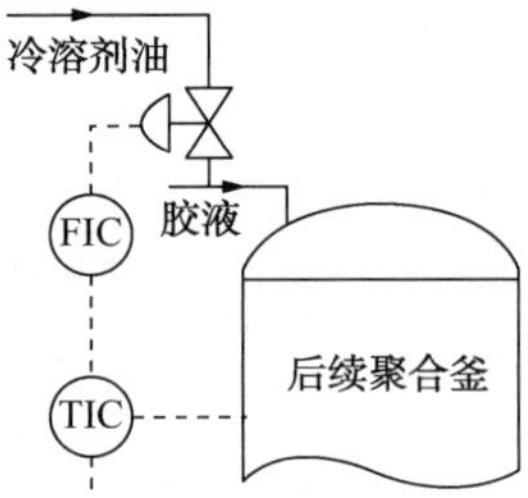

图 5-2　后续釜温度控制

（2）丁二烯转化率的调节

转化率是进料中的丁二烯经聚合反应转化为聚合物的百分数，通常是由测定胶液的胶含量再经计算得出的，换算公式为：

$$转化率=\frac{胶含量}{丁浓}\times 100\%$$

如果用单位时间内聚丁二烯的生成量来表示聚合速度快慢，显然单位时间内聚合物生成量越多，聚合速度就越快，聚合转化率也越高。转化率是直接衡量聚合反应速度快慢的重要指标，因为聚合反应速度过快或过慢对生产及产品质量都有影响，所以生产中聚合转化率必须控制在一定范围内。对转化率的控制首釜最为重要，首釜转化率要求一般控制在 35%~65%，如果首釜转化率过高，说明反应速度过快，橡胶分子支化速度增快，使聚合物分子量降低，凝胶含量增高，会造成生胶的质量变劣。反之首釜转化率过低，设备生产能力下降，同时由于稀硼单加方式催化前期活性高而稳定性差，致使转化率在后几釜也难以提高，最终转化率达不到控制指标。

控制聚合转化率，实际上是调整聚合反应，因为转化率的高低，就体现在聚合反应速度上。当出现反应速度过快，转化率过高，反应速度过慢，转化率过低时，例如爆聚和不聚发生时，这时聚合温度必然有较大的波动，这种情况下需及时调节聚合温度。如前所述，提高聚合温度可以提高聚合反应速度，从而提高转化率，反之亦然。

调节转化率一般采用调节丁二烯浓度、调节丁二烯进料温度、调节催化剂用量与配比等方法。在生产中若反应过强或过弱时，虽调节丁油浓度见效较快，但不可通过频繁调节丁浓来控制温度，会造成反应的波动。根据反应情况适当调节丁浓之后，再用进料温度加以控制；在反应不正常情况下，如果单一调节难以达到目的，往往与进料温度配合调节，而在正常小范围调整时，一般不改变丁浓，只改变进料温度便可收到好的效果。

在改变催化剂用量控制转化率时，一般在反应过强、转化率过高时，采用降低催化剂的总用量，即基本保持催化剂的配比；而当反应较弱、转化率较低时，在提高催化剂总用量时改变催化剂的配比，以提高其聚合活性。

改变丁油进料量来控制转化率，通常是在反应速度较慢，且采用其他手段效果不大时，可采用降低丁油进料量延长丁二烯在釜内的停留时间，以提高聚合转化率。另外生产中加微量水后，也可有效增强反应，提高转化率。但采用微量水加入量控制转化率时，需相应改变 Al/Bd 来配合，否则易出现水加入过量的现象。

（3）聚合胶液门尼黏度的调节

橡胶的门尼黏度是指在一定的温度压力下，胶样对门尼黏度计的转子转动所产生的剪切阻力。门尼黏度的大小与所用生胶的分子量、分子量分布、凝胶含量、生胶分子的支化度有关，因此门尼黏度是衡量生胶质量好坏与加工性能的重要指标。一般情况下，聚合物的分子量越高，分布越窄，其门尼黏度越高、聚合物的支化度越高，凝胶含量越高，门尼黏度也越高，反之亦然。但它们之间没有简单的线性的关系。门尼黏度的控制指标与对生胶的要求有关。

门尼黏度的表达形式：

$$ML_{1+4}^{100}$$

式中，M 为门尼黏度值；L 为大转子；1 为转子预热时间 1min；4 为转动时间 4min；100℃为试验温度。

门尼黏度的控制主要是通过调节催化剂中各组分的配比来实现的，也可采用调节微量水的加入量来控制门尼黏度。为确保聚合体系的稳定，通常固定 Ni/Bd 与 B/Bd，用调节 Al/Bd和微量水的加入量来控制门尼黏度。

在调节单项 Al 用量的同时，改变了 Al/Ni 和 Al/B。所以用单项 Al 用量控制门尼黏度，实际上也是改变催化剂的配比来控制门尼黏度，生产中门尼黏度调节的规律有以下几方面：

1）反应速度快，门尼黏度高

此情况一般是原材料质量较好、丁浓偏高、催化剂总用量偏高所导致。可先适当降低丁浓或催化剂的总用量来适当降低聚合反应速度，然后再降低 Al 用量，即降低 Al/B，不可继续增大微量水的加入量。

2）反应速度快，门尼黏度低

此时可减小加水量、适当提高 Al/Bd，以提高 Al/B 比和增大单项 Al 的实际用量。如果此时没有加水，还可适当降低 B/Bd 比；如果加水量极少，可临时停止微量水的加入。

3）反应速度慢，门尼黏度高

此时应增大微量水的加入量，适当提高 B/Bd，在提高反应的同时，降低门尼黏度，另外出现此现象时还要看当时的配方情况。如果当时加水量很大，且 Al/Bd 很低，可能是配比的失调所致，可减小微量水加水量，同时提高 Al/Bd，便可使门尼黏度及时恢复正常。

4）反应速度慢，门尼黏度低

此情况主要是催化剂活性低，而催化剂活性低的主要原因是原材料质量较差，带入系统的杂质较多，催化活性中心受到破坏。此时应减小微量水加入量，提高 Al/Bd，必要时，增加 Ni/Bd，B/Bd 也可适当调整，但是要保持 Al/B 增大。

一般来说，调节微量水加入量和铝的用量是调节聚合物相对分子质量最有效的手段，调节 B/Bd 虽然也能明显改变聚合物相对分子质量，但是由于 B 的利用率较低，按一般正常的 B 用量，不能满足需要，另外通过生产实践看 B/Bd 调节幅度较小时，反应及聚合物相对分子质量变化较小，会造成不必要的物耗，另外硼用量大时，堵挂现象加重，且系统酸性增强，使回收设备腐蚀加重。

当反应出现较弱现象时，如适当提高 B/Bd 对反应无效时，则不可继续增大 B 用量，将提高的硼适量降低。若因催化剂活性中心被杂质破坏而出现反应速度慢时，多数是 Al 被破坏严重，应进一步提高 Al 用量，但防止提量过多，造成 Al/B 过高。

（4）聚合系统压力的调节

在实际生产中，控制聚合压力对转化率提高和聚合反应的稳定有重要作用。目前装置对聚合系统的压力调节主要有两种方式：一种是在聚合末釜出口加流量调节阀，另一种是在聚合末釜出口加装静态混合器，都是通过改变胶液管线的截面积，限定胶液的流出量来达到控制系统压力的目的。

当聚合末釜出口加流量调节阀的系统反应出现波动或改变生产负荷时，可及时调节末釜出口阀，实现对聚合系统压力的调节，减少釜内丁二烯的气化，确保聚合釜高效生产。通过对聚合系统压力的调节，可提高丁二烯的转化率。

为提高聚合反应的稳定性，一些厂家在聚合系统建立了如图 5-3 所示自动泄压的调节装置。当压力超高后，通过联锁控制，使调节阀开启，通过事故线将物料排入胶液罐，压力降低后，调节阀自动关闭。待压力恢复正常后，通过充油线，对事故线进行冲洗，防止事故线堵挂。

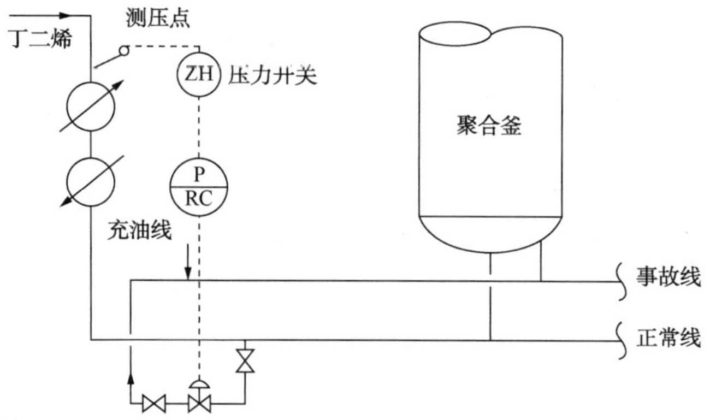

图 5-3　聚合压力联锁装置

对加装静态混合器的系统，可通过选定适当规格、型号的静态混合器来固定聚合系统出口压力。确保系统压力、转化率恒定。

以上两种压力控制方式，经长期运行后，都会因其和胶液管线挂胶使系统压力逐渐升高，为确保安全生产，必须对其进行定期清理。

（5）胶液中胶含量的控制与调节

胶含量与转化率有密切的关系：丁浓一定时，胶含量高，丁二烯转化率高；反之，丁二烯转化率低。当丁浓不同时，胶含量的高低并不能真实反映转化率的高低，如丁浓高，胶含量高，转化率可高可低。在生产中控制胶含量的目的是在丁浓一定的情况下，提高丁二烯转化率，提高顺丁橡胶产量，节能降耗。

目前，由于胶含量分析误差较大，一般偏高。在现行分析方法下，胶含量指标规定在120~140g/L。

生产中可通过控制首釜反应强弱、后釜充油量控制胶含量。在正常生产时，基本固定丁浓，如果反应较强，转化率增高，胶液动力黏度增大，可增加后续釜充油量或降低首釜丁浓调节胶含量。当反应速度较慢时，后续釜不充油，通过改变丁浓或催化剂配比，增强反应提高转化率来提高胶含量。

5.2.2.2 产品质量与调整

(1) 生胶质量及快速表征

产品的质量是产品的结构和性能的综合体现，顺丁橡胶的质量包括宏观(外在)质量和微观(内在)质量，微观质量决定着宏观质量，宏观质量是微观质量的体现，我们说顺丁橡胶的产品质量一般是指产品的宏观质量。

表征顺丁橡胶生胶质量的指标很多，主要包括GB/T 8659—2018规定的强度指标、生胶门尼黏度、混炼胶门尼黏度、硫化性能、凝胶含量、支化度、相对分子质量及其分布等。

1) 生胶的内在质量指标

生胶的分子结构、相对分子质量及其分布、支化度、凝胶含量等属于微观结构，决定顺丁橡胶的微观质量，微观质量影响着产品的宏观质量和使用性能。顺丁橡胶的微观结构用红外光谱方法检测。图5-4为顺丁橡胶的典型FT-IR谱图，738.8cm^{-1}处为顺式-1,4结构的红外吸收峰，912.4cm^{-1}处为1,2结构的吸收峰，968.4cm^{-1}处为反式-1,4结构的吸收峰。

生胶的重均、数均和黏均相对分子质量及其分布用液相色谱(GPC)检测方法，生胶支化度检测目前尚无准确的、统一的标准方法。图5-5是顺丁橡胶典型的GPC谱图。

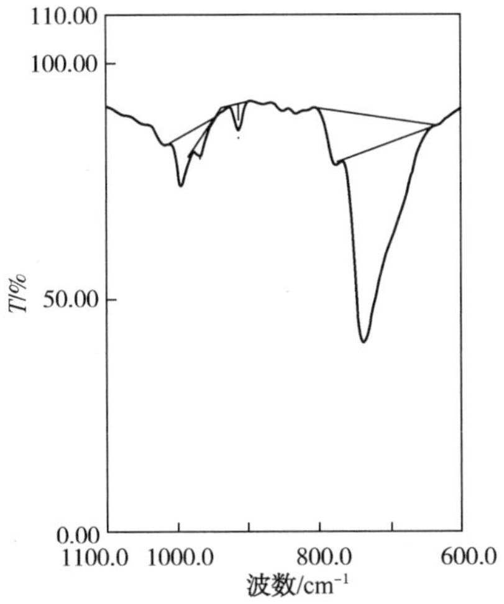

图5-4　顺丁橡胶的FT-IR谱图

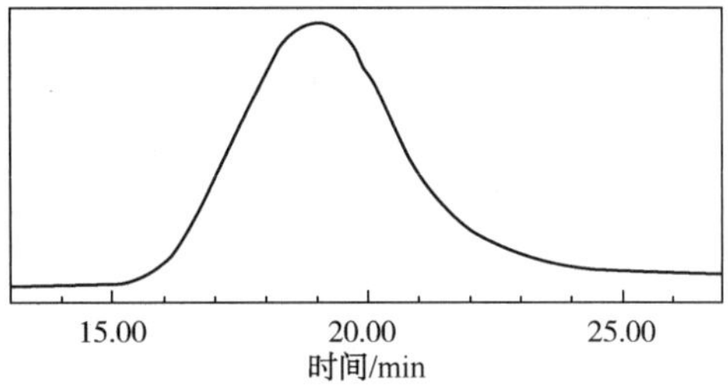

图5-5　顺丁橡胶的典型GPC谱图

2) 生胶的应力-应变性能及应用

生胶的门尼黏度是顺丁橡胶产品质量指标中的一项重要指标，同样门尼黏度的顺丁橡胶的机械性能可能差别很大，说明其内在质量存在差异。目前，表征生胶内在质量的若干指标中，有些指标测试周期长、误差大或成本高，不能成为常规测试项目。人们开发了很多用以快速表征顺丁橡胶生胶质量的简便方法，最常用的是生胶的黏弹性指标，这种方法是采用生胶的应力-应变曲线和应力松弛时间(τ值)来表征橡胶的内在质量。

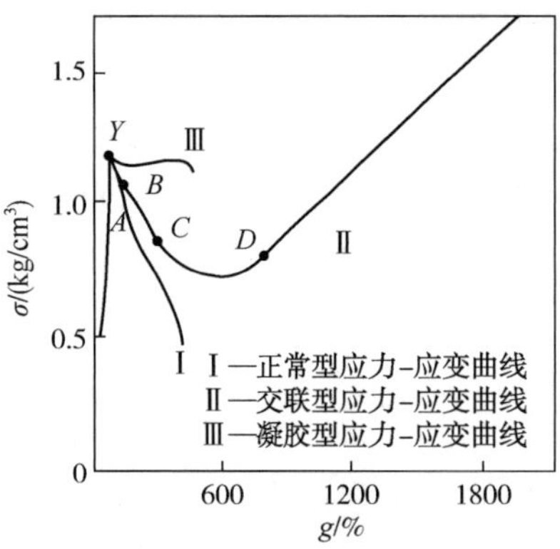

图 5-6 应力-应变曲线的三种典型形态

生胶的应力-应变曲线是其内部微观结构的综合反映，实测的应力-应变曲线在形态上千差万别，大致可以分为如图 5-6 所示的三种类型，对应代表“正常型”“交联型”和“凝胶型”三种不同类型的生胶。

以曲线Ⅱ为例，0 到 *A* 为普弹形变区，所有生胶的应力-应变曲线在此区域内为一直线，应力-应变关系服从虎克定律。其应力主要是次价键力，形变主要由键长和键角的变化产生。

从 *A* 到 *B*，是从普弹形变向塑性形变转变的过渡区，生胶处于黏弹态，应力达到一定程度并保持足够长的时间，就会引起大分子链之间的滑动。此区间由于塑性变形使样品截面积变小，导致应力出现一个峰值后迅速下降，峰值 *Y* 点称为屈服点。

B 到 *C* 为塑性形变区，由于生胶大分子之间的相对位置移动，此区间基本上是不可恢复的塑性形变。如果这种相对运动受到生胶内部“交联点”的阻碍，大分子之间运动到一定程度就会受到限制，而大分子的链段在应力作用下开始运动，形成从塑性形变到高弹形变的过渡。

从 *D* 直至试样断裂，这一区间是高弹形变区。有无均匀分布的交联点是生胶从塑性形变发展到高弹形变的必要条件，交联点的密度决定了曲线最后部分上翘的斜率。

一般地，具有Ⅱ型曲线的生胶凝胶含量并不高，且其溶液的特性黏度较正常偏低，表明生胶内部有较高的长链支化，交联点是长链支化引起的物理缠结。具有Ⅲ型曲线的生胶凝胶含量往往偏高。

应力-应变曲线正常的生胶 τ 值一般小于 10s，交联型和凝胶型的生胶 τ 值高。τ 值对生胶的加工行为很敏感，τ 值越小，生胶越好加工；τ 值越大，生胶加工越困难。

应力-应变曲线和应力松弛时间测试快捷，一般 1h 即可得到结果。一般地，①应力-应变曲线正常或基本正常的生胶，硫化胶机械性能很好。②应力-应变曲线为凝胶型，表明生胶凝胶含量可能超标，可用 T_{300}/T_y 表征凝胶化程度，正常胶 $T_{300}/T_y<0.8$。③应力-应变曲线为交联型时，表明生胶长链支化度高。④τ 值可以作为生胶加工性能优劣的表征指标：τ 值≤8s，加工性能优；τ 值为 8～12s，加工性能良；τ 值为 12～20s，加工性能中等；τ 值 >20s，则加工性能差。

3）表征生胶应力-应变性能的主要指标

屈服强度：将生胶压制成一定几何形状的试片，用万用拉力机对试片逐渐拉伸，开始拉伸后，由于拉伸结晶，拉伸应力随拉伸变形增加而变大。当拉伸应变继续增加，拉伸变形达到某值后，拉伸应力突然变小，在应力-应变曲线图上出现拐点，拐点对应的应力就是该生胶的屈服强度，用 T_y 表示。生胶的屈服强度是衡量产品分子之间作用力的量度，与其聚合度有关，聚合度高，T_y 高。

300%定伸强力(T_{300})：将上述试片继续拉伸，当试片拉伸到 300%时，此时的拉伸应力为 T_{300}。质量较好的顺丁橡胶 T_y 一般大于 T_{300}，有一定支化度、凝胶和微凝胶含量高的顺丁橡胶 T_{300} 大于 T_y，这种橡胶的加工行为差。T_{300} 反映生胶分子在一定拉伸状态下的模量，与分子的刚性、分子间相互作用力有关，即与分子链的交联、缠结、支化等因素有关。T_{300} 指示了链结构改变而导致的聚合物黏弹性的差别。

当 $T_{300}<7.5$MPa，$T_y<10.5$MPa 时，生胶的加工性能优；$T_{300}>9$MPa，$T_y>12$MPa 时，生胶的加工性能变差。

应力松弛时间(τ 值)：将试片拉伸到伸长率为原试片长度的 300%时停止拉伸，在拉伸应力的作用下聚丁二烯分子链发生相对位移，拉伸应力逐渐减小，从停止拉伸到拉伸应力降为停止拉伸时应力的 $1/e$(36.8%)时所用时间定义为应力松弛时间，用 τ 表示。应力松弛时间指生胶塑性和弹性的比值，它与生胶的相对分子质量及其分布、支化度、凝胶含量等因素有关，直接反映生胶的流变性质。τ 值高的产品，分子间的作用力大，分子链相对位移困难，恢复原来形状的能力强。

高分子材料有“记忆”功能，当外力迫使其发生形变，撤销外力后，自身有恢复原来形状的能力，恢复能力越高，“记忆”功能越强。聚合物的聚合度大，分子链侧链基团多、支化度高，分子之间作用力大的产品，“记忆”功能强。在对顺丁橡胶产品进行应力松弛时间测试时，τ 值大表示“记忆”消失时间长，则“记忆”功能强。

顺丁橡胶产品的质量由与其分子结构、凝胶、数均聚合度、聚合度分布和支化程度等决定，并且与所用原材料质量、生产工艺等条件密切相关。相同的工艺条件、不同的原材料可以生产出质量不同的顺丁橡胶，原材料质量不仅影响聚合活性，而且对产品质量亦有较大影响。

(2) 生胶主要质量指标

1) 凝胶

顺丁橡胶的凝胶是其产品在甲苯溶剂中的不溶物，凝胶主要是在聚合过程产生。催化剂局部分散不匀、配比不当或某些杂质参与反应等因素造成在聚合过程中特大相对分子质量的聚合物、长链支化或网状交联等大分子聚集体生成，这些大分子聚集体在甲苯溶剂中不溶，影响橡胶的加工行为和产品质量。我国顺丁橡胶工业化后，通过技术攻关，提高了原材料质量，改进了催化剂的陈化方式，降低了催化剂用量，聚合过程凝胶生成量大大减少、聚合釜运转周期延长、产品质量改善、生产技术提高。

顺丁橡胶的凝胶生成量与催化剂的陈化方式和催化剂的配比有关，Al-Ni，Al-B 双二元陈化方式比 Al-Ni 陈化、稀 B 单加陈化方式生成的凝胶高，并且随着 Al/B 比增加相对分子质量提高，凝胶生成量增多，Al-B 反应产物能促进凝胶生成。

在镍催化体系丁二烯聚合过程中，适量水能促进聚合反应，过多的水能促进凝胶生成。当聚合原料中胺类、腈类、炔烃等高度不饱和杂质含量增加时，聚合反应减弱，催化剂用量增加，凝胶生成量增多甚至有小胶团生成。在聚合过程中，上述杂质参与聚合反应，生成凝胶。

当生胶中无大尺寸凝胶，只有大量微凝胶时，微凝胶均表现为大分子的缠结和聚集，这些聚集体松弛需要的时间比凝胶长得多。微凝胶的温度稳定性差，随温度与放置时间变化会发生变化，造成生胶质量下降。

此外，后处理干燥过程中若膨胀干燥温度过高，在机械应力、热、氧等外界因素参与下发生热氧老化反应，也能使凝胶生成量增加。

2) 支化度

支化度是聚丁二烯分子链发生支化的程度，某些高度不饱和杂质在聚合(特别是高温聚合)过程中参与聚合反应，生成支化分子，虽然链支化对顺丁橡胶的加工行为和使用性能影响不敏感，但长链支化后易发生分子链缠绕，甚至发生交联生成网状分子，这也是产生凝胶和影响产品质量的因素之一。

生胶中含有较少支化分子[低于15%(质)]时，对硫化胶的抗张强度影响不大，但高于15%(质)时，抗张强度和伸长率就明显下降。支化增加不但使加工困难，而且使硫化胶的抗张强度下降。支化增加、分子链间缠结增加、分子间相互作用力增加，使加工困难；同时由于混炼时机械剪切作用不能使缠结的分子链伸展，影响到各种配合剂的混合及分散，尤其削弱了炭黑的补强作用，使硫化胶的抗张强度下降。

3）分子结构参数

生胶的相对分子质量(聚合度)及其分布是影响顺丁橡胶物理机械性能主要因素之一。小于一定聚合度的低聚物生成量影响其物理机械性能和使用性能。顺丁橡胶的扯断强度、300%定伸强度、扯断伸长率等均随低聚物含量的增加而下降。在聚合过程中，减少低聚物生成量是提高顺丁橡胶质量的有效途径。

顺丁橡胶生胶的相对分子质量分布指数一般大于4，分布指数的变化对生胶的加工行为没有明显的影响，而分子链的支化程度则是影响生胶黏弹性能和加工行为的主要因素；相对分子质量分布宽意味着生胶大分子级分和低分子级分都较多，低分子数目多造成硫化胶立体网状结构中自由分子末端增多，影响了硫化交联网络的完整性，造成了定伸强度下降。

生胶中若有少量特大分子或聚合度特低的聚合物，虽然不能导致整体平均相对分子质量发生明显变化，但足以引起 τ 值较大幅度的变化。这是因为特大分子和聚合度特低的分子尺寸有较大差别，特大分子即使在较高应力下，也只能发生构象的变化，而低聚物在一定应力下除构象变化，还会发生分子间滑移。

顺丁橡胶分子链中1,2结构含量上升，胶的自黏性增加；反式-1,4结构含量上升，胶的弹性增加。聚丁二烯分子中，顺式-1,4结构的等同周期为0.816nm，反式-1,4结构的等同周期为0.48nm，等同周期短，分子链刚性大，所以反式-1,4链节对聚合物弹性作出贡献。高顺式聚丁二烯中1,2结构是一种短链支化结构，短链支化使顺丁橡胶分子间作用力减弱，对聚合物的塑性作出贡献。降低聚合反应的Al/B，可以降低反式-1,4结构/1,2结构的比值。

（3）产品质量的控制

挥发分：挥发分是产品在试验条件下的可挥发部分，用挥发量占产品量(质量)的百分数表示。减少凝聚后胶粒中的溶剂量、增加膨胀干燥机的脱水效果和干燥箱的换气能力，可以控制顺丁橡胶产品的挥发分在合格指标范围之内。

灰分：灰分是生胶缓慢完全燃烧后的残留物，用残留物质的质量占样品质量的百分数表示。因顺丁橡胶的催化剂用量极低，只要控制生产中不加滑石粉等机械杂质，顺丁橡胶产品的总灰分就很低，一般均在合格范围。

门尼黏度：门尼黏度是橡胶分子间作用力的一种表现形式，用反抗分子间相对位移的剪切应力表示。顺丁橡胶生胶的门尼黏度是其数均聚合度及其分布、支化度、凝胶(微凝胶)含量的函数，虽然门尼黏度难用定量的函数关系式表达，但却可做定性说明。一般说来顺丁橡胶的数均聚合度增加，门尼黏度升高；数均聚合度相当，聚合度分布窄，支化度大，聚合物的门尼黏度高；数均聚合度相当，凝胶及微凝胶含量多，顺丁橡胶的门尼黏度高。

在影响顺丁橡胶生胶门尼黏度的诸因素中，数均聚合度及其分布起主导地位。顺丁橡胶产品的数均聚合度及其分布与聚合过程链转移速度有关，链转移速度快、数均聚合度小、数均聚合度分布宽，生胶的门尼黏度低。在聚合过程中，聚合反应温度升高、增加 B 用量、在一定的范围内($H_2O/B<1$)增加水用量等，能提高链转移速度、降低数均聚合度、加宽产品的数均聚合度分布，使聚合物门尼黏度下降；增加 Al 用量、降低聚合反应温度等能抑制链转移速度，提高聚合物门尼黏度。改变 Al 用量或改变 B 用量，都可以用 Al/B 表示，Al/B 增加，门尼黏度升高，同样 Al/B 减小，水用量高，门尼黏度下降。因此，调节 Al，B，H_2O 用量和它们之间的配比可以调节顺丁橡胶的门尼黏度。

在顺丁橡胶生产过程中经常发现成品胶的门尼黏度高于聚合末釜，这种现象被称为“门尼升值”。在生产过程中，大多数情况下门尼升值 1~2 个门尼单位，可以采用控制聚合末釜的门尼黏度低于质量指标中心值即可保证产品质量合格。但有时门尼升值平均大于 2，个别可达 3~5 甚至更高且波动很大，严重威胁产品质量。

顺丁橡胶成品胶的门尼黏度均高于聚合末釜胶的门尼黏度，门尼黏度均有升值大小不一，大多数情况“门尼升值”，但均小于 2，“门尼升值”与加/不加终止剂无关。用抗氧剂 1076 的橡胶“门尼升值”高于用抗氧剂 BHT 的橡胶。不加终止剂的胶液在胶液储存、凝聚和压块过程中，门尼黏度没有变化，“门尼升值”表现在橡胶的膨胀干燥过程中。膨胀干燥机使用高压蒸汽时，膨胀干燥温度大于 190℃、抗氧剂配合不当，部分聚丁二烯分子链在氧的参与下发生交联，可以引起顺丁橡胶的门尼黏度增加。膨胀干燥机使用低压蒸汽，干燥温度低于 170℃，抗氧剂的种类、膨胀干燥过程已不是引起“门尼升值”的主要原因；“门尼升值”主要由门尼黏度测试过程引起，因测试门尼黏度时，成品胶无须辊压干燥可以直接测试，而聚合釜胶液必须经辊压干燥，此过程可造成大分子和支化分子降解，使门尼黏度下降。

顺丁橡胶生产过程中，控制聚合用原材料质量、稳定聚合工艺，能使“门尼升值”控制在 1~2 范围内；调节聚合末釜的门尼黏度略低于产品门尼控制指标中心值，可以保证产品的门尼指标合格。

此外，为提高聚合装置的生产能力，常采用提高溶剂、丁二烯进料量、缩短聚合反应时间等措施。为了提高丁二烯转化率，催化剂用量被迫提高。经反复试验发现，提高丁二烯进料量、增加催化剂用量、缩短聚合反应时间生产的顺丁橡胶质量变差。

5.2.2.3 改变生产负荷的操作

提高进料量时，聚合操作人员根据现有反应和门尼黏度情况，通过丁浓计算出提量后溶剂油的进料量、加水量；根据给定的催化剂配方计算出催化剂实际用量。操作人员将催化剂流量调整到指定位置，室内操作人员将进料自动控制改为手动控制，将冷进料阀门关闭，打开热进料阀门，当反应温度稍升高后，可根据具体情况适当调节进料量和加水量，当进料量和加水量调整到计算值后，可手动调节进料温度调节器的开度来控制首釜反应温度，当反应温度趋于稳定时，再将进料温度调节器由手动控制改为自动控制。可适当调节 Al 用量和加水量来调节门尼，降低进料量正好与提高进料量操作相反。

5.2.2.4 改变生产流程的操作

在生产过程中，有时要调整生产流程，进行切换聚合釜的操作。为了确保安全生产，要求改变生产流程的操作人员熟悉聚合生产工艺，切换釜操作必须准确、熟练。若操作不当便会造成聚合釜的超压、设备损坏或引发安全生产事故。

切换有事故线的聚合釜时，应先确定好所需切换的釜，其切换操作过程为首先打开需切换釜前一釜的事故阀及需切出釜的事故阀，其次将需切出釜用三通阀与系统断开，再同样用三通阀将需串入的釜联通，与生产流程相贯通，最后检查流程无误，关闭所切换釜前一釜的事故阀，生产恢复正常，而切出的聚合釜由釜顶冲 N_2，经事故阀将胶液压至胶液罐，之后关 N_2 阀及事故阀，此釜据其要求待处理。切换釜操作完毕，用溶剂油冲洗聚合釜事故阀，以防管线堵塞。切换首釜时，打开运行中首釜事故阀和事故阀与正常阀相连阀门，然后进行切换操作，切换完毕恢复生产流程，另外还可临时停车，将釜切换完毕再投料开车，这样相对更安全。

切换没有事故线的聚合釜相对比较简单，在正常生产时，先将要切出釜和下一聚合釜的底管线上的三通阀调整到相应的部位，使要切除的釜物料能够被短路，然后再关闭要切出釜的入口阀，按要求对要切出釜的物料进行处理后，关闭其出口阀。当切入聚合釜时，先打开聚合釜出口阀，再打开其入口阀，将聚合釜并入底管线，然后调整底管线相应三通阀，使其符合生产要求。

值得注意的是近些年不同厂家对生产流程可能进行了相关的改进，在改变生产流程时，一定要按所在生产装置的生产流程调整方案进行相应调节，以免发生安全生产事故。

5.2.3 工艺优化

5.2.3.1 催化剂的用量、配比

镍系催化剂包括 Al、B、Ni，催化剂用量应包括单项催化剂用量和总用量两个方面。同时，在配制催化剂时，任一单项催化剂用量的改变必然会引起催化剂各组分间配比的改变，所以实际上单项催化剂用量是和催化剂各组分间配比分不开的，为此我们把单项催化剂用量和配比结合在一起讨论。

（1）单项催化剂用量

Ni 用量的影响：Ni 用量通常以 Ni/Bd 的形式来表示，当固定 Al/Bd、B/Bd，改变 Ni/Bd，采用稀 B 单加的陈化方式时，得到如图 5-7 所示的结果。

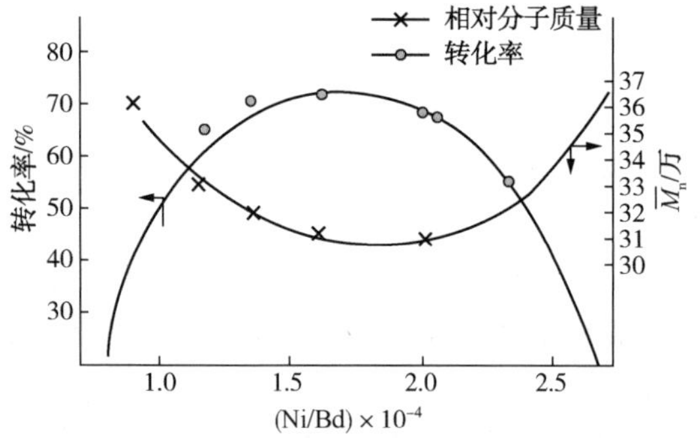

图 5-7　Ni/Bd、Al/Ni 对转化率、相对分子质量的影响

图 5-7 说明：Ni 用量由小变大，转化率由低变高，再由高转低。转化率较高时的 Ni/Bd 为 $(1.5\sim2.0)\times10^{-4}$，Al/Ni 比为 4～7。随着 Ni 用量的增加，聚合物的分子量由高变低，再由低变高，转化率较高时分子量较低，而当转化率低时分子量就高。Al/Ni 为 4 时，转化率最高，分子量最低。

在实际工作中，改变 Ni 的用量，可以作为调节催化剂活性和分子量的手段。出现上述规律性变化的原因是，随着 Ni 用量的变化，改变了 Al/Ni。

我们知道，Ni 是丁二烯顺式-1,4 聚合的主催化剂，Ni 用量的多少直接影响到转化率的高低和分子量的大小。被铝还原后的低价态镍参与构成活性中心，其数量的多少就直接与镍被还原的多少和程度有关。在目前大生产的原材料纯度条件下，Al/Ni<1 时，Ni 还不能被还原，因而也就起不到主催化剂的作用。Al/Ni 太高时，一方面 Ni 容易被还原“过头”，形成零价金属镍，从而产生黑色沉淀，使催化活性下降；另一方面，过剩的 Al 占据了低价态 Ni 的活性点，阻碍了丁二烯进入活性点，从而无法聚合。所以只有Al/Ni合适时，才能产生较

多的低价态 Ni 的活性中心，当 Al/Ni 为 4~8 时，产生的低价态 Ni 多，催化剂活性较高，同样数量的丁二烯分子在活性中心较多的条件下进行聚合，其平均相对分子质量就较低。图 5-7 曲线中转化率曲线的最高区恰好和分子量的最低区相对应就是例证。当 1<Al/Ni<4 时，转化率低、分子量高显然是 Al/Ni 低，相当一部分 Al 与杂质反应被消耗掉，没有足够的铝使 Ni 还原，从而活性中心的数目较少所造成的。当 10<Al/Ni<20 时，由于 Al 太多、Ni 太少，大部分 Ni 都被还原到零价，即使有些低价态的活性 Ni，其活性点有的也被 Al 占据，此时活性中心的数目也少，所以其转化率低，相对分子质量高。

用含氧量(4.5mg/L)较低的己烷为溶剂，做镍用量影响的试验，结果见表 5-2。

表 5-2　Al/Ni(不同镍用量)对转化率和相对分子质量的影响

(Ni/Bd)×10^{-4}	Al/Ni	转化率/%(2h)	$K\times10^2$ 反应速率常数	$\overline{M}_n$/万相对分子质量
6	2	72	1.35	11~20
4	3	75	1.40	18~24
3	4	85	1.91	20~28
2	6	62	0.78	18~36

当 Al/Ni 为 3~4 时，聚合活性最高，反应速度最快；Al/Ni 为 6 时，反应速度较慢，反应产物的平均相对分子质量随 Ni 用量减少而增加。

Al 用量的影响：Al 用量通常用 Al/Bd 来表示，当固定 Ni/Bd、B/Bd 改变 Al/Bd 时，采用稀 B 单加陈化方式得到图 5-8 所示的结果。

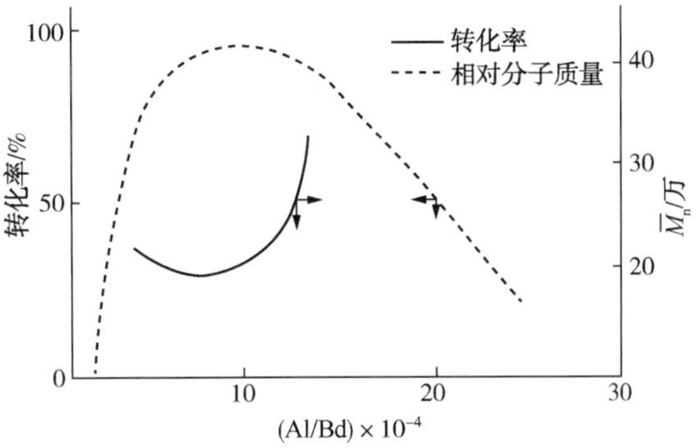

图 5-8　Al/Bd(Al/Ni，Al/B)对转化率、相对分子质量的影响

和单项改变 Ni、B 的用量不同，改变 Al 的用量，一方面可以体现 Al 单项用量对催化剂活性的影响；另一方面，由于 Al 用量改变必然会引起 Al/Ni 和 Al/B 的变化，因此 Al 量的变化实际上又是反映不同的 Al/Ni、Al/B 对催化活性和分子量的影响，Al/Ni、Al/B 的影响更为显著，在一定的 Al/Ni 和 Al/B 范围内，改变 Al 用量对催化活性和分子量的影响不大。

图 5-8 的曲线表明：

① 催化剂活性(转化率高低)：Al/Bd<0.29×10^{-4}时(此时 Al/Ni=2，Al/B=0.2)，转化率为零，即催化剂没有活性。随着 Al 量的增加，转化率急剧上升，当 Al/Bd=(4.3~1.14)×10^{-4}时，转化率达到最高区，此时 Al/Ni 为 3~8，Al/B 为 0.3~0.6，在此区间，改变 Al 用量对催化活性影响不大。当 Al/Bd 超过 11.4×10^{-4}时，Al/Ni>10，Al/B>1，催化活性又急剧下降，直到转化率为零，催化剂丧失活性。

Al 用量对催化剂活性的影响，最初仍然是 Al 量少，Al/Ni 低，Ni 不能被 Al 还原至低价态所引起。后来的转化率随 Al 用量增加而急剧下降，一方面是由于铝用量过多，Al/Ni 过大，从而使 Ni 还原“过头”，过多的铝也会占据还原态镍上的活性点，阻碍了丁二烯接近活性点从而引发聚合；另一方面，当铝用量过多使 Al/B>1 时，体系不再是酸性，导致活性中心不稳定。再一次说明，催化剂活性较高的配比范围仍然是 Al/Ni=3~8，Al/B=0.3~0.6。

② Al 用量可以明显地影响分子量：当 Al/Ni 为3~6时，改变 Al 用量对分子量的影响不大，当 Al/Ni 为4时，分子量最低，Al/Ni>10，随着 Al 用量的增加，聚合物的分子量明显升高。根据这些规律，特别是在 Al/Ni 大于6时，可以顺利地用 Al 来调节聚合物的分子量。但是，应当注意，实际工作中运用这一手段来调节聚合物的分子量时，必须兼顾 Al 用量改变对催化剂活性的影响，此时提高 Al 量，固然分子量可以提高，但催化活性会下降，如果 Al 用量太大，就会使催化剂的配比失调，活性骤然下降，甚至使胶液发黄，产生胶团，凝胶增多，对橡胶质量和减轻挂胶极为不利。

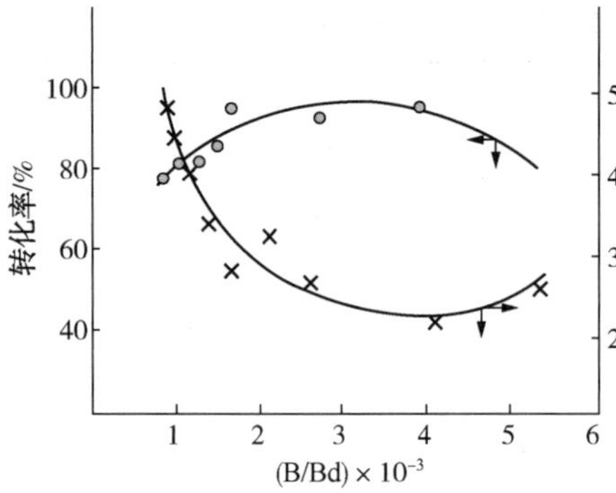

图 5-9　B/Bd、Al/B 对转化率、相对分子质量的影响

B 用量的影响：B 用量通常用 B/Bd 来表示，当固定 Ni/Bd、Al/Bd，改变 B/Bd，采用稀 B 单加陈化方式时，得到图 5-9 所示的结果。

改变 B 用量表明：①B 用量增加总是使催化活性增大，在实验的条件下，B/Bd 从 0.8×10^{-3} 一直增加到 4.0×10^{-3}，相当于 Al/B 从1.0降低至0.2，转化率一直在上升，催化活性没有下降现象，这一点和 Al 用量对催化活性的影响是不同的。②聚合物的分子量随 B/Bd 的改变呈规律性的变化，但不呈比例的变化。B/Bd 从 0.8×10^{-3} 增加到 1.4×10^{-3} 时，分子量呈直线下降；当 B/Bd 再由 1.5×10^{-3} 增至 3.0×10^{-3} 时，分子量的变化渐趋平缓；B/Bd 在 3.0×10^{-3} 以后继续增加，分子量几乎不变。③B/Bd 对转化率、分子量的影响规律，既不同于 Ni，也有别于 Al。转化率和分子量的变化曲线是敞口的，这就是说，当 B/Bd 用量较大时，转化率不是急剧下降而是改变不大，分子量不是突然上升而是几乎不变，而且此时也不产生凝胶。因此在 Ni、Al、B 三个可调中的单项催化剂中，用 B 来调节体系的催化活性，特别是作为调节聚合物分子量的手段是最灵敏有效的，且不会产生胶液发黄、胶团增多、凝胶含量增高等副作用。

对于 B 在催化剂中的作用，目前只知道 B 和 Al 之间可以发生不同程度的交换反应，形成的 $Al(iC_4H_9)F_2$ 和 AlF_3 可能参与形成活性中心，即随着 B 量的增加，转化率升高、相对分子质量下降，而且当 B 用量达到一定值后，转化率高区恰好和分子量低区相对应，这就意味着，活性中心开始随 B 用量的增加而增多，到达一定值以后，活性中心的数目达到最多，因而其分子量最低。另外，催化剂活性最高的 Al/B 总是在0.2~0.7之间，而且 Al/B 再大分子量基本不变，这就是说，催化体系总是在 B>Al 的条件下，才显示高活性，由此看来，B 组分一部分($AlRF_2$ 和 AlF_3)参与构成活性中心，过剩的 B(本身是“路易斯酸”)维持体系是酸性，从而使活性中心保持稳定的活性是十分可能的。

综上，Ni、Al、B 的单项催化剂用量都能影响转化率和分子量，增加某一单项催化剂的用量，既能提高转化率，又能降低转化率；既可提高分子量，又可降低分子量，合适的转化率和分子量是由一定的催化剂配比来决定的，而不是依赖于某一单项催化剂的绝对用量。在目前工业生产条件下，适宜的各组分配比为 Al/Ni 为3~6，Al/B 为0.2~0.7。这是在现有原材料质量条件下，各组分间适宜配比的一般规律，但是在生产上作为一种调节手段，必须根据当时的具体情况，正确地判断。

③ B/Bd-$\overline{M}_n$ 曲线，就是在某一特定条件下根据实验绘制的，此时改变 Al 和 Ni，其相互之间的比例就不一定符合上述曲线所示的那种规律性，如图 5-10 所示。

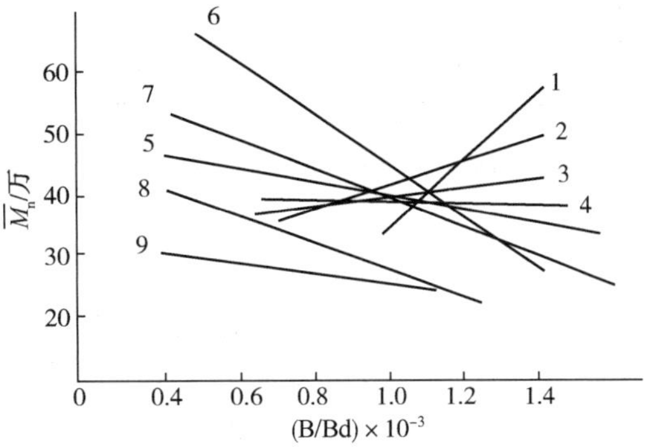

图 5-10　不同 Ni/Bd 和 Al/Ni 时 B/Bd 对聚合物分子量的影响

曲线 1　Al/Ni = 70，Ni/Bd = 0.2　曲线斜率为正
曲线 2　Al/Ni = 30，Ni/Bd = 0.4　曲线斜率为正
曲线 3　Al/Ni = 23.3，Ni/Bd = 0.6　曲线斜率为正
曲线 4　Al/Ni = 20，Ni/Bd = 0.6　曲线斜率近于零
曲线 5　Al/Ni = 16.7，Ni/Bd = 0.6　曲线斜率为负
曲线 6　Al/Ni = 10，Ni/Bd = 0.6　曲线斜率为负
曲线 7　Al/Ni = 6，Ni/Bd = 1.0　曲线斜率为负
曲线 8　Al/Ni = 5，Ni/Bd = 0.8　曲线斜率为负
曲线 9　Al/Ni = 3.3，Ni/Bd = 1.2　曲线斜率为负

图 5-10 表明：Al/Ni 不同，B/Bd 对聚合物相对分子质量的影响有很大差别。

按照固定 Ni/Bd、Al/Bd，改变 B/Bd 对聚合物分子量的影响规律，当 B/Bd < 1.5×10^{-3} 时，$\overline{M}_n$ 应随 B/Bd 的增加而直线下降。但是在图 5-10 中，以 Al/Ni 为 20 左右为界，则当 Al/Ni>20 时，聚合物的分子量却随 B/Bd 用量的增加而上升。在此范围内，如果 Al/Ni 越小，则聚合物的分子量随 B/Bd 用量的增加而升高的幅度越小；当 Al/Ni = 20 时，B/Bd 用量的改变几乎对聚合物分子量没有什么影响；当 Al/Ni < 20 时，则又回到固定 Ni/Bd、Al/Bd，改变 B/Bd 对聚合物分子量的影响规律上来，仍然是 B/Bd 用量增加，聚合物的分子量就下降。

(2) 催化剂总用量

如果 Al、B、Ni、H_2O 的配比保持不变，按照这个配比增加或减少催化剂的总量，实际上这是指催化剂浓度的变化，它对聚合速度的影响可用下式来表示：

$$-\frac{d[M]}{dt}=k_p[C_0][M]$$

这一关系式表明，丁二烯在一定的温度下，采用某一陈化方式，并在$[M]$固定的条件下进行聚合，此时 K_p、$[M]$均为常数，聚合速度随催化剂浓度的提高而加快。这是因为当催化剂各组分间的配比不变，只有用量增加时，活性中心的数目必然随之增多，其聚合速度加快将是很自然的。在生产操作中，我们都很熟悉增加催化剂总量可以提高聚合速度，但是经验告诉我们，催化剂用量多，总是容易挂胶，所以除在开车时常用这一手段来提高聚合速度，使之尽快达到正常速度外，在正常操作中总是希望尽可能降低催化剂用量。同理，催化剂用量多、活性中心多，所得橡胶的平均分子量要低一些。

在聚合生产过程中，结合加水调节催化剂用量必须把催化剂配比控制在合理范围。目前，Al、Ni、B、H_20 的摩尔比一般控制在(3~4)：1：(8~10)：(8~12)，在此范围内调节催化剂用量，可以把聚合物的门尼黏度控制在合格范围内，但这不是最佳的控制范围，实际生产中 F/Ni 为 24~30，F 大量过剩即 B 大量过剩，造成后处理装置设备腐蚀。如果生产中将 Al-Ni 陈化液中的 Al/Ni 降到 1.5~3.0 并增加其用量，那么 B、H_20 用量可以下降，使生产过程中 Al、Ni、B、H_2O 的摩尔比变为(1.5~3.0)：1：(2~4)：(2~4)则更为合理。

在聚合生产过程中，调节聚合反应活性时必须兼顾聚合产物的门尼黏度，一般采用改变催化剂(包括水)用量的方法，催化剂配比要根据当时聚合产物的门尼黏度进行适当调节；在调节聚合产物的门尼黏度时必须兼顾聚合反应活性，一般采用调节催化剂(包括水)配比的方法，但配比不能失调，必须控制在合适范围内，否则，不仅造成催化剂浪费，而且影响产品质量。

5.2.3.2 杂质

研究杂质的影响对提高催化剂利用率、活性、促进聚合速度、稳定聚合操作及产品质量非常重要。杂质是由参与聚合体系的各组分，如催化剂、丁二烯单体和溶剂油带入的，为此，杂质的种类、含量及有害程度随各种原材料的来源而各异，大量的研究和生产实践证明，采用不纯原料制备顺式-1,4聚丁二烯所需的时间和费用要比把原材料提纯所需的时间和经费多得多，所以尽量把原材料提纯，把有害杂质除净或降低至最低限量才是促成优质高产的根本途径。由于丁二烯和油在聚合反应中用量大，循环使用会造成杂质积累，且聚合总是在适当的环境和气氛中进行，为此这里主要讨论这些组分中杂质含量对聚合反应的影响。

单体丁二烯中所含的杂质大致为羰基化合物(醛、酮、烯醛和烯酮)、醚类、醇类、烯烃及炔烃、水分、乙腈等，己烷中的杂质为不饱和烃及各种含氧化合物等，环境气氛中的有害杂质主要是氧和CO、CO_2。其中对少数杂质的破坏性质和影响规律比较明确，从而对原材料的质量规格作出了具体而严格的限量规定。但对大多数的杂质的破坏程度、作用历程及影响规律尚不清楚，因而暂时还缺乏有效的防止办法和消除措施。现只就各种杂质的单项研究结果，简要地说明其影响规律。

体系中对聚合反应影响最大的有害杂质是乙腈、水分、炔烃和二聚物，以及空气中的氧气。乙腈能破坏催化剂的活性中心，起阻聚作用，丁二烯中若有乙腈存在，即使含量低至2~3mg/kg，也会使转化率明显下降。水则大量消耗催化剂。丁二烯的二聚物和丙烯醛(含量在5mg/kg左右)，在低温聚合时抑制聚合反应速度，起缓聚作用，高温聚合时，受抑制的活性中心再生，故对转化率的影响不大。但二聚物能降低聚合物的相对分子质量。炔烃含量高时能降低转化率和相对分子质量。氧对催化剂的破坏程度很严重，并和体系中的水分含量有关。当水分含量较高时，转化率随氧含量的增加而下降的速度比水分低时快，当氧与铝的摩尔原子比为20时，催化活性完全消失，聚合物的相对分子质量随氧含量的增加而增大，但所得聚合物的微观结构和凝胶含量却不随氧含量而变化。为了彻底消除氧对聚合反应的不利影响，可将溶剂从回收单元塔顶、不经过储罐直接送往聚合使用，催化剂的配制和储存都是在氮气保护下进行的。

为了保证丁二烯单体的质量，在聚合前用γ氧化铝和0.5nm分子筛进行处理，以进一步除去微量水、含氧化合物等极性杂质。

除了烯醛和烯酮等外，醇、醚及不饱和烃对聚合反应也有影响，但其影响程度不如上述几种杂质严重。就羰基化合物来看，在酮类化合物中实验了丙酮和丁酮，当酮/Al小于0.6时，对转化率无影响，随着酮用量的增加，转化率下降，当丙酮存在时，催化活性的降低更为明显。值得注意的是当镍用量($Ni/Bd=2\times10^{-5}$)很低时，转化率开始随酮/Al的增加而急剧上升，当酮/Al超过0.8时，转化率又迅速下降，这说明，当镍用量很低时，酮有提高活性的作用。醛类对聚合的影响规律不甚一致，当为乙醛时，随着醛/Al的增加，转化率和相对分子质量都有所增加，而在α-甲基丙烯醛的情况下，转化率起初随醛/Al的增加而增高，当醛/Al超过1.0后转化率又开始下降，分子量则均随醛/Al的增加而增大。醛类不影响聚合物的顺式-1,4 含量。

醇类的影响以乙醇为例，当醇/Al<1 时，转化率和相对分子质量均随醇用量的增加而提高；当醇/Al>1 时，则相对分子质量急剧升高，转化率下降；当醇/Al = 2 时，转化率只有30%，而相对分子质量则剧增至 93 万，同时凝胶含量也很高。但乙醇对聚合物的微观结构影响甚小。

在醚类影响中，曾研究了乙醚、甲乙醚和呋喃，总的来说，随着醚/Al 增大，催化剂活性下降，降低的幅度以乙醚最大，而给电子能力较弱的呋喃，即使在呋喃/铝为 13 时，转化率仍很高，只是相对分子质量略有升高。

丁二烯单体中可能存在 1-丁烯、2-丁烯及异丁烯等不饱和烯烃，异丁烯的含量高达30%(单体量的)，对转化率、分子量和微观结构均无影响；在混合丁烯的情况下则不然，随着混合丁烯量的增加，分子量急剧下降，但对转化率影响不大。在单项杂质影响规律研究的基础上，应当对可能存在的杂质，在实际的含量范围内进行综合考察，并在考察结果的基础上提出允许含量的控制指标和脱除杂质的措施。但是，目前一方面由于分析手段缺乏，特别是对含量极低的有害杂质检测方法尚不健全，同时当各种杂质共同存在时，由于杂质之间互相影响，彼此增强或削弱，检测它们影响的程度和复合效果也比较困难。因此，对杂质影响的综合考察工作，目前还没有进行。另一方面由于杂质的种类很多，而且相对含量极低，对它们一一提出有效的方法也是困难的。即使能提出控制指标，没有有效的分离提纯手段，在实际工作中也是行不通的。鉴于系统中杂质含量较多，而且有些杂质，用现有的分析方法无法检出，但根据经验知道它们确有影响，所以目前生产中对杂质的控制和排除办法是把溶剂油的碘值控制在 0.1g/100g 油以下，主要把部分回收溶剂排出系统，以降低累积杂质含量。生产实践证明，采取这一措施后，各种杂质含量都有不同程度的降低，聚合效果良好。但这一措施带来的后果是，溶剂油不能全部回收利用，造成不断补充新油的问题，因此对于杂质的影响和排除方法还应继续进行研究，寻求根本消除杂质影响的途径。

此外，空气中的 CO 和 CO_2 对聚合也有一定影响。实验表明，当 CO/Al<0.04 时，对转化率影响不大，但超过这一比值转化率则迅速下降，当 CO/Al = 0.24 时，只能得到少量聚合物。与 CO 相比，CO_2 对转化率和分子量的影响不大，即 CO_2/Al 高达 3.6，转化率和聚合物链结构均无明显影响，但分子量有增大趋势。有人曾利用 CO_2 能提高聚合物分子量这一特点，制造高分子量的充油基底胶。由于在生产中用氮气排除了空气，消除了氧对聚合的影响，此时 CO 和 CO_2 对聚合的干扰，也就不存在了。

综上所述，杂质对聚合反应的影响是非常复杂且重要的。从生产的发展来看，研究杂质的影响规律、进一步消除杂质的影响，无论是对延长运转周期、提高产量，还是对稳定聚合操作提高橡胶质量都是有重大意义的。

当前，顺丁聚合的催化剂配方已比较低，如按化学反应式计算，有时原材料中的杂质，如水、溶解氧等的含量可使催化剂中的铝剂全部消耗殆尽，但聚合反应却进行得较正常。这是由于铝剂在络合前后的反应活性不一样，络合后的 Al—C 键要比络合前稳定得多，所以杂质对催化剂的影响在铝剂陈化反应前和铝剂陈化和形成活性中心以后相比较也不一样，杂质对已形成活性中心后的铝剂影响较小。这时，即使体系中还存在一些水分或 O_2，它们和络合后铝反应也极慢，所以聚合反应能照常进行。

5.2.4 异常现象及处理

聚合门尼黏度异常现象及处理见表 5-3。

表 5-3　聚合门尼黏度异常现象及处理

影响因素	原因分析及处理方法
催化剂配方、配比	催化剂的配方、配比，对丁二烯聚合反应及门尼黏度有着直接的影响，其中配方对反应的影响，Al/B 对门尼黏度的影响较大。在生产过程中，可参照以下四种情况进行调节： ①反应强、门尼黏度高：先降催化剂量，再降 Al 量； ②反应强、门尼黏度低：降 B 量或降催化剂量，提 Al 量； ③反应弱、门尼黏度高：提 B 量或提催化剂量，降 Al 量； ④反应弱、门尼黏度低：先提催化剂量强化反应，待反应起来后再提 Al 量。
系统中微量水	水作为第四组分加入系统，对丁二烯聚合反应、门尼黏度及橡胶的物性有着巨大的影响。参考操作条件下的 Al/B，首末釜门尼黏度差、微量水在线显示仪、环境温度等方面，判断系统中微量水的多少。通过对丁二烯加水量的调节，使反应和门尼黏度处于最佳状态。通常在一定范围内，提高加水量，可强化反应、降低门尼黏度；降低加水量，可减缓反应速度、提高门尼黏度。
聚合系统温度	聚合温度的高低对聚合反应速度的影响是相当大的。同时，对顺丁胶的内在质量，尤其是分子量和相对分子质量分布的影响最为显著。在丁二烯聚合过程中，链增长与链转移并存。它们的速度都是随聚合温度的升高而增大的。但由于链转移反应的活化能大于链增长的活化能，所以 $K_{移}/K_{增}$ 随温度的高低而变化，微观上体现在分子量及其分布的变化，宏观的体现就是门尼黏度的变化。通常聚合温度升高、门尼黏度下降；聚合温度下降，门尼黏度升高。
原材料质量	①回收丁二烯中轻组分的影响： 丁二烯中轻组分含量过多，造成回收丁二烯纯度降低、聚合反应波动频繁、生胶门尼黏度不稳，在这种情况下通常需增加尾气系统的排放。 ②溶剂油中重组分的影响： 溶剂油中重组分含量过高，对生胶门尼黏度的影响与上述相同。当出现这种情况时，要增加溶剂油中重组分的排放。 ③炔烃、乙腈的影响： 当系统中炔烃、乙腈的含量超标时会出现典型的弱反应状态，造成釜内挂胶严重。当出现此情况时，要及时对上道工序进行调整。 ④不饱和烯烃及乙醚对反应及门尼的影响程度远远小于上述几种情况。

其他异常现象及处理见表 5-4。

表 5-4　其他异常现象及处理

异常现象	原因及处理方法
釜搅拌故障	将该釜切出，酌情处理
聚合反应不好或不聚	①原材料质量不好，其中包括丁二烯、溶剂油和镍、铝、硼催化剂，查明原因后，提高相应材料质量； ②催化剂量不足或停送，及时调节或切换备用泵； ③换热器漏盐水，应切出处理； ④提高催化剂配方或降量； ⑤停车压料重新开车。
超温	①开车时油量不足，可及时降、停丁二烯进料； ②催化剂量大，可及时降、停催化剂； ③原材料变好，可降低丁油、优化催化剂配方； ④增加充油量，保护电机； ⑤丁二烯或油计量仪表指示不准，导致丁浓过高，可通知仪表人员校验仪表，同时降低丁浓。

续表

异常现象	原因及处理方法
爆聚	①丁浓过高造成：停丁二烯进料，加大溶剂油进料量； ②催化剂量大造成：停丁二烯进料，加大溶剂油进料量，及时调节催化剂量。
首釜压力突然升高	①出口管被胶团堵塞，切出首釜清理管道、阀门及首釜； ②首釜爆聚，办法同“超温”“爆聚”。
聚合系统压力升高	①静混器挂胶严重，被胶团堵塞，切除清理； ②去胶罐管道或阀门不畅通造成：联系胶罐工序开阀，若压力超高可立即停车； ③反应强，门尼黏度大造成：应调节配方使门尼下降，必要时可适当增加充油。
仪表失灵	①调节阀失灵，短时间可用手动控制继续生产，长时间按停车处理； ②累计流量表故障，造成实际丁浓与计算丁浓不一致，影响反应，联系仪表人员及时处理； ③测温元件(尤其首釜中部温度)失灵，反应、温度不易控制，联系仪表人员及时处理。
进料中断	造成实际丁浓与计算丁浓偏差大，及时联系送料工序使其恢复正常。
盐水温度突然升高	造成聚合反应强、温度升高，可通过降低丁浓控制，增加聚合釜夹套盐水流量降低首釜反应温度，其他釜用充油量、聚合釜夹套盐水流量来控制釜温。

5.3 停车操作

5.3.1 配制计量工序停车

配制停车期间，应将配制部分所有电源切断，将高位槽、计量罐、配制釜的液面计阀关闭，以防液面计损坏发生跑料事故，各配制釜、高位槽、计量罐的进出口阀也要关闭，在停车期间，不得存放大量物料，如果有未用完的物料，一定要用氮气保压。计量人员接到停车通知后，先停计量泵，然后关闭计量泵进出口阀、催化剂去聚合的阀门、硼稀释油前控制阀，及时停抗氧剂。

5.3.2 聚合生产线停车

5.3.2.1 正常停车

(1) 停车

聚合工序接到正常停车通知后，准备停送催化剂、丁二烯，并通知原料罐区工序。操作人员关闭催化剂入釜阀门和丁二烯总管阀门，聚合首釜进一定量溶剂油，待反应温度下降后，停进料油。用氮气将胶液逐釜压往胶液储罐，然后停送抗氧剂，并关闭抗氧剂入釜阀门。停车后，胶液必须倒空，不清理的釜可以泡油，进油 60%~80%，泡釜时油不得满釜。需要清理的釜和胶液管线应进行切出处理，联系电工切断电源，物料倒空、泄压，需清理的釜、管线与不清理的釜和管线必须隔开，加盲板。停搅拌时，停密封油泵。

(2) 倒空

1) 丁二烯系统

停车后，关闭丁二烯进料阀门，从送料工序用氮气吹扫管线至丁油预冷(热)器出口见气(包括丁二烯加水系统，将加水管线内丁二烯吹至加水罐内)，确认管线内无物料后，关闭相关阀门。

2) 油系统

停车后，进料油管线倒淋处接胶管，用氮气吹扫油管线至丁油预冷器见气为止(包括充油预冷器)，吹扫时，硼稀释油管线也要吹干净、倒淋干净。

3）催化剂系统

停车前要计算好配料量，配制釜内物料尽量用完；从各配制釜出口处接胶管用氮气吹扫放料管线至计量罐后，用泵打入聚合釜，各计量罐必须倒空(若铝、镍配制釜内物料用不完可在釜出口阀后加盲板)；抗氧剂配制釜内物料全部放入计量罐内，用泵打入聚合釜。

硼系统：若硼未用完，压入指定储罐。压空后的储罐，用部分油冲洗，压入指定硼储罐或压入空桶内并进行相应处理，再用氮气将放料管线吹至计量罐，用泵打入聚合釜。

4）丁二烯加水系统

进罐丁二烯管线吹扫完毕后，启动加水泵，将罐内丁二烯用水顶入胶液管线。

5）胶液系统

丁二烯、溶剂油、催化剂倒空工作完成后，逐釜压料，压料时管线内物料要压干净，压料之前要胶罐工序联系好，全部压空后将聚合工序去胶罐的阀关闭，拆除胶液管线及阀门(各釜底部直通球阀待煮釜完毕，釜内热水放完后拆除)。

6）白油系统

用氮气将白油系统、机械密封内的白油压入白油罐，将罐内白油倒入空桶内，完成后将各釜白油管线与聚合釜断开。

7）配制用油系统

用氮气将管线中的油吹入油总管线后，关闭配制用油阀门。

(3）置换蒸煮

卸下丁二烯和溶剂油管线上的流量计，打开蒸汽总阀，进料预冷(热)器出口见汽，各釜充油倒淋、一次表排污、排气见气，硼入釜的阀见气；蒸煮时间不少于48h；加水罐反窜蒸汽蒸煮，调节阀倒淋处及丁油预冷器前见气；抗氧剂釜倒空后，泄压，用水冲洗几遍后，加水用蒸汽蒸煮；白油罐退料后注入水，从罐底部与泵出口加蒸汽；抗氧剂自配制釜底到计量罐管线断开，窜汽置换；自抗氧剂计量罐底到泵出口管线窜汽蒸煮(抗氧剂计量罐窜汽蒸煮包括平衡管线)；铝、镍自计量罐底至相应计量泵入口管线可用氮气吹扫至无料，泵出口到聚合釜要通气置换。

5.3.2.2 几种情况下的临时停车

(1）不反应停车

先停丁二烯和催化剂，继续进一定量油后停进油，停丁二烯和油时通知送料工序；关闭催化剂入釜阀门和丁油总管线阀门，改变釜底三通球阀阀位、二通球阀阀位、釜出口闸阀位，使流程变为首釜至胶液罐；向空分工序要0.6MPa氮气；通知胶罐工序，聚合工序准备压料。氮气到达0.6MPa以后，关闭首釜氮气倒淋阀，打开氮气阀压料；料压至一半时，停搅拌，压空以后，关闭氮气阀，同时停抗氧剂泵，关闭抗氧剂入静态混合器的阀门。将各阀位复原到原开车时的位置，按生产指令进行处理或重新开车。

(2）因胶罐满或催化剂管线堵、漏的临时停车

停丁二烯、溶剂油、催化剂、抗氧剂的进料，并通知送料工序，关闭各催化剂入釜阀门和丁油总管阀门，聚合釜的流程保持畅通，密切注视各釜釜温，保持在70~80℃，若釜温高时可用夹套盐水或各釜充油降温，但注意压力不要超高。

(3）停电

停车方法同(2)。

(4) 停仪表风

临时停仪表风暂时维持生产，长时间停仪表风按(2)处理。

(5) 停盐水

适当调整丁浓；用充油控制后釜反应温度；长时间停盐水，根据生产指令处理。

(6) 聚合首釜机械故障

由设备技术人员确认机械故障部位，根据其分析故障结论，进行临时停车，操作同(2)，或对首釜进行倒空、置换停车。

5.3.3 异常现象及处理

5.3.3.1 窜料

在停车压料的过程中，有可能因为氮气压力低导致胶液窜入氮气管线，处理方法为关闭氮气入釜阀，打开氮气倒淋，将胶液放出；另外，在逐釜压料时有可能胶液窜入已压空釜中，检查方法是打开空釜倒淋，若有胶液流出，则连续充氮气再压料。

5.3.3.2 催化剂罐内进空气

如催化剂罐不需要检修，要将计量罐充氮气置换后保压，并与外界断开、加盲板，防止空气进入各计量罐。

第 6 章　凝聚及后处理单元操作

6.1　开 车 操 作

6.1.1　胶罐工序的开车操作

胶罐工序的任务是储存调配胶液，把不同门尼黏度的胶液混合在一起，配制成门尼黏度合格的胶液，送凝聚工序；进入胶罐的胶液因压力突然降低闪蒸出的丁二烯、溶剂油经冷油吸收回收后送回收单元处理。

开车操作，一般是指装置大检修后或设备检修后的投料开车。设备投料开车前，应经过设备检修后的检查确认，使设备、工艺管线达到充压气密试漏的条件。胶液罐操作压力一般不大于 0.1MPa，气密试漏的压力不大于 0.15MPa 就能达到生产要求。检修后的胶罐及管线，内部有铁锈、污染胶等，需要用水进行清除，水洗完毕，系统内水用压缩空气吹扫干净并进行氮气置换。胶罐投料前，要检查聚合末釜到胶罐工序的流程是否畅通；接料后一定要注意胶罐压力变化情况，根据胶罐压力情况及时开启各胶液罐上的气相出口阀门，投用冷油吸收、碱洗水洗系统。

聚合单元开车时，经常与聚合工序联系胶料门尼黏度情况和进料量，根据生产情况确定进胶罐号，然后开启进胶阀门接胶。随时注意胶液罐液面变化情况；胶罐液面达到规定值后，启动胶液罐搅拌，胶液合格后供凝聚工序使用。

6.1.1.1　胶液罐投用操作

① 先打开罐顶气相出口阀，确认罐底出料阀、N_2 入口阀、充油入口阀、循环入口阀、排空阀已关闭，然后将事故阀开在不进胶的空罐上，并打开压力表阀。

② 根据开车指令，与聚合工序联系，确定进胶流程、进胶罐号，聚合工序通知进料时，打开进胶罐进胶阀准备接胶。

③ 当胶液罐进料后，随时核对胶液罐液位，并根据胶液罐压力变化情况打开气相出、入口阀门，投用油吸收系统，完成油吸收投用操作。

6.1.1.2　油吸收系统操作

油吸收投用的检查一般分检修后和临时停车投用。

(1) 检修后投用

胶罐油吸收系统水洗罐是带压罐，检修后投用前一定要做以下检查：

① 罐体焊缝有无裂痕，水包部位探伤检查。②内部清理是否干净，缓冲器安装是否良好。③排水调节阀管线，罐顶排空管线有无堵塞。④液面计、压力表安装是否正确，盲板抽加是否正确。⑤排空线和阻火器是否良好。封人孔，试漏合格，N_2 保压 0.01MPa，各阀门开关正确，氧含量小于 500mg/kg，即可投用。

(2) 正常(临时)停车后投用

正常(临时)停车后，罐中一般存有一定的物料，所以投用前应检查的内容如下：

① 各阀门的开关情况。②罐内装料、压力，盲板抽封情况。③仪表液面、压力表、各

调节阀是否灵敏好用。④进料静态混合器有无堵塞现象。

油吸收系统流程检查无误后，打开凝聚油罐出料阀、油泵入口阀门、油吸收盐水冷却器冷却介质阀门和物料进出口阀门、油吸收罐回油入口阀门及排空线调节阀前后阀门、油吸收罐出料阀门，打通冷油吸收上油管线、回油管线流程，启动油泵，待油泵压力达到规定值后，打通油泵至油罐的循环流程，将油吸收罐中的油向油罐循环一定的时间，然后缓慢打开油泵去油吸收罐的阀门向油吸收罐送料，胶罐压力大于 0.03MPa 时投用喷射泵，胶罐压力较低时不允许开喷射泵气相入口阀。

油吸收投用后，根据生产情况打通加碱流程，开启加碱泵向油吸收系统加稀碱液。油吸收投用后，回油进入油吸收罐，经洗涤、沉降分离后，溢流入油吸收罐沉降罐，进一步分离出溶剂油中的游离水，待液面达到规定指标后，先将油吸收罐沉降罐中的油同油罐循环，然后根据生产情况送回收单元处理。油吸收罐没有投用洗涤水时，需每小时排水一次，水相出口排水阀不许打开；水洗投用后，根据界面情况打开水相排水调节阀前后阀，利用仪表控制调节阀的开度，调节油水界面。油吸收投用正常后，根据生产情况投用水洗系统。先将洗涤水流程打通，启动洗涤水泵给油吸收水洗罐送水，再用调节阀控制流量，待油吸收水洗罐界面达到指标值后，开启水相排水阀控制油水界面至规定指标。水洗投用后，油吸收罐沉降罐按规定定时排水。

6.1.1.3 喷胶流程

当接胶罐液位达到规定高度，应及时切换进胶罐，切换进胶罐时应先开待接胶胶罐的进料阀门，然后关闭原接胶胶罐进料阀门。液位达到规定高度，停止接胶后，一般启动搅拌运转 2h，使其胶液充分混合，然后通知分析人员进行胶液质量分析，符合质量标准后可进行喷胶操作。从胶液罐中出来的胶液，由胶液泵经喷胶线、胶液过滤器送至凝聚釜喷嘴。如聚合胶液的门尼黏度符合生产要求，胶液进入接胶罐后可直接进行喷胶操作。

6.1.1.4 喷胶

喷胶就是把胶液罐中的胶液用胶液泵送到下一工序凝聚釜，采用水析凝聚法把橡胶和溶剂油分离。喷胶前，先确定喷胶罐号、喷胶量、喷胶流程。接到喷胶通知后，立即开启喷胶罐罐底出料阀、胶液泵入口阀、胶液泵自身循环阀，启动胶液泵，打开胶液泵出料阀门，缓慢关闭胶液泵自身循环阀，调节流量至适宜范围，然后用变频器进行流量调节。切不可用胶液泵出口阀调节流量，防止憋压。

6.1.1.5 胶罐工序生产基本理论

从聚合末釜出来的胶液，由于压力突然下降，会发生汽化现象，大部分丁二烯和少量的溶剂汽化进行蒸馏。闪蒸实际上相当于减压蒸馏。

闪蒸过程是等焓节流过程，当某混合物自压力 P_1、温度 T_1，绝热瞬间降压到压力 P_2 时，其中一部分物料汽化。汽化所需潜热由原来进料液的显热供给，温度由 T_1 降至 T_2，分离的物料所具有的焓基本等于分离后气体与液体两股物料焓的和。

闪蒸出的气体，生产上采用冷油吸收的方法进行回收，冷油吸收就是把气体溶剂油、丁二烯溶解到冷溶剂油中，吸收过程不发生明显的化学反应，是一个物理过程。若吸收时溶质与溶剂或溶液中的其他物质进行化学反应，称为化学吸收。对物理吸收来说，吸收率与溶质的溶解度有很大关系，在溶剂中的溶解度越大越容易吸收，吸收率也增高。吸收率是指溶质总量中被溶剂吸收部分所占的比例。

冷油吸收主要是依据气体在液体中的溶解度，气体在液体中的溶解度大小又与温度密切关系，当温度升高时，气体在液体中的溶解度小，温度的高低对吸收影响极大，实际操作中吸收温度建议低些好。

气体的溶解是放热过程，在吸收过程中会有温升现象，为了使吸收操作顺利进行，往往将吸收与冷却结合起来。

顺丁橡胶生产过程中用冷油吸收胶罐气相丁二烯也是基于该原理，丁二烯气体和溶剂油气体与冷溶剂油混合后进行热交换，气相被液化吸收。丁二烯与溶剂油相似相溶，故可用溶剂油来吸收丁二烯气体和溶剂油气体。

喷射泵是借助于流体流动时，所发生的静压能和动压能的相互转化，以达到输送目的。它既可输送液体，亦可输送气体。在化工生产中，它常用抽气造成真空，故又称喷射真空泵。

当高压冷油经过喷射室喷嘴膨胀并高速喷出，它的静压能转化为动能，因此产生负压，而将气体吸入。然后进入扩大管流速迅速降低，动能转化为静压能，而后从压出管线排出。

碱洗是除去丁二烯及溶剂油中的醛和酮等杂质，并中和酸性物质。在碱的影响下，醛能发生醇醛缩合反应，生成相对分子质量较大的物质成絮状析出脱除。另外，因催化剂体系中含有三氟化硼乙醚络合物，形成酸性物质，与碱中和后，使物料 pH 值升高，减轻系统的设备腐蚀。

丁二烯及溶剂油难溶于水，而有机含氧化合物，如乙醇、丙酮、乙腈等能溶于水。水洗就是利用这一性质将含氧有机化合物从丁二烯和溶剂油中除去。同时洗掉在碱的作用下产生的絮状物及盐类物质。

顺丁橡胶生产过程中胶液储存在胶液罐内，未反应的丁二烯及部分溶剂油由罐顶闪蒸出来，系统中剩余的 BF_3 也随之闪蒸出来，当用油吸收后，由于来自中间油罐的溶剂油含有饱和水，BF_3 部分水解，可能生成 $BF_3 \cdot H_2O$ 和 $BF_3 \cdot 2H_2O$，二者都是强酸能腐蚀金属及其氧化物，$BF_3 \cdot H_2O$ 的结构为 $[HOBF_3]^-H^+$，$BF_3 \cdot 2H_2O$ 的结构为 $[HOBF_3]^-[H_3O]^+$，所以生产上在油吸收系统加入碱液，提高系统的 pH 值，中和系统产生的酸性物质，减缓设备腐蚀。

胶液罐的重要作用是储存胶液，进行产品的重要控制指标门尼黏度的调配。

聚合单元生产出的胶液，当门尼黏度符合生产要求时，进入胶罐后不经过调配能够直接进行喷胶操作，当门尼黏度不在生产控制指标范围内时，需进行胶液门尼黏度的计算配制，按计算结果调配胶液门尼黏度，使其符合生产要求。胶液配制即指把不同门尼黏度的胶液掺和成门尼黏度符合规定值的合格胶液。在各罐胶液胶含量相差不大的情况下，掺混后的胶液门尼黏度可由下式计算：

$$ML = \frac{V_1 ML_1 + V_2 ML_2 + \cdots}{V_{总}}$$

$$V_{总} = V_1 + V_2 + \cdots$$

式中，V_1、V_2…为掺混前各胶液体积，m^3；ML_1、ML_2…为掺混前各胶液门尼黏度，$ML_{(1+4)}$ 100℃；ML 为配胶计算门尼黏度，$ML_{(1+4)}$ 100℃。

例 6-1 现 1#胶罐内有门尼黏度值为 40 的胶液 $100m^3$，需从 2#罐内倒入多少体积门尼黏度值为 50 的胶液才能获得门尼黏度为 42 的胶液？

解：由 $ML=\dfrac{V_1ML_1+V_2ML_2+\cdots}{V_{总}}$得：

$$42=\frac{100\times40+V_2\times50}{100+V_2}$$

$V_2=25m^3$

答：须倒入门尼黏度为 50 的胶液 $25m^3$。

6.1.2 凝聚工序的开车操作

从聚合终止釜来的胶液，除含有百分之十几的顺丁橡胶，还含有大量的溶剂和未反应的丁二烯以及残存的催化剂等。凝聚的任务是将顺丁橡胶从胶液中分离出来。凝聚工序采用水析凝聚法，凝聚釜内的胶液在蒸汽和机械搅拌的作用下凝聚成橡胶颗粒，脱除溶剂油，然后将胶粒水送往后处理干燥工序进行处理。从凝聚釜顶脱除的溶剂油和水蒸气进入釜顶冷凝冷却器进行冷凝冷却，再进入油水分层罐沉降分离，分离后的溶剂油经二次沉降后送往油吸收或回收单元处理，将水送水洗罐或排入装置污水管线。

凝聚工序的生产过程可简述为未反应丁二烯的回收，胶液的凝聚和溶剂回收。目前凝聚工艺多采用三釜流程，这里详细介绍三釜差压流程。

典型的三釜差压凝聚工艺流程简图如图 6-1 所示。

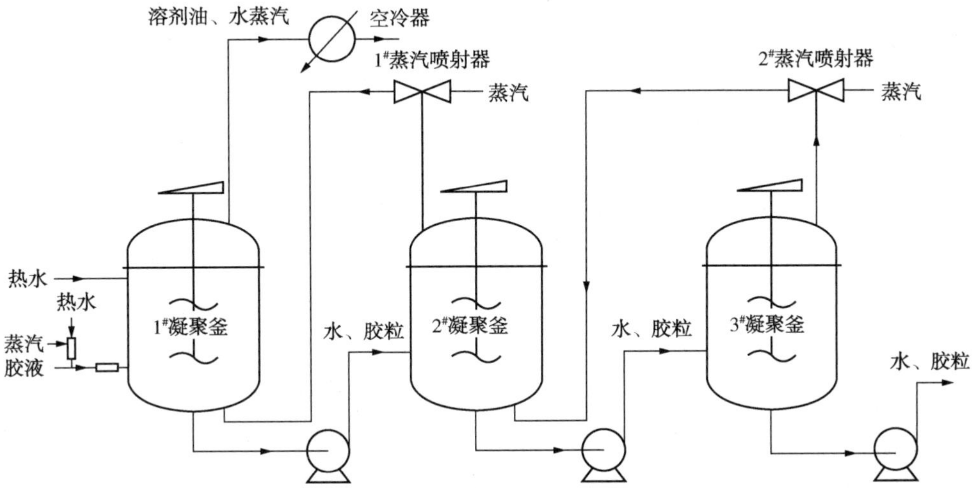

图 6-1　三釜差压凝聚工艺流程简图

三釜差压凝聚特点是在 2#凝聚釜后串联 1 台釜，釜底不通蒸汽、常压操作的 3#凝聚釜优化蒸汽使用工艺，采用两台蒸汽喷射器分别控制 2#凝聚釜和 3#凝聚釜操作压力，3#凝聚釜蒸汽喷射器携带 3#凝聚汽提气进入 2#凝聚釜底部为 2#凝聚釜提供热量，2#凝聚釜蒸汽喷射器携带 2#凝聚釜汽提气进入 1#凝聚釜底部为 1#凝聚釜提供热量，凝聚过程汽提出的汽提气全部由 1#凝聚釜顶进入空冷器、冷却器经冷却进入油水分层罐，通过优化蒸汽使用工艺、降低操作压力，达到既节能又降耗的目的。

6.1.2.1 凝聚开车生产过程

热水罐水位达到设定值后，启动热水泵将热水注入 1#凝聚釜，同时向热水罐补水。当 1#凝聚釜液面升至 50%～60%时，启动 1#凝聚釜间泵向 2#凝聚釜注水，2#凝聚釜液面升至

50%～60%时，启动2#凝聚釜间泵向3#凝聚釜注水，3#凝聚釜液位至50%～60%时，启动颗粒泵将水送入脱水振动筛，水经脱水振动筛流回热水罐形成水循环，此时1#、2#、3#凝聚釜液面一直稳定在半釜状态，然后从1#、2#凝聚釜底通蒸汽升温。三釜温度升至90℃时启动三釜搅拌运行，并继续加热，在1#凝聚釜的温度升至95～99℃、2#凝聚釜温度升至100～104℃时，稳定三釜液面几分钟后即可通知胶罐工序进行喷胶操作。

正常生产时，胶液由胶液泵经过滤器过滤后送至凝聚釜，从两个对称的喷嘴进入1#凝聚釜，在机械搅拌、蒸汽和热水的作用下进行凝聚。胶液凝聚的热源主要来自热水罐的高温水，为避免热量不足，从1#凝聚釜釜底通蒸汽补充热源，并防止结团、挂胶现象。生产中，聚合物的微观质量随着原材料质量、催化剂的配方和聚合工艺条件等变化而变动，要维持恒定的橡胶微观质量是比较困难的。当前为了使每批橡胶的质量均一，往往将不同门尼黏度值的胶液在凝聚前先行混合，使之成为均匀的合格胶液，然后再进行喷胶凝聚。不同门尼黏度胶液的混配可以在胶液储罐中进行，也可以通过控制两个不同门尼黏度胶液罐的出口阀门的开度来调节，使胶液在管道中混配后直接用泵打入凝聚釜。

通过釜间泵将胶粒水从1#凝聚釜送入2#凝聚釜，再送入3#凝聚釜通过颗粒泵送入后处理1#筛。其中各釜液位通过釜间泵及颗粒泵转速控制至规定位置，3#凝聚釜气相通过气相过滤器经蒸汽喷射泵进入2#凝聚釜，2#凝聚釜气相通过气相过滤器经蒸汽喷射泵蒸汽量进入1#凝聚釜，最终含有大量溶剂油和蒸汽的汽提气由1#凝聚釜釜顶通过气相过滤器，进入溶剂油冷凝器，冷凝后的溶剂油和水进入分层罐，油水分离后，水相从分层罐下部进入水中间罐或经溢流管排入污水线；油相经溶剂油中间储罐储存后送往油吸收和回收单元。为调节胶粒度大小和水系统的pH值，热水中加入汽提剂和氢氧化钠溶液。

6.1.2.2 凝聚过程的消耗及工艺控制

凝聚过程溶剂油是靠水蒸气供给热量而蒸发的，蒸发出的溶剂油气体又靠水蒸气带出，所以凝聚操作时首先要考虑脱除每吨溶剂油要消耗多少吨水蒸气的问题。

胶液中溶剂油靠水蒸气给热蒸出，这是一个传热过程。受热后，胶液液滴内部的溶剂油扩散到液滴表面而气化是一个传质过程。传热的快慢和传质的难易与哪些因素有关也是生产者所关注的问题。

(1) 凝聚过程中所需要消耗的水蒸气量

胶液中溶剂的蒸出靠两部分水蒸气来完成。一部分水蒸气冷凝时放出的潜热供溶剂油气化用，但溶剂油只气化还达不到蒸出的目的，还必需靠另一部分水蒸气将气化了的溶剂油带出凝聚釜。

任何液体在一定的温度下，由于液体的分子运动，总有一部分液体分子克服内部阻力从液体表面逸出成为气态分子，同时，也有一部分气态分子从气相回返液相。当进出两者平衡时，将气相空间此气体的压力称为该液体的饱和蒸气压。饱和蒸气压随温度升高而增大，当液体的饱和蒸气压等于外界的压力时，此液体就开始连续气化(沸腾)。如水到100℃时，饱和蒸气压为1.0MPa，等于外界的正常大气压，所以水的沸点是100℃(图6-2)。

如以己烷作碳六油代表，它的温度和蒸气压关系图6-3所示，纯己烷68.7℃的分压是1.0MPa，所以它的正常沸点是68.7℃。

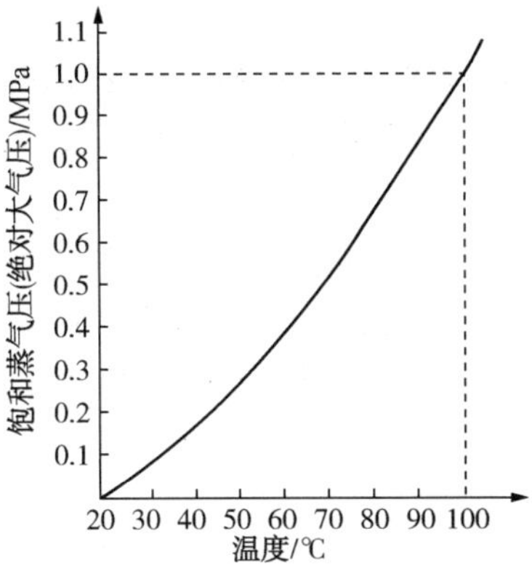

图 6-2　水的饱和蒸气压与温度关系

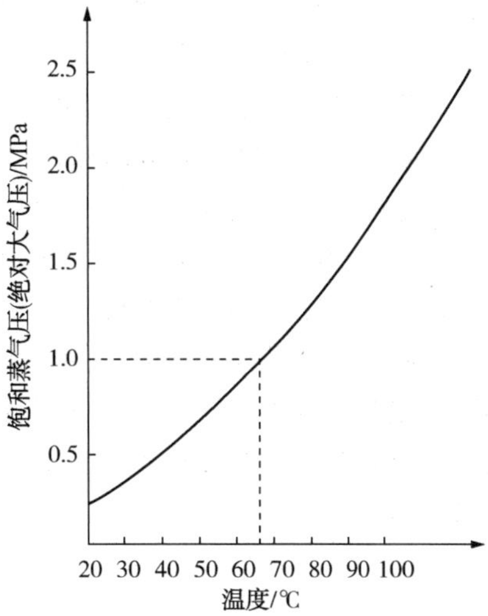

图 6-3　己烷的饱和蒸气压与温度关系

水和油在液相是互不相溶的两种液体，在一定的温度下，水有一定的蒸气压，油也有一定的蒸气压，它们各不相关，所以进入气相中的水分子和油分子的比例应该等于它们之间饱和蒸汽气压之比，其关系可写成：

$$\frac{M_{水}}{M_{油}}=\frac{P_{水}}{P_{油}} \tag{6-1}$$

式中，$M_{水}$和$M_{油}$分别为水和油的分子数；$P_{水}$和$P_{油}$分别为水和油在一定温度下的饱和蒸气压。而气相中的总压$P_{总}$应该等于$P_{水}$和$P_{油}$的和，可写成：

$$P_{总}=P_{水}+P_{油} \tag{6-2}$$

当$P_{总}$等于外界压力(如凝聚釜的操作压力)时，此时就到达两个不相容液体的沸点。举例来说，水和己烷的混合物，在温度等于62℃时，P_{H_2O}为0.0214MPa，$P_{己烷}$为0.0806MPa，这时$P_{总}$等于0.102MPa，故此混合液在62℃时已开始沸腾。这个温度一定比水的正常沸点(100℃)和己烷的正常沸点68.7℃低。

如炼油重$W_{油}$和水蒸气重W_{H_2O}及水的相对分子质量数据代入式(6-1)，油用己烷作代表，其相对分子质量是86，结合式(6-2)可写成：

$$W_{水}=\frac{18}{86}\cdot\frac{P-P_{油}}{P_{油}}\times W_{油} \tag{6-3}$$

从式(6-3)就可以算出带出每吨溶剂油气体需要消耗的水蒸气量。

溶剂油从液态变成气体还要吸收热量，这个热量叫作汽化热。这部分热量得靠水蒸气的气化潜热来供应，如以$Q_{油}$代表每千克油的汽化热，每千克蒸气在凝聚釜中冷凝成水时所放出的潜热可从一般蒸汽热焓(ΔH)表中查得，其值为$\Delta H_{水汽}-\Delta H_{水}$，故使$W_{油}$汽化所需消耗的水蒸气量：

$$W'_{水}=\frac{Q_{油}\times W_{油}}{\Delta H_{水汽}-\Delta H_{水}} \tag{6-4}$$

所以，整个凝聚过程水蒸气总消耗量应为$W_{H_2O}=W'_{H_2O}$。

首先，在凝聚釜内的胶液液滴分散得越细，胶液表面和热水接触面就越大，通过油水界面传递过去的热量就越多，溶剂汽化得就越快，所以胶粒的粒径越小，达到同样溶剂脱除程度所需要的停留时间也就越短。

其次，提高热水温度，也就是说增加水和胶粒间的温度差有助于热量的传递，所以适当地提高热水温度，能使凝聚时间缩短。

最后，气体的传热能力比较差，水、胶液两相间的传热阻力几乎集中于胶液表面的气体薄膜层。因此，增加釜内流体的湍流程度，使气泡层尽可能地脱离胶液液滴，从而减小气膜的厚度，就有利于提高溶剂脱除效果，缩短停留时间。

胶液凝聚时在釜中的停留时间用“水胶比”来控制。所谓“水胶比”是指在同一时间内，进入凝聚釜的热水体积和喷入釜内的胶液体积之比。因为釜的操作(半釜操作)体积是一定的，水胶比提高后，釜中胶的密度就减小，要想产量不变，就得提高水和胶的总进料量，胶在釜内停留时间 τ：

$$\tau=\frac{\text{釜体积}}{\text{总进料量}}$$

所以水胶比提高，总进料量提高，停留时间就缩短。相反，如水胶比降低，在产量不变的情况下，总处理量就可减少，因此胶粒在釜中凝聚停留时间就延长。当前双釜凝聚所采用的“水胶比”在 3~6，相应的停留时间为 10~15min。

(2) 单釜凝聚和多釜凝聚

1) 单釜凝聚

因为溶剂蒸出时胶液中油的分压远比它的饱和蒸气压小，所以汽提时所消耗的水蒸汽量就大大增加。其实，胶液液滴开始喷进釜时，由于其中油多胶少，这时 $P_{油}$ 的分压还是比较大的，所以可以在较低的釜温下用少量的水蒸气就能将其中一部分溶剂蒸出，随着胶粒在釜中逗留时间延长，胶粒中油逐渐减少，胶的比例逐渐增加，这时 $P_{油}$ 的分压就变小，因此要用比较高的温度、较多的蒸汽才能继续将胶粒中的溶剂蒸出。胶粒中的溶剂含量越少，$P_{油}$ 的分压也越小，要蒸出单位重量所需的蒸汽量也越大。图 6-4 横坐标表示胶粒中的溶剂含量 W，纵坐标表示蒸出单位重量溶剂所需消耗的蒸汽量。图 6-4 上的面积(x, y)就代表蒸汽消耗量。

现在假定胶液进釜时的溶剂含量是 W_1，这时蒸出单位溶剂所需的蒸汽量为 A，随着凝聚过程的进行，胶粒中的 W 减少，从 $W_1 \to W_2 \to W_3 \to W_4$ 相应地 y 值(蒸汽量/溶剂量)增大，从 $A \to B \to C \to D$。如果凝聚釜内的胶粒流动方向像一个活塞一样地逐步推进，毫无“返混”现象，这时所消耗的蒸汽量是曲线 abcdfiga 包围的面积。但实际情况是釜内胶粒在热水中激烈翻腾，几乎处于完全返混状态，也就是说，凝聚釜几乎是在胶粒中溶剂含量为 W_4(相当于离釜时胶粒中油含量)下操作，这时油的分压 $P_{油}$ 极小，y 值为 D，故实际蒸汽消耗量是面积 $dfgd$，由此可见，曲线 $abcd$ 上部打斜线部分的面积 $abcdeha$ 是浪费的蒸汽量。

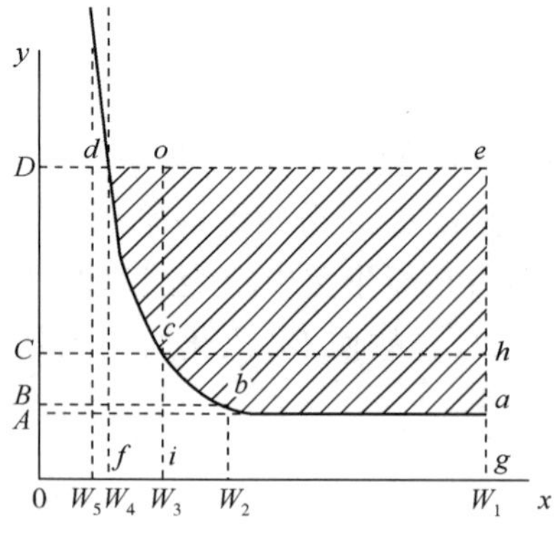

图 6-4　胶粒中溶剂含量和蒸出所需蒸汽量的关系

如改单釜为双釜操作，首釜溶剂含量从 $W_1 \to W_3$，第二釜再从 $W_3 \to W_4$，这样首釜蒸汽耗量为面积 $hcigh$，二釜为 $dfiod$，与单釜相比，就节省了蒸汽量 $cheoc$。由此可见，如将几个凝聚釜串联起来操作，蒸汽消耗量就可以接近最小值面积 *abcdfiga*。

多釜凝聚操作的优点除了可节约大量水蒸气，还有可能提高溶剂脱除的效果。从图 6-4 可看出，我们在末釜只要用不多的蒸汽就可使胶粒中的油含量从 $W_4 \rightarrow W_5$，而在单釜操作情况下，要使胶粒中溶剂含量脱除 W_5，将使蒸汽消耗大为增加。

2）三釜凝聚

顺丁橡胶生产的三釜凝聚流程工艺比较成熟，其工艺流程主要采用前面介绍过的图 6-1 所示的流程。

图 6-1 所示流程的特点是热水罐注水后，启动热水泵，将水打入 1#凝聚釜，当 1#凝聚釜液面升至半釜时，启动 1#凝聚釜间泵，将热水打入 2#凝聚釜。当 2#凝聚釜液面升至半釜时，再启动 2#凝聚釜间泵，将水打入 3#凝聚釜，待 3#凝聚釜液面升至半釜时，将水打入脱水筛，水经筛孔分离后回到热水罐。这时 1#、2#、3#凝聚釜液面一直保持半釜，正常循环，启动温度控制仪表，用蒸汽直接加热 2#凝聚釜内的水，使水温升至 104℃左右时，2#凝聚釜的沸腾蒸汽(其中含有少量的溶剂蒸汽)经釜顶蒸汽喷射器驱动入 1#凝聚釜釜底，用这部分蒸汽去加热 1#凝聚釜釜内的热水，待 1#凝聚釜水温升至 90~95℃时，即可启动胶液泵进行凝聚操作。这种三釜工艺流程的特点是优化了蒸汽流程，适当降低了凝聚釜操作压力，提高了溶剂脱除效果。

综合所述：①入釜时胶液中溶剂油分压较高，多釜操作时，首釜在较低温度下操作，用较少的水蒸气蒸出大量溶剂油，而后继釜则可在较高温度下操作。此时，即使蒸出单位溶剂所需蒸汽耗量大，但因胶粒中残留溶剂量已很少，故总蒸汽消耗量也不会很大。因此，如凝聚后生胶中含油量相同，多釜操作可节省水蒸气；如蒸汽消耗相同，则多釜操作可使生胶中溶剂脱除得较净些。②胶粒中溶剂脱除干净与否还与胶粒在凝聚釜中停留时间有关。停留时间由水胶比大小来决定。在生产量固定情况下，减小水胶比等于延长停留时间，有利于溶剂的脱除。

(3) 凝聚工艺技术指标

1）凝聚温度与蒸汽耗量

适当提高凝聚釜内的热水温度，能增加传热速率，提高 $P_{油}$，增加溶剂脱除效果。温度升得过高，对提高 $P_{油}$ 颇少补益，使 P_{H_2O} 大大提高，结果使蒸汽消耗量剧增，油水冷凝器的负荷大幅度增加。因此控制在合适的水温，能够达到控制凝聚釜温度和降低蒸汽消耗量的目的。

三釜操作　串联式：1#凝聚釜 80~100℃，2#凝聚釜 100~104℃，3#凝聚釜 100~102℃。

2）喷胶量和水胶比

胶液动力黏度、胶液流量直接影响凝聚釜的生产能力。如果喷胶量过低，不仅使生产能力降低，而且还存在着胶液堵塞喷嘴的危险。因为胶液流速过慢，胶液来不及脱离喷嘴便凝结在喷嘴孔眼的周围，使喷嘴堵塞而迫使停产清理。提高喷胶量时，必需相应地增大蒸汽量，否则，如蒸汽跟不上去，将使凝聚效果下降、胶粒中溶剂脱除不净、溶剂损耗增加。因为溶剂含量高、胶粒发黏，有时甚至会出现釜内挂胶、堵泵等现象，所以要保证凝聚正常生产，就得维持一定的喷胶量。生产上就用水胶比来控制喷胶量。水胶比和胶液的动力黏度有关，胶液的黏度越高，其中含胶量也越高(在门尼黏度恒定的情况下)，此时需要用较高的水胶比。三釜凝聚操作的水胶比在 3~4，一般使用范围是 4~6。

3）压力

凝聚釜处理量的多少、釜内水温以及蒸汽的耗量，都会引起釜内压力的变化，根据近几年的实践，在上述工艺条件下，一般釜压维持在 0.03～0.07MPa（表压），最大不超过 0.08MPa。胶液泵压力取决于胶液的黏稠情况和胶液喷嘴截面积大小。通常使用两种不同截面积喷嘴：ϕ3mm41 孔和 ϕ4mm41 孔。根据胶液动力黏度的大小选择喷嘴，动力黏度大的使用大眼，动力黏度小的使用小眼。当然，如处理量增大，或用大眼操作，或用小眼但多开喷嘴，需根据具体情况酌情考虑。一般胶液泵操作压力维持在 0.4～0.8MPa，最大有时提到 1.0MPa，如果压力已达 1.0MPa 喷胶量仍上不来，证明喷嘴有堵塞或胶液黏度过大，需清理喷嘴或降低胶液黏度。

4）凝聚水的选择和循环水量

凝聚用什么样的水，直接关系到橡胶质量优劣，新鲜水（硬水）含有矿物质，有的是可溶物，有的是不溶性的微小颗粒。从化学成分上看，钙、镁化合物等杂质对橡胶质量都有影响，特别是硬水，在长周期运转的设备上，挂上一层水垢，到一定时间，水垢脱落下来，不管是悬浮在水中，还是混在胶里，都会对橡胶质量有很大影响。为此，最好用不含矿物质或者不生水垢的蒸馏水、软化水。在生产中，凝聚釜的热水一直在循环使用，如不再补加新鲜水（硬水），即使原来水中有些钙、镁等杂质，随着开车时间延长，蒸汽不断冷凝成软水，水中杂质也越来越少。

循环热水量与热水罐的水温有关，水温升高，泵的流量下降；水温降低，泵的流量上升。这是泵的热效应，是泵内产生气阻造成的。一般情况下，每吨生胶用循环热水量为 25～55t。

5）胶粒中溶剂油含量

凝聚后胶粒中溶剂油残留量与凝聚温度、停留时间、蒸汽消耗量、胶粒的颗粒大小和胶液的动力黏度等因素有关系。凝聚温度越高，停留时间越长，蒸汽消耗越多，颗粒越小，胶粒中溶剂残留量越少。据分析，双釜凝聚时，当胶粒直径为 5mm，含油量为 0.3%～0.6%，当胶粒直径为 20mm，含油量为 0.8%～1.0%。

6.1.2.3 凝聚工序的开车

（1）开车程序

确认凝聚釜能够投料，然后按以下步骤进行开车操作。缓冲罐补水；热水罐补水；凝聚釜液面到第二视镜，升温；启动颗粒泵循环；凝聚釜温 90℃启动搅拌；投用釜顶换热器；1#凝聚釜升温到 95℃，2#凝聚釜升温到 104℃；开始喷胶；油罐液位到规定高度启动油泵送料。

（2）开车过程叙述

① 进行水循环。接到开车通知后，打开热水罐注水阀门给热水罐注水，至设定液位时，打通热水罐至热水泵流程，启动热水泵向凝聚釜内注水，待 3#凝聚釜液面达到第二视镜处时，打通凝聚釜出料口至颗粒泵入口流程，启动颗粒泵向缓冲罐送水，水流经 1#振动筛后回到热水罐完成水循环。

② 升温。在开始水循环后，打通凝聚釜加热蒸汽流程，启动凝聚釜温度控制仪表给凝聚釜通蒸汽升温，同时打开 1#、2#凝聚釜蒸汽喷射器蒸汽阀给 1#、2#凝聚釜升温。当三釜温度升至 90℃时，启动三台凝聚釜搅拌，待凝聚釜温度达到工艺控制要求后，通知胶罐岗位人员准备喷胶。

③ 喷胶。在胶罐岗位人员启动胶液泵喷胶的同时，凝聚岗位人员打开凝聚釜喷嘴喷胶阀进行喷胶，同时打开喷嘴充水阀调节颗粒度。

6.1.3 干燥单元的开车操作

干燥工序的主要任务是用水洗掉胶粒表面的汽提剂、残存的催化剂及其他杂质，并将胶粒温度降至60℃左右，采用挤压脱水、膨胀干燥的方法，将胶料中的水分除去，使胶料中的挥发分降至0.5%以下，然后送压块工序处理。从上道工序送来的胶粒要求颜色为白色、形状球形、颗粒度为10~20mm。

6.1.3.1 生产原理

凝聚工序来的胶粒水经过洗涤和脱水筛脱水后，胶粒中含水在40%~60%。进入挤压机后，挤压机内螺杆上的螺距不相等，因此对胶料的挤压逐渐增大，水分被挤出降至8%~12%之间。从挤压机头出来的胶料送入干燥机后被旋转的螺杆向前推进。由于螺杆上的螺旋叶距依次减小，机头孔板憋压，加之剪切螺钉摩擦和蒸汽加热对胶料的作用，使机头压力、温度逐渐升高。当物料从机头喷出而降为常压时产生闪蒸现象，胶料中的水分突然减压闪蒸汽化，使胶料中的水分脱除，经干燥箱进一步干燥水分降至0.5%以下。

6.1.3.2 工艺过程

由凝聚工序送来的胶粒水首先进入缓冲罐，流入1#脱水振动筛进行胶水分离，分离出来的热水流回热水罐供凝聚循环使用，胶粒进入洗胶罐进行洗涤，洗去胶粒中的一些杂质，洗涤后的胶粒与水一起经溢流槽流入2#脱水振动筛，在振动筛上胶粒与水分离，洗涤水流入洗涤水罐供循环使用，胶粒由2#振动筛送入挤压机脱除大部分水，使含水量降至8%~12%，呈片状进入膨胀干燥机，在机膛内高温高压下，胶料在模头处闪蒸，呈海绵状固体落在水平输送机上，在输送过程中，胶料在干燥箱内经热风干燥，使其挥发分最终降至0.5%送压块工序。

6.1.3.3 开车

(1) 洗胶工序开车程序

确认洗胶工序能够投料开车，然后按以下步骤进行开车操作。给所有设备送电→热水罐注水至设定值、升温到55℃，热水经脱水振动筛流入缓冲罐，启动水洗泵循环→通知凝聚送料启动1#脱水振动筛接料→洗胶罐接料后启动搅拌→通知干燥工序启动2#脱水振动筛送料。

(2) 洗胶工序开车过程

接到准备开车指令后，给洗胶罐注水，经2#振动筛流入洗涤水罐，控制洗涤水罐液面在2/3时停止注水，注水的同时打开洗胶罐预热蒸汽阀升温(开蒸汽阀之前必须先开蒸汽倒淋排净凝结水，以防铁锈进入洗胶罐污染胶色)。凝聚开始送胶时(注意缓冲罐的情况)，启动1#振动筛，启动洗胶罐搅拌，待胶粒在洗涤水中达到一定浓度后通知干燥岗位人员接料开车。启动洗涤水泵，打开洗胶罐洗涤水进口阀及溢流槽小门。启动2#振动筛，保持胶料均匀稳定地送往挤压机。

(3) 干燥工序开车程序

先确认干燥工序能够投料开车，然后按以下步骤进行开车操作。水、电、蒸汽、压缩空气、仪表风引入装置→动设备加润滑油，换热设备送冷却水→给所有电器设备送电→启动各润滑油泵→启动水平输送机，预热机体→预热挤压脱水机，膨胀干燥机10min后启动→调速、调温，调整工艺使产品挥发分合格。

(4) 干燥工序开车过程

准备工作就绪后向班长报告，并做好前后工序联系。投运所有仪表，并将其调至手动位置，开车前接通460kW电机电源(此时观察仪表工作是否正常)。提前10min对干燥机各段进行预热，速度不可太快。提前10min启动挤压机、干燥机齿轮箱润滑油泵、无级变速器的润滑油泵，并按要求使压力达标，打开各油冷器送冷却水进、出阀门。提前5min给热风机送蒸汽，启动热风机。提前10min启动水平输送机。润滑油温度20~35℃。准备就绪后通知洗胶工序送料，启动挤压机，启动460kW电机，待电流指针稳定后慢慢提高干燥机转速，一般在50%~100%之间(膨胀干燥机空转不得超过5min)。接胶料后量不宜过大，460kW电机电流在20A左右时应及时调节进料量至正常。调温、调速以达到成品胶对挥发分的要求。

(5) 催化氧化尾气开车程序及过程

检查确认洗涤塔流程、隔胶池液位50%，启动洗涤塔洗涤水循环泵，建立水循环；检查确认催化风机入口风门至20%开度，打开催化风机，开启电加热器将反应器入口加热至220℃，逐步关小废气直排阀，向催化氧化装置引入尾气，根据反应器温度，逐步开大催化风机入口风门，关小废气直排阀，此过程反应器温度控制在300~500℃，直至尾气直排阀完全关闭，尾气全部引入。

6.1.4 压块包装工序的开车操作

6.1.4.1 压块包装工序的主要任务

将脱水干燥后的胶粒降温，使胶粒压块包装后质量合格；把松散的胶粒按规定的重量和形状压缩成块状送包装。包装工序为防止胶块中有金属和重量不合格的问题出现，要进行金属检测和重量复检。为防止橡胶在储存、运输过程中黏胶、防潮，压块成型后包一层高压聚乙烯薄膜。为防止橡胶在存储、运输中破损、防晒，胶块外包装一层黏合袋，进行封口，打印上标记后，送至成品库。

(1) 压块包装工序工艺生产过程

由干燥工序送来的10~20mm的胶粒进入提升机进行提升、自然冷却，进入给料机。给料机将胶粒均匀地送入自动秤，用重量控制器控制重量。当重量达到设定值时，重量控制器发出信号，自动秤上料门关闭、下料门打开，有程序地排料，然后下料门关闭、上料门打开，进行下一次称量。当物料投入压缩室后，侧缸进油，小车后退封压缩室，主缸滑块向上运行，将松散的胶粒压制成块，经保压后，侧缸后退，打开压缩室，主缸上升顶出胶块，侧缸前进推出胶块，主缸回程到位完成一个程序。成型的胶块由压块机侧缸推出，经上线机、交替输送机、弯道输送机等输送至金属检测机，若胶块内有金属立即进行复检，复检到金属后，将胶块人工检出，合格胶块继续向前输送至重量复检秤进行重量复检，重量超标的胶块将由人工处理，超厚的胶块人工重新包装，表面不合格胶块人工处理，合格胶块直接经过拣选机，到薄膜包装机进行薄膜包装，包装后的胶块经斜坡输送机运至自动装袋机装袋。自动装袋机完成供袋、套袋、袋口整形、缝口、打上批号后经成品输送机将包装好的胶块送至成品库。

(2) 供袋、取袋、开口、夹袋工作过程

供袋、取袋、开口、夹袋等是为完成胶块装袋所做的一系列准备工作，这些工作是由供袋装置、取袋装置、开口装置等协调动作完成的，其工作过程：供袋装置上的一个工位摆好包装袋，处于工作位置。取袋上袋装置的取袋气缸的活塞杆伸出，其吸盘将最顶部的一个包装袋口的上表面吸住，然后气缸的活塞杆缩回，包装袋等待开口。其工作程序：开口装置的风管将包装袋的袋口打开，取袋上袋装置的小摆气缸动作，摆动板带动摆臂动作，使摆臂的端部插进张开的包装袋口内；撑口气缸动作，在拉杆的作用下，两摆臂同时张开，将包装袋撑起，此时吸盘释放包装袋；取袋上袋装置拉动摆臂连同摆臂所撑起的包装袋一同向上摆起，将包装袋套在夹袋装置的小摆臂气缸的活动夹板上，夹袋缩口装置的夹袋气缸动作，带动活动夹板将包装袋夹紧在固定夹板上，此时，摆臂继续摆动，直至摆臂的端部完全脱离包装袋。大摆臂气缸连续动作，取袋上袋装置的大摆臂气缸动作，带动摆臂向下回摆至初始位置，同时气缸回拉，两摆臂复位，至此，完成一个取袋、上袋、夹袋过程。

（3）装袋、缩口工作过程

经薄膜包装的橡胶块到达水平输送装置时，其上的光电开关发出信号，水平输送装置的气缸动作，带动托架连同其他部件一同绕主轴逆时针旋转至倾斜工位，橡胶块沿托辊滑行进入处于倾斜工位的垂直输送装置(垂直输送装置倾斜工位的输送面与水平输送装置倾斜工位的输送面倾角相同)，胶块沿垂直输送装置的托辊继续滑行至挡胶辊被挡住，垂直输送装置的光电开关发出信号，水平输送装置在气缸的作用下复位。同时，垂直输送装置的气缸动作，推动垂直输送装置绕主轴旋转至铅垂位置，完成落袋的准备工作。当夹袋缩口装置上有包装袋时，垂直输送装置的气缸动作，带动扇形齿轮转动，齿轮随之转动(与扇形齿轮转动方向相反)，将挡胶辊打开，被挡住的橡胶块沿垂直输送装置的托辊及导向架向下滑落至夹袋缩口装置下方的包装袋中，由于橡胶块向下的冲力作用，胶块带动包装袋脱离夹口装置继续下落至推袋机构上，推袋机构的推袋气缸动作，将胶块推到立袋输送机上，同时光电开关发出信号，夹口整形机上的气缸动作，对胶块进行缩口、合边。并将其输送到缝口机处等待缝口。至此，自动包装机完成了对胶块的自动包装，所有气缸复位，准备进行下一工作循环。

（4）缝口机工作过程

缝口机置于立袋输送机上方，当胶袋由立袋输送机输送到缝口位置时，经光电开关检测并发出胶袋到位信号，此时离合器接通，缝纫机开始工作，完成缝口(缝口速度与输送速度同步)。再经光电开关检测并发出胶袋离去信号，此时离合器制动，缝纫机停止工作并自动切断缝口线，完成一个工作循环。

6.1.4.2 开车操作程序

压块工序开车前应检查提升机、给料机、自动秤的润滑情况；检查电源、压缩空气、仪表风等公用工程；检查提升机、给料机地脚弹簧、螺栓是否松动、脱落，皮带松紧情况；检查提升机、给料机、自动秤、压块机压缩室内有无杂物；检查自动秤传感器是否正常；检查油箱油液位是否达到规定要求，冷却水是否引入系统及设备；检查各程控调节按钮是否在正确位置，压力表是否完好；检查完后进行单机试车和联动试车。包装工序开车前所属机械、电器设备进行详细检查。检查主要内容：各设备连接件、紧固件是否松动；设备润滑情况；各气缸托架滑辊；热合机电热管，热合机高温布，切刀；各输送带、输送辊筒与链条连接；缝纫机装针是否正确，批号打印机是否有印油；真空泵单机试车是否正常，真空压力是否达标。

联系电工送电、生产调度送仪表风并达到使用要求。检查输送带是否跑偏。备好一定量的高压聚乙烯薄膜、缝纫线、针、各种记录纸及外观检查用具。进行金属检测器试验，需反应灵敏，报警、停机协调。检查复检秤、电子台秤准确度，并进行标定、校对。给薄膜包装机送电升温，将“I”“U”段温度调整至工艺要求范围，并进行手动试车，要求四周热合严密完整，切刀灵敏好用。对自动包装机进行手动、联动试车，要求各部件灵敏好用。进行缝纫机试缝，并要求针距适中、无跳线。根据生产情况选择“大”“小”包装的位置。准备工作完毕后，报告班长，开车准备工作就绪。

6.1.4.3 开车操作

(1) 压块开车程序

确认压块工序设备能够投料开车，然后按以下步骤进行开车操作。给所有电器设备送电→启动提升机→启动给料机→启动自动秤称量系统→启动高、低压油泵。

(2) 包装工序开车程序

启动金属器→启动热合机→系统运行→投用包装机→启动批号机→启动各输送机

(3) 压块工序开车过程

启动提升机→启动给料机→启动压块机→启动压块机高、低压油泵，使其空负荷运转5min。将选择开关扳至"自动"位置。待物料进入提升机后，详细观察提升机、给料机、自动秤、压块机的工作情况、动作程序，胶块重量是否符合要求，各电器开关动作是否协调。

(4) 包装工序开车过程

给真空泵水箱注水达标后，启动真空泵。打开控制盘电源开关，启动系统运行，此时，交替输送机、弯道输送机、金属检测器、复检秤、厚度检测机、拣选机全部启动。将热合机控制盘加热电源打开，并根据周围环境气温及薄膜熔点情况，设定好"I""U"段温度，将选择开关扳至"自动"位置，启动热合机运行。启动装袋机，则斜坡输送机运行装袋机开始按程序运行。启动立袋输送机，缝纫机、夹口整形处于就绪状态。启动批号打印机，并检查打印批号及程序是否正确。启动各过渡输送机、辊筒输送机。

6.2 正常操作

6.2.1 工艺操作

6.2.1.1 胶液罐工序

胶液罐顶压力控制范围为0.02~0.095MPa。影响胶罐压力的相关因素有聚合转化率、盐水温度、油吸收罐压力、冷油量，生产中主要受控于喷射泵(吸收器)生产能力及操作使用，稳定胶液罐压力是胶罐工序操作的关键，如果压力波动，会影响喷胶量的稳定和聚合釜压力的稳定，严重的会造成安全事故。在实际操作中胶罐压力靠冷油吸收来调整，特别是在开车过程中要及时排放胶液罐中的不凝气，随时注意盐水冷却器入口温度，确保良好的油吸收效果。

(1) 接胶

根据聚合进料门尼黏度情况和胶液罐中的存胶量、胶液门尼黏度等情况合理地调整进胶罐号，及时混配好合格胶液，确保连续、稳定、安全地生产。切换进胶胶液罐时，必须遵循"先开后关"的原则，即先打开待接胶液的胶液罐进胶阀门，然后关闭原进胶阀门，并联系聚合岗位注意进胶线的压力变化情况、随时核对进胶量和接胶量是否相符，发现有误立即查找原因、及时联系处理。接胶时，必须保持事故线畅通(必须保持一个胶液罐以上的事故阀常开)，防止造成聚合釜憋压。

(2) 调配胶液

调配胶液前，一定要清楚各胶液罐中的存胶量、胶含量、存胶门尼黏度和聚合来料门尼黏度情况、胶液物性、配胶罐号、配制门尼黏度等，然后根据数据计算出所需各种门尼黏度的胶液量。调配胶液采用倒胶、窜胶和直接接入等方法将高低不同门尼黏度的胶液混合在一起，配胶胶罐液位达到规定高度时启动搅拌器，搅拌2h分析合格后备用。在胶罐工序的操作中，胶液门尼黏度是关系到产品质量是否合格的重要控制指标，胶液门尼黏度一般控制在40~50范围内。

(3) 喷胶

根据生产情况及时调整喷胶量和喷胶罐；根据胶液泵压力判断胶液过滤器堵挂情况，并及时切换清理；根据各胶液罐胶液的胶含量和生产要求调整喷胶量。根据生产情况调整胶液泵投用台数或切换胶液泵。切换胶液泵时，必须遵循“先投用再停用”的原则，先投用准备投用的胶液泵，再停用原喷胶的胶液泵。

(4) 胶罐压力控制

正常生产中，胶液罐压力控制在0.08MPa左右。一般开车时，胶罐压力在0.03MPa投用喷射泵。胶罐压力大于0.09MPa时，说明装置生产负荷过大，应及时调整装置生产负荷，在生产负荷还没调整时，若胶罐压力超过0.095MPa，应及时启动排空系统，把胶罐压力降低到0.08MPa后必须关闭排空阀。聚合工序压(退)胶时，可适当排空，但禁止大量排空，同时关闭排空罐上的气相出口阀。注意控制喷射泵出、入口压力变化情况，发现问题及时处理。

(5) 影响水洗罐正常操作的因素

胶罐尾气油吸收碱洗、水洗罐是带压操作容器，被洗涤的是丁油混合物和其他杂质，生产中常有多因素影响正常操作，如冷油温度、压力、碱洗、水洗罐界面、不凝气体等，因此，在操作中应注意：①控制回油温度。回油温度高易导致丁二烯汽化，油泵产生气蚀而使出料量减少甚至不出料，导致液面上升。②及时排回油中的不凝气体。不凝气增加易使油泵产生气缚，造成出料不正常，液面上升。③控制合适的压力。压力波动，造成油吸收碱洗、水洗罐油水界面波动大，水相中油含量增加，甚至跑油；同时导致油吸收效果差。④保持液位的相对稳定。

(6) 工艺条件变化对胶罐正常操作的影响

① 胶含量。胶含量高，胶液输送困难，胶液泵压力高，波动大，喷胶困难，可通知聚合岗位适当增加充油量。

② 胶罐压力。胶罐压力偏低，易导致喷胶困难，压力超高易损坏罐体，因此，生产中要求控制合适的压力。

③ 碱洗系统。碱洗系统稀碱浓度和流量控制不稳，碱洗效果差，凝聚、溶剂回收设备的腐蚀会加重。

④ 冷油温度。油吸收冷油温度控制过高，油吸收效果差，回油温度高；冷油温度低，油吸收效果好，回油温度低，有利于油吸收操作。

⑤ 油吸收水洗罐界面。界面高，洗涤效果好，但油吸收沉降罐水量增多；界面低，油吸收水洗罐水相出口中油含量增加，洗涤效果差，因此，正常生产中要求控制界面在适当范围。

⑥ 油吸收沉降罐液面：液面高，沉降分离效果好；液面低，沉降分离效果差，易导致游离水送至溶剂回收脱水塔，影响生产。洗涤水量：洗涤水量大，碱洗效果差，水洗效果好；洗涤水量小，水洗效果差，碱洗效果好，所以洗涤水量要适中。

⑦ 胶罐液面：胶罐液面超高，易导致窜胶，若胶液窜入气相线，送入溶剂回收易导致回收塔板堵塞，操作中要随时核对进胶量和胶液罐液面变化情况。启动搅拌时搅拌液面不能低于规定液位，否则搅拌长时间运转，搅拌支承轴承摩擦导致发生火灾，甚至发生爆炸事故。

⑧ 胶液泵压力超高，易导致泵体破裂、管线胀裂、胶液外泄，所以胶泵压力不宜超过指标值，否则应清理过滤器。

⑨ 胶液配制质量对正常操作的影响：在正常生产中，胶液配制的质量指标主要是胶液门尼黏度和胶含量。胶液门尼黏度值与成品胶门尼黏度的变化：A. 胶液在凝聚和干燥过程中，胶粒在高温高压下操作，橡胶门尼黏度常有所升值，所以在操作中，应根据成品胶门尼黏度升值情况确定喷胶胶液门尼黏度，合理调配胶液，避免因橡胶门尼黏度升值产生次品。B. 胶含量：胶含量高，喷胶时胶液输送较困难，胶液泵振动大，胶液罐倒空(喷胶时)困难；胶含量低：胶液输送较流畅，但在胶液凝聚过程中，凝聚釜压力高，溶剂油回收量增大，冷凝、冷却负荷增加，成品产量减小，物耗、能耗增加，操作中尽量调节胶含量在合理范围内。

6.2.1.2 凝聚工序

凝聚工序正常生产中工艺主要控制内容有凝聚釜温度、压力、液位，在三釜凝聚工艺中，1#凝聚釜温度控制目标是95℃，压力不大于0.04MPa，2#凝聚釜温度控制目标是102℃，压力不大于0.08MPa，3#凝聚釜温度不低于100℃，压力不大于0.02MPa，液位控制在第二视镜处。控制方式有1#、2#凝聚釜温度与蒸汽流量控制阀进行串级控制，当低于设定指标时，控制阀开大，当高于设定指标时，蒸汽流量控制阀关小，从而实现对1#、2#凝聚釜温度的控制，3#凝聚釜无蒸汽加热；1#凝聚釜压力通过空冷器转速和水冷器循环水阀门开度来控制，压力高时适当提高空冷风机转速、增大水冷器循环水调节阀开度，压力低时适当降低空冷风机转速、关小水冷器循环水调节阀开度，2#、3#凝聚釜压力通过釜顶蒸汽喷射器蒸汽阀门开度来控制，压力高时适当增大阀门开度，压力低时适当关小阀门开度。液位通过控制热水流量、釜间泵、颗粒泵出料量来控制，正常生产时，胶液由胶液泵经过滤器后送至凝聚釜。为调节胶粒度大小和水系统的pH值，热水中加入汽提剂和氢氧化钠碱液。

(1) 凝聚主要工艺条件影响因素

1) 凝聚工艺条件变化对正常操作的影响

凝聚釜温度低，凝聚效果差，胶粒中含有大量溶剂油，易导致后工序发生油汽爆炸事故，而且溶剂油损耗大增，温度过高，凝聚效果增加并不显著，但能耗显著增大，所以应控制适宜的温度。

凝聚釜液面高，出料困难，而且易造成雾沫夹带堵塞气相过滤网；液面低，搅拌困难，易导致“闷釜”，所以液面应控制在合理范围。

凝聚釜压力高，釜顶上升的油汽量增大，蒸汽量相对减少，釜底胶粒水出料更流畅，但液面控制困难。压力超高，易导致釜中液面失控，胶粒凝聚不彻底就被压入后工序易造成事故，同时釜顶溶剂油不能及时冷凝就进入油水分层罐，导致油水分层罐超温、超压，发生跑料事故。

冷凝冷却器(空冷器)出料温度高，分层罐压力上升，油水分层状况被破坏，分离效果降低，易发生跑料事故；出料温度低，水中含油量减少，分层效果好，所以油温应控制在适宜的范围。

分层罐界面高，水中含油量减少，油相出料中油中含水量增加；界面低，水相中含油量增加，油相中含水量减少，操作中要根据要求调节界面至适宜范围。

溶剂油罐液面高，脱除水效果好，但液面过高，超过规定值时易导致冒顶跑料；油罐液面低，除水效果差，游离水易被送至溶剂回收脱水塔，导致淹塔；液面过低，易将罐中物料抽空，同时由于进入物料的惯性，会导致油水分层破坏严重，除水效果降低。

热水 pH 值低，胶粒中的酸性物质不能完全中和，设备腐蚀加重，但后工序吃料较好。

2）凝聚釜温度变化对操作的影响

凝聚操作中，凝聚釜温度是主要控制指标之一，胶液在 1#凝聚釜中适宜的温度下，脱除大量的溶剂油，然后在 2#凝聚釜中进一步脱除溶剂油。胶液在 1#凝聚釜中迅速分散，凝聚成颗粒。在釜温、机械搅拌的作用下，溶剂油从胶粒中迅速运动至胶粒表面，并冲破胶粒表面约束阻力，在热水中迅速蒸发。当 1#凝聚釜温度偏高时，胶粒表面的紧密层越厚，溶剂油要冲破紧密层就越困难，凝聚效果反而降低，达不到胶液凝聚的目的。1#凝聚釜温度偏低时，胶粒外表面紧密层越薄，凝聚效果会更好。但 1#凝聚釜温度越接近溶剂油汽化温度时，溶剂油气化量显著减小，所以操作中应控制适宜的温度。

在 2#凝聚釜中，胶粒中含有的溶剂油量已很少，而且胶粒外表面的紧密层已较厚，要想将胶粒中的溶剂油全部脱除，必须要给胶粒中的溶剂油提供更大的能量，所以 2#凝聚釜温度应比 1#凝聚釜高，但太高会浪费大量蒸汽，同时会使大量的水蒸发，增加气相冷凝负荷，釜温过低又达不到凝聚效果，所以操作中应控制温度在适宜的范围。

3）凝聚釜压力变化对操作的影响

胶液凝聚操作虽然是在常压（$\leqslant$0.09MPa）下进行，但釜压变化对凝聚操作有一定的影响。根据道尔顿分压定律可知，凝聚釜压力升高，溶剂油的上升量提高，水蒸气的上升量降低，从而气相冷凝负荷降低（水蒸气的热焓比溶剂油的热焓大）；但同时，由于釜压提高后，出料流速加快，釜液面下降，所以应适当控制釜出料阀门以防液面波动造成“闷釜”事故。凝聚釜压力降低，釜顶上升的溶剂油气相相对减少，而水蒸气量相对增加。因水蒸气的热焓值比溶剂油的大，所以釜顶冷凝负荷增加，同时增加了热水和加热蒸汽的消耗，所以在操作条件允许时，可适当提高釜压操作。

4）水胶比变化对操作的影响

水胶比增大，在相同的条件下，热水流量增加，胶粒在凝聚釜中的停留时间相对缩短，但溶剂油从胶粒中析出的时间不变，溶剂油的脱除量有所减少，溶剂油单耗增加，还造成干燥工序油气量增大，甚至导致油气爆炸事故。同时热水量增大时，加热水的蒸汽量增加，能耗有所增大。水胶比减少，胶粒在凝聚釜中的停留时间延长，胶粒中的溶剂油析出更完全，溶剂油脱除效果较好，物耗降低，釜中胶粒密度增大，但胶粒水输送困难，易堵塞管线，造成“闷釜”，因此，操作中要控制适宜的水胶比。

5）喷胶量对操作的影响

喷胶量增大，生产负荷提高，产量提高，可降低生产成本，但喷胶量越大，凝聚釜中胶粒体积浓度增大，胶粒颗粒大，胶粒在釜中停留时间缩短，凝聚效果有所降低，溶剂油回收效果降低，同时溶剂油的油气量增大，釜顶冷凝冷却负荷增加、釜压增加，釜顶和釜底出料速度增加，易导致釜液面下降，甚至抽空焖釜。喷胶量小，生产负荷小，生产成本增加，胶粒粒度减小，胶粒在釜中停留时间延长，胶液凝聚效果提高，溶剂油脱出率增加，但能耗相应增加。所以，操作中应控制适宜的喷胶量。

6）油水分层罐界面对操作的影响

当油水界面增高时，水相中含油量减小，溶剂消耗量减少；油相中含水量增大，油水分离效果降低，当油水界面很高时，油水分离效果很差，大量游离水进入溶剂油储罐，甚至引起溶剂回收脱水塔窜水。当油水界面降低时，油水分层罐水相中含油量增加，溶剂油损耗增大；油相中含水量减小，油水分离效果提高，有利于溶剂脱水。当油水界面很低时，水相中含油量大增，导致溶剂油外泄，引起跑料事故，所以在操作中，应尽量控制在适当的界面。

(2) 凝聚主要工艺控制与调节

1) 胶粒度的控制与调节

在凝聚操作中，颗粒胶胶粒度的大小，直接影响胶液凝聚效果，所以操作中应控制胶粒的胶粒度。生产中常用于控制胶粒度的方法主要有改变喷孔直径大小，控制喷胶量；改变热水流量，加汽提剂。生产中，若胶粒度较大时，应先增加热水流量，提高水胶比，或加汽提剂使胶粒度减小，最后降量生产，若以上方法不能解决时，应换釜改变喷嘴模板(孔直径小的模板)再进行生产。生产中，若胶粒度很小时，应减少或不加汽提剂，再降低热水量，条件允许时可提高喷胶量，若以上方法不能解决问题时，可增大喷嘴模板上的孔径。

2) 水胶比的控制与调节

水胶比越大，胶粒在釜中的停留时间越短，凝聚效果越差，反之亦然。当釜中胶粒度很大或胶粒体积浓度增大时，根据喷胶量和水胶比适当提高热水流量，提高水胶比；当釜中胶粒度很小或胶粒体积浓度很小时，应降低热水流量，降低水胶比，提高釜中胶粒体积浓度和颗粒度，提高凝聚效果。

3) 凝聚釜温度的控制与调节

凝聚釜温度主要靠釜底蒸汽来控制，凝聚釜温度越高，凝聚效果越好，但能耗增加；反之，凝聚效果越差。凝聚釜温度低时，可适当开大凝聚釜加热蒸汽调节阀；凝聚釜温度高时，可适当关小凝聚釜加热蒸汽调节阀(一般情况下该调节阀设置为自动调节，由仪表自动执行调节)。2#凝聚釜温度不够时，可适当开大溢流管蒸汽阀门，反之关小溢流管蒸汽阀门。

4) 凝聚釜压力变化的控制与调节

凝聚釜压力是由釜内上升的蒸汽量以及汽相出料阻力造成的，而蒸汽的上升量主要由凝聚釜温度和胶液中的溶剂油量决定。正常生产中凝聚釜温度控制范围较窄，可以认为温度恒定，所以釜中上升的蒸汽量只与胶中溶剂油含量和出料阻力有关。出料汽相阻力一定时，胶中溶剂油含量越多，釜中上升的蒸汽量越大，釜压越高；反之，釜压越低。凝聚操作中，釜压升高时，应先开大凝聚釜汽相出料阀门，减小出料阻力，若还是不能解决釜压继续升高问题，应适当降低喷胶量或换喷胶含量高的胶液。反之，若釜压很低时，应立即关小釜顶出料阀，或在关小釜顶出料阀的同时提高喷胶量。

5) 油水分层罐界面的控制与调节

油水分层罐是常压罐，溶剂油和水在罐中靠各自的重力形成油水两相，油在上部、水在下部。操作中，利用调节水相在罐中的存料量来控制油水界面。当油水分层罐的油水界面较高时，开大水相出料阀，使水相在罐中的体积减小，降低分层罐油水界面；反之，若油水界面较低时，适当关小水相出口阀门，使水相出料量减少，提高油水分层罐界面。

6) 溶剂油储罐液面的控制与调节

溶剂油罐是一个中间储罐，生产中既起暂时储存溶剂油的作用，又有脱除粗溶剂油中游离水的作用。当油罐液面超高时，易造成满罐操作，甚至冒顶跑料；液面超低时，脱水效果差，易造成窜水事故，所以，操作中控制在80~180m^3范围。当油罐液面较高时，应及时通知回收单元提高处理量或向罐区返油，甚至降量生产；当油罐液面低时，应根据生产情况及时提高喷胶量，若生产不允许提量生产时，联系罐区向油罐返油，或通知溶剂回收单元停止出料，进行循环操作。

6.2.1.3 干燥工序

干燥单元由洗胶和胶粒干燥两个工序组成。正常生产中，洗胶工序操作人员要注意观察1#振动筛的出料情况，要求出料均匀无结团现象，若出现结团现象，应根据情况采取必要的处理措施。生产中需经常向洗胶罐注入一定量的软化水，一方面调节、控制洗胶罐的液面、温度，使其保持正常；另一方面可以使胶料表面的催化剂、汽提剂等杂质得以充分洗涤，便于挤压机吃料。控制好溢流槽小门，使溢流槽出料均匀。按时检查凝聚送来的胶粒水，发现胶粒度不合格或胶粒水中带有油气，应及时向凝聚工序反映，并采取措施，经常观察胶粒颜色以及胶中有无杂物，发现问题应及时通知凝聚工序采取补救措施。

干燥工序操作人员要经常检查成品胶的挥发分波动情况，特别是胶罐工序换罐喷胶时，要注意观察胶料情况，并及时同凝聚工序取得联系。随时根据成品胶挥发分的情况，调整干燥机的温度、压力，必要时同凝聚工序取得联系调整进料量。注意观察各转动设备的声音是否正常，电机电流、轴承温度、油温、油压是否在规定范围内。经常检查挤压机机头是否挂胶，笼条是否积胶，若有挂胶或积胶应及时清理。注意观察挤压机、膨胀干燥机进料口的进料情况，如遇堵塞要采取紧急措施进行处理。对干燥箱要定时清理，以防粘胶、挂胶造成堵塞或塑化胶粒混入成品胶中。每周每条生产线至少停车一次，彻底清理热风机出口箅子和风道内胶粒，防止胶料长期老化引发着火事故。

(1) 干燥主要工艺条件影响因素

1) 胶料量变化对操作的影响

挤压脱水机、膨胀干燥机，要求进料量稳定，若进料量忽大忽小，致使设备吃料不均匀、入料口堵塞，同时机体内温度、压力不稳，物料在机膛内停留时间不同，影响干燥效果。

2) 胶料中水分对操作的影响

胶料中水分含量过高，会使闪蒸后水分含量超标，造成产品不合格。机体内水分多，胶料易打滑，影响膨胀干燥机吃料，甚至无法保持正常生产。但胶料中含水量太低，会增加膨胀干燥机的动负荷。所以要求膨胀干燥机入口胶料中含水量在8%~12%。

3) 洗胶质量对操作的影响

胶料微观质量符合要求，设备吃料好、易操作，反之物性差、黏度高的胶料，使挤压机、膨胀干燥机吃料困难，造成设备返料、堵塞，影响产品质量。另外，胶料中如有凝胶、木棒、金属等杂质，易堵塞膨胀干燥机模孔，轻则使模头压力超高，影响生产；重则造成膨胀干燥机位移，损坏设备。

4) 膨胀干燥机温度对操作的影响

膨胀干燥机温度高，胶料中水分闪蒸效果好，但温度太高，会使胶料变质，严重时引起胶料塑化着火。反之，温度过低，则影响闪蒸效果。正常操作中，膨胀干燥机要控制合适的温度。

5) 膨胀干燥机压力对操作的影响

膨胀干燥机机头压力高，胶料中水分闪蒸效果好，但干燥机电机负荷增大。此外，机头压力高，会使胶料逆流影响干燥机吃料，降低生产能力。反之，压力过低，则影响闪蒸效果。一般干燥机压力控制在4.0~8.5MPa。

6) 膨胀干燥机转速对操作的影响

提高膨胀干燥机螺杆转速，能提高设备的生产能力。而且螺杆转速提高后的摩擦生成热比从机体外部用蒸汽加热更为均匀、更为经济。

（2）干燥主要工艺控制与调节

1）洗胶罐水量的控制及调节

洗涤水循环量大，胶粒在洗胶罐内停留时间短，胶粒洗涤效果差，能耗高；洗涤水量小，胶粒在洗胶罐内停留时间长，洗涤效果好。另外，洗胶罐补水量越大，胶粒洗涤效果越好。根据生产负荷的大小，一般调节洗涤水量控制在5~20m^3/h。

2）挤压脱水机的控制与调节

笼条间隙越小、挤压机机头压力越高，其脱水效果越好。但笼条间隙太小，脱出的水分不易及时排出机体，以致影响脱水效果。机头压力过高，易使笼条漏胶，同样脱水不干净，还易增加膨胀干燥机的动力负荷。笼条间隙大，不利于机体内造压，笼条漏胶将其间隙堵死，也不利于水分脱除。一般笼条间隙依次为1.5mm、1.2mm、0.8mm、0.4mm，通过调节挤压机旋塞阀控制机头压力，使机头出料含水在8%~12%。

3）膨胀干燥机温度的控制与调节

为保证干燥后胶粒水分合格，膨胀干燥机五段温度控制在115~175℃。根据成品胶中水分含量的大小，调节一、三、五段温度，一般采用调节蒸汽流量大小来控制。当生产负荷小，蒸汽阀关闭后，温度仍居高不下时，可调节膨胀干燥机夹套冷却水量或短时降低螺杆转速控制温度。

4）膨胀干燥机压力的控制与调节

为保证胶粒从机头喷出闪蒸后水分合格，机头压力控制在4.0~8.5MPa。一般采用调节模头开孔率调节模头压力。当膨胀干燥机机头压力低时，可采用堵塞模孔或提高生产负荷提高压力；当模头压力高时，可停车更换模孔或清理模孔。

5）橡胶挥发分的控制与调节

为保证成品胶质量，使挥发分控制在0.5%以下，一般采用调节模头压力、五段温度和进料量大小来控制挥发分。当挥发分在控制上限时，应及时提高膨胀干燥机五段温度、模头压力。若采用以上措施挥发分仍较高时，可降低进料量以保证挥发分合格。

6）橡胶灰分的控制与调节

成品胶灰分控制在0.3%以下。采用调节洗涤水流量来控制灰分，在保证灰分合格的情况下，尽量少用洗涤水。

7）橡胶颜色的控制与调节

成品胶为白色或浅色，丁二烯质量、溶剂油质量、催化剂配比、水洗系统蒸汽等对成品胶颜色都有影响。一般采用调节Al/B，改善成品胶颜色；调节凝聚洗涤水的pH值，或凝聚、洗胶系统换水，也能改善成品胶颜色。

6.2.1.4 压块包装工序

（1）压块包装主要影响因素

① 压块包装工序主要是一些振动设备和机电设备，操作人员对设备检查和工艺检查同样重要。检查的主要内容有各运转设备电机运行声音、温升、螺栓是否松动。油箱液位、油温、油压是否正常。检查胶粒、胶块中有无杂质。定时抽检胶块重量并及时联系标定自动秤。若提升机结团严重，应经常对输送槽内的粘胶进行清理，检查不粘涂层是否损伤。

② 正常生产中要随时检查各气缸动作是否灵敏，气缸托架滑辊要求灵活好用，无卡住、破损、脱落，发现问题及时联系处理，各气缸杆定时注油润滑。检查金属检测器、复检秤是

否灵敏正常，以免金属胶及重量超标胶混入正品胶库，影响产品质量及用户信誉。要经常检查各电机、减速机及热合制动装置润滑、温升是否正常。检查各皮带输送情况，输送带是否走偏、磨损、擦伤、破裂等，发现问题及时联系相关人员处理。根据夹口整形机使用情况，及时调整其张弛度，以确保其缝口质量。检查各行程开关位置是否变动，并保持其灵敏性。检查真空泵运行情况，控制真空压力在规定范围内。

③ 外观检查人员要认真对胶块的六个面进行检查，若发现有油污、杂物、湿斑或深色胶块，应及时处理并报告组长、班长协同处理，对于金属报警胶应进行二次检验，重量报警胶则应清出包装线，经电子台秤复检合格后再上包装线。随时注意热合机工作情况，要使胶块四周薄膜包装严密，并根据气温变化及时调整“I”“U”段温度设定，保证热合率大于95%。经常注意自动包装机各部件运行情况，如取袋、开口、推袋、夹口整形动作是否协调，发现问题及时联系相关人员处理。缝纫封口要求严密，严禁包装薄膜外露，一经发现应重新打开包装进行检查，薄膜包装问题应重新热合后再缝合。经常检查批号是否清晰正确，是否按要求自动更换批号，如有异常应及时联系并处理。

④ 正常生产中，成品胶块重量控制在(25±0.25)kg。当成型胶块重量误差超标时，应立即查找原因，并采取相应措施。压块机自动秤称量程序混乱，致使胶块重量不足或超标。应立即联系仪表工处理。自动秤上、下料门关闭不严或气缸故障，应联系钳工处理，并人工清理现场积胶。胶料黏，结团严重，下料不匀造成计量不准。应及时清理提升机、给料机，保证供料均匀。气缸风压不足，联系供风人员。

(2) 压块包装主要工艺控制与调节

1) 提升机振幅的控制与调节

提升机振幅一般控制在16~20mm(双振幅)。根据胶料在提升机上的走料情况，以调节提升机变频电机电流来控制提升机振幅。提升机振幅过大，易造成设备损伤；振幅过小，则走料不好。提升机振幅一般以既能满足生产要求，又能使设备长周期运行为准。

2) 压块机各油路油压的控制与调节

主缸油压控制在12.0~15.0MPa，根据胶块压缩程度及主缸运行速度快慢调节主缸压力。

侧缸油压控制在5.0MPa，依据小车是否能够在轨道上灵活运行为准进行调节。

3) 热合机的控制与调节

热合机的作用是将胶块表面密封一层塑料薄膜，以防在纸袋包装中粘连及污染。要求上、下热合架端正吻合，温度控制合适(温度偏高或偏低时要及时调正)，胶块四周热合严密。

4) 压块机压块时间的控制与调节

压块时间控制在21~24s。压块机压块时间根据其生产能力和胶块成型标准以及主、侧缸运行速度进行调节。当成型胶块符合工艺要求，主、侧缸运行正常时，可适当缩短保压时间，以提高生产能力；当主、侧缸运行不到位或成型胶块松散时，可延长主、侧缸运行时间及保压时间，以满足生产要求。

6.2.1.5 废气催化氧化处理工序

催化氧化反应的主要影响因素及处理方法如下

(1) 催化剂的活性

催化剂的使用寿命一般为3~5年，当催化剂超过其使用年限，需对催化剂进行更换。否则会造成尾气排放不符合国家或地方标准。

(2) 尾气浓度的影响及处理

尾气浓度波动会影响尾气设施的正常运行，尾气浓度偏高会造成反应器“飞温”，存在安全隐患，装置设置入口浓度联锁及反应器温度联锁，当浓度过高造成反应器“飞温”时，尾气处理设施会进入联锁停车状态。

6.2.2 改变生产流程的操作

凝聚釜的切换操作。在凝聚釜的切换操作中，虽然凝聚釜是双线，但共用水系统，应进行如下操作。

(1) 切换操作Ⅰ

① 根据情况降低喷胶量，甚至停止喷胶。

② 向后工序的其中一条线停止送料，并通知后工序。

③ 同时向空釜中注水至操作指标范围，待后工序断料的一条生产线全线停车(倒空)后，启动颗粒泵将待切换釜中的水送往已停生产线进行水循环，清除釜中及管线中的脏物，并升温至操作指标范围。

④ 水循环正常，釜温达到操作要求后，切换喷胶，控制喷胶量、胶粒度、釜温、釜压在控制指标范围，通知后工序准备开车。

⑤ 在新釜投用的同时，注意原切换釜中胶粒和液位变化情况，待釜中胶粒减少到一定程度后通知后工序注意胶料量，釜中胶粒倒空后，根据情况倒空釜中热水，关闭釜出入物料、水、汽阀门，通知后工序并停止送料。

⑥ 原生产釜全部倒空后，提高喷胶量，通知后工序准备送料开车。根据釜中胶粒密度情况，启动颗粒泵送料，并控制好釜操作条件。

(2) 切换操作Ⅱ

① 根据情况停止喷胶；

② 根据釜中胶粒密度情况，通知后工序依次向另一条生产线停止送料，并根据情况将釜中水倒空；

③ 在倒空原釜的同时，向新釜注水至操作要求，后双线停车后，打开新釜釜底阀向后工序的其中一条线送水进行水循环，待釜中和管线中的杂物冲洗干净，釜控制条件达到操作条件后准备投料；

④ 待前后工序准备就绪后通知胶罐喷胶，根据生产情况，控制喷胶量和其余工艺条件达到工艺指标控制范围，通知下一工序送料开车。

6.2.3 凝聚及后处理单元主要控制回路

6.2.3.1 胶液罐流量控制回路

胶液罐流量控制回路见图6-5。

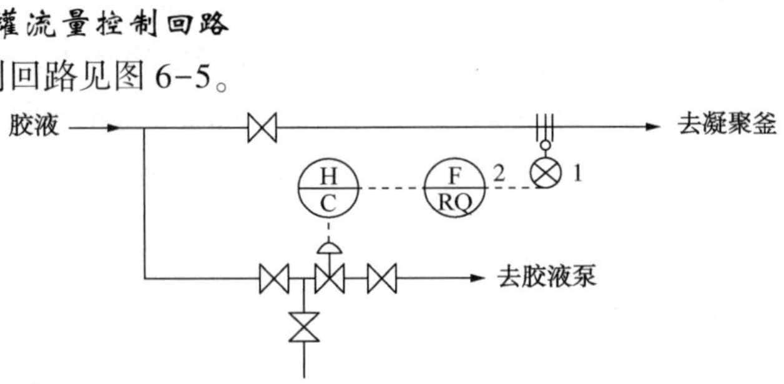

图6-5 胶液罐遥控回路

1—变送器；2—室内控制仪表

该调节回路主要用于调节喷胶量，调节阀开度越大，喷胶量越小；反之，喷胶量越大。调节阀是气开正作用。

6.2.3.2 凝聚釜液面控制回路

凝聚釜液面控制回路见图6-6。

该调节回路主要用于调节凝聚釜液面，液面高于设定值时，调节阀开度减小，热水流量减小；液面低于设定值时，调节阀开度增大，热水流量增大。

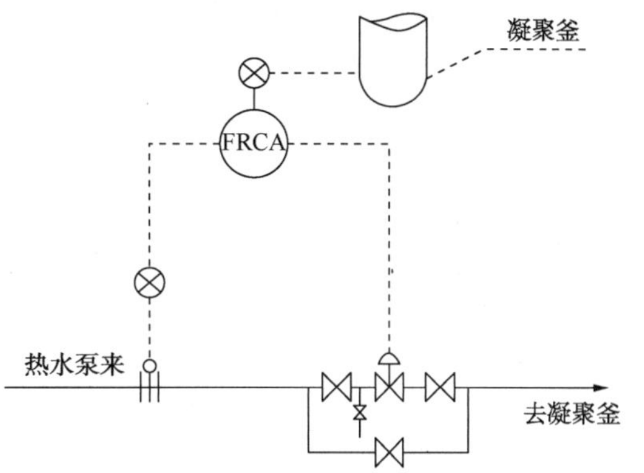

图6-6　凝聚釜液面控制回路

6.2.3.3 胶罐尾气油吸收罐液面控制回路

如图6-7所示，该调节回路主要用于调节胶罐尾气油吸收罐液面，该调节阀为气开正作用。液面高于设定值时，调节阀开度增大，出料量增大；液面低于设定值时，调节阀开度减小，出料量减小。

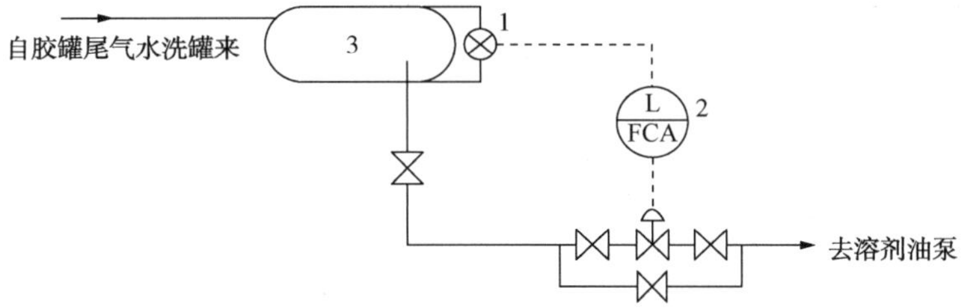

图6-7　胶罐尾气油吸收罐液面控制回路

1—变送器；2—室内控制仪表；3—油、水二次分离罐

6.2.3.4 凝聚釜加热控制回路

如图6-8所示，该调节回路主要用于调节凝聚釜温度，该调节阀为气开反作用，室内阀门开时，调节阀关；反之，室内阀关时，调节阀开。当釜温度高于设定值时，室内阀门开度增大，调节阀关小；釜温低于设定值时，室内阀开度减小，调节阀开大。

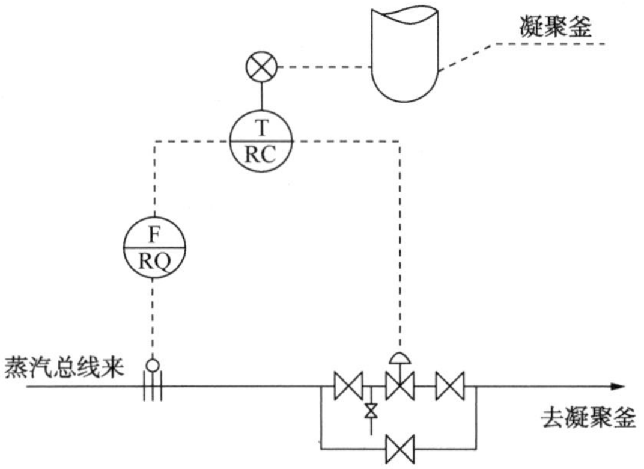

图6-8　凝聚釜加热控制回路

6.2.3.5 胶罐油吸收水洗罐进水控制回路

该调节回路主要调节洗涤水进料量，该调节阀为气开阀正作用。当流量小于设定值时，调节阀开度增大；反之，调节阀开度减小。水洗罐进水控制回路见图6-9。胶罐油吸收水洗

碱洗罐压力控制回路见图 6-10。

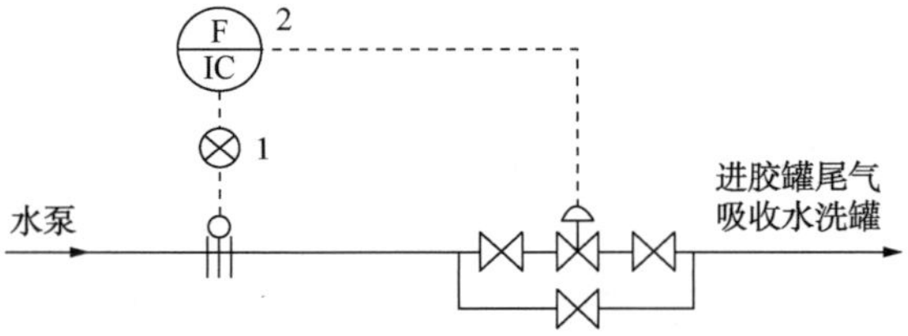

图 6-9 水洗罐进水控制回路
1—变送器；2—室内控制仪表

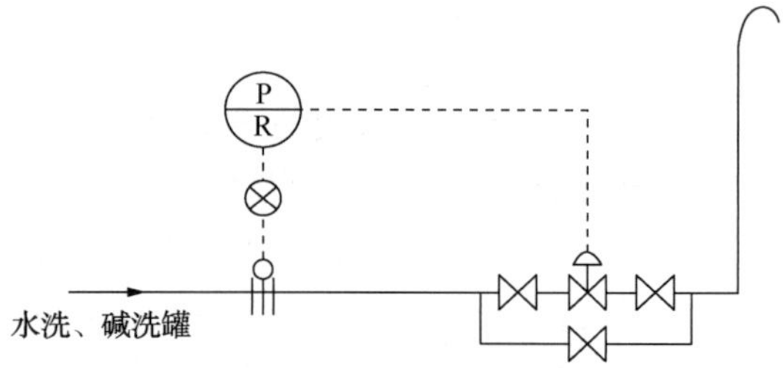

图 6-10 水洗碱洗罐压力控制回路

水洗碱洗罐压力控制回路主要控制水洗、碱洗罐压力，调节阀为气开正作用。压力高时，手动设定室内阀开度，调节阀打开，排空；压力低时，减小或关闭室内阀开度，调节阀关小或关闭。

6.2.3.6 胶罐油吸收水洗、碱洗罐界面控制回路

如图 6-11 所示，该调节回路主要控制胶罐尾气回收水洗罐油水界面，调节阀为气开正作用。当油水界面高于设定值时，调节阀开度增大，出口排水量增大；当油水界面低于设定值时，调节阀开度减小，排水量减小或关闭。

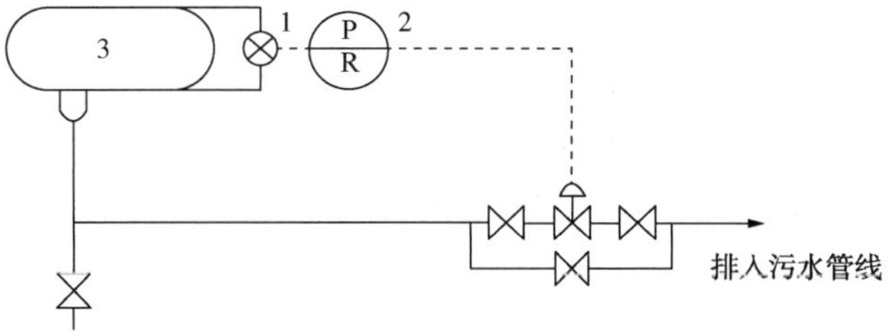

图 6-11 胶罐油吸收水洗、碱洗罐界面控制回路
1—变送器；2—室内液位控制仪表；3—水洗罐

6.2.3.7 干燥机温度控制回路

膨胀干燥机的热量来自两个方面：一是剪切螺钉摩擦产生的热量，二是膨胀干燥机夹套通入蒸汽的热量。膨胀干燥机五段温度是根据生产负荷的大小和成品中挥发分的高低来调节，如图 6-12 所示，膨胀干燥机五段温度与蒸汽流量为串级控制，当温度低于设定值，蒸汽调节阀开度增大，反之阀门开度减小，在保证成品胶挥发分合格的情况下，五段温度在工艺指标范围内控制得低一点为好。

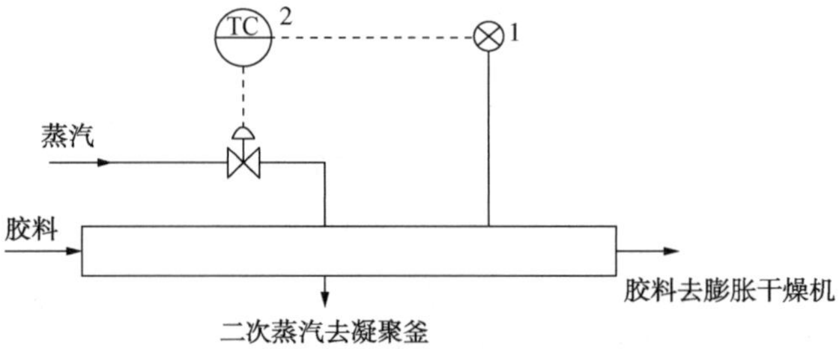

图 6-12 膨胀干燥机控制回路
1—变送器；2—室内温度控制仪表

6.3 停车操作

6.3.1 胶罐工序的停车

6.3.1.1 正常或计划检修停车

① 切换进胶操作。切换进胶操作时，关闭欲接胶的空罐罐底出料阀门，先打开需切换的胶液罐的进胶阀，然后关闭原接胶的进胶阀，完成切换操作。聚合停止送料时停接胶。当聚合停止送料后，关闭接胶胶罐进料阀，根据罐中胶液门尼黏度调配好胶液备用。

② 停止接胶和油吸收系统停车操作。接到聚合工序停止送料的通知后，确认聚合是否压料，然后根据聚合退胶情况决定是否关闭进胶阀。当接完胶后，关闭胶罐进胶阀，调配胶液至合格范围内备用。胶罐压力低于 0.02MPa 时，关闭喷射泵气相入口阀，根据回收单元情况决定是否关闭油吸收罐出料阀，停止加碱，停洗涤水，关闭水洗罐水相出口阀门，停油泵和冷油循环。短时间停车时可不停冷油循环。

③ 胶罐计划检修停车时，必须做好以下工作：倒空罐内物料，胶液罐搅拌必须办理停电票停电，并在启动按钮处挂禁动牌；管线中有物料的部位不动改时应加堵盲板，切断物料来源，动改部分应倒空物料，与系统断开，用蒸汽蒸煮合格；胶液罐停车检修时，应打开罐顶人孔注水，从罐底通汽蒸煮，然后停汽放水，分析合格后，办理设备交出手续，进入设备内部时要办理进入设备作业证。

④ 胶罐尾气油吸收回收设备倒空时，应先将界面提高，把大部分油从罐顶送出，然后将罐中的水排出，再将罐中的油从罐底送出。

6.3.1.2 临时停车

（1）停车操作

① 停喷胶操作。与凝聚工序人员联系好停车时间，凝聚工序关喷嘴的同时停胶液泵，关闭胶液泵出口阀、关闭胶液罐出料阀。

② 停止进胶。聚合停止送料后，关闭胶液罐进胶阀，保证事故线畅通。根据胶液罐存胶量和胶液门尼情况调配好合格胶液备用，根据胶液罐压力情况决定是否停用油吸收，根据胶液罐中的存胶量和下道工序的生产情况决定是否停止喷胶。

③ 停水。停水后不能启动胶液罐搅拌，只能用胶液泵进行自身循环操作，根据胶液罐中的存胶量和胶液罐的压力变化情况决定停喷胶和油吸收。

④ 停电操作。根据胶液罐中的存胶量和胶液罐压力情况及时联系停止进胶，保持事故线畅通，胶罐压力高时可适当排空，但现场周围应杜绝火源，迅速关闭喷射泵气相入口阀，停止向下一工序送丁油，避免送料波动造成窜水事故。

（2）胶罐检修停车后的主要工作

① 倒空胶液罐、水洗碱洗罐、盐冷器、碱罐以及各物料管线，加盲板封堵有料管线、设备等。加水蒸煮胶液罐、水洗碱洗罐、蒸煮各物料管线，合格后停汽、放水、通风置换。

② 带电设备办理停电手续，胶罐搅拌按钮处挂禁动牌，各罐内可燃物、氧含量以及各管线中可燃物分析合格后，办理设备交出证交出检修。检修有问题的阀门，换垫片、阀门加填料，清理胶液罐、水洗碱洗罐、碱罐、各物料管线、阀门、各阻火器及液面计等，检查各罐管线腐蚀情况，发现问题及时联系处理。

③ 胶罐停水洗、碱洗操作。停碱泵运转，关闭泵出入口阀和油线稀碱入口阀及碱罐出

口阀。关闭洗涤水调节阀，停洗涤水泵运转，关闭泵出入口阀、洗涤水调节阀前后阀、储水箱出口阀。

6.3.2 凝聚工序的停车

6.3.2.1 正常停车

（1）停车程序

胶罐胶液喷完后 → 胶罐停车 → 停胶液泵 → 冲洗凝聚釜喷嘴 → 凝聚釜倒胶 → 停蒸气 → 停搅拌 → 倒空凝聚釜 → 停热水泵、颗粒泵 → 倒空釜顶冷凝器 → 倒空油水分层灌 → 倒空溶剂油罐 → 停油泵

（2）停车操作

停车前与干燥、回收、胶罐等工序及生产调度联系好。停止喷胶，胶罐工序停胶液泵的同时关闭喷嘴，然后冲洗喷嘴。倒胶，适当降低蒸汽用量，根据釜内胶粒度大小采取相应的倒胶速度，将釜内胶粒倒空。在倒胶的同时，根据釜液面下降情况和胶粒情况停蒸汽和搅拌。待釜内胶粒与水全部倒空后停系统循环，停热水泵，并打开釜顶排空。冬季停车时，要注意把冷却水管线内的水排干净或保持常流水。倒空釜顶冷凝冷却器或空冷器、油水分层罐、溶剂油储罐中的物料，然后停油泵。

根据临时停车要求联系好停车时间。停胶液泵的同时关闭喷嘴阀，并充油 5~10min。根据临时停车的时间长短确定是否倒胶，若不倒胶时通知干燥工序准备停车，釜中胶粒度降低后停止向干燥工序送料。若临时停车时间较长时，全部倒空釜中物料，停止向干燥工序送料，停汽、停水循环。注意观察油水分层罐界面、溶剂油罐液面，发现问题及时处理。

6.3.2.2 紧急停车

凝聚单元的紧急停车主要有溶剂油冷凝(却)器突然停水或空冷器停电、装置停电、停蒸汽、停仪表风等。当出现以上情况时，需按紧急停车预案进行紧急停车处理，停车步骤执行凝聚单元紧急停车预案。

6.3.2.3 检修停车

（1）计划检修停工前的准备

由工艺工程师拟定停工检修方案，停工检修方案内容包括：停工时间安排与停工顺序，各工序停工过程工艺操作与工艺控制要点，停工要求与标准，设备物料倒空方案、加盲板要求，设备蒸煮、置换方案，设备、工艺管线吹扫方案、试压试漏方案和 N_2 置换方案。方案制定好后，组织职工学习，熟悉停车检修内容和停车流程，明确检修目的，然后根据停车方案进行停车操作。

（2）装置准备交付检修

检修负责人要与工艺工程师按以下步骤确认所有需检修设备内的胶液、溶剂油处理干净：①确认装置内所有检修工艺管线吹扫干净；②确认装置内所有检修釜、罐蒸煮干净；③确认装置内所有检修釜、罐、管线等存水放净、地面干净；④确认装置内电动设备断电，检修设备人孔打开、自然冷却、通风；⑤检修设备内采样分析氧含量合格；⑥盲板确认并挂标示牌，按盲板表进行状态确认。

（3）停车操作步骤

停车前与干燥、溶剂回收、胶罐等岗位及生产调度人员联系好。①停止喷胶：胶罐岗停胶液泵的同时关闭喷嘴，然后冲洗喷嘴。②倒胶：适当降低蒸汽用量，根据釜内胶粒度大小

采取相应的倒胶速度，将釜内胶粒倒空，釜内胶粒水倒空后停颗粒泵。③在倒胶的同时，根据釜液面下降情况和胶粒情况停蒸汽和搅拌。待釜内胶粒与水全部倒空后停系统循环，停热水泵，并打开釜顶排空。④倒空釜顶换热器、油水分层罐、溶剂油储罐中的物料，然后停油泵。⑤停车后，严格检查各系统，特别是有物料的管线、阀门是否处于关闭状态，盲板封堵是否正确。⑥各设备加水、通蒸汽蒸煮、置换合格后方可办理交出手续。⑦检查各设备、管线、阀门有无跑、冒、滴、漏现象，发现情况及时处理。⑧需检修动火的设备必须办理停电手续，并在启动按钮处挂禁动牌。各设备的氮气入口管处加盲板，打开氮气三联阀的倒淋阀。

6.3.3 干燥工序的停车

6.3.3.1 洗胶的停工操作

凝聚倒胶完毕后，逐渐加大洗涤水量，控制 2#脱水筛正常送料，通知干燥工序准备停车。将缓冲罐内料排净后停 1#脱水筛；洗胶罐内料排完后停洗涤水泵、搅拌和 2#脱水振动筛。

6.3.3.2 挤压机停车操作

当 2#脱水筛排完料后，停挤压脱水机，停润滑油泵，停冷却器冷却水。

6.3.3.3 膨胀干燥机停机操作

挤压机内胶料排完后，将膨胀干燥机螺杆转速调至“0”，停膨胀干燥机大电机，停蒸汽及各润滑油泵，停冷却器冷却水，停热风机及蒸汽，输送机排完料后停机。

6.3.4 压块包装工序的停车

提升机胶料排完后，停提升机；给料机无料后，停给料机；自动秤手动排料，压完最后一块胶后，停自动秤，停高低压油泵；热合完最后一块胶后停交替机、热合机；缝完最后一袋胶打上批号后，停装袋机、缝纫机、金属检测器及批号机、停各输送机。

停工后的设备处理。装置停工后，应彻底清理缓冲罐及 1#、2#脱水筛上的黏胶，检查筛板孔是否堵塞，若堵塞严重，应拆下筛板处理后重新安装，以备下次开车使用。清理挤压机入口处、笼条和机头、膨胀干燥机入口处挂胶。检查膨胀干燥机模头孔堵塞及破损情况，并决定是否更换。清理干燥箱、输送机、提升机、给料机、自动秤、压块机黏胶，检查热合机热合布及电阻丝是否需要更换。化工操作人员与钳工对 1#脱水筛至包装线所有设备进行详细检查，并根据情况及时调整处理，使所属设备处于备用状态，并清理设备卫生，搞好设备维护保养。

6.4 异常现象及处理

化工生产中发生事故的可能性是客观存在的，但可能性并不一定成为必然性。这是由于事故是有规律的，规律是可以被人们认识的。关键在于掌握安全技术知识，严格按科学办事，遵循各种规章制度及操作规程，采取各种技术措施和组织措施，防患于未然。在化工生产中，一些事故发生时是有规律可循的，在发生事故前工艺操作上都会出现一些异常现象，只要我们根据异常现象发生的原因，及时进行工艺调整，就能最大限度地避免事故的发生，做到防患于未然。

6.4.1 胶罐工序异常现象及处理

6.4.1.1 胶罐压力异常的处理

胶罐压力异常的处理见表 6-1。

表 6-1　胶罐压力异常的处理

现象	影响因素	处理方法
罐顶压力高	聚合转化率低 冷油温度高 冷油量小 油吸收罐压力高 仪表故障	联系聚合，调整聚合反应操作参数 检查盐水系统是否正常 提高喷胶量后加大送油量 与胶液罐压力接近时少量放空 联系仪表处理
罐顶压力低	油吸收效果好 仪表故障	停用 1~2 台喷射泵、补氮气以防罐抽瘪 联系仪表处理

6.4.1.2　胶罐液位异常的处理

胶罐液位异常的处理见表 6-2。

表 6-2　胶罐液位异常的处理

现象	影响因素	处理方法
胶液罐冒顶	油吸收罐入料阀门没开，大量溶剂油窜入胶液罐 临时停止喷胶时，罐出口阀，泵出口、入口阀没关 双法兰严重挂胶，仪表误差大或失灵	立即打开油吸收罐入料阀门 停止喷胶或倒胶时，必须关闭罐出口阀，泵出口、入口阀 停止使用此罐，及时找仪表人员处理

6.4.2　凝聚工序异常现象及处理

6.4.2.1　凝聚釜喷胶中断

喷胶中断后，控制室仪表盘喷胶流量指示为零，凝聚釜内胶粒密度逐渐降低，1#筛胶料稀少，长时间喷胶中断，则可能引起干燥断料。造成喷胶中断的原因主要有①胶罐液面计失灵，造成胶罐喷空。②胶液泵不上量。③胶液泵跳闸。④胶罐搅拌不均匀，出现喷油而无胶。

首先要通知干燥工序注意胶料量的大小，防止出现因断料塑化着火。然后针对造成喷胶中断的原因，可相应采取下列措施：①立即换喷其他胶罐，并联系维修人员维修液面计。②切换使用胶液泵，并联系钳工维修胶液泵。③切换使用其他胶液泵，联系维修人员查找跳闸原因，并进行维修。④切换喷胶罐，并启动原喷胶罐，重新进行搅拌。

6.4.2.2　凝聚釜视镜破裂

凝聚釜视镜破裂主要原因是凝聚釜超压，视镜腐蚀减薄。出现凝聚釜视镜破裂的异常情况，应立即通知胶罐工序停止喷胶，关闭喷嘴阀，关闭蒸汽进料阀，快速倒胶，使凝聚釜液面降到视镜以下，停止搅拌运行。通知干燥岗断料。联系维修人员更换视镜。视镜更换好后，恢复生产。

6.4.2.3　凝聚釜液面超高

凝聚釜液面超高的主要原因有凝聚釜液面控制仪表失灵、动作迟缓或调节不及时；凝聚水胶比小，胶颗粒度大，胶粒密度大；颗粒泵出口或入口堵塞，导致泵不上量或颗粒泵出口阀开度小；凝聚釜出料线堵塞严重。根据出现问题的原因可相应地作以下处理：热水流量控制仪表立即改用副线手动控制，然后找仪表工处理；水胶比低，立即提高热水流量或降低喷胶量提高水胶比，加适量的汽提剂保证生产的稳定运行；颗粒泵出入口堵时，应先提高釜压进行疏通，若疏通不开切换凝聚釜进行生产；凝聚釜出料线堵塞时，应先提高釜压进行疏通，若疏通不开切换凝聚釜进行生产。

6.4.2.4 凝聚釜压力升高

凝聚釜压力升高的主要原因有胶含量低、喷胶量过大、凝聚釜温度高、冷凝器出料口阀门开度小、冷凝器冷凝效果差、釜液面升高、釜顶气相过滤网堵等，不论何种原因，首先要减少喷胶量，控制合适的凝聚釜温度，将釜压降到合适的压力后再进一步查找原因，然后作相应的处理。凝聚釜温度超高，应减少入釜蒸汽流量；适当开大冷凝器出料口阀门开度；冷凝器冷凝效果差造成釜压超高，应检查冷却水流量、温度，维持低负荷生产，待冷却水正常后恢复正常生产；不能维持生产时，应停车处理。釜顶气相过滤网堵造成釜压升高不能维持低负荷生产时，停车处理。

6.4.2.5 凝聚釜闷(砣)釜

闷(砣)釜是指凝聚釜正常生产过程中的突发设备故障，釜搅拌轴断或搅拌叶掉，造成生产不易控制，一般情况下不易发生，常出现在凝聚釜温度低，喷胶量过大，这种情况对生产很不利，不仅影响胶液凝聚效果，而且很容易造成凝聚焖(砣)釜。异常处理见表6-3。

表6-3 凝聚釜闷(砣)釜异常现象及处理措施

现象	影响因素	采取措施
凝聚釜闷(砣)釜	釜搅拌轴断或搅拌叶掉，发现异音或胶粒黏结成团	停止喷胶，停止搅拌，加大蒸汽量，倒空凝聚釜
	喷胶量过大，釜中密度大，凝聚效果差，胶粒黏结成团	减小喷胶量，加大蒸汽量
	热水过滤器堵，静态混合器热水无量	停止喷胶，更换过滤器

6.4.2.6 油水分层罐跑油

油水分层罐跑油是指凝聚釜温度和压力迅速升高，工艺操作难以控制。正常生产时不易发生，常出现在装置开车初期。油水分层罐跑油异常处理措施见表6-4。

表6-4 油水分层罐跑油的处理措施

现象	影响因素	处理方法
分层罐跑油	生产初期，喷胶量过大	减小喷胶量
	罐顶放空阀没全开，造成系统憋压	打开放空阀
	突然停循环水，分层罐系统带压	停止喷胶，减少蒸汽量

6.4.3 干燥单元异常现象及处理

6.4.3.1 1#振动筛断料

1#振动筛断料的主要原因是凝聚颗粒泵不上量或出入口堵、凝聚釜出料口堵、颗粒泵损坏，因此，当出现1#振动筛断料时，应及时通知凝聚工序进行处理，干燥工序亦必须作相应的处理，防止胶料塑化。

6.4.3.2 干燥工序胶料中断

1）膨胀干燥机胶料中断，温度直线上升，如发现不及时，机膛温度超高易引起胶料塑化着火事故。

2）造成膨胀干燥机胶料中断的主要原因有①脱水挤压机、干燥机入料口堵；②2#振动筛自停或洗胶罐搅拌跳闸自停；③洗涤水泵跳闸；④凝聚出现故障，造成1#振动筛处断料。

3）出现膨胀干燥机断料，操作人员必须作以下处理：①立即降低干燥机转速，同时关闭干燥机夹套蒸汽进汽阀，开冷却水阀。②如果已经出现塑化着火，应立即启动消防一键急停按钮，2#振动筛、挤压机、干燥机、输送机、热风机、提升机等全部自停，输送机内部消防水、消防蒸汽自开灭火。③若因挤压机、干燥机入料口堵造成断料，在采取上述措施后，应立即人工扒胶，注意扒胶时不能使用金属器具，并应注意人身安全。④若因 2#振动筛、洗胶罐搅拌自停造成胶料中断，应立即停车，并联系维修人员查找原因，排除故障。待故障排除后再组织开车。⑤若因洗涤水泵跳闸造成胶料中断，在降低干燥机转速和温度的同时，应立即打开洗胶罐补水阀补水，恢复 2#振动筛送料，然后切换使用洗涤水泵，联系维修故障泵。⑥若因凝聚问题造成 1#振动筛断料，应通知凝聚工序查找排除故障，及时恢复送料。若长时间不能送料，且洗胶罐内胶料又较少时，则应停车待料。

6.4.3.3 干燥工序橡胶颜色微黄或微红

1）一般是 Al/B 低或凝聚洗胶水系统呈酸性所致。可采用提高 Al/B 和增加凝聚加碱量，凝聚、洗胶换水来控制。

2）系统换水或补水时，应尽量用软化水，禁用或少用新鲜水换水，以防产生太多积垢堵塞回水管。

6.4.3.4 挤压脱水机、膨胀干燥机常见异常现象及处理

挤压脱水机、膨胀干燥机常见异常现象及处理方法见表 6-5。

表 6-5 挤压脱水机、膨胀干燥机常见异常现象及处理方法

现象	影响因素	处理方法
脱水挤压机返料	挤压机笼条、脱水板堵 2#脱水筛面堵漏水 挤压机的挡爪开度大 与胶质量有关	钳工检修 更换 2#脱水筛面 调节挡爪开度适当 切换胶液罐
膨胀干燥机返料	模孔、脱水板堵 挤压机的挡爪开度大 与胶质量有关	拆模板换模头，清通脱水板 调节挡爪开度适当 切换胶液罐
膨胀干燥机主电机开不起来	润滑油泵压力<0.05MPa、流量小 电压<6000V 电路故障 仪表故障	钳工检修润滑油泵，切换润滑油过滤器 通知调度 找电工处理 找仪表处理
膨胀干燥机主电机停不下来	主控电源停不下来	立即去现场停主机电源，若仍停不下来，立即通知电工排除故障，并采取减速、降温等措施，切忌用停润滑油泵的方式强制停主电机，切忌去拉掉主控制电源
膨胀干燥机螺杆启动不起来	模孔堵得严重 多次启动	拆模板，进行缓慢排料，换模头 不允许二次启动，找电工处理
膨胀干燥机主电机电流过高	模孔堵或模孔小 生产负荷太大 与胶质量有关 螺杆抱胶 传动机构故障	拆模板，换模头 减量，降低生产负荷 切换胶液罐 加适量冷胶顶出 找钳工检修
润滑油温度过高	润滑油过滤器堵 润滑油冷却器堵 轴承过热或传动件故障	切换润滑油过滤器 清理润滑油冷却器 找钳工检修
干燥紧急停车	突然停蒸汽或循环水及停仪表风的处理方法 突然停电的处理方法	立即停 2#脱水筛、脱水挤压机、膨胀干燥机、水平输送机、热风机、排风机、停各润滑油泵，同时关闭所有蒸汽阀门 按所有电机的停止按钮，使其复位

6.4.3.5 洗胶工序常见异常现象及处理

洗胶工序常见异常现象及处理方法见表 6-6。

表 6-6 洗胶工序常见异常现象及处理方法

影响因素	处理方法
1#振动筛来胶量大或小，断料	及时通知凝聚工序进行调节
1#振动筛和 2#振动筛的筛面积胶	及时清理 1#振动筛、2#振动筛
缓冲罐内存胶	及时通知凝聚冲水
1#振动筛跑水严重	更换 1#振动筛面

6.4.4 压块包装单元异常现象及处理

6.4.4.1 压块异常现象及处理

压块异常现象及处理方法见表 6-7。

表 6-7 压块异常现象及处理方法

异常现象	原因	处理方法
自动秤失灵	传感器螺栓松脱或断裂 气缸连杆固定螺栓断或磨损 气缸阀堵塞 气缸内皮碗脱落或坏 气缸杆磨损严重 管路漏气 箱体内外挂胶	重新紧固或更换 重新更换、固定螺栓 清理或更换备件 联系钳工维修或更换 联系钳工更换 更新管子 清理挂胶
提升机或给料机发生故障	皮带掉 橡皮弹簧脱节 提升机共振 提升机不走料 给料机走料偏	联系钳工安装皮带 联系钳工更换弹簧 找钳工处理 提高振幅 联系钳工校正
压块机发生故障	主缸不到位 主缸动作慢 侧缸不到位 侧缸动作慢 高、低压油泵故障 电磁阀或溢流阀失灵 红外线开关失灵 电路问题 油箱液位过低 管路或阀件漏油 油压低 不卸压	找钳工处理 找钳工处理 找钳工处理 找钳工处理 找钳工处理 找钳工处理 联系电工处理 联系电工处理 联系加油 找钳工处理 找钳工处理 联系电工、钳工协商处理

6.4.4.2 包装工序常见异常现象及处理

包装工序常见异常现象及处理方法见表 6-8。

表 6-8 包装工序常见异常现象及处理方法

异常现象	原因	处理方法
气缸不动作或动作迟缓	气压不足	联系供风
	活塞杆及机械系统卡住或憋劲	联系钳工处理
	电动气阀故障	联系钳工处理

续表

异常现象	原　　因	处理方法
气缸不动作或动作迟缓	电路系统故障或光电限位开关错位	联系钳工处理
	气缸缸体漏气或皮碗活塞磨损	联系钳工处理
金属检测器不动作或常报警	控制按钮损坏	联系电工更换
	“位相”1、2调整不当	联系电工调整
	接地不良造成感应电	联系电工处理
弯道输送机不运转	成型胶块太厚	人工搬出包装线进行处理
	测厚光电开关错位	手动调整
薄膜包装机热合不好或切不断	热合温度低或高	调整“I”“U”段温度
	热合布破损	更换高温热合布
	上下热合架不正	联系电工、钳工调正
	皮垫不平	调整皮垫
	电热管断路或接线松动	联系电工处理
	热合架上有黏结物	清除黏结物
	切刀倾斜	联系钳工调整
	风压不足	联系提高风压
斜坡输送机不运转	电机跳闸	联系电工送电
	电机烧坏	联系钳工更换
装袋机不吸袋或开口器不吸袋	吸盘破裂	联系钳工处理
	自动程序故障	联系电工处理
	真空压力不达标	调整真空压力或更换备用泵
	开口风管错位或风量小	调整风管位置或进风量
推袋机不动作	自动程序错乱	联系钳工处理
	气缸故障	联系钳工处理
	气压太低	联系供风
缝纫机断针断线	机针装反、倾斜、弯曲、生锈、针孔槽有毛刺	换针
	缝纫线穿错	重新穿线
	线夹太紧	调整线夹
	缝纫线限位不正	调整缝线架
	钩针缠线	清除缠线，重新穿线
批号不清晰或错号、不换批	批号机喷头堵	用酒精冲洗
	无打印油或印油稠	更换印油
	印油瓶盖或皮管漏气	紧固瓶盖或夹紧皮管
	控制微机故障	联系工艺技术员处理
	光电开关有灰尘或杂物遮挡	清理光电开关

第 7 章　回收单元操作

7.1　开 车 操 作

一般情况下，溶剂回收的开车操作分检修停车开车操作和临时停车开车操作，设备的检修开车需要做好开车前的准备，试压试漏、条件确认等工作；临时停车开车操作是指生产在不正常情况下或其他因素影响正常生产时需临时停车处理后的开车，是对局部的问题进行处理后进行的开车操作，在开车前，仍需做好试压试漏、条件确认等开车前的准备工作，然后按开车操作步骤开车。

7.1.1　溶剂脱水塔系统的开车

7.1.1.1　开车注意事项

溶剂脱水塔开车前，设备、管线必须进行冷、热 N_2 吹扫，按开车前除水措施检查，确认各排气点气中不带水汽方可投料开车。检查各冷凝器的循环水是否畅通，杜绝超温、超压操作。经常检查室内 DCS 控制仪表与现场一次表指示是否相符，有问题、误差大要及时处理，杜绝因仪表失灵造成开车不稳定。

7.1.1.2　开车步骤

① 溶剂脱水塔系统设备、管线吹扫合格，各排气点没有水滴。

② 系统氧含量用 N_2 置换到 0.05%以下。

③ 打通开车工艺流程，按开车流程确认阀门的开、关状态。首先打开下列阀门：塔顶冷凝冷却器循环水进出阀门；物料进出阀门；进料预热器蒸汽进出阀门、物料进出阀门；重沸器蒸汽进出阀门、物料进出阀门；塔进料阀门；回流管线、进料管线、放空管线、塔底出料管线、塔顶压力调节管线上的调节阀前后阀门；凝水罐凝水排出调节阀前后阀；塔底冷却器循环水阀门及溶剂脱水塔与油罐打循环的循环阀门；安全阀根阀。关闭所有管线、设备倒淋阀，关闭所有调节阀副线阀门。

④ 检查各仪表是否运行正常，溶剂脱水塔可否进料开车。

⑤ 当塔底有液位时，启动重沸器蒸汽调节阀升温，控制一定的升温速度。启动塔顶压力调节阀，控制塔顶压力在 0.3MPa。

⑥ 根据溶剂脱水回流罐液位，启动回流泵打回流，回流罐液位升到一定高度时，准备给丁二烯回收塔进料。回流罐定时排分层水。

⑦ 塔底有液体时，启动塔底出料调节阀靠塔自身压力物料经塔底冷却后与油罐循环。待溶剂脱水塔塔底水值小于 20mg/kg 后且不含碳四组分后，给溶剂脱重塔进料。

7.1.2　丁二烯回收塔系统的开车

7.1.2.1　开车注意事项

丁二烯回收塔刚开车后，阻聚剂量应根据管线的容量一次性加入正常量的数倍，主要目的是能够使阻聚剂充满管线。该塔升温速度不宜过快，防止重组分到塔顶，使产品质量不易合格。经常检查室内表是否同现场一次表相符，有问题及时处理。回流罐开车后进行排水。

7.1.2.2 开车操作步骤

① 丁二烯回收塔检修后投料前用0.5%的 $NaNO_2$ 水溶液进行清洗。化学清洗控制温度80~100℃。系统吹扫合格，各排气点没有游离水。

② 系统氧含量用 N_2 置换到500mg/kg以下。

③ 打通开车工艺流程，按开车流程确认阀门的开、关状态。首先打开下列阀门：塔顶冷凝冷却器循环水进出阀门、物料进出阀门；重沸器蒸汽进出阀门、物料进出阀门；塔进料阀门；回流管线、进料管线、放空管线、塔底出料管线、侧线采出管线、塔顶压力调节管线上的调节阀前后阀门；凝水排出调节阀前后阀；塔底冷却器循环水阀门及塔底油送油罐的阀门；加阻聚剂TBC阀门；安全阀根阀。关闭所有管线、设备倒淋阀。关闭调节阀副线阀门。

④ 检查各仪表运行是否正常，根据溶剂脱水塔回流罐液位，调节进料流量在合适的范围，给丁二烯回收塔进料。

⑤ 当塔底有液位时，启动重沸器蒸汽调节阀升温，保持较慢的升温速度。启动塔顶压力调节阀，控制合适的塔顶压力。

⑥ 根据回流罐液位，启动回流泵打回流，回流罐液位升到一定高度时，产品分析合格后送出装置或送丁二烯脱水塔。

⑦ 塔底有一定高度的液位时，启动塔底出料调节阀，靠塔自身压力物料送溶剂油脱轻塔或经塔底冷却器冷却后送油罐。

⑧ 用计量泵分别给塔顶进料管线、气相管线加阻聚剂TBC。

⑨ 当塔压、塔底温度、回流量等工艺条件稳定后，调节各工艺操作条件至规定指标，将各仪表投自控。刚开车时回流罐应及时排分层水。

7.1.2.3 碱洗罐加碱方法

① 碱洗系统切出丁二烯回收塔操作系统，按要求加好盲板，用水、蒸汽蒸煮合格。

② 打开碱洗罐的人孔，把固体烧碱或碱液加入罐内，加少量水把碱溶开，封好人孔。一般碱浓度在5%为宜。

③ 按操作压力的1.05倍进行气密试漏，确认没有漏点后投用。

④ 碱洗系统投用时，要仔细检查水洗罐液位计是否好用，从沉降罐定时排水，杜绝水窜入丁二烯回收塔。

⑤ 停用碱洗系统必须关闭加水管线所有阀门，以杜绝物料窜入水管线。

7.1.2.4 TBC的加入方法

① 首先打开TBC储罐上的放空阀，然后将TBC从储罐的漏斗处慢慢加入，加入规定量备用。

② 打开TBC罐上的进料阀和平衡阀，往计量罐内加入TBC溶液。

③ 打开往塔内加TBC的阀门，启动计量泵，按规定调节流量连续加入。

7.1.2.5 丁二烯塔化学清洗操作方法

① 自回流罐人孔加 $NaNO_2$，注蒸汽冷凝水溶解，停止注水后封人孔。

② 自重沸器倒淋往塔釜内加蒸汽凝水，控制塔釜液位为70%。冷凝器自回流线倒淋接临时管线到塔顶冷凝器入料管线倒淋。

③ 打通化学清洗流程，启动化学清洗泵形成循环回路。控制塔釜温度在80~90℃，循环清洗。

④ 丁二烯回收塔系统注水前要在塔底冷却器入料管线、丁二烯进料管线加盲板，以杜

绝水窜入其他设备、管线。

⑤ 化学清洗完毕，用 N_2 吹扫干净设备管线内的水。

⑥ 用 N_2 置换到系统含氧量 0.01%以下，保压 0.05MPa，打通流程，做好开车准备。

7.1.3 溶剂脱重塔系统的开车

7.1.3.1 开车注意事项

溶剂脱重塔投料前，必须启动空冷风机，杜绝塔超压。该塔升温要缓慢，防止重组分蒸到塔顶造成塔顶产品质量不合格。经蒸汽蒸煮过的设备、管线必须进行冷热 N_2 吹扫，除净死角的水。经常检查室内仪表是否同现场一次表指示相符，有问题及时处理。

7.1.3.2 溶剂脱重塔开车操作过程

① 溶剂脱重塔系统吹扫合格，各排气点没有水。

② 系统氧含量用 N_2 置换到 0.05%以下，用 N_2 保压 0.01MPa。

③ 打通开车工艺流程，空冷风机已启动。确认阀门的开关状态，首先打开下列阀门：塔顶空冷器物料进出阀门；重沸器蒸汽进出阀门、物料进出阀门；塔进料阀门；回流管线、回流罐补压管线、塔底出料管线、塔顶压力调节管线上的调节阀前后阀门；凝水排出调节阀前后阀；塔底重组分冷却器循环水阀门及物料进出阀门。关闭所有管线、设备倒淋阀。关闭调节阀副线阀门。

④ 打通开车流程，检查流程无误，各仪表运行是否正常，当溶剂脱水塔底水值小于 20mg/kg 且不含 C_4 组分后，给溶剂脱重塔进料。

⑤ 当塔底有液位时，启动重沸器蒸汽调节阀升温，保持较慢的升温速度。启动塔顶压力调节阀，控制塔顶压力在工艺指标要求范围内。

⑥ 根据回流罐液位，启动回流泵打回流，液位升到一定高度时，开循环阀门与油罐循环。水值小于 20mg/kg，产品精溶剂送罐区。

⑦ 根据塔釜温度和塔釜液位情况，及时用塔底重组分泵经冷却器送出。开车或塔底温度高时适当增加重组分的采出量。

⑧ 当塔压、塔底温度、回流量等工艺条件稳定后，调节各工艺操作条件至规定指标，将各仪表投自控。

7.1.4 尾气回收系统的投用

溶剂脱水塔、丁二烯回收塔开车前，投用尾气回收系统。投用前，检查确认流程无误。

① 打开溶剂脱水塔回流罐、丁二烯回收塔回流罐、尾气冷凝液回收罐放空自动调节阀前后阀。关闭直接去火炬系统的阀门。

② 打开尾气盐冷器盐水，物料进、出阀门，尾气冷凝液回收罐出料阀及液面计、压力表等应开的阀门，关闭设备、管线的排净阀，投用尾气回收系统。

③ 待尾气冷凝液回收罐液位到 40%后，启动冷凝液送出泵，调节流量在合适范围内，把冷凝液返回生产系统。注意丁二烯回收塔进料变化，及时调节工艺参数，确保丁二烯塔稳定运行，及时调节尾气冷凝液回收罐的操作压力，确保尾气回收系统运行正常。

7.1.5 溶剂回收工艺特点

7.1.5.1 溶剂回收的主要任务

从聚合得到的胶液，其中除含有顺丁橡胶，还有未反应的单体、各种杂质以及大量的溶剂油。从胶液储罐顶部回收的丁二烯和溶剂及经凝聚蒸出、冷凝分层后的溶剂油和丁二烯等一起送往回收单元。在此将丁二烯单体予以回收，溶剂油精制后送聚合循环使用。

为了保证回收溶剂和丁二烯的质量，在本单元中除将溶剂油中水分脱除和将丁二烯与溶剂油分离两项任务，还必须将溶剂油中的杂质尽可能地设法脱除干净，这是保证聚合操作的关键。回收单元关注的重点是脱除溶剂中的水和单体丁二烯以及溶剂油的轻重组分。

7.1.5.2 工艺流程

生产中采用的典型工艺流程是三塔流程，即溶剂脱水塔、丁二烯回收塔、溶剂脱重塔。流程的特点是原料先经溶剂脱水塔进行脱水处理，将丁二烯和溶剂油初步分离。溶剂脱水塔顶物料经过碱洗罐及水洗罐除去醛、酮等，以及其他水溶性杂质后，再进丁二烯回收塔脱除溶剂油从而提浓丁二烯。溶剂脱水塔塔底物料经溶剂脱重塔脱除高沸点重组分杂质，从而得到聚合工艺要求的溶剂油。溶剂回收流程的特点是用碱洗和水洗来排除脱水塔顶部出来的溶剂油中的含氧化合物杂质，用此法来提高丁二烯塔塔底的溶剂油的质量。塔底油送回原料罐，在溶剂脱水塔和丁二烯塔间打循环，降低溶剂油单耗。其工艺流程如图 7-1 所示。

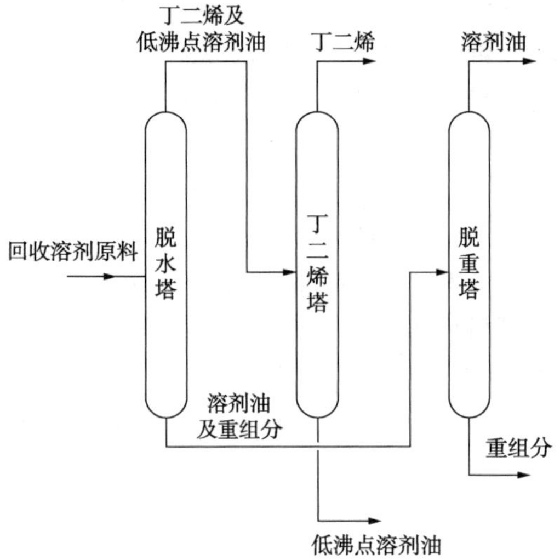

图 7-1　溶剂回收工艺流程简图

7.1.5.3 水的脱除

回收溶剂原料从凝聚工序的油水分离罐来，实际是水在溶剂油和丁二烯混合液中的饱和溶液。在常温下，其含水量在 100mg/kg 左右。表 7-1 列举了不同温度下水在丁二烯和在己烷中的饱和溶解度。

表 7-1　水在丁二烯和己烷中的饱和溶解度

温度/℃	水在丁二烯中饱和溶解度/(mg/kg)	温度/℃	水在己烷中饱和溶解度/(mg/kg)
-28.9	67	15.5	77.2
-23.3	93	26.6	169
-17.8	123	37.8	299
-11.1	167	48.8	473
0	267	60	747
5.6	333	71.2	1120
12.8	500	82.2	1590
29.5	833	87.7	1980
34.4	1000		

水在常压下沸点为 100℃，比丁二烯和碳六油都高，属于重组分，液体水之所以沸点这么高(液体氮的沸点是-180℃)，是因为它不是以单个分子状态存在，而是由多个分子通过一种分子力缔合在一起的，所以它的"分子量"变大了，因此沸点变得很高。但溶解在油中的饱和水溶解度很小，且不以缔合状态而是以单独分子状态存在，属于轻组分，能够和丁二烯和碳六油一起从脱水塔顶部蒸出。

从塔顶蒸出的水、溶剂油和丁二烯混合气体，其水含量大大超过水在溶剂油及丁二烯中的饱和溶解度。这部分混合气体冷凝后，溶液成了乳液状态，静置后分层。上层为水在溶剂油中的饱和溶液(简称油层)，下层为溶剂油在水中的饱和溶液(简称水层)。生产中必须定时排放水层，从而达到溶剂脱水的目的。

7.1.5.4 碱洗和水洗

在碱的影响下，醛能发生醇醛缩合反应，生成物经脱水反应生成烯醛。除去丁二烯及溶剂油中的醛和酮等含氧化合物杂质，如果发生多次缩合和去水，即生成相对分子质量较大的产物成絮状析出。酮也能发生类似的反应。当物料穿越碱液层时，醛酮即部分发生反应，而丁二烯和溶剂油由于其溶解度很小而浮于上面，从而使物料中醛酮杂质得到脱除。醛及酮在油中的含量很少，要用碱洗法脱除它们，油水两相充分接触就显得非常重要。目前装置上用“文氏管”或“插底分布器”来使两相混合。

丁二烯及溶剂油是难溶于水的，而有机含氧化合物，如乙醇、丙酮、乙腈等能溶于水，正丁醇、丙醛、丙烯醛、甲基丙烯醛等能部分溶于水。水洗就是利用这一性质将含氧有机化合物从丁二烯和溶剂油中除去。

7.1.5.5 杂质的分布

回收溶剂原料中杂质种类繁多。这些杂质主要来自制取丁二烯工艺的副产物，同时来自在聚合及萃取精馏过程中加入的催化剂及其他助剂。在脱水塔釜的加热过程中又产生部分丁二烯二聚物。这些杂质性质各不相同，沸点分布较宽，见表7-2。其中部分杂质可能和丁二烯或溶剂油中不同组分形成共沸物。

表7-2 某厂溶剂回收原料油主要杂质的沸点

化合物名称	沸点/℃	化合物名称	沸点/℃
呋喃	32	乙腈	80~82
乙醚	34.5	叔丁醇	82.5
丙醛	48.9	甲基丙烯醛	104
丙烯醛	52.9	丁烯醛	104.5
丙酮	56.1	异丁醇	107
异丁醛	64.5	正丁醇	117.7
丁醛	75.7	4-乙烯基环己烯(丁二烯二聚物)	125.5
乙醇	78.3	环辛二烯(丁二烯二聚物)	151~152
丁酮	79.6	仲丁醇	99.5
丁烯酮	79~80	2,6-二叔丁基对甲酚	265

杂质在溶剂脱水塔顶部和塔底的分配与溶剂脱重塔顶回收油的量有很密切的关系。正常情况下，溶剂脱水塔顶部馏出物中主要含呋喃、丙醛、丙烯醛、甲基丙烯醛以及少量丁酮、丁烯和二聚物，溶剂脱水塔底部馏出物主要含丁酮、丁烯醛、丁烯酮和二聚物等杂质，这样，经丁二烯回收塔，丁二烯回收塔塔釜物料集中较多的是丙醛、呋喃、丙烯醛，而经脱重塔塔底排除丁烯酮和二聚体等重杂质后，脱重塔塔顶的回收溶剂油中的杂质就减少。但当溶剂脱水塔的进料情况(量和组成)发生变化，塔的操作发生波动时，塔内馏分的切割情况就发生了变化，当轻组分杂质往塔底走时，这时塔顶带出的丙烯醛等杂质就较少，所以丁二烯回收塔塔底溶剂油中杂质含量就降低。相反，溶剂脱水塔塔底物料却带了不少轻组分杂质进入脱重塔，这时溶剂脱重塔塔顶的回收溶剂油中的杂质含量就高。

7.1.5.6 杂质的脱除方法

对回收单元的杂质分布作了分析可知，在正常操作工况下，大部分杂质，如丙醛、丙烯、甲基丙烯醛、丙酮、呋喃等从溶剂脱水塔顶随同丁二烯和一部分溶剂油蒸出。随同溶剂脱水塔底溶剂油带走的是二聚物等重杂质，经溶剂脱重塔处理，塔底重组分可定期排放作燃料油，排放量约占产品量的0.05%~0.15%，塔顶可获得合格的溶剂油。溶剂脱水塔顶部蒸出的物料进入了丁二烯回收塔，塔顶分出丁二烯，其中含有部分甲基丙烯醛、丙醛和丙烯醛，而较多杂质如呋喃、丙烯醛、丁烯酮和二聚物集中在丁二烯回收塔塔底的溶剂油中，这部分溶剂油占总量的10%~20%。这部分溶剂用碱洗、水洗的方法脱除丙烯酸等含氧化合物杂质。

7.1.5.7 原料及主要产品控制指标

(1) 溶剂脱水塔进料

溶剂脱水塔进料中溶解了饱和水，但不能有游离水存在。因为游离水进入塔内，水呈微小的水珠状悬浮于溶剂油中，水分子以缔合状态存在，以高沸点重组分的形态逐渐积累于塔底，达不到溶剂脱水的目的。

(2) 溶剂脱水塔塔底物料

溶剂脱水塔塔底产品中不应含有丁二烯，水值应小于20mg/kg，如果含有丁二烯或水值超高的物料从溶剂脱水塔塔底进入溶剂脱重塔后，丁二烯及水会随同溶剂油一起从脱重塔塔顶蒸出，导致溶剂油质量不合格。

(3) 溶剂脱重塔塔顶物料

控制溶剂脱重塔塔顶物料水值和丁二烯含量，主要是考虑到它们对镍催化体系聚合过程中各催化剂的影响。水和三异丁基铝以及三氟化硼乙醚络合物都能发生化学反应，从而使催化剂失去催化作用。溶剂油中混入丁二烯，势必包含着其他不饱和烃类存在，这些不饱和烃类也将部分地破坏催化剂。如果溶剂油中水值或不饱和烃含量过高，将使聚合的催化剂用量大幅提高，甚至于使聚合根本不反应。

(4) 溶剂脱重塔塔底物料

主要为高沸点溶剂油，其中含有丁二烯二聚物及其他高沸点含氧化合物，如丁烯酮、丁二烯回收塔加的阻聚剂、聚合反应催化剂、防老剂等。一般馏程在90℃以上或残留物超过0.1%时即可排放。这部分物料排放后可当燃料油使用。

(5) 丁二烯回收塔塔顶物料

丁二烯回收塔塔顶产物中不应含有碳六溶剂油(有的规定小于0.2%)。这是由于回收丁二烯中含有一定量的正丁烯，异丁烯，顺、反丁烯等杂质，必须送丁二烯精制塔去提纯。如果丁二烯中混有碳六油，由于它与萃取剂乙腈的沸点很接近，两者不容易分离，致使乙腈污染，影响萃取精馏的效果。

7.1.5.8 主要工艺条件

(1) 塔压

塔压主要根据分离效果及设备投资费用和操作费用来确定，一般尽可能用常压或低压操作。选定塔压时，一般遵守下述原则：①在该压力下塔顶蒸出物被当地工业水冷凝；②在该压力下塔内物料在加热过程中不会发生化学变化导致物料变质。例如，溶剂脱水塔和丁二烯回收塔的物料中，含有部分低沸点物质，如丁烯及丁二烯等，它们在常压常温下即能汽化，为不使设备投资费用和操作费用都增加，因此应选择合适的塔压。

（2）进料状态

塔的进料可以是泡点温度进料、液相冷进料、气液混合进料、饱和蒸气进料和过热蒸气进料。进料状态应根据工艺要求而定，原则上要使进料温度尽可能符合塔体温度的分布情况，同时使塔内的气相和液相分布均匀。生产中通常采取泡点温度进料和液相冷进料，尤其以泡点温度进料更为普遍。若采用液相冷进料，其优点是可以节省设备费用，但冷液进入塔内会使气体中重组分大量冷凝而加大塔内回流量，从而增加塔底加热蒸汽的负荷。采用气相进料可以降低塔底加热蒸汽负荷，但它使塔的气相负荷增大，增加设备投资费用，对分离效果也有一定的影响。而采用泡点温度进料将使塔内气液负荷比较均匀，塔底加热蒸汽负荷降低，有利于塔的操作。溶剂脱水塔的进料状态即为泡点温度（也可以是冷进料），而丁二烯回收塔的进料状态为液相冷进料，也可以泡点进料，溶剂脱重塔的进料为气液混合状态，这是由于溶剂脱水塔在0.4MPa（绝压）下操作，溶剂脱水塔釜处于泡点状态的物料经管线进入溶剂脱重塔，由于释压，部分轻组分闪蒸（大约有40%），因而成了气液混合状态。

（3）塔顶温度

塔顶温度主要取决于塔顶产品的组成。实际上塔顶温度是塔顶组分在操作压力下的露点。为了控制塔顶产品的质量，必须严格控制塔顶温度。溶剂脱水塔塔顶产品组成常常随进料组成的变化而变化，因而该塔顶温度的控制范围较宽。在溶剂脱水塔塔顶丁二烯含量为50%左右时，塔顶温度控制在80~90℃。丁二烯回收塔塔顶产品主要为丁二烯，只有极微量的碳五组分，因此，该塔塔顶温度和丁二烯在该塔压力下的沸点很接近。

（4）塔底温度

塔底温度是塔底物料在该操作压力下的泡点温度。控制塔底温度是为了保证塔底物料的组成和保持塔内足够的汽化量。

（5）回流比

在精馏操作中，平时所讲的回流一般指塔顶回流，即将塔顶蒸出的气体经冷凝后重新返回塔顶的过程。回流的目的在于保持塔内各层塔板上有一定的液体使之和上升气体充分接触传质和传热，同时将塔内多余热量取走，使塔保持热量平衡。回流量的大小对精馏塔的操作影响很大，回流量通常用回流比来表示。回流比是回流量和塔顶产品采出量之比，回流比越大，分离效果越好，所需的塔板数越小。塔顶蒸出物冷凝后全部返回塔内的过程叫全回流。此时回流比为无穷大，塔顶没有产品，只有在刚开车或塔顶产品纯度过低时才短时间地采用，正常生产中没有实际意义。选择回流比要根据设备和操作费用以及物料分离的难易程度而定。回流比过小，所需塔板数过多，塔过高，造成安装困难和设备制造费用增大。回流比过大，塔的气液负荷都增加，导致设备费用增大。同时加热和冷凝过程所需加热蒸汽和冷却水用量增多，造成操作费用增加。

7.2 正常操作

7.2.1 主要工艺控制原理

进料流量、组分相对稳定的情况下，影响精馏塔正常操作的因素很多，如进料组成变化，进料量变化，进料温度变化，塔顶压力及温度的变化，塔底、塔顶采出量的变化等。这些因素联系密切，任何一个因素波动都会给整个塔的操作带来影响。在操作过程中，要针对具体情况进行综合分析，然后采取相应措施。

影响塔正常操作的因素固然很复杂，但是贯穿整个过程始终的是汽化和冷凝的矛盾。要掌握好塔的平衡操作，就要处理好塔的物料平衡和热量平衡。

7.2.1.1 物料平衡

物料平衡是指进塔物料和出塔物料的平衡。物料平衡明显地反映在塔底液面上，如果塔釜液面为自动调节，即明显地反映在塔釜出料量上。影响塔底液面的因素有进料量、进料组成、塔顶采出量、塔底采出量以及进料温度和塔底温度。

7.2.1.2 热量平衡

热量平衡是指进塔热量和出塔热量的平衡。热量平衡明显地反映在塔顶温度上。影响塔顶温度的因素有进料温度、回流温度、塔顶压力、塔底温度和回流量。无论是物料平衡还是热量平衡，平衡总是相对的，而波动则是绝对的。要做到平衡操作，就是在出现波动时，及时采取措施，使其重新达到平衡。

7.2.1.3 影响精馏塔系统操作稳定的因素

(1) 操作压力

任何精馏塔都是依据在一恒定的操作压力下的气液平衡数据进行设计、计算和操作的，操作压力的选择主要根据被处理物料的性质。对于一些沸点高，高温时性质不稳定，易分解聚合、结焦的物料或在常压下相对挥发度较小、有剧毒的物料则常常在减压下进行精馏。减压操作降低了物料沸腾温度，可避免物料在高温时热分解、聚合、结焦等可能性，且减少了有毒物料的泄漏、污染等情况，如苯乙烯的精馏均采用减压精馏。如果被分离的混合物在常温常压下气体或沸点较低，则可采用加压蒸馏的方法，如顺丁橡胶生产中溶剂回收的溶剂脱水塔、丁二烯回收塔的精馏。

此外操作压力的选择还应考虑传热设备的价格、塔的耐压性能、操作费用等综合经济效果来决定。当原料液在常压下是液体时，则一般应尽可能地采用常压操作，这样对设备的要求低，附属设备也少。如顺丁橡胶生产中溶剂回收的溶剂脱重塔的精馏。

一个精馏塔的操作压力确定后，应尽量保持工艺指标在允许的范围内，保持其稳定。虽然压力在小范围内变化对汽、液平衡无明显的影响，但大幅度的变化，会破坏精馏塔正常的汽、液平衡，导致整个操作恶化，影响塔顶、塔底产品质量。

塔顶压力的调节。目前回收单元精馏塔一般是通过调节塔顶冷凝器中物料出料量来控制塔顶压力的，其实质是调节换热器的换热面积。

(2) 操作温度

在一定的操作压力下气液平衡与温度有密切的关系。不同的温度都对应着不同的气液平衡组成。塔顶、塔釜的气液平衡组成可反映产品的质量情况，它所对应的平衡温度，就被确定为塔顶、塔釜的温度指标。因此，在生产中，塔顶、塔釜温度就反映了产品的质量。当操作压力恒定时，温度也要保持相对的稳定。若温度改变，则产品的质量和产品组成都相应地发生变化。如塔顶温度升高时，塔顶产品中难挥发分含量增加，因此，虽然塔顶产品产量可以增加，但质量却下降了；又如塔釜温度升高则也同样会使塔顶产品中难挥发组分增加，质量下降。

温度是随着压力变化而变化的。在操作压力基本稳定的情况下，温度的变化常常是再沸器中加热蒸汽量、冷凝器中冷却剂用量、回流量、釜液高度、进料等条件的变化造成的，通过调节这些条件可以使温度趋于恒定。因此，精馏塔的操作是一个多因素的“综合平衡”过程，而温度的调节在精馏操作中起着最终的质量调节的作用。

(3) 回流量

当塔顶馏分中难挥发组分含量增高时，采取加大回流量的方法，增加塔内下降的液体流量，使上升蒸汽中难挥发组分冷凝的可能性加大，从而提高塔顶产品质量。但回流量的增大，将影响塔顶产品的产量，降低塔的生产能力，所以回流比不宜无限地增加，而且回流量过大会造成塔内下流液体流量过多而导致液泛。

(4) 液位、流量

塔釜的液位要保持一定，一般控制在塔釜高度的1/2~2/3，在釜液质量合格时，要及时连续稳定地送出，以防釜液涨满影响温度调节，也要防止排液太快造成釜液抽空。塔釜液面保持一定，一方面起到塔釜液封作用，另一方面使被蒸发的液体在塔釜有一定的液面高度和蒸发空间。另外，要保持精馏塔各项工艺控制指标的相对稳定，在工艺要求的范围内，还必须保持回流罐液面的稳定，从而保证回流量的稳定。正常生产中，流量平稳、液面也就平稳。一般液面的波动主要是流量不稳的表现，各液位的波动必定造成操作不稳，从而使质量不稳定。塔的正常操作，要防止罐、釜的假液面，经常检查液面计、切断阀门是否畅通。一个精馏塔的进料量，回流量，塔顶、塔底出料量及侧线采出量的增减不仅影响塔内的物料平衡和热量平衡，而且影响塔内浓度分布的变化，影响塔的分离效果。因此，流量必须根据产品质量适当调节，切不可骤增骤减。

7.2.1.4 溶剂脱水塔工艺操作特点

① 较典型的溶剂脱水塔的塔顶压力是用控制塔顶冷凝器冷凝液导出管上的液体流量的大小来进行塔压控制调节的，调节阀流量不足时，可适当开调节阀副线辅助调节。影响塔压变化的因素较多，如进料中组成的变化、进料量突然增减、塔釜温度、塔顶冷凝器的冷却水用水量和温度、回流量和采出量等。因此调节塔压时，必须考虑以上各因素，只有控制以上各因素相对稳定，才能保证塔压的正常和稳定。当溶剂脱水塔进料中丁二烯含量高时，塔顶蒸出量必然增大，因为压控是给定值，所以其控制阀开度就增大。若塔底温度高，则塔内汽化量大，使塔顶温度升高，因而压控调节阀开度也增大。因此通过压控调节阀开度大小，可以判断塔内气相负荷的变化。正常操作时，塔顶压力控制是一个给定值，一般不随便改变。

② 溶剂脱水塔塔顶温度主要受回流温度、回流量、塔顶丁二烯含量多少及塔底温度、进料温度等因素的影响。对于溶剂脱水塔，一般进料温度、塔底温度都是一定的，塔顶温度只受回流温度、回流量及丁二烯浓度的影响，但回流量一般不改变，因此，塔顶温度受丁二烯浓度、回流温度影响。塔底温度的变化影响塔顶温度，当丁二烯浓度高时，塔顶温度就低，反之则高。一般正常操作时，塔顶丁二烯含量控制在25%~50%，塔顶温度控制在80~90℃。

7.2.1.5 溶剂脱水塔和丁二烯回收塔压力的控制

溶剂脱水塔和丁二烯回收塔由于进料量及进料组成的变化较大，因而其塔压往往容易发生波动。塔压力的波动不仅会影响产品的质量，而且还会影响设备的安全。因此，控制塔压十分重要。

对于溶剂脱水塔及丁二烯回收塔塔顶压力的自动控制，目前采用三种方法。第一种为通过调节冷凝剂流量以改变流体间的温差，从而改变气体冷凝率，达到控制塔顶压力的目的。第二种为通过调节塔顶气相到冷凝器的流量达到控制塔顶压力的目的，这种方法通称“卡脖子”控制。第三种为通过调节塔顶和回流罐之间的压差来改变冷凝器气相部分的换热面积，从而达到控制塔顶压力的目的，这种方法通常称“浸没式”或“热气体分通式”控制。

7.2.1.6　引起溶剂回收塔塔压不正常的原因

塔内不凝气逐步积累；进料中轻组分含量升高；回流量增大；冷凝器冷却水量不足；冷凝器结垢或堵塞。仪表原因有一次表段管堵、控制仪表 PID 参数不佳等。

由于塔压不正常，从而导致溶剂脱水塔温度波动或使溶剂脱水塔塔底物料水值升高。对于丁二烯回收塔来说，则可能导致塔底物料中含丁二烯。塔压波动往往表现在塔顶温度大幅波动，塔底温度不好控制，回流罐液面、压力波动等。

7.2.1.7　塔压不正常采取的主要措施

回流罐排放不凝气；减少回流量；加大冷却水流量；减少进料量；清理塔顶压力一次表短管和调整仪表 PID 参数。

7.2.1.8　溶剂脱重塔釜液面和温度的控制

脱重塔釜物料为间断出料。在正常操作情况下，塔釜液面应随着塔釜不出料时间的增长而缓慢升高。当液面高于塔釜液面计 2/3 处，并且残留物含量超过 1%或馏程较高时，应及时排放重组分；也可以通过塔釜温度和液面的关系来判断塔釜物料组成情况来决定是否排料。但有时由于操作不当，塔釜液面常会出现波动，溶剂脱重塔釜液面的波动通常是由塔底温度的波动引起的。

7.2.2　溶剂回收塔工艺调节

7.2.2.1　溶剂脱水塔工艺调节

(1) 溶剂脱水塔塔底产品主要控制水值和丁二烯含量

1) 引起溶剂脱水塔塔底产品水值偏高或含有丁二烯的原因如下：进料中带有游离水。塔内不凝气逐步积累造成塔压升高；塔顶馏出物冷凝不完全造成塔压升高；回流量过大；塔底温度过低；进料量和进料组成大幅变动。若发现溶剂脱水塔塔底含有丁二烯或水值过高时，立即停止将溶剂脱水塔塔底物料送溶剂脱重塔，查明原因后可分别或同时采取下列措施：排放原料油中的分层水；提高塔底温度以增大汽化量；减少回流；排放不凝气体。

2) 如发现溶剂脱重塔水值大幅超高时，应将溶剂脱水塔单独打循环，停溶剂脱重塔，倒空溶剂脱重塔釜物料，待溶剂脱水塔塔底水值合格后再向溶剂脱重塔进料，否则溶剂脱重塔循环需要很长时间才能把系统中的水分除去。

(2) 溶剂脱水塔操作压力稳定的工况下

1) 当进料中丁二烯含量高时，可适当采取以下操作方法：①适当增加丁二烯回收塔进料，保持回流罐液位正常；②稍降塔底温度，减少塔顶溶剂油蒸出量，但控制塔底温度不宜过低。

2) 进料中丁二烯含量少时，可适当采取以下操作方法：①减少丁二烯回收塔的进料量，保证正常液位；②适当提高溶剂脱水塔塔底操作温度，增加脱水效果；③当溶剂脱水塔塔底水质不合格或含丁二烯时，立即停溶剂脱重塔进料，溶剂脱重塔全回流操作，溶剂脱水塔塔底与原料罐循环。

3) 溶剂脱水塔进料量波动或原料泵不上量时，应根据情况进行处理。在短时间内原料油泵不上量，应控制三塔各工艺指标稳定，特别是溶剂脱水塔、溶剂脱重塔的塔釜液位，应稳定在 30%~80%，杜绝空或满的情况出现。若溶剂脱水塔停止进料时间较长，塔顶、塔底温度波动较大，回流罐排水量增加时，溶剂脱水塔塔底物料必须改去原料罐，水值合格后重新给溶剂脱重塔进料，溶剂脱重塔塔顶水值加样合格后采出。水值不合格的物料进入溶剂脱重塔，会造成产品长时间不合格，严重时把不合格的产品送入聚合工序，则导致聚合不聚，影响装置正常生产。

4）正常生产中，若出现溶剂脱水塔塔底温度比正常温度突然下降2~5℃时，应立即停溶剂脱重塔进料，溶剂脱水塔塔底物料改送原料罐，并通知有关人员查明原因。

7.2.2.2 丁二烯回收塔工艺调节

（1）塔顶压力

丁二烯塔的塔顶压力通过用控制塔顶冷凝器冷凝液导出管上的液体流量的大小来进行塔压控制调节的，调节流量不足时，可适当开调节阀副线辅助调节。影响塔压变化的因素较多，如进料中组成的变化、进料量突然增减、塔釜温度、塔顶冷凝器的冷却水量和温度、回流量和采出量等。因此调节塔压时，必须考虑以上各种因素。只有以上各因素相对稳定，才能保证塔压的正常和稳定。

（2）温度调节

温度变化影响塔的热平衡及气液两项负荷的变化，也会引起塔压和液面的变化，进而影响产品质量，所以要根据塔内参数变化情况及塔顶、塔底、侧线产品质量情况作温度调节，但调节的速度应缓慢。

（3）液位调节

塔釜液位要保持一定，一般控制在塔釜高度的60%。在釜液质量合格时，要及时连续稳定地送出，以防釜液涨满影响温度调节；也要防止排液太快造成釜液抽空。塔釜液面保持一定，一方面起到塔釜液封作用；另一方面可保证塔釜液体和蒸发的气体在塔釜有一定的液面高度和蒸发空间。回流罐必须有良好的液面自动控制，保持液面60%的稳定高度，并经常从回流罐分水包排去分层水。

（4）流量调节

塔进料量，回流量，塔顶、塔底出料量及侧线采出量的增减不仅影响塔内的物料平衡和热量平衡，而且影响塔内浓度分布的变化，影响分离效果。因此，流量必须根据产品质量慎重调节，切不可骤增骤减。测定流量仪表可能有失灵或偏差较大的情况，在实际操作中应根据现场液面经常实测流量测定仪表，以确保流量指示仪表的准确性，配合仪表工做好仪表的校验工作。

（5）正常质量调节

1）当塔顶产品丁二烯质量不合格时，停止塔顶采出，及时调整操作参数，适当加大回流量，降低塔釜温度。产品加样分析合格后送出。

2）塔釜含碳四组分时可适当提高塔釜温度，适当减小回流量。

7.2.2.3 溶剂脱重塔工艺调节

（1）正常因素分析与调节

1）塔顶压力

脱重塔的塔顶压力是用控制塔顶冷凝器冷凝液导出管上的液体流量的大小来进行塔压控制调节的，调节流量不足时，可适当开调节阀副线辅助调节。影响塔压变化的因素较多，如进料中组成的变化、进料量突然增减、塔釜温度、空冷出料温度、回流量和采出量等。因此调节塔压时，必须考虑以上各因素。只有控制以上各因素的相对稳定，才能保证塔压的正常和稳定。首先，通过塔顶压力控制调节阀的开度变化，可以观察塔内气相负荷的变化情况；其次，塔顶气体的冷凝采用空气冷凝器和水冷凝器串联使用，因压力阻力增大，对塔压的影响较大，应经常注意塔压的控制情况，杜绝超压事故。回流罐采用补压的方法，预防回流罐负压操作。

2）温度、液位控制

溶剂脱重塔塔釜液位的控制与塔釜温度的变化有关，正常生产中一般用塔釜温度来调节塔釜液位，准备采出重组分时可适当提高塔釜液位，但不能超过塔釜液位的80%。塔釜液位的调节是靠提高塔釜温度来完成的，但在正常生产中，杜绝超温操作，即塔釜温度不能超过正常温度。当出现塔釜温度超过正常温度1~2℃，而塔釜液位不下降时，应立即停脱重塔塔顶采出，多采出塔底重组分，适当增加回流量，通知车间、工段查明原因，加样合格后采出。

3）流量控制

回流罐的液位与产品采出量有关，因此要保持产品采出量的相对稳定，防止流量忽大忽小而造成回流罐液位忽高忽低，影响正常生产。

（2）正常质量调节

① 当成品溶剂油质量控制指标中出现某一项质量不合格时，应停止产品送罐区，溶剂脱重塔与原料罐循环。

② 塔顶溶剂油中含氧量高，可能是由于回流罐负压或取样点等处有泄漏的地方，因此要经常用补压管线给溶剂脱重回流罐补压，控制压力在0.03MPa左右，及时消除漏点，杜绝空气中的氧进入产品溶剂油中。

③ 塔顶产品溶剂油含杂质多，可能是冲塔或淹塔引起的，也可能是塔底物料排放量不够引起的，根据原因采取措施尽快使产品质量合格。

④ 溶剂油初馏点低，应提高脱水塔塔底温度，也可以减少脱水塔回流量，适当排放丁二烯塔塔底油；溶剂油干点高，应适当增加脱重塔塔底重组分排放量，降低脱重塔塔底温度，加大脱重塔回流量。

7.2.3　回收单元主要控制回路

（1）塔顶压力控制回路

回收单元塔顶压力控制大都采用如图7-2所示的调节控制回路。此调节回路的特点是调节滞后小、迅速，缺点是若出现调节系统失灵，调节阀卡堵，塔压上升快，在很短时间内可造成塔超压，引起工艺波动甚至安全事故。为此，在生产中应特别注意。另外，调节阀必须选取气关式，杜绝停仪表风发生塔超压事故。

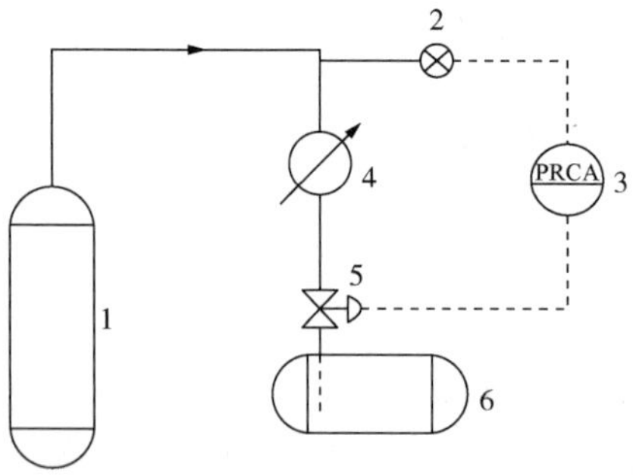

图7-2　塔顶压力控制回路

1—精馏塔；2—压力变送器；
3—室内压力调节器；4—塔顶冷凝器；
5—气关式调节阀；6—回流罐

（2）塔釜温度控制回路

回收单元塔釜温度都如图7-3所示控制回路。塔釜温度调节阀一般采用气开式，杜绝因停仪表风塔温升高，造成塔超温超压事故。

（3）溶剂脱水塔塔釜液位控制回路

脱水塔塔釜液位是通过塔底出料（脱重塔进料）来控制的，如图7-4所示，为实现生产中塔釜液位、塔底出料的相对稳定，采用串级调节。采用此种调节回路的还有丁二烯回收塔塔釜液位、溶剂脱水回流罐液位。

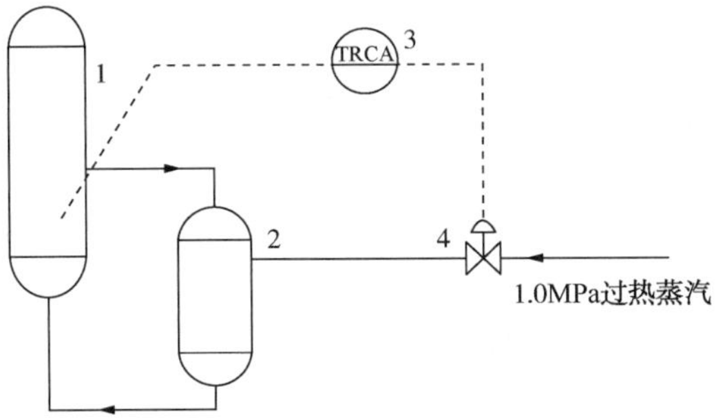

图 7-3 塔釜温度控制回路

1—精馏塔；2—重沸器；

3—塔釜室内温度调节表；4—气开式调节阀

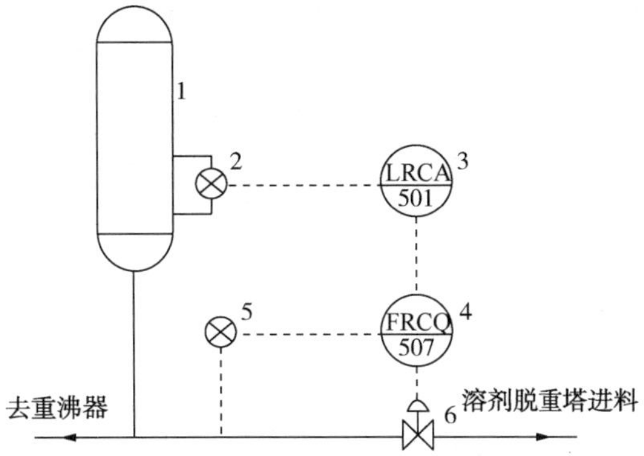

图 7-4 塔釜液位控制回路

1—脱水塔；2—液位变送器；

3—液位调节器；4—流量调节器；

5—流量变送器；6—液位、流量调节阀

7.3 停车操作

7.3.1 回收单元的计划停车

生产装置运行一定的时间，需根据生产原料、上下游工序的生产情况制定停车检修计划。化工装置单元停车与上下游工序有一定的联系，因此，做停车计划时，需同时进行考虑。

回收单元计划停车包括顺丁橡胶生产装置的大检修停车和短时间的停车检修。

7.3.1.1 溶剂脱水塔停车

通知原料工序停止给溶剂脱水塔送料，停溶剂脱重塔进料，溶剂脱水塔塔底料经换热器送原料罐或凝聚油罐。溶剂脱水塔停进料后，应及时停溶剂脱重塔进料，防止水质不合格的物料进入溶剂脱重塔，造成循环时间长。溶剂脱水塔停车的步骤一般是停进料，关闭蒸汽调节阀及前后保护阀门，全回流降温，塔温逐渐降低后，停塔回流，回流泵继续运行把回流罐中的物料送完，然后停溶剂脱水塔回流泵，关闭相关的阀门，防止发生窜水窜料事故。停车过程中，一般控制仪表在手动控制状态。塔温逐渐降低后，可倒空检修设备、管线中的物料。物料倒空的顺序是先设备后工艺管线。

（1）溶剂脱水塔停车

步骤简述：当接到生产调度或车间指令后，进行停车操作。

1）适当降低溶剂脱水塔进料量，把塔釜液位、回流罐液位降低到能维持正常生产即可。通知原料工序停止溶剂脱水塔进料，关闭进料调节阀及前后保护阀门。关闭加热蒸汽调节阀及前后保护阀门，塔釜温度降到40℃左右时，关闭回流调节阀及前后保护阀门。

2）停溶剂脱重塔进料，溶剂脱水塔塔底物料经过冷却器冷却后送原料油罐或凝聚油罐，溶剂脱重塔塔顶产品停送罐区。

3）溶剂脱水回流罐内物料全部送丁二烯回收塔处理或直接送罐区。

4）停溶剂脱水塔回流泵。①开始倒空塔釜、重沸器及回流罐内物料；②用回流泵把回流罐内物料全部送丁二烯回收塔或直接送罐区；③塔釜物料送原料油罐或凝聚油罐；④重沸器内物料接临时管线送出，余料装桶；⑤进料预热器内物料送入油罐，余料装入铁桶；⑥设备内物料倒完后，倒空管线、机泵内物料。

5）从设备、管线倒淋检查物料是否倒干净。确认设备、管线物料倒空后，用 N_2 吹扫已倒空物料的设备、管线。关闭塔顶冷凝器循环水阀门，排净设备内的水。

（2）隔离操作

一般不需进行蒸煮置换检修的设备、工艺管线，或有特殊要求的设备、工艺管线需要隔离保护，在化工生产中称隔离或加盲板操作。溶剂脱水塔确认设备、管线内物料倒空后，泄压，应按照检修方案盲板图和加盲板的有关管理规定和方法进行隔离操作。

（3）溶剂脱水塔 $FeSO_4$ 溶液水洗操作

$FeSO_4$ 溶液水洗的目的是破坏系统内的丁二烯过氧化物，防止发生事故。把配制好的0.5%左右的 $FeSO_4$ 溶液加入回流罐或直接加入塔内，贯通水洗流程，控制塔釜液位70%，温度为80~90℃，用泵打回流循环清洗。

$FeSO_4$ 溶液水洗完毕，按检修方案蒸煮设备、管线。蒸煮设备、管线时要注意温度不可升得过快，用汽量要适度，对于动火项目及进入作业的设备，要求用蒸汽蒸煮至可燃物合格，蒸煮期间要设专人负责看护，确保蒸煮、置换质量，蒸煮、置换要按控制点进行，使用软管要牢固，采取一定措施，防止软管使用中断裂而摆动或软管不牢固脱落而发生意外。蒸煮完毕，设备排水时，排水量要适度，不得过大，同时要防止出现烫伤事故，停止蒸煮、置换后，从倒淋把所有设备、管线内的水排干净，蒸煮后的塔用泵加凉水洗塔，尽快降低塔温，然后按要求进行可燃物、氧含量分析，对于可燃物分析不合格的设备或管线，要及时采取措施进行二次处理至合格，分析结果要保存。设备蒸煮、置换完毕，组织人员进行检查验收，以进一步确认装置、设备、管线蒸煮和置换合格。

溶剂脱水塔蒸煮置换塔釜温度控制在115~120℃，压力控制在0.01~0.15MPa。针对设备、管线，确定蒸煮、置换方法：如加水通蒸汽蒸煮、直接通蒸汽吹扫和用 N_2 置换。蒸煮、置换至可燃物、氧含量合格。蒸煮过程中，确定蒸煮、置换的分段流程及排气点，排气点一般放在回流罐、塔顶排空管线，还必须在进料管线、回流管线、回流泵倒淋阀等排气点间断排气，特别要注意给蒸煮气流不易流通的管线排气，避免留有死角造成安全事故。

7.3.1.2 丁二烯回收塔停车

丁二烯回收塔停车直接关系着溶剂脱水塔的正常生产，因此，该塔停车时要考虑聚合工序和回收单元的物料平衡，大检修计划停车不考虑物料平衡的问题。丁二烯回收塔停车，应尽量降低溶剂脱水塔回流罐液位，然后及时停该塔进料，溶剂脱水塔、溶剂脱重塔可全回流操作。丁二烯回收塔停车的步骤一般是先降低溶剂脱水塔回流罐液位或处理完该设备中的物料，然后停该塔进料，关闭蒸汽调节阀及阀门，全回流降温，塔温逐渐降低后，停塔回流，回流泵继续运行把回流罐中的物料送完，最后停丁二烯回收塔回流泵，关闭相关的阀门，防止发生窜水窜料事故。停车过程中，一般控制仪表在手动控制状态。塔温逐渐降低后，准备倒空检修设备、管线中的物料。物料倒空的顺序是先设备后工艺管线。

（1）丁二烯回收塔停车步骤简述

溶剂脱水塔回流罐液位降低或处理完后，进行丁二烯回收塔的停车操作。

1）关闭丁二烯回收塔进料调节阀，停进料，把塔釜、回流罐物料连续送出。关闭进料阀门，加热蒸汽调节阀及阀门，全回流降低塔釜温度后，关闭回流调节阀及阀门。

2）塔底物料经过冷却器冷却后送原料油罐或凝聚油罐。

3）回流罐内物料全部送罐区储罐。

4）停回流泵。①开始倒空塔釜、重沸器及回流罐内物料；②用回流泵把回流罐内物料全部送罐区储罐；③塔釜物料送原料油罐或凝聚油罐；④重沸器内物料接临时管线送出，余料装桶；⑤塔底冷却器内物料送入罐区油罐，余料装入铁桶；⑥设备内物料倒完后，倒空管线、机泵内物料。

5）从设备、管线倒淋检查物料是否倒干净。确认设备、管线物料倒空后，用 N_2 吹扫倒空物料的设备、管线。关闭塔顶冷凝器循环水阀，排净设备内的水。

（2）隔离操作要求同溶剂脱水塔。

（3）丁二烯回收塔 $FeSO_4$ 溶液水洗、蒸煮、置换操作要求同溶剂脱水塔。

7.3.1.3 溶剂脱重塔停车

停溶剂脱重塔进料，溶剂脱重塔塔底料经换热器送原料罐或凝聚油罐。溶剂脱重塔停进料后，应及时关闭进料阀，防止品质不合格的物料进入溶剂脱重塔，造成循环时间长。溶剂脱重塔停车的步骤一般是溶剂脱水塔停进料前先停溶剂脱重塔进料，防止不合格的物料进入该塔。关闭蒸汽调节阀及阀门，全回流降温，塔温逐渐降低后，停塔回流，回流泵继续运行把回流罐中的物料送完，然后停溶剂脱重塔回流泵，关闭相关的阀门，防止发生窜料事故。停车过程中，一般控制仪表在手动控制状态。塔温逐渐降低后，准备倒空检修设备、管线中的物料。物料倒空的顺序是先设备后工艺管线。

（1）溶剂脱重塔停车步骤

1）贯通溶剂脱水塔塔底物料经过冷却器冷却后送原料油罐或凝聚油罐的流程，打开阀门，关闭溶剂脱重塔进料阀门，停溶剂脱重塔进料，溶剂脱重塔塔顶产品停送罐区，塔底物料用塔底油泵送出。关闭加热蒸汽调节阀，关闭前后保护阀，全回流降塔釜温度到40℃左右时，关闭回流调节阀及前后保护阀。

2）停溶剂脱重塔回流泵。①开始倒空塔釜、重沸器及回流罐内物料；②用回流泵把回流罐内物料全部送罐区；③塔釜物料用塔底泵送罐区；④重沸器内物料接临时管线送出，余料装桶；⑤设备内物料倒完后，倒空管线、机泵内物料。

3）从设备、管线倒淋检查物料是否倒干净。确认设备、管线物料倒空后，用 N_2 吹扫倒空物料的设备、管线。关闭塔顶冷凝器循环水阀，排净设备内的水。

（2）隔离操作要求同溶剂脱水塔

（3）按检修方案蒸煮设备、管线

蒸煮、置换操作要求同溶剂脱水塔。

7.3.2 回收单元的临时停车

根据临时停车检修内容，按照大检修计划停车及物料倒空步骤倒空设备、管线内物料，停车操作步骤同正常停车。停车完毕后，按临时停车检修内容、方案、加盲板图加好盲板，并在加盲板位置挂牌。

临时停车设备检修主要操作步骤：

关闭冷换设备循环水阀，排净循环水；丁二烯塔系统、溶剂脱水塔系统检修，用 $FeSO_4$

溶液循环水洗，然后通水、蒸汽把需检修设备、管线蒸煮合格。停汽、停水、排干净设备、管线内水。加热器排净蒸汽凝水。用电设备需检修的办理停电手续，并检查确认。必要时塔内注凉水降温。

打开人孔，分析可燃物、氧含量合格后，将设备交出检修。

7.3.3 回收单元的紧急停车

紧急停车一般指停水、电、汽、仪表风以及其他突发事故，直接影响安全生产的进行。

1）停溶剂脱水塔、溶剂脱重塔进料，产品精溶剂油停采出，溶剂脱水塔塔底经冷却器改与油罐循环。关闭丁二烯回收塔进料调节阀及阀门。

2）关闭各塔加热蒸汽阀(调节阀)。

3）注意塔、罐液位和压力的变化，若有异常，及时处理。检查阀门开、关情况，杜绝窜料操作。

4）水、电、汽、仪表风等恢复正常或发生的异常处理完后，按开车步骤进行开车工作。溶剂脱水塔塔底水值检验合格后再给溶剂脱重塔进料。溶剂脱重塔水质检验合格后产品采出。

7.4 异常现象及处理

为了缩小波及范围，保证在最短时间内恢复正常生产，回收单元出现异常时，首要任务就是把溶剂脱水塔与溶剂脱重塔断开，决不能使品质不合格、含丁二烯的碳六油进入溶剂脱重塔，以保证回收单元的生产安全。

7.4.1 溶剂脱水塔异常现象及处理

溶剂脱水塔异常现象及处理方法见表7-3。

表7-3 溶剂脱水塔异常现象及处理方法

现象	影响因素	处理方法
溶剂脱水塔压力过低	塔顶压力控制阀关不严	找仪表检修
	塔顶压力控制副线阀内漏	关好副线阀门
溶剂脱水塔塔压超高	塔内有不凝气	回流罐顶排放不凝气
	塔顶压控阀失灵	开副线找仪表检修
	冷凝器冷却水过小或中断	加大冷却水或停产
	回流量中断	回流泵停，切换备用泵
	回流罐爆满	加大回流罐输出
溶剂脱水塔温度突然降低	进料带分层(游离)水	溶剂脱水塔、脱重塔立即停止进料，塔底循环
溶剂脱水塔塔底碳六油带丁二烯	进料丁二烯含量高	调整塔釜温度
	塔顶丁二烯含量高	适当减小回流量，加大塔顶输出
	塔底温度低	提高塔底温度
	回流量过大	减少回流

续表

现象	影响因素	处理方法
溶剂脱水塔塔底水值偏高	进料中带有分层水	发现质量不合格，溶剂脱水塔、脱重塔立即停止进料，塔底循环。排尽原料罐中的分层水
	回流量过大	减小溶剂脱水塔回流量
	塔底温度低	提高塔底温度

7.4.2 丁二烯回收塔异常现象及处理

丁二烯回收塔异常现象及处理方法见表7-4。

表7-4 丁二烯回收塔异常现象及处理方法

现象	原　　因	处 理 方 法
丁二烯回收塔塔压超高	塔内有不凝气	从回流罐罐顶排不凝气
	压控阀失灵或引压管堵	找仪表检修
	压控管线被自聚物堵	停产清理或改副线操作进行清理
	冷却水水量小，冷凝不下来	加大冷凝器冷却水量
	回流罐满	加大回流罐输出
回流罐满	输出流程不畅	检查去精制管线或循环
	进料突然增大	减小进料量
	回流罐液控失灵	开副线维持生产，找仪表检修
	回流泵掉量或机泵故障	重新启动机泵或切换备用泵
塔底温度波动	塔压不稳	稳定操作或调整PID参数
	塔底液面不稳	控制好塔压
	总蒸汽压力波动	联系调度平稳总蒸汽压力
	塔底温控失灵	用副线维持生产，找仪表人员检修
回流量突然中断	回流泵的电机跳闸	切换备用泵，找电工检修
	回流罐的物料抽空	停止塔顶输出
	回流泵气缚	降低回流温度，停泵排气
	回流泵内有丁二烯自聚物	切换备用泵
丁二烯回收塔塔底料输出困难	原料罐压力高	停止原料罐加压，原料罐排空
	塔底控制阀卡	用副线维持生产，找仪表人员检修

7.4.3 溶剂脱重塔异常现象及处理

溶剂脱重塔异常现象及处理方法见表7-5。

表7-5 溶剂脱重塔异常现象及处理方法

现象	影 响 因 素	处 理 方 法
塔底液面满	进料量突然增大	减小进料，适当提高塔底温度
	进料与输出不平衡	调节进料量与输出量
	塔底温度过低	提高塔底温度

续表

现象	影响因素	处理方法
塔底升温困难	重沸器下水不畅	检查相关流程
	蒸汽压力太低	加大蒸汽量，提高蒸汽压力
	回流量过大	减小回流
	进料量过大	减小进料量
	塔满	停止进料、加大输出
塔压超高	塔内有不凝气逐步积累	在回流罐处排放不凝气
	进料中轻组分含量升高	脱水塔减小回流量，加大塔顶输出，提高脱水塔底温度
	回流量温度过高	开备用空冷，空冷开喷淋水降温
	回流罐满	加大回流罐采出量
回流中断	回流罐液面低	提高回流罐液面
	回流泵不上量或出现故障	重新启动泵或切换备用泵
	停电	按停车处理
	控制阀失灵	开副线控制，找仪表人员检修

第 8 章　事故判断与处理

在石油化工生产过程中，安全生产和环境保护是重点，生产中发生事故的可能性是客观存在的，但可能性并不一定成为必然性，关键在于掌握安全技术知识。在顺丁橡胶生产中，对事故的苗头提前发现并处理就是应用安全技术知识，对事故正确判断处理，把各种危险消灭在萌芽状态，做到防患于未然。

在日常生产中，存在各种不确定因素，如人为操作的错误、设备存在缺陷、工艺不够完善、存在设计缺陷等，这些不安全因素恶性发展，将最终酿成事故。一旦发生事故，必须遵循一定的事故处理原则。对可能发生的事故平时要有处理预案，并组织练习，当发生事故时，按照预案及时处理，做到沉着冷静、不慌乱，使事故造成的损失降到最低。

8.1　事故停车

8.1.1　停电事故

顺丁橡胶装置停电分为瞬间停电和长时间停电，瞬间停电有时仅引起个别大机组停车，此时应分情况按大机组停车进行处理。若出现停电在瞬间不能恢复，则各生产单元必须紧急停车，班长及操作人员一定要沉着冷静，听从指挥。这时 DCS 的电力系统将自动切换到事故电源 UPS 系统，事故处理必须在 20min 内完成。但出现停电时，应首先将自控仪表由自动控制切换至手动控制。

8.1.1.1　聚合计量单元停电紧急处理

根据紧急停车的操作过程，紧急停车处理又分为室内控制操作系统一次处理和现场处理。一旦发生停电事故，应立即关闭丁二烯加水调节阀、丁二烯进料调节阀，继续进行溶剂油降温。保持岗位信息畅通，接受有关指令。若停电时间较长，通知室外、现场关闭丁二烯加水总阀、丁二烯总阀及催化剂、防老剂计量泵出口阀及各釜入口阀门，聚合釜压料后泡油待命。

8.1.1.2　回收单元停电紧急停车

回收单元停电的紧急停车，首先是要保护好溶剂脱重塔不受溶剂脱水塔塔底不合格物料的污染，因为一旦不合格的物料进入溶剂脱重塔，则会造成产品溶剂油长时间不合格，严重影响顺丁橡胶装置的正常生产；其次，要防止出现窜水、窜料、超温、超压事故，现场关闭应关的阀门。为达到以上操作要求，当出现事故时，班长应全面指挥，有条不紊地按以下操作顺序处理回收单元停电事故。

（1）室内操作处理

1）迅速通知原料工序停止向溶剂脱水塔送料，关闭溶剂脱水塔进料调节阀。

2）立即关闭溶剂脱重塔进料调节阀。接受与岗位生产有联系的指令。

3）关闭总蒸汽调节阀、各塔蒸汽调节阀。关闭丁二烯回收塔进料调节阀，注意观察各塔罐压力，出现超温现象时立即处理。

4）关闭各塔回流调节阀，室内密切监视各塔工艺参数的变化情况。

（2）室外操作处理

1）关闭溶剂脱重塔进料阀门，关闭溶剂脱重塔塔顶产品出料阀门。

2）打开溶剂脱水塔塔底出料调节阀副线阀，物料经塔底冷却器冷却后送原料罐。

3）关闭蒸汽调节阀前后阀、关闭溶剂脱水塔、丁二烯回收塔进料阀。现场检查各塔、罐的压力。

4）检查各机泵、风机停车按钮。关闭泵物料进、出阀门，使其处于停车状态。

5）班长对处理情况进行全面检查，防止发生意外事故。

8.1.1.3 胶罐凝聚单元停电紧急处理

胶罐凝聚单元停电的紧急停车，首先是要防止凝聚釜出现闷釜现象，胶罐尾气回收系统不出现跑料、窜水事故；其次，要防止出现超温、超压事故，现场关闭应关的阀门。为达到以上操作要求，当出现事故时，班长应全面指挥，有条不紊地按以下操作顺序处理胶罐凝聚单元停电事故。

（1）室内操作处理

停电时各运行机泵都已停止运转，室内关闭各调节回路调节阀。密切注意油水分层罐液面、界面、凝聚釜、胶罐压力变化情况，根据胶罐压力情况及时通知聚合降量或停止送料。接收与岗位生产有联系的指令。如有异常立即到现场采取正确措施。

（2）室外操作处理

现场停止喷胶，关闭喷嘴喷胶阀门、冲水阀，关闭各运行泵的出口阀，关闭胶罐尾气回收系统有关阀门，关闭其他各泵出口阀门，关闭胶液泵出口阀门，关闭胶罐气相出口阀门。胶罐压力超高时，可浇水降温。检查各机泵按钮，保证处于停车状态。注意现场是否有跑料现象，室外操作处理的重点应放在不出现跑料、窜料事故。

8.1.1.4 干燥单元停电紧急处理

顺丁橡胶装置干燥单元的自动控制水平相对较低，一旦出现装置停电的事故，处理的重点是膨胀干燥机不出现胶料塑化着火事故。紧急停车操作步骤如下。

（1）室内操作处理

迅速将液力耦合器调速器手动调至“0”位，关闭干燥机夹套蒸汽调节阀、热风机蒸汽调节阀，打开干燥冷却水调节阀。通知凝聚工序停止向干燥单元送料。接受与岗位生产有联系的指令。

（2）室外操作处理

关闭洗胶罐出料小门，关闭洗涤水泵出、入口阀。关闭热风机蒸汽阀，打开膨胀干燥机冷却水阀。根据洗胶罐胶粒密度决定是否捞出装袋。按下所有运转设备的停车按钮。

8.1.2 停蒸汽事故

8.1.2.1 聚合计量单元停蒸汽紧急处理

顺丁橡胶装置出现停蒸汽的紧急情况时，对聚合计量单元的操作影响不大，根据停蒸汽的时间情况，可作以下紧急处理。

（1）室内处理

一旦停蒸汽，聚合工序可采取适当降低生产负荷的方法临时维持生产，根据工艺控制情况进行适当调节。随时接受与岗位生产有联系的指令。如果因其他装置的影响而需要本单元停车时，执行聚合计量单元正常停车操作法。

（2）室外处理

关闭蒸汽调节阀。

（3）停车

若需停车，则按聚合计量单元停电停车操作法进行。

8.1.2.2 回收单元停蒸汽紧急处理

回收单元停蒸汽，因塔温度下降快，处理时首先确保溶剂脱重塔不受溶剂脱水塔塔底不合格物料的污染，因溶剂脱水塔塔底不合格的物料一旦进入溶剂脱重塔，则会造成产品溶剂油长时间不合格，使罐区的产品溶剂油质量遭到污染，严重影响顺丁橡胶装置的正常生产；其次，要防止出现窜水、窜料、超温、超压事故，现场关闭应关的阀门。为达到以上操作要求，当出现事故时，班长应全面指挥，有条不紊地按以下操作顺序处理回收单元停蒸汽事故。

（1）室内一次处理

1）立即通知原料岗位停止向溶剂脱水塔送料，关闭溶剂脱水塔进料调节阀。通知原料岗位人员停止接收产品溶剂油，关闭溶剂脱重塔塔顶出料调节阀，把自控仪表切换到手动控制状态，接受与岗位生产有联系的指令。

2）关闭总蒸汽调节阀、各塔蒸汽调节阀，根据塔温变化及时调整回流，直至停回流泵。

3）关闭各塔进出料调节阀。根据塔压、回流罐压力控制回流罐放空量。

（2）室外二次处理

1）溶剂脱水塔塔底物料改送至原料罐，关闭溶剂脱重塔进料阀门，关闭溶剂脱重塔塔顶出料阀门。

2）丁二烯回收塔进料水洗系统投用时关闭水洗系统进出调节阀及阀门，水洗系统临时停车。

3）关闭蒸汽调节阀前后阀，关闭溶剂脱水塔及丁二烯回收塔进、出料阀。

4）塔釜温度不升高时，停各塔回流泵，关闭阀门，停空冷风机。

5）班长现场检查停车处理情况。

8.1.2.3 胶罐、凝聚单元停蒸汽紧急处理

正常生产中凝聚工序出现停蒸汽事故，可能引发凝聚釜内胶粒结团或闷釜，因此，凝聚工序必须紧急停车。正常生产中停蒸汽对胶罐工序没有直接影响，但胶罐工序要配合聚合工序、凝聚工序做好紧急处理工作。班长要对上下工序的停车进行统一指挥。

（1）室内处理

凝聚工序出现停蒸汽事故时，首先应加大热水循环量，通知胶罐工序立即停胶液泵、停喷胶。密切注意分层罐、胶罐尾气吸收油罐、水洗罐界面，凝聚釜液面、温度、压力变化情况。凝聚釜温度下降较大时，停颗粒泵出料，停止凝聚釜热水循环。

（2）室外处理

1）现场停胶液泵，关闭胶液泵阀门。关闭凝聚釜喷嘴喷胶阀门、冲水阀门。

2）现场检查洗胶工序 1#振动筛处油气量情况，根据油气量情况及时停颗粒泵，关闭颗粒泵出口阀，停止凝聚釜热水循环。

3）检查胶罐尾气吸收工艺运行情况。

8.1.2.4 洗胶、干燥单元停蒸汽紧急处理

停蒸汽事故对洗胶、干燥单元的影响较小，但要注意凝聚工序送来的胶料油气味较大时，应立即通知凝聚工序停止胶粒水的送出，采取通风稀释措施，降低空气中的油气浓度。及时做好工艺调整，配合凝聚工序处理停蒸气事故，处理完凝聚工序送来的胶料后可临时停车。

8.1.3 停水事故

8.1.3.1 聚合计量单元停冷冻盐水紧急处理

（1）室内情况

一旦停冷冻盐水，室内关闭进料冷却器冷冻盐水调节阀，降低丁油浓度，用预热器蒸汽配合调节进行正常操作，如果不易操作可联系厂部生产调度适当降低负荷维持生产。随时接受与岗位生产有联系的指令。如果因其他装置影响而需要本单元停车时，执行聚合岗正常停车指令。

（2）室外处理

关闭各聚合釜冷冻盐水阀门。

8.1.3.2 聚合计量单元停循环水紧急处理

（1）室内情况

顺丁橡胶装置出现停循环水的事故时，短时间内对聚合计量单元基本没有影响，但要保持与生产调度及其他岗位的联系，随时接受与岗位生产有联系的指令，如果因其他装置影响需要聚合计量单元停车时，执行聚合计量单元正常停车指令。

（2）室外处理

配合其他单元做好计量聚合单元停车或降量操作。

8.1.3.3 回收单元停循环水紧急处理

顺丁橡胶装置出现停循环水的事故时，在短时间内对回收单元的影响显著，因此，回收单元需作紧急处理，避免设备超压出现事故。

（1）室内处理

1）立即通知原料岗位停止向溶剂脱水塔送料，关闭溶剂脱水塔进料调节阀。通知原料岗位停止接收产品溶剂油，关闭溶剂脱重塔塔顶出料调节阀。把自控仪表切换到手动控制。接受与岗位生产有联系的指令。

2）关闭总蒸汽调节阀，各塔蒸汽调节阀，塔顶温度超高时全回流降温，塔顶温度不超高可临时停回流。

3）关闭各塔进、出料调节阀。根据塔压、回流罐压力控制回流罐放空量。

（2）室外处理

1）溶剂脱水塔塔底物料改送原料罐，关闭溶剂脱重塔进料阀门，关闭溶剂脱重塔塔顶出料阀门。

2）丁二烯回收塔进料水洗系统投用时关闭水洗系统进、出调节阀及阀门，水洗系统临时停车。

3）关闭蒸汽调节阀前后阀，关闭溶剂脱水塔及丁二烯回收塔进、出料阀。

4）塔温不升高时，停各塔回流泵，关闭阀门。停空冷风机。

8.1.3.4 胶罐、凝聚单元停水紧急处理

胶罐、凝聚单元停水有停循环水、新鲜水两种情况，新鲜水主要用在胶罐、凝聚搅拌的轴封冷却，因此，胶罐、凝聚单元一旦出现停新鲜水的事故时，搅拌的轴封冷却可临时用循环水。若出现停循环水的事故，较短时间内会造成凝聚釜釜顶冷凝器温度迅速上升，若不能迅速恢复，必须紧急停车处理。

（1）室内处理

停循环水时，室内停胶液泵、停喷胶，降低或关闭凝聚釜蒸汽调节阀。密切注意凝聚釜

液面、界面、温度、压力变化情况，若凝聚釜釜顶压力、胶液罐压力超高时，应立即通知现场人员开排空。凝聚釜继续进行热水循环，釜内胶粒密度较低后停热水循环，停颗粒泵出料。接受与岗位生产有联系的指令。

(2) 室外处理

1) 现场停止喷胶，停胶液泵，关闭喷嘴喷胶阀门、冲水阀，

2) 根据指令打开凝聚釜顶和胶罐顶去火炬的阀门。

3) 关小或关闭凝聚釜蒸汽阀门，维持水循环。

4) 停颗粒泵，关闭颗粒泵出口阀，停止水循环。

5) 排空时，现场由专人监护，禁止火源。

8.1.3.5 干燥单元停水紧急处理

干燥单元停水有停循环水、新鲜水两种情况，停新鲜水时可临时使用循环水。但一旦出现停循环水的事故，较短时间内会造成膨胀干燥机等设备的润滑油冷却器温度迅速上升，若不能迅速恢复，必须紧急停车处理。

(1) 室内操作

迅速将液力耦合器调速器手动调至“0”位，关闭干燥机夹套蒸汽调节阀热风机蒸汽调节阀，通知凝聚工序停止向干燥单元送料。接受与岗位生产有联系的指令。

(2) 室外操作

关闭洗胶罐出料小门，关闭洗涤水泵出、入口阀。关闭热风机蒸汽阀，用新鲜水给干燥机降温。根据洗胶罐胶粒密度决定是否捞出装袋。对运转设备的停车情况进行确认。

8.1.4 停仪表风事故

8.1.4.1 聚合计量单元停仪表风紧急停车处理

化工生产装置控制系统一般都是自动控制系统，控制调节阀的动力源为压缩空气，即仪表风。生产装置一旦出现停仪表风的事故，所有调节阀均失去控制，严重影响生产装置的产品质量和安全。由于聚合釜压力为调节阀控制，一旦停仪表风，聚合釜压力将失去控制，严重影响生产的正常进行，因此，聚合单元停仪表风后，用副线无法维持生产，必须进行紧急停车。

根据聚合单元停仪表风造成事故的严重性，各控制系统调节阀的气关或气开阀设置：丁二烯进料调节阀、丁二烯加水调节阀应设定为气开阀；聚合釜压力调节阀、硼剂稀释油调节阀、溶剂油进料调节阀、聚合釜顶冷却油应设定为气关阀。

(1) 室内情况

室内工作人员联系停丁二烯进料，认真观察能够显示的温度、流量及压力的变化，及时与班长取得联系。随时接收与岗位生产有联系的指令并及时汇报给班长。执行聚合计量单元紧急停车指令。

(2) 室外处理

1) 迅速打开聚合釜压力调节系统副线阀。

2) 迅速打开溶剂油进料调节阀副线阀，手动调节溶剂油进料量。

3) 及时关闭丁二烯加水、双线丁二烯进料总阀及相关阀门。

4) 及时停各催化剂进料，关闭相关阀门。

8.1.4.2 回收单元停仪表风紧急处理

回收单元各设备的压力、流量、温度、液位四大参数都是自动控制，一旦发生停仪表风

事故，控制系统立即处于瘫痪状态，严重影响生产的正常进行，处理不当还会造成事故，因此，回收单元停仪表风后，必须进行紧急停车。停车要按紧急处理步骤有序地进行，并确认。

根据回收单元停仪表风造成事故的严重性，各控制系统调节阀的气关或气开阀的设置：溶剂脱水塔进料调节阀、塔釜温度控制调节阀、溶剂脱重塔进料调节阀、塔釜温度控制调节阀、丁二烯回收塔釜温度控制调节阀应设定为气开阀；溶剂脱水塔回流调节阀、塔顶压力控制调节阀、回流罐压力控制调节阀、溶剂脱重塔回流调节阀、塔顶压力控制调节阀、回流罐压力控制调节阀、丁二烯回收塔回流控制调节阀、塔顶压力控制调节阀、回流罐压力控制调节阀，尾气回收放空调节阀应设定为气关阀，各设备的液位控制调节阀设定为气关阀比较合适。

（1）室内处理

1）立即通知原料岗位停止向溶剂脱水塔送料，关闭溶剂脱水塔进料调节阀。通知原料岗位停止接收产品溶剂油，关闭溶剂脱重塔塔顶出料调节阀，把自控仪表切换到手动控制状态。接受与岗位生产有联系的指令。

2）关闭总蒸汽调节阀、各塔蒸汽调节阀，塔顶温度超高时全回流降温，塔顶温度不超高可临时停回流。

3）关闭各塔进出料调节阀。根据塔压、回流罐压力控制回流罐放空量。

（2）室外处理

1）溶剂脱水塔塔底物料改送原料罐，关闭溶剂脱重塔进料阀门，关闭溶剂脱重塔塔顶出料阀门。

2）丁二烯回收塔进料水洗系统投用时关闭水洗系统进、出调节阀及阀门，水洗系统临时停车。

3）关闭蒸汽调节阀前后阀，关闭溶剂脱水塔和丁二烯回收塔的进、出料阀。

4）塔温不升高时，停各塔回流泵，关闭阀门。停空冷风机。

5）班长现场检查停车处理情况。

8.1.4.3 胶罐、凝聚单元停仪表风紧急处理

正常生产中凝聚工序出现事故，主要是胶罐尾气回收系统和凝聚釜釜温、液位、压力可能引发事故，因此，胶罐尾气回收系统、凝聚工序必须紧急停车。

根据胶罐、凝聚单元停仪表风造成事故的严重性，胶罐尾气回收系统液位控制调节阀应设定为气开阀，压力控制调节阀应设定为气关阀；凝聚釜釜压、热水流量调节阀应设定为气关阀，凝聚釜温度调节阀设定为气开阀比较合适。

（1）室内处理

凝聚工序出现停仪表风事故时，首先应把自控仪表切换到手动状态，控制热水循环量和凝聚釜温度。胶罐工序立即停胶液泵、停喷胶。密切注意分层罐、胶罐尾气吸收油罐、水洗罐界面，凝聚釜液面、温度、压力变化情况。停颗粒泵出料，停止凝聚釜热水循环，后处理停车。

（2）室外处理

1）现场停胶液泵，关闭胶液泵阀门。关闭凝聚釜喷嘴喷胶阀门、冲水阀门。

2）与室内保持联系，现场用凝聚釜热水循环调节阀副线阀控制热水流量，凝聚釜蒸汽调节阀副线阀控制釜温。

3）检查胶罐尾气吸收工艺运行情况。

8.1.4.4 DCS 故障

对于装置 DCS 控制系统来说，出现多台操作站不能操作的事故现象，可能是电压低、计算机病毒、硬件等问题造成，应及时通知计算机班确认处理。出现单台操作站不能操作或发生死机的事故现象，可将控制画面切换到其他 DCS 监视器上进行操作，并及时联系计算机班进行处理；出现全部 DCS 死机，各操作单元按照停仪表风和停电应急事故的停工步骤进行应急停工处理，并立即通知车间领导及有关人员。

8.2 设备事故

8.2.1 离心泵机封大量泄漏物料引起火灾

（1）现象

大量可燃性物料从离心泵的轴封处漏出，遇周围火种或离心泵的泵轴温度高引燃物料发生火灾。

（2）原因

离心泵机封的维修及维护不及时，在运转中操作人员没及时发现机封损坏，致使大量可燃性物料从机封处漏出，遇到周围火种或离心泵的泵轴温度高引燃物料发生火灾。

（3）处理

一旦发现因离心泵轴封泄漏引发火灾，要沉着冷静，一名操作人员立即用现场干粉灭火器灭火，并及时采取有效措施，制止火势进一步蔓延；另一名操作人员尽可能地切断电源使该泵停止运转，并切断物料来源。当利用现场的消防器材控制不住火势时，应立即打火警电话，通知消防部门前来协助灭火。扑灭火后，清理现场，查找事故原因，总结事故教训，防止类似事故再次发生。

8.2.2 胶液泵超压造成法兰垫片破裂

（1）现象

胶液泵管线上某法兰垫片破裂，大量胶液从此处漏出。胶液泵压力迅速降低，喷胶量减小。

（2）原因

造成胶液泵超压，并导致法兰垫片破裂的原因主要有胶液过滤器堵、喷胶管线堵挂严重、凝聚釜喷嘴堵、胶液黏度过大、喷胶压力高、操作人员操作失误等。

（3）处理

立即停止喷胶，关闭胶液泵的出入口阀及胶罐出料阀，迅速封锁现场，周围杜绝一切火源，禁止一切机动车辆进入现场，禁止开停任何电器设备，以免产生火花，引起火灾。及时组织人员堵截并回收泄漏出的胶液，清理现场，查找事故原因，检查设备情况。处理完毕后，再组织恢复正常生产。

8.2.3 换热器封头、阀门漏出物料发生着火

（1）现象

换热器封头或阀门因某种原因出现漏点，大量可燃性物料泄漏出来，遇到周围火种或设备的高温，发生火灾。

（2）原因

造成换热器泄漏物料的原因主要有设备使用周期长，腐蚀严重；制造过程中存在缺陷，法兰焊缝裂开；设备超温、超压操作等。

（3）处理

一旦发生由换热器泄漏物料引发的火灾，应沉着冷静，操作人员立即用现场干粉灭火器迅速灭火。同时，应尽可能地首先切断物料来源、控制火势，防止火势进一步蔓延。若火势较大，利用现场灭火器不能控制火势时，应及时将情况报告消防部门及其他有关部门，并配合消防部门灭火。火灾扑灭后，清理现场，查找泄漏及起火原因，总结教训，防止类似事故再次发生。

8.2.4 换热器列管漏物料

（1）现象

某换热器列管发生内漏，物料窜入冷却介质(水)中或冷却介质窜入物料中，造成窜料或跑料事故，还可能存在重大火灾事故隐患。

（2）原因

设备长期使用，物料有腐蚀性，使设备的性能降低；换热器制造中存在缺陷等，导致换热器出现漏点，造成物料泄漏。

（3）处理

换热器一旦出现列管漏物料，不但造成极大浪费，影响正常生产，也是一个重大的事故隐患。首先换热器的冷却介质一般是循环水，物料随同循环水一起返回到冷却塔中，一旦遇到火种，将发生重大火灾爆炸事故；其次，顺丁橡胶生产过程中，游离水对聚合单元、回收单元生产有严重的危害，一旦游离水进入该生产单元，会造成产品质量不合格，直接经济损失达上百万元。因此，一旦发现换热器列管漏物料，应立即将该换热器切出系统，关闭物料及冷却水的进、出口阀门，并加盲板，与系统隔绝，然后查找漏点，进行维修处理。同时，应及时通知有关部门及供排水系统，查看物料泄漏情况，并及时采取措施，进行妥善有效的处理。

8.2.5 空冷器风机突然停运

（1）现象

空冷器物料出口温度突然升高。

（2）原因

造成空冷器风机突然停运的原因主要有风机掉皮带、风机电机跳闸、风机电路故障、风机轴承损坏等。

（3）处理

空冷器风机突然停运后，应及时切换备用空冷器风机，若空冷器风机全部投用，应及时降量维持生产、保持生产工艺的稳定，然后查找风机停运原因。若风机皮带掉或轴承损坏，联系钳工修复；若电机跳闸或电机故障，联系电工查找原因并进行维修，修复后根据生产情况及时投用。若出现多台空冷器风机停运，短时不能恢复运行时，则应按紧急停车处理，在处理过程中，要密切关注温度压力的变化情况，防止超温超压事故的发生。

8.2.6 物料储罐罐壁漏料

（1）现象

某物料储罐罐壁发生泄漏，大量物料漏出。

（2）原因

造成罐壁发生物料泄漏的主要原因有罐体腐蚀严重，焊缝裂开，超温、超压操作等。

（3）处理

当发生罐壁漏料的事故时，应迅速切断该罐进料，并尽快把该罐物料送出，然后关闭该罐的物料进、出总管线上的阀门，切断该罐与外部的联系，并打开排空泄压，防止罐体因高温高压发生爆炸。同时应联系上下工序，做好生产负荷的调整。根据泄漏情况，制定处理方案。

8.2.7 热电偶连接处漏料

(1) 现象

某设备热电偶处发生泄漏，大量物料漏出。

(2) 原因

造成热电偶处漏油的原因主要有热电偶套管破裂、焊缝裂开、垫片损坏等。

(3) 处理

当发生热电偶漏油的事故时，应立即将该设备切出生产操作系统，作紧急停车处理，尽可能地倒料，使设备内油液面降至热电偶处以下，切断热电偶电源。注意工艺变化情况，防止出现超温超压。制定修复泄漏点方案，更换热电偶，待处理完毕后，再根据情况恢复正常生产。

8.2.8 机泵抱轴

(1) 现象

机泵抱轴后，运转声音和振动突然增大，轴承温度迅速升高、冒烟，严重时不能运转。

(2) 原因

造成机泵抱轴的原因主要有负荷太大、轴承损坏、转动部分部件损坏、摩擦力增大等。

(3) 处理

机泵在日常运转过程中，操作人员应严格遵守操作规程，按听、摸、查、看、嗅的“五字操作法”认真进行巡回检查，一旦发现运转声音及振动异常，并经检查确认系抱轴时，应立即对该机泵进行紧急停车，切换使用备用机泵，联系维修人员，查找抱轴原因，对损坏部分进行维修，并经试车合格后，再将其投入使用或作为备用机。

8.2.9 搅拌器轴封大量物料泄漏

(1) 现象

某釜(罐)搅拌器轴封发生泄漏，大量物料从轴封处漏出，造成跑料事故，并构成重大火灾事故隐患。

(2) 原因

搅拌器长时间运行，密封性能降低，继而发生泄漏。

(3) 处理

一旦发现搅拌器轴封出现大量物料泄漏，应立即将该设备切出系统，与生产系统隔绝，并快速倒料，根据情况决定是部分倒料还是倒空设备，并通过排空等手段，排除设备内压力，然后交由检修部门进行维修。在处理的同时，周围应杜绝火源，防止发生火灾爆炸事故，并采取措施，及时收集处理泄漏物料。待维修完毕后，再将该设备投入使用或作为备用。

8.2.10 聚合单元催化剂窜料

(1) 现象

聚合反应下滑，反应极弱，甚至出现不聚。观察计量罐及配制釜的液面，发现下降或升高现象。

(2) 原因

在开、停车的操作过程中，阀门的开关操作出现失误，导致物料互窜。

(3) 处理

当发现因催化剂窜料造成反应波动时，应立即停进丁二烯，继续进溶剂油，将催化剂流程重新打通，恢复正常流程，将所窜物料做妥善处理，然后重新配制新鲜催化剂，恢复丁二烯及催化剂进料，调整反应，恢复正常生产。分析查找窜料原因，总结教训，避免类似事故再次发生。

8.2.11　液面计破裂

(1) 现象

液面计破裂，大量物料泄漏出来。

(2) 原因

造成液面计破裂的原因主要有设备或容器超压操作、工作中不慎将其碰坏等。

(3) 处理

一旦发生液面计破裂事故，应迅速关闭液面计两端的阀门，然后对破裂的液面计进行处理。若是超压造成液面计破裂，应立即将压力恢复至正常。破裂的液面计处理好后，打开两端的阀门，检查有无泄漏等情况，然后将其投入使用。

8.2.12　丁二烯管线法兰垫片破裂泄漏

(1) 现象

丁二烯管线上的法兰垫片破裂，大量的丁二烯泄漏出来，某部位可燃气体报警仪报警。

(2) 原因

因长时间使用，垫片老化，不能承受管线内的压力，发生破裂。

(3) 处理

当丁二烯管线出现泄漏现象，应迅速查清泄漏跑料部位，处理人员佩戴氧气呼吸器到现场进行处理。迅速关闭跑料部位两端的丁二烯阀门，跑料装置紧急临时停车处理。处理丁二烯管线或设备的跑料时，必须使用铜制工具，当现场丁二烯浓度较高时，应用消防蒸汽稀释，防止发生闪爆着火事故。

8.2.13　溶剂油管线法兰垫片破裂泄漏

(1) 现象

溶剂油管线上某处法兰垫片破裂发生泄漏，装置某部位可燃气体报警仪报警。

(2) 原因

长期使用，垫片老化或垫片质量存在问题，使其不能承受管线内的压力，发生破裂。

(3) 处理

当溶剂油管线出现泄漏现象，应迅速查清泄漏跑料部位，处理人员带防爆工具到现场进行处理。迅速关闭跑料部位两端的阀门，根据装置跑料情况做一些工艺处理。处理溶剂油管线或设备的跑料，跑料现场要采取必要的措施，防止抛出的物料从地沟窜入其他工序或装置。

8.2.14　三异丁基铝法兰垫片破裂

(1) 现象

三异丁基铝管线或泵上的法兰垫片破裂，三异丁基铝从此处漏出，跑料设备周围有大量的烟雾。

(2) 原因

造成垫片破裂的原因主要有长期使用致垫片老化、垫片质量存在问题、选用的垫片材质不对、超压操作、憋压等。

(3) 处理

三异丁基铝是一种无色或微黄色的透明液体，化学性质极为活泼，在空气中会强烈分解、冒烟，放出大量热而自燃，遇水即发生水解，同时放出大量的热和异丁烷，激烈时甚至发生爆炸，对人体有强烈的腐蚀性。因此，一旦发现三异丁基铝泄漏，工作人员必须首先穿戴好防护用品和用具，必要时佩戴氧气呼吸器。首先，停止计量泵运转，关闭法兰两端的阀门，切断物料来源。物料停止泄漏后，妥善收集和清理现场物料，不可直接用水冲洗，以防发生爆炸。更换破裂的垫片，开启关闭了的各阀门，确认无泄漏后，再根据生产情况将其投入使用。

8.2.15 三氟化硼乙醚络合物大量外泄

(1) 现象

三氟化硼乙醚络合物系统某处泄漏，大量物料漏出，空气中有大量白色烟雾。

(2) 原因

造成三氟化硼乙醚络合物大量外泄的原因主要有计量泵损坏、法兰垫片破裂、阀门损坏、管线裂开、视镜破碎等。

(3) 处理

三氟化硼乙醚络合物为无色透明液体，暴露在空气中立即生成白色烟雾，与水作用生成HF，有很强的腐蚀性、剧毒，能破坏人体的中枢神经，摄入人体1mL可致死亡，是一种十分危险的化学物品。当出现三氟化硼乙醚络合物大量外泄时，应穿戴好防护用品和用具，必要时佩戴氧气呼吸器，方可进入现场。首先，停计量泵，找出泄漏处，关闭泄漏点两端的阀门，切断物料来源，待物料停止泄漏后，妥善收集和清理现场物料，切忌直接用水冲洗。修复泄漏处并进行试漏后，根据生产情况，再将其投入使用。

8.2.16 运转设备电机超温着火

(1) 现象

正在运转中的电动机突然着火。

(2) 原因

导致电动机超温着火的原因主要有：

① 过载；②单相运行；③电源电压过低或电机接线错误；④定子绕组接地或匝间、相间短路；⑤绕组型转子电动机转子线圈接头松脱或鼠笼型转子断条；⑥定子、转子相碰；⑦通风不畅；⑧巡检不及时、不到位，致使电机长时间在超温状态下运转。

(3) 处理

一旦发现电动机着火，应立即想办法切断电机电源，现场切断确实有困难时，应迅速联系电工从配电室内拉闸，防止事态进一步扩大。切断电源后，利用现场的消防器材进行灭火。在没有切断电源的情况下灭火时，应使用干粉、CO_2 等灭火器，禁止使用泡沫灭火器，以防触电。火灾扑灭后，对电动机进行维修或更换。查找事故原因，总结教训，防止类似事故再次发生。

8.2.17 阀门阀芯脱落

(1) 现象

阀门阀芯脱落后，物料流量突然发生变化。阀门开度变化时，流量基本不出现变化。

(2) 原因

阀门在长期使用后，因腐蚀等，或阀门自身质量问题，造成阀芯脱落。

（3）处理

阀门阀芯脱落后，因不能正常调节物料流量，将引起生产工艺的大幅波动，甚至引发事故。因此，当出现阀门阀芯脱落时，应根据阀门在生产工艺中所处的位置、所输送的物料及对生产工艺的影响，及时采取相应措施，必要时要作紧急停车处理。及时更换故障阀门，然后再按正常开车程序组织开车生产。在处理过程中，要随时注意工艺变化情况，防止事故发生。

8.2.18 蒸汽管线水击管线或法兰垫片破裂

（1）现象

蒸汽管线发生水击现象，剧烈的振动将管线振裂或将法兰垫片振坏，造成大量蒸汽泄漏。

（2）原因

造成蒸汽管线发生水击的原因主要是管线内凝结水在引蒸汽入装置前未排或未排净，蒸汽阀门开得过大过快，没按规定对管线进行必要的预热。

（3）处理

一旦出现因水击造成的蒸汽管线或法兰垫片损坏事故，应立即切断泄漏点两端的蒸汽来源，防止事态进一步扩大，同时，根据停汽后对生产的影响，及时调节生产工艺，必要时作紧急停车处理。迅速组织人员维修更换损坏的管线或法兰垫片，然后再恢复正常送汽。在操作上应注意在送汽前先打开倒淋放水，待倒淋没有凝结水排出时，关闭倒淋阀，然后慢慢打开蒸汽阀使管道预热后，再将阀位开到最大。

8.2.19 装置沟井爆炸

（1）现象

装置内地沟或污水井内突然发生爆炸着火事故。

（2）原因

装置内设备、管线等动、静密封点密封不好，泄漏出的易燃易爆物料的气体积聚在相对比较低洼的地沟、污水井等处，与空气混合形成爆炸性混合物，其浓度在爆炸极限范围内，遇火种即发生爆炸。

（3）处理

装置内地沟、污水井等处发生爆炸后，应立即将情况报告消防部门和其他有关部门。检查生产工艺状况，装置内设备、管线等有无因损坏造成物料泄漏情况。如果情况紧急，应进行紧急停车，切断各物料来源，防止事态进一步扩大。同时，应积极组织人员利用现场的消防器材进行扑救，控制火势。对污水沟内的可燃物料进行堵截。若有毒有害物料泄漏，工作人员进入现场时，必须佩戴必要的防毒面具或氧气呼吸器，防止发生中毒窒息事故。火灾扑灭后，检查装置损坏情况，并组织抢修。查找造成爆炸的原因，总结教训，防止类似事故再次发生。

8.3 工艺操作事故

8.3.1 溶剂回收塔超压

（1）现象

溶剂回收塔压力指示超高，塔顶、塔底温度升高，安全阀可能起跳。

（2）原因

造成塔压超高的主要原因有①塔内有不凝气。②塔顶压力控制阀失灵或开度太小。③冷却水量不足，冷凝器冷却效果差。④回流中断，回流罐满。⑤风机皮带掉或风机跳闸。

（3）处理

针对造成塔压超高的原因，可相应采取下列措施：①从冷凝器、回流罐放空排气。②开压力控制阀副线阀维持生产，联系维修人员及时维修塔顶压力调节阀。③加大循环水量或清理冷凝器。④检查回流罐液面、回流泵运转情况及回流流量控制系统，并采取相应措施排除故障。⑤切换使用风机，并联系维修人员维修。

8.3.2 溶剂回收塔温度异常

（1）现象

溶剂回收塔温度异常（升高或降低），塔釜液面波动大，塔顶、塔底产品不合格。

（2）原因

造成塔温度异常的原因有塔回流量大小变化、加料量大小变化、加料组成变化、塔釜蒸汽流量变化、冲塔、塔压变化及仪表故障等，其中仪表故障和塔压变化引起塔温异常的情况在生产中最常见。

（3）处理

① 回流量的变化引起的塔温度变化应适当调节回流量；②加料量的变化引起的塔温度变化，应及时调整塔底蒸汽量；③加料组成变化，重组分增加时应适当多排重组分；④塔釜温度升高时应及时减少塔釜蒸汽用量；⑤加料温度升高时应及时增加回流量；⑥冷却水压力下降或流量过小时应及时开大冷却水阀门，增加冷却水流量；⑦塔操作压力升高时应及时降低塔操作压力；⑧引起冲塔的原因主要有塔升温速度过快，因此，在塔升温过程中，要注意升温速度不宜过快，一般控制在30～60℃/h；⑨塔温度控制仪表失灵。塔温度控制仪表失灵是溶剂回收塔生产过程中经常出现的问题，对溶剂回收塔的正常操作影响较大，当出现这种问题时，塔釜温度要立即切换蒸汽流量调节阀副线控制，尽量稳定塔釜温度，然后通知仪表工进行处理。若出现塔温度波动较大时，应停止塔产品的采出，塔温度恢复正常，分析加样合格后再送出合格产品。引起塔压变化较大的原因主要是仪表故障，如塔顶压力一次表引压管堵，造成控制仪表灵敏度下降或失灵，其次是控制仪表本身故障造成的。

8.3.3 溶剂脱水塔回流罐排水不及时，游离水被带入溶剂脱水塔

（1）现象

工艺操作稳定，但塔釜温度突然降低2～5℃，塔顶温度突然降低3～10℃，且塔底温度升不起来，塔底水值分析不合格。

（2）原因

在生产过程中，由于脱水回流罐长时间未进行排水，造成回流罐水积累过多，游离水随回流液窜入溶剂脱水塔内。

（3）处理

一旦发生因回流液带游离水引起的窜水事故，应立即将溶剂脱水塔塔底物料改送原料罐，溶剂脱重塔进行全回流操作，放净溶剂脱水塔回流罐中的分层水，待水值分析合格后，再给溶剂脱重塔送料，恢复正常生产秩序。

8.3.4 溶剂回收塔回流液中断

（1）现象

回流量指示为零，塔釜液位下降，塔顶、塔底温度压力差变小，塔顶质量不合格。

（2）原因及处理

根据造成回流中断的原因进行处理：①是回流罐液面过低或压力过低造成回流的中断时，应及时停止塔顶物料的采出或停止排空，提高回流罐液位和压力；②回流泵坏，及时切换备用回流泵，并联系维修人员维修故障泵；③突然停电时，按装置停电时的应急处理方法进行处理，这里不再赘述；④回流液控制仪表失灵，利用副线进行操作，联系维修人员维修，待故障排除后，再恢复正常工艺控制；⑤回流液管道不畅通、堵塞，应停车进行清理。

8.3.5 溶剂脱水塔塔底水值不合格产品进入溶剂脱重塔

（1）现象

溶剂脱水塔塔底水值不合格产品送入溶剂脱重塔时，产品水值不合格，有游离水带入时，溶剂脱重塔塔釜温度突然下降，塔顶产品若送入罐区或聚合，则造成聚合反应不聚。

（2）原因及处理

溶剂脱水塔塔底产品一旦出现不合格现象，应首先停送溶剂脱重塔，溶剂脱水塔塔底物料改送罐区原料罐，溶剂脱塔重全回流，然后再根据不同的原因分别进行处理。

溶剂脱水塔塔底水值不合格。造成水值不合格的原因主要有①溶剂脱水塔塔底温度低；②回流液中含游离水；③进料中含游离水；④设备泄漏。

可针对性地采取下列处理方法：①提高溶剂脱水塔塔釜温度；②放净回流罐中的积水；③停止给脱水塔进料，查找带水原因；④停车检修设备。

精溶剂初馏点低。处理的方法是提高脱水塔塔釜温度，减少脱水回流。

溶剂脱水塔塔底物料含丁二烯。处理的方法是提高溶剂脱水塔釜温，减少溶剂脱水塔回流，待溶剂脱水塔塔底产品分析合格后，再恢复给溶剂脱重塔进料。

8.3.6 溶剂脱重塔塔顶不合格产品送入罐区

（1）现象

溶剂脱重塔塔顶不合格产品送入罐区时，会造成聚合反应大幅波动甚至不聚，严重影响生产的正常进行。

（2）原因及处理

因造成溶剂脱重塔塔顶产品精溶剂不合格的因素较多，故不合格的原因也较多，下面将原因及处理方法分别进行叙述。当出现溶剂脱重塔塔顶产品精溶剂不合格的问题时，不论是何种原因，首先应停止产品精溶剂送罐区成品罐，改与原料罐循环。其次查找原因，针对查找出的问题进行处理。

如果系溶剂脱水塔塔底产品不合格引起，立即将溶剂脱水塔塔底改送原料罐，溶剂脱重塔全回流。然后针对造成溶剂脱水塔塔底产品不合格的原因进行处理。

若是溶剂脱重塔设备或工艺操作造成的产品精溶剂不合格时，可相应采取下列处理方法：若溶剂脱水塔塔底产品合格，造成溶剂脱重塔塔顶产品不合格的原因有①塔底重沸器或塔顶水冷器漏，出现这种问题时必须停车处理，消除漏点。②窜料。根据装置生产流程查找窜料原因，进行相应的处理。③工艺操作波动大。产品精溶剂的干点高，是溶剂脱重塔塔釜温度高造成，可适当降低溶剂脱重塔塔釜温度，加大重组分排放量。产品精溶剂的氧含量高，其主要原因是回流罐压力低，形成负压，应提高回流罐操作压力，使其保持正压操作，尽快稳定溶剂脱重塔工艺控制指标。

8.3.7 溶剂回收塔回流罐冒顶

(1) 现象

回流罐液位控制失灵，物料从回流罐放空管线跑出。

(2) 原因及处理

造成回流罐冒顶事故的主要原因及处理方法有：①回流罐液位控制系统失灵一般是回流罐出料调节失灵，此时应立即打开回流罐液位控制调节阀副线阀，加大物料的送出量。联系维修人员修理调节阀，故障排除后，恢复正常生产工艺。②回流泵出现故障不上量或泵跳闸时，及时切换备用泵，然后联系维修人员维修故障泵。③出料调节阀卡或堵，副线操作，联系维修人员处理调节阀。

8.3.8 计量泵操作不当造成超压

(1) 现象

计量泵超压以后会出现下列现象：①计量泵出口压力表指示快速上升至最大。②泵体和出口管线发生振动并有撞击声。③在出口法兰或其他密封点有物料泄漏。

(2) 原因

因计量泵是容积泵，所输送的物体又是液体，液体具有不可压缩性，所以操作不当，出现出口阀未开或开度过小，便会造成计量泵超压。

(3) 处理

一旦因操作不当出现计量泵超压，应立即停泵，检查物料流程，查找造成超压的原因，并检查泵体及管线是否因超压出现损坏。若无损坏，重新摆好流程，启动计量泵。若泵体及管线因超压出现损坏，则应切换使用备用泵，联系维修人员修理。总结事故教训，防止类似事故再次发生。

8.3.9 聚合反应超温

(1) 现象

① 聚合反应温度快速上升，难以控制。②压力上升很快，并可能导致系统压力联锁启动。

(2) 原因

造成聚合反应超温的主要原因是工艺条件控制不当，聚合反应速度过快。

(3) 处理

当出现聚合反应温度快速上升现象时，应首先停丁二烯及催化剂的进料，同时加大进油量及釜顶充油量，并且打开夹套盐水阀进行降温。必要时打开事故阀，同时开事故线充油阀，以防堵塞事故线。反应温度开始下降后，逐渐减少充油量及盐水流量，以防釜温降得过低。当釜温调节基本正常后，再重新进催化剂和丁二烯，恢复正常生产。

8.3.10 聚合釜超压

(1) 现象

聚合釜压力和系统压力指示超标，系统压力报警器报警，联锁系统启动泄压，并伴有釜温超高现象。

(2) 原因

造成聚合釜超压的主要原因，一是反应温度过高，胶液黏度大，使压力超高；二是流程不畅通，阀门开度小或阀门开错，造成系统憋压。

(3) 处理

一旦发现聚合釜压力超高，应立即检查工艺流程，并与胶罐工序人员联系，检查各工艺阀门开关是否正确，确认流程是否畅通。若为反应温度过高所致，应及时调整工艺，控制好各工艺条件，使压力、温度恢复正常。若系统联锁已启动，须用油冲洗事故线，防止堵塞事故线。

8.3.11　氮气管线内窜胶

(1) 现象

从氮气罐和釜顶倒淋处能放出胶液，排出的气体中有丁二烯及溶剂油气味。

(2) 原因

氮气阀门未关严或氮气阀门内漏，使釜内的胶液窜入氮气系统内。

(3) 处理

发现氮气窜胶后，应立即关闭氮气罐的入口阀，与氮气总网断开，查找造成窜胶的阀门，将其关严，若阀门内漏，要将其更换。关闭氮气罐的出口阀，使氮气罐与系统断开，打开氮气罐的倒淋，排净罐内胶液后关闭，然后打开氮气罐入口阀，对罐至系统的管线进行吹扫置换，至分析合格为止。

8.3.12　胶液罐超压

(1) 现象

胶罐压力升高并超标，排空量增大，严重时会从机械密封处泄漏，甚至造成胶罐变形。

(2) 原因

造成胶罐压力高的原因有①聚合转化率低。②聚合往胶罐内压油压胶，进入大量不凝气。③胶液温度过高。④冷油吸收效果差。

(3) 处理

当胶罐压力超过 0.09MPa 时，应及时查找原因，并联系进行罐顶排空，排空时周围应杜绝各种火源。针对造成胶罐压力高的原因，可采取下列措施：①与聚合岗联系调整聚合反应，提高聚合转化率；②联系聚合岗减缓压料速度或暂停压料，开排空排除罐内不凝气，排空时，注意防火，压力降下后及时关闭排空阀；③联系聚合岗，采取措施，调整工艺，降低末釜胶液温度；④检查油吸收系统流程是否畅通，油泵压力是否正常，并清理调整。

8.3.13　凝聚釜超压

(1) 现象

凝聚釜压力指示不断上升且超标，凝聚釜安全阀开启泄压。

(2) 凝聚釜顶超压的主要原因及处理

① 凝聚釜釜顶气相过滤网堵挂严重，凝聚工序应临时停车清理凝聚釜釜顶过滤器、过滤网。②凝聚釜液面升高，调整工艺，分别根据造成凝聚釜液面升高的原因进行处理。若水胶比小，应提高水胶比；若系泵入口堵，应提高釜压或切换釜底出料泵；若釜出料线堵挂严重，应临时停车，然后进行清理。③胶液胶含量过低或喷胶量过大，根据生产情况降低喷胶量。④凝聚釜温度控制超高，调整蒸汽用量，降低釜温，必要时开排空降压。⑤冷凝器冷凝(却)效果差，应立即降量生产，然后根据造成冷凝器冷凝效果差的原因进行处理。若冷却水量低，应提高冷却水流量；若冷凝器换热效果差，应临时停车清理换热器。

8.3.14　凝聚油水分层罐跑油

(1) 现象

溶剂油从罐顶或罐底跑出，分层水中带有大量溶剂油。

(2) 原因

造成凝聚油水分层罐跑油的原因主要来自两个方面，即凝聚油水分层罐超温、超压、冒顶或油水分层不好导致水中带油；设备、管线、阀门泄漏。在生产过程中，油水分层罐有时发生油温超高、罐内带压的异常情况，出现这种异常情况时，会有大量溶剂油、丁二烯直接从罐顶排空中冒出或油水分层不好导致水中带油，发生跑油事故。造成设备、管线、阀门泄漏的原因主要有罐体某部位或管线腐蚀造成漏点，倒淋阀内漏或误开、忘关，液面计破裂等。

(3) 处理

一旦发生油水分层罐跑油事故，应立即关闭跑油阀门、分层罐物料入口阀、分层水排出阀，临时停止喷胶，关闭凝聚釜蒸汽阀，必要时打开凝聚釜釜顶排空阀，尽可能地切断跑料源。迅速封锁现场，禁止一切车辆进入现场，现场及周围杜绝一切火源，油气量大时，禁止开停任何转动设备和各种电气开关，及时向有关部门通报事故情况，并通知消防部门到现场监护。组织人员回收进入地沟等处的油料，不能回收的用蒸汽蒸煮吹扫，防止发生火灾爆炸事故。查清跑油原因，清理事故现场，分析事故原因，总结教训，防止类似事故发生。

8.3.15 凝聚溶剂油储罐跑料

(1) 现象

溶剂油从溶剂油储罐罐顶排空阀或从排水阀跑出，发生跑油事故。

(2) 原因

造成溶剂油储罐罐顶排空阀跑油或从排水阀跑油的主要原因是①液面计失灵，指示假液面，操作人员又未及时发现，造成溶剂油储罐液位超高。②回收单元因某种原因造成大量物料回返，岗位之间又未及时联系，操作人员不能及时处理，造成溶剂油储罐液位突然超高。③操作人员责任心不强，排水时忘记关闭排水阀。

(3) 处理

一旦发生溶剂油储罐跑油事故，应立即关闭跑油阀门，降低溶剂油储罐的进料量，增大出料量，在允许的情况下，应关闭物料入口阀，停止喷胶，关闭凝聚釜蒸汽，必要时打开釜顶排气阀。封锁事故现场，及时向有关部门通报事故情况，并通知消防部门到现场监护。禁止开停任何电器设备，周围杜绝火源，防止发生火灾爆炸事故。组织人员回收现场油料，不能回收的要用蒸汽蒸煮吹扫。清理事故现场，查清事故原因，排除故障，总结教训，防止类似事故发生。

8.3.16 凝聚单元物料窜水

(1) 现象

原料工序送往回收单元的物料中含游离水，造成回收单元发生窜水事故，溶剂及回收单元产品质量不合格，严重影响顺丁橡胶装置生产的正常进行。

(2) 原因

①凝聚油水分层罐中的水窜入原料溶剂油储罐。②溶剂油原料罐分层水没有及时排出。③胶液罐尾气回收水洗系统中的游离水窜入原料溶剂油中。

(3) 处理

①一旦发生原料溶剂油罐窜水事故，应立即通知回收单元作应急处理，停止给回收单元送料。②溶剂油原料罐排水。③稳定凝聚单元生产工艺，检查凝聚油水分层罐油水界位控制情况。④检查胶罐尾气油吸收工艺，水洗流程工艺控制情况，针对存在的问题进行处理。

8.3.17　膨胀干燥机超温

（1）现象

膨胀干燥机严重超温，造成胶料塑化，严重时导致胶料自燃，引起火灾。

（2）原因

引起干燥机超温的主要原因是胶料突然减少或断料；刚开车过程中膨胀干燥机提速过快；挤压机、膨胀干燥机入料口堵；2#筛、洗涤水泵、洗胶罐搅拌跳闸，模头压力超高等。

（3）处理

一旦发现膨胀干燥机温度超高，应立即关闭干燥机蒸汽阀，降低膨胀干燥机螺杆转速，打开夹套冷却水阀。若发现已出现胶料塑化，应立即停车，启动消防一键急停，2#筛、挤压机、干燥机、输送机、提升机等设备停运，然后对各设备进行彻底清理，联系各维修单位检查设备有无损坏、故障是否排除，确认无问题后，方可按正常开车程序重新开车生产。

8.3.18　膨胀干燥机超压

（1）现象

膨胀干燥机压力指示上升并超高，模头处颗粒胶碎，膨胀干燥机入料口返料，五段温度逐渐升高，膨胀干燥机电机电流指示升高，严重时会造成膨胀干燥机机体位移。

（2）原因

①生产负荷过大；②模头孔堵塞严重；③五段温度超高。

（3）处理

①通知凝聚工序降低喷胶量，适当降低产量。②停车清理模头或换模孔。③适当降低膨胀干燥机五段温度，控制不要超标。

8.3.19　膨胀干燥箱着火

（1）现象

膨胀干燥机五段温度超高，模头压力下降，电机电流指示降低，干燥箱内胶料塑化后着火。

（2）原因

造成干燥箱内胶料着火的主要原因是胶料塑化引起的胶料自燃现象。一是刚投料开车时，由于上次停车机膛内物料没有排空，物料在机膛内停留时间太长，升温预热温度处理不当，在机膛内形成塑化胶；二是开车时膨胀干燥机提速过快，操作不当，很容易引起胶料塑化着火；三是入料口堵，干燥机五段温度直线上升，处理不及时造成胶料塑化，再者是凝聚条件不好，胶内含油量高，遇胶料塑化现象很容易着火。

（3）处理

当发生干燥箱着火时，应立即启动消防一键急停按钮，脱水振动2#筛、挤压机、干燥机、干燥箱、提升机等设备全部自停，消防水、消防蒸汽自动打开灭火。灭火后，应对各设备彻底清理，卸模头排料，清理现场。要对各设备进行详细检查，确认有无损坏。一切处理完毕后方可开车。

8.3.20　溶剂脱水塔进料带游离水

（1）现象

溶剂脱水塔进游离水后，可能有下列现象：①溶剂脱水塔塔底温度突然下降2~5℃，塔顶温度突然急剧下降5~10℃，塔升温困难，且塔釜液面计液面变混浊。②溶剂脱水塔塔釜温度低且升不起来，塔底水值突然升高。

（2）原因

造成脱水进料中进水的原因一是送入溶剂脱水塔原料中有游离水；二是溶剂脱水塔换热设备进料预热器、重沸器漏，将游离水带入塔内；三是溶剂脱水塔回流液带游离水。

（3）处理

一旦出现溶剂脱水塔进游离水事故，应立即将溶剂脱水塔塔底物料改送溶剂油原料储罐，停止给溶剂脱重塔进料。通知原料工序查找原料带水原因；检查溶剂脱水塔回流罐排水情况；检查溶剂脱水塔换热设备是否发生泄漏，确定进水原因，采取相应措施处理。故障排除后，溶剂脱水塔塔底物料水值合格后再给溶剂脱重塔进料，恢复正常生产。

8.3.21 聚合丁二烯中断

（1）现象

聚合丁二烯进料中断后，控制室丁二烯流量指示表指示为0，聚合釜进料温度快速上升，首釜下部温度快速下滑，反应出现较大波动。

（2）原因

丁二烯进料中断，一般是送原料丁二烯的泵跳闸或停电所致。

（3）处理

当聚合出现丁二烯进料突然中断时，应关闭丁二烯进料调节阀，适当减小溶剂油用量，关闭预冷盐水，开大预热蒸汽，停催化剂进料。在处理的同时，及时与有关部门联系，了解断料原因及送料时间，若短时间能恢复送料，应及时恢复正常生产；若长时间断料，则应按停车处理。

8.3.22 聚合溶剂油中断

（1）现象

聚合溶剂油进料中断后，控制室溶剂油流量指示表指示为“0”，聚合釜进料预热温度上升，首釜温度快速上升，反应加剧，并可能出现超温、超压乃至爆聚现象。

（2）原因

聚合溶剂油中断一般是原料罐区溶剂油泵出现故障或油泵跳闸所致。

（3）处理

在正常生产中，当出现溶剂油突然中断时，应立即停丁二烯和催化剂进料，现场关闭各物料阀门，保持聚合釜与胶罐连通，密切注视各釜压力及温度的变化。若聚合釜压力上升过快，应立即打开聚合釜事故阀。应及时与有关部门联系，了解事故原因，通报事故处理情况。待溶剂油恢复正常送油后，再按正常开车程序组织开车生产。

8.3.23 聚合原料带游离水

（1）现象

聚合原料丁二烯或溶剂油中带游离水，使聚合原来稳定的反应体系遭到破坏，聚合反应快速下滑，门尼黏度降低，Al/Bd增大，最终出现聚合不聚。

（2）原因

原料生产工序的产品丁二烯或溶剂油质量不合格，造成送入聚合的原材料（丁二烯、溶剂油）中含有游离水，并将这部分游离水带入聚合釜中。

（3）处理

聚合系统带入游离水后，会引起反应的大幅波动，此时，一边检查工艺方面是否存在问题，一边及时与有关部门联系，检查原材料质量，若系原料中带游离水，应立即停止丁二烯及催化剂进料，视反应情况适当加大进溶剂油量及进行釜顶充油，然后停溶剂油及抗氧剂进料。待原材料质量合格后，再根据情况组织开车生产。

8.3.24 凝聚喷胶中断

（1）现象

喷胶中断后，从仪表盘上看，喷胶流量指示为“0”，凝聚釜内胶粒密度逐渐降低，1#筛胶料稀少，长时间喷胶中断，则可能引起干燥断料。

（2）原因

造成喷胶中断的原因主要有：①胶罐液面计失灵，造成胶罐喷空；②胶液泵不上量；③胶液泵跳闸；④胶罐搅拌不均匀，致使喷油而无胶。

（3）处理

一旦出现喷胶中断事故，应及时处理，避免发生其他事故，造成更大损失。同时，及时通知干燥岗位，注意胶料量的大小，防止出现因断料塑化着火。针对造成喷胶中断的原因，可相应采取下列措施：①立即换喷其他罐，并联系维修人员维修液面计；②切换使用胶液泵，并联系钳工维修胶液泵；③切换使用其他胶液泵，联系维修人员查找跳闸原因，并进行维修；④切换喷胶罐，并启动原喷胶罐，重新进行搅拌。

8.3.25 膨胀干燥机胶料中断

（1）现象

膨胀干燥机胶料中断后，膨胀干燥机温度直线上升，若发现不及时，则会因膨胀干燥机机膛温度超高引起胶料塑化，甚至酿成着火事故。

（2）原因

造成膨胀干燥机胶料中断的原因主要有①挤压脱水机、膨胀干燥机入料口堵；②2#振动筛自停或洗胶罐搅拌跳闸自停；③洗涤水泵跳闸；④凝聚出现故障，造成1#筛处断料。

（3）处理

①一旦发现膨胀干燥机断料，应立即降低膨胀干燥机转速，同时关闭膨胀干燥机夹套蒸汽进汽阀，开冷却水阀。②如果已经出现塑化着火，则应立即停干燥箱风机及输送机，从洗胶罐处断料，开灭火蒸汽或用消防器材灭火。③若因挤压脱水机、膨胀干燥机入料口堵造成断料，在采取上述措施后，应立即人工扒胶，注意扒胶时不能使用金属器具及人身安全。④若因2#筛、洗胶罐搅拌自停造成胶料中断，应立即停车，并联系维修人员查找原因，排除故障。待故障排除后再组织开车。⑤若因洗涤水泵跳闸造成胶料中断，在降低干燥机转速和温度的同时，应立即打开洗胶罐补水阀补水，恢复2#筛送料，然后切换使用洗涤水泵，联系维修故障泵。⑥若因凝聚问题造成1#筛断料，应及时通知凝聚工序查找并排除故障，及时恢复送料。若长时间不能送料，且洗胶罐内胶料又较少时，则应临时停车待料。

8.4 事故案例

案例1

1984年3月，精馏塔回流罐放空尾气物料回收罐跑料着火造成人员烧伤事故。跑料造成的直接后果是一名操作人员烧成重伤，另一名操作人员侥幸躲避。某厂精馏塔回流罐放空尾气采用盐水深冷的方法回收利用，尾气回收罐是一常压罐，正常工作时放空阀常开，当液位到80%时，及时把冷凝液送出。1984年，该厂发生一起跑料着火事故，该罐液位满时物料从放空阀跑出流入装置外的污水沟，事故发生的直接原因是操作人员没有及时送出回收冷凝液，间接原因是操作室内没有液位显示仪表和操作人员检查不认真。着火的直接原因是该罐发生跑料，操作人员吸烟引燃跑出物料。

案例 2

1987 年 5 月，某厂顺丁橡胶装置正常生产中，凝聚单元送往溶剂脱水塔的物料中带胶液，将其送入了溶剂脱水塔，造成该塔塔压差突然增大，塔顶、塔底温度降低，塔釜升温困难，导致回收单元停车检修，顺丁橡胶生产装置停产 72h。造成溶剂脱水塔窜入胶液的主要原因是胶液罐装料太满，超过规定装料量，搅拌启动后，胶液罐气相管线中进入胶液，通过胶液罐尾气油吸收进入油吸收罐，胶液与溶剂油送入了溶剂脱水塔。

案例 3

原料溶剂油中游离水窜入溶剂脱水塔。正常生产中，某厂顺丁橡胶车间出现过溶剂脱水塔窜水，将溶剂脱重塔水值不合格的产品送到罐区成品溶剂油罐，造成聚合不聚的事故。严重影响顺丁橡胶装置生产，直接经济损失上百万元。溶剂脱水塔发生窜水事故，该塔塔顶温度比正常温度突然下降 5~10℃，塔底温度比正常温度突然下降 2~5℃，塔升温困难，根据发生异常的现象，可判断是该塔发生了窜水事故。此时应立即停溶剂脱重塔进料，停溶剂脱重塔塔顶产品送出，溶剂回收脱水塔塔底物料送原料罐区，溶剂脱水塔、溶剂脱重塔全回流操作，最大限度地减少事故损失。通知车间、工段有关人员进一步查明原因。溶剂脱水塔窜水的主要原因是原料岗位可能发生了窜水，造成原料油中带大量游离水，其次是脱水塔回流罐长时间没有排水，回流液带入大量游离水。

案例 4

丁二烯回收塔塔顶安全阀着火事故。2002 年 7 月，某厂丁二烯回收塔塔顶安全阀短管被丁二烯自聚物堵塞，在维修人员拿下安全阀进行清理的过程中，发生着火事故，幸好维修人员防护措施到位，没发生人员烧伤。分析认为着火的原因是丁二烯过氧化物遇到空气自燃。

案例 5

丁二烯回收塔塔顶气相管线阀门压盖胀开事故。2000 年 6 月，某厂丁二烯回收塔塔顶气相管线的闸阀大盖被丁二烯自聚物胀开，大量的丁二烯气体跑出，幸好处理方法得当，没有发生次生事故。原因：一是该阀门在多次检修中没有清理，阀门大盖的空间内有大量的丁二烯自聚物；二是夏季气温高，阳光直射阀门，阀门温度过高，大盖内的丁二烯自聚物体积突然增大，造成阀门大盖的垫片胀开。处理措施：该塔紧急停车，停进料，停回流，塔内物料尽量从塔底经过冷却器送出。

案例 6

检修丁二烯回收塔塔内自聚物着火事故。1988 年 9 月，某厂在丁二烯回收塔检修清理时，塔内降液管内的丁二烯自聚物发生自燃着火。原因：用 5%的硫酸亚铁水溶液循环水洗时间短，塔内降液管内的丁二烯过氧化物仍有活性，在打开人孔清理时遇到空气发生自燃。预防措施：用 5%的硫酸亚铁水溶液循环水洗不得少于 12h，温度控制在 70~90℃。

案例 7

1984 年 9 月，某厂顺丁橡胶装置大修后开车，油罐收溶剂油，送油不久，装置操作员发现有油气味，经检查装置地沟内有大量的溶剂油。跑油原因：首先，操作员责任心不强，在接料收油前没有认真负责检查流程及阀门的开关情况，此次跑油事故是没有检查设备的排净阀门是否关闭，导致溶剂油从该阀门跑出；其次，装置开车时现场不能离人的规定执行不严格，投料后没有进行检查，最终造成了跑油事故的发生。

案例 8

1985 年 5 月，某厂顺丁橡胶装置溶剂回收岗操作员接班后，发现溶剂脱水塔回流罐液位较高，便增加丁二烯回收塔进料，但因进料表失灵，实际没提量，由于操作员充分相信仪表，未到现场检查，造成回流罐物料从放空管线跑出。经验教训：过分相信仪表，监盘不及时，责任心不强。

案例 9

1998 年 8 月，某厂丁二烯回收塔因塔内自聚物胀坏塔壁而造成丁二烯由塔顶胀坏处泄漏引起着火。主要原因：塔结构设计不合理，死区多；操作人员对操作条件变化带来的后果认识不清，没能将事故消灭在萌芽状态。

案例 10

1985 年 7 月，某厂顺丁橡胶装置凝聚工序发生爆炸，伤亡 3 人，伤多人。原因：一班操作人员停车时，由于凝聚釜压力偏高，釜内存油量较大，二班操作人员接班后，没有认真检查，而且开泵将釜内存油与水送往 60℃ 以上的洗胶罐中，当洗胶岗发现有油气岗给凝聚岗打电话无人接，致使厂房内外部充满油气，可燃物浓度超过爆炸极限，由于配电间电器动作产生火花造成厂房爆炸。

案例 11

2000 年 9 月，某厂顺丁橡胶装置发生丁二烯球罐爆炸着火，造成三死一伤、球罐报废的事故。原因：操作人员对丁二烯过氧化物和自聚物的性质认识不足，违章操作，没有采取相应的防护措施。

案例 12

1989 年 6 月，某厂顺丁橡胶装置干燥工序发生着火事故，部分仪表及设备烧坏。着火原因：膨胀干燥机因超温、超压违章操作，机体内产生了塑化胶，塑化胶和正常胶进入干燥箱，由于干燥箱内温度较高，塑化胶自燃引起胶料着火。发现后，由于火势较大，而大热风的开关离干燥箱又太近，人无法靠近，大热风停不下来，虽已通入消防蒸汽，但仍无济于事，致使火烧得较大，一直蔓延到提升机。如果大热风能停下来，火可能会快点熄灭。

案例 13

1990 年 3 月，某厂顺丁橡胶装置聚合釜憋压造成釜大盖泄漏胶液喷出事故。主要原因：①岗位操作人员流程不熟，对聚合釜管线上跨线阀的认识不清；②岗位之间联系、协调不好，交接班纪律差，对生产工艺情况交接不清；③操作人员责任心差，改变生产流程时不到现场认真检查确认。

案例 14

2001 年 11 月，某厂顺丁橡胶装置胶罐尾气回收系统发生跑油事故。主要原因：①操作人员责任心不强，停车后思想麻痹，巡检不到位且巡检质量不高，对工艺上出现的问题不认真分析，造成大量的溶剂油跑入污水管线；②操作人员技术素质差，流程不熟，对生产中出现的异常现象不能进行正确分析；③工艺设计存在缺陷，离心泵出口未装单向阀。

案例 15

压块机伤人事故。1995 年 4 月，某厂顺丁橡胶装置维修工在检修压块机时，因一螺丝掉入压块机压胶室内，在没停机的情况下，该维修人员就伸手去拿，造成其左胳膊小臂挤切下来的事故。主要原因：①该维修人员严重违章作业，安全意识差，没有自我保护意识；②技术素质差，不了解设备性能，不懂设备工作原理。

案例 16

胶液泵伤人事故。1997 年 8 月，某厂顺丁橡胶装置维修工在检修胶液泵时，一名维修人员用铁丝清理泵时，造成其右手五手指绞伤。主要原因：①该维修人员严重违章作业，工作中图省事没有切断电源；②自我保护能力差。

案例 17

某某石化“1 · 12”丁二烯自聚爆燃事故。2021 年 1 月 12 日，某某石化橡胶公司顺丁装置回收单元丁二烯中间罐(V-6508 罐)发生爆燃，直接经济损失约 70. 67 万元，未造成人员伤亡。事故直接原因为罐内丁二烯与氧气反应生成过氧化物，发生分解在局部死角处积聚后，引发爆聚反应并释放大量热量，最终导致罐体解体。

案例 18

某某石化“3 · 15”顺丁装置爆炸事故。2021 年 3 月 15 日，某某石化化工分部顺丁橡胶装置凝聚单元发生爆燃并引发火灾，造成 1 人死亡、5 人受伤，直接经济损失约 625 万元。事故直接原因为外操工未按规程关闭阀门并清理堵塞物，导致塔内正己烷和丁二烯大量泄漏，遇变电所外机静电火花引发爆燃。

第9章　安全环保与节能

9.1　安　　全

9.1.1　主要原材料危害及预防

9.1.1.1　丁二烯

(1) 火灾及爆炸危害

液态丁二烯闪点为-76℃(闭杯)，爆炸下限(LEL)为2.0%，爆炸上限(UEL)为11.5%。

强氧化剂作用下丁二烯易起火、爆炸或发生剧烈反应，丁二烯应避免接触强氧化剂；应避免接触苯乙烯、胺、氨、硫化氢、硫和偶氮化合物；特定条件下丁二烯可以和铝及过渡金属化合物发生反应。温度低于-113℃时丁二烯会固化并吸收氧，熔化时发生爆炸；丁二烯长期暴露于空气中会形成过氧化物，振荡和高温会使过氧化物发生爆炸；室温下丁二烯会缓慢反应生成二聚体。

(2) 健康危害及急救措施

丁二烯通过呼吸或皮肤接触进入人体。

① 健康危害。皮肤接触到液体丁二烯可能导致皮肤炎或冻伤；丁二烯浓度在2000~8000mg/kg时，人急性吸入6~8h，眼睛、鼻子、喉咙会有轻度刺痛感。丁二烯不会在人体内累积，代谢过程主要生成环氧化物。

② 人体暴露部位预防措施。防护眼部用化学安全护目镜或面罩；当丁二烯浓度≤5000mg/kg用正面式滤毒罐的防毒面罩；丁二烯浓度≤8000mg/kg用供气式呼吸防护具或自携式呼吸防护具；丁二烯浓度≤20000mg/kg用直接式或隔离式滤毒罐的防毒面罩、全面型供气式呼吸防护具或全面型自携式呼吸防护具；丁二烯浓度>20000mg/kg，用正压自携式呼吸器。手最好佩戴丁基橡胶防渗手套。采用单独使用、有接地、不产生火花的防爆通风系统。

③ 急救措施。对吸入大量丁二烯人员实施急救前先做好自身的防护措施，穿着适当防护装备，以确保自己的安全。将患者移到空气新鲜处，若患者呼吸停止，立即实施人工呼吸；若心跳停止实施心肺复苏术，立即就医。

避免直接接触丁二烯，操作时要戴防渗的防护手套，皮肤大量接触丁二烯时，尽快用流动的温水冲洗患部20min。冲洗时小心剪掉粘在受伤皮肤附近的衣服，立即就医。

眼睛接触丁二烯时，立即将眼皮撑开，用流动的温水冲洗眼睛20min，若冲洗后仍有刺激感，再反复冲洗。

(3) 储存注意事项

储存丁二烯时须远离火花、火焰及其他火源，并配备随时可用于灭火及处理泄漏的紧急应变装备；所有装有易燃气体的容器都需接地。丁二烯储存区要与员工工作区域分开，并限制人员接近；装设溢漏侦测器及警报系统。

9.1.1.2 溶剂油

（1）溶剂油燃烧爆炸危害

溶剂油闪点为-25.5℃，自燃温度为244℃，爆炸极限为1.2%~6.9%。溶剂油气与空气形成爆炸性混合物，遇明火、高热极易燃烧爆炸。与氧化剂接触发生强烈反应，甚至引起燃烧。其蒸汽比空气重，能在较低处扩散到相当远的地方，遇明火会引着回燃。若遇高热，容器内压增大，有开裂和爆炸的危险。禁止与强氧化剂同储。溶剂油着火采用泡沫、二氧化碳、干粉、沙土灭火，用水灭火无效。

（2）毒性及健康危害

溶剂油可以通过吸、食或经皮肤接触进入人体。溶剂油有麻醉作用和对皮肤黏膜刺激作用，对眼睛和呼吸道有刺激作用，长期接触可导致周围神经炎。急性中毒会出现头痛、头晕、恶心，重者引起神志丧失甚至死亡；慢性中毒会出现头痛、头晕、乏力、胃纳减退等，四肢远端逐渐发展为感觉异常、四肢无力、肌肉疼痛等。

（3）急救措施

皮肤接触溶剂油后要脱去被污染的衣服，用肥皂水及清水彻底清洗皮肤；眼睛接触后立即翻开上下眼睑，用流动清水或生理盐水冲洗至少15min，然后就医；吸入后迅速脱离现场到空气新鲜处，保持呼吸道畅通，保暖并休息。呼吸困难时必须输氧。呼吸停止时立即进行人工呼吸，然后就医；误食后，误食者要立即漱口、饮足温水、催吐，然后就医。

（4）防护措施

由于工艺上密闭操作，正常操作时需穿戴劳保服、劳保鞋、安全帽与防护手套。处理氢氧化钠泄漏时，需佩戴化学安全防护眼镜或全面罩，防止氢氧化钠溶液溅入眼睛；需使用防毒口罩或空气呼吸器，避免吸入有害气体；必须佩戴橡胶或浸塑材质的防护手套，避免皮肤直接接触；穿防腐蚀材质的防护服(如橡胶或聚乙烯材质)，覆盖全身皮肤，必要时加穿围裙；防止液体溅入脚部，需穿戴高筒胶靴或专用防护鞋。

（5）泄漏处置

疏散泄漏污染区人员至安全区，禁止无关人员进入污染区，切断火源。应急处理人员戴自给式呼吸器，穿一般消防防护服。在确保安全情况下堵漏、喷水雾可减少蒸发。用活性炭或其他惰性材料吸收，然后使用无火花工具收集运至废物处理场所。也可以用不燃性汽提剂制成的乳液刷洗，经稀释的洗液放入废水系统。如大量泄漏，利用围堤收容，然后收集、转移、回收或无害处理后废弃。

9.1.1.3 氢氧化钠

（1）腐蚀性危险

氢氧化钠遇水和水蒸气大量放热，形成腐蚀性溶液，与强酸发生中和反应并放热，具有强腐蚀性。不要与强酸、易燃或可燃物、二氧化碳、过氧化物、水同储。

（2）毒性及健康危害

氢氧化钠接触限值为0.5mg/m^3。氢氧化钠有强烈刺激和腐蚀性，粉尘或烟雾刺激眼和呼吸道，腐蚀鼻中隔，皮肤和眼直接接触可引起灼伤，误服可造成消化道灼伤、黏膜糜烂、出血和休克。

（3）急救

皮肤接触后立即脱去被污染的衣服，用肥皂水及清水彻底清洗皮肤；眼睛接触后立即翻开上下眼睑，用流动清水或生理盐水冲洗至少15min，然后就医；吸入后迅速脱离现场至空气新鲜处，保持呼吸道畅通，保暖并休息。呼吸困难时给病人输氧。呼吸停止时立即进行人工呼吸，然后就医。食入后要误服者立即漱口、饮牛奶或蛋清，并就医。

(4) 防护措施

工艺上密闭操作，一般不需要特殊防护，高浓度接触时可佩戴防毒口罩；戴安全防护眼镜或防护面具；戴防护工作手套；保持良好的卫生习惯，不乱丢弃废液、残液。

(5) 泄漏处理

隔离泄漏污染区，周围设警告标志，应急处理人员戴好防毒面具、穿化学防护服。不要直接接触泄漏物，用洁净的铲子将泄漏物收集到干净有盖的容器中，运至废物处理场所。还可以用大量水冲洗，经稀释的洗液放入废水系统。如大量泄漏，收集回收或无害处理后废弃。

9.1.2 设备腐蚀与防护

顺丁橡胶生产中设备腐蚀，常常造成装置开工周期缩短，引起爆炸、着火及人身伤亡事故；停工停产；装置和设备过早报废，使用寿命短；产品和物料流失；产品质量低劣；污染环境等。

9.1.2.1 顺丁橡胶生产设备腐蚀的部位

① 顺丁橡胶生产以环烷酸镍(简称镍)—三异丁基铝(简称铝)—三氟化硼乙醚络合物(简称硼)为催化剂，三氟化硼乙醚络合物，遇到水就会分解，对设备产生腐蚀。催化剂进釜后分配不匀，可造成局部过浓而产生局部腐蚀，在其他系统的腐蚀为均匀腐蚀。

② 在凝聚系统为减轻三氟化硼乙醚络合物水解产物对系统的腐蚀，一般引入氢氧化钠溶液来中和三氟化硼乙醚络合物水解产物来降低腐蚀，但氢氧化钠溶液用量不合理将会对凝聚、洗胶系统的设备产生新的腐蚀。热泵使用的溴化锂溶液以及聚合使用的盐水具有较强的腐蚀性，对其运行的设备具有一定的破坏作用。

③ 管线着湿后对管线外部产生麻坑局部腐蚀，蒸汽及蒸汽冷凝水对其接触设备内部会产生不同程度的腐蚀。

9.1.2.2 设备腐蚀防护

为了防止或减轻生产设备的腐蚀，一般顺丁橡胶生产厂家采用了如下措施。

① 催化剂本身具有腐蚀性，催化剂的配制部分所用的主要设备和管线，均为1Cr18Ni9Ti不锈钢制作，聚合过程中的主要设备，聚合釜、凝聚釜、胶液罐等设备均为1Cr18Ni9Ti不锈钢或与碳钢的复合钢板制作。

② 在后处理工序，当含水胶粒送到成品干燥系统，如膨胀干燥机，在高温高压下操作，水中的微酸对螺杆轴、螺套、夹套衬里以及模头、模板等腐蚀作用就非常明显，为防止后处理系统的腐蚀，采取如下措施：在凝聚釜中加氢氧化钠溶液，以中和催化剂水解所产生的酸，从而减轻设备的腐蚀，延长设备的使用寿命。在加碱过程中，要适当、要分散均匀，否则会产生局部腐蚀。加碱过多，物料的pH值过高(呈碱性)，会使胶料表面发滑，影响挤压脱水机的吃料；加碱过少，物料的pH值过低(呈酸性)，会对设备造成严重腐蚀而缩短设备的使用寿命，一般要求胶粒的pH值在9.0左右。

③ 对于回收和成品工序所用的油水分层罐，脱水罐以及原料工序溶剂油储罐的底部，均采用环氧酚醛涂料，解决了设备的点蚀问题。

顺丁橡胶生产中的设备腐蚀是一个十分复杂的过程，影响因素较多。除了合理地选用耐腐蚀材料，正确的结构设计，精心的加工、制造和安装，严格的工艺操作，以及良好的设备维修和管理，都会减轻设备的腐蚀。否则，常会引起内应力，流体的停滞，局部溶液浓缩、过热、冷凝、沉积物的积聚、冲刷等现象，从而加剧局部腐蚀，缩短设备的使用寿命。

为了更好地保护生产设备，往往要综合考虑以下几个方面：设备工作的介质情况（介质的温度、压力、浓度、流速、pH 值、电导性、状态、氧化性、还原性），选用腐蚀率通常小于 0.3mm/a 的材质；结构设计尽量简单，避免介质的残留，尽可能地消除缝隙，防止电偶腐蚀，消除设备内部应力，防磨损腐蚀、冷凝液腐蚀，防止应力腐蚀破裂，避免介质形成浓差区等，使设备结构合理，充分发挥材料的耐腐蚀性能；用防腐涂料屏蔽、缓蚀钝化、电化学作用等，来保护金属表面不受腐蚀。

9.1.2.3 顺丁橡胶装置的主要腐蚀设备及选材

顺丁橡胶装置的主要腐蚀设备及选材见表 9-1。

表 9-1 顺丁橡胶装置的主要腐蚀设备及选材

序号	设备名称	材质	腐蚀环境		
			介质	温度/℃	压力/MPa
1	硼计量罐	1Cr18Ni9Ti	三氟化硼	常温	0.05
2	镍计量罐	1Cr18Ni9Ti	环烷酸镍	常温	0.05
3	铝计量罐	1Cr18Ni9Ti	三异丁基铝	常温	0.05
4	催化剂计量泵	1Cr18Ni9Ti 基础衬瓷板保护	催化剂	—	—
5	聚合釜	1Cr18Ni9Ti	胶液、微量催化剂	≤100	≤0.85
6	TBC 罐	1Cr18Ni9Ti	TBC、溶剂油	<100	≤0.3
7	TBC 泵	1Cr18Ni9Ti	TBC、溶剂油		—
8	凝聚釜	复合钢板 大轴 2Cr13	胶液、微量催化剂、碱	89~102	≤0.1
9	胶液罐	复合钢板	胶液	≤100	≤0.1
10	洗胶罐	复合钢板	胶液、软水	≤100	常压
11	脱水挤压机	复合钢板	含水胶 （入口水含量 40%~60%） （出口水含量 8%~12%）	—	≤6.9
12	膨胀干燥机	复合钢板	含水胶 （入口水含量 8%~12%）	<210	≤14.7

9.1.2.4 溶剂回收设备的防腐蚀

顺丁橡胶装置溶剂回收系统存在较强的酸性腐蚀现象，生产中经常出现漏点，严重时导致精溶剂水值高，造成丁二烯聚合反应减弱甚至停止，影响正常生产达半个月以上，制约溶剂回收设备长周期运转。为了控制系统酸性，减轻腐蚀，国内各生产厂采取了不同的措施，采用的主要工艺方法是加碱中和物料中的酸性物质。某顺丁橡胶厂对顺丁橡胶生产系统中水样进行了定性分析，确定了导致系统设备腐蚀的主要因素，有针对性地采取了减轻酸性腐蚀的措施，设备运行周期大幅提高，效果明显。

（1）酸性物质的确认

水样总酸含量测定。实际生产过程中，溶剂回收系统中溶剂脱水塔回流罐腐蚀最严重，因此取溶剂脱水塔回流罐水样进行测定。

采用测定总酸含量的化学法，用 NaOH 标准溶液对水样进行滴定分析，发现生成橘红色沉淀，对滴定终点颜色有干扰，无法确认终点。

在不加指示剂的情况下，对水样直接用 NaOH 标准溶液滴定，仍是橘红色沉淀，排除了指示剂引起干扰的怀疑，从沉淀物的颜色判断，可能是 $Fe(OH)_3$，说明水样中可能存在 Fe^{3+}。

用酸度计测定水样 pH=4.03，酸性来自 BF_3 水解产物。

水样与 NaOH 反应生成沉淀物 $Fe(OH)_3$ 的验证。

① 在取来的水样中加入硫氰酸钾，溶液不呈血红色，而是出现棕黄色。说明水样中铁离子不是以游离的 Fe^{3+} 形式存在的。

② 在 $FeCl_3$ 水溶液中加入 NaF，然后加入硫氰酸钾，出现的颜色与①相同。$FeCl_3$ 与 NaF 反应生成氟和铁的配合物。

③ 在 $FeCl_3$ 水溶液中加入 NaF，然后用 NaOH 溶液滴定，生成橘红色沉淀，与水样用 NaOH 滴定生成的沉淀颜色完全相同。

④ 在 40mL 凉蒸馏水中加入 0.5mL 浓硼，再加入 $FeCl_3$，然后用 NaOH 滴定，生成的沉淀颜色与③相同。

⑤ $FeCl_3$ 水溶液用 NaOH 滴定，生成的沉淀颜色与③亦相同。

以上实验现象说明，水样与 NaOH 生成的沉淀物是 $Fe(OH)_3$，但水样中的铁离子与 F 离子生成了配合物，这是 BF_3 水解产物腐蚀罐体造成的。

(2) BF_3 水解产物

BF_3 很容易水解，视水量而生成不同的分子化合物和化学化合物：

$$BF_3+H_2O \longrightarrow BF_3 \cdot H_2O \tag{9-1}$$

$$BF_3+2H_2O \longrightarrow BF_3 \cdot 2H_2O \tag{9-2}$$

$$2BF_3+3H_2O \longrightarrow HBF_4+B(OH)_3+2HF \tag{9-3}$$

$$4BF_3+3H_2O \longrightarrow 3HBF_4+B(OH)_3 \tag{9-4}$$

式(9-3)、式(9-4)两个反应在稀的 BF_3 水溶液中进行，其中 $B(OH)_3$ 是极弱的酸，HF 是弱酸，HBF_4 是强酸，其酸性相当于硫酸。

(3) 防腐蚀的主要方法

顺丁橡胶生产过程中胶液储存在胶液罐内，未反应的丁二烯及部分溶剂油由罐顶闪蒸出来，系统中剩余的 BF_3 大部分也随之闪蒸出来，当用冷油吸收后，由于来自中间油罐的溶剂油含有饱和水，BF_3 部分水解，可能生成 $BF_3 \cdot H_2O$ 和 $BF_3 \cdot 2H_2O$，两者都是强酸，能腐蚀金属及其氧化物，$BF_3 \cdot H_2O$ 的结构为 $[HOBF_3]^- H^+$，$BF_3 \cdot 2H_2O$ 的结构为 $[HOBF_3]^- [H_3O]^+$，生产上在冷油吸收时加入过量的碱，因此溶剂回收脱水塔进料罐排水呈碱性，此时 BF_3 的水解是不完全的，当与中间油罐的溶剂油汇合在一起进入溶剂脱水塔预热器后，BF_3 与热水作用完全水解生成氟硼酸，强烈腐蚀管线及罐体，因此溶剂回收脱水塔回流罐排水又呈酸性。针对出现的问题，在溶剂回收脱水塔进料前增加碱洗、水洗措施，使加碱更为均匀，提高系统 pH 值，减缓溶剂回收设备腐蚀。增加了水洗沉降罐，使溶剂油中溶于水的杂质被分离掉，从而减少设备的堵挂现象，其典型流程简图如图 9-1 所示。

9.1.3 用电安全

9.1.3.1 触电事故种类

(1) 电击

电击是电流通过人体内部。主要伤害部位是心脏、中枢神经系统和肺部。人体遭受数十毫安工频电流电击时，时间稍长即会致命。电击是全身伤害，但一般不在人身表面留下大面积明显的伤痕。

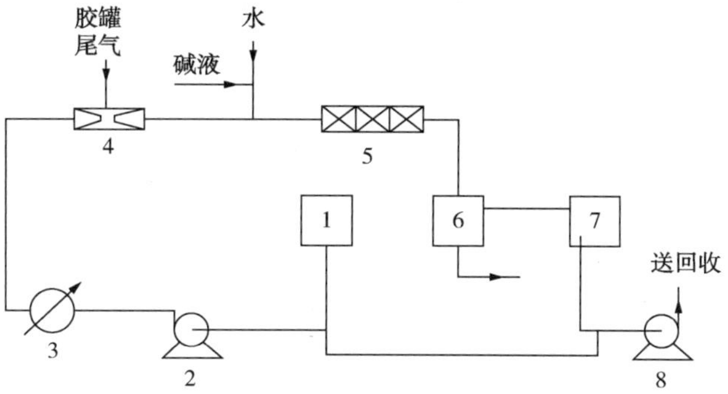

图 9-1　溶剂脱水塔进料前碱洗、水洗工艺流程简图

1—油罐；2—油吸收泵；3—盐水冷却器；4—喷射泵；5—静态混合器；
6—碱洗、水洗罐；7—二次分离罐；8—回收送料泵

（2）电伤

电伤是电流转变成其他形式的能量对人体造成的伤害。例如电能转化成热能造成的电弧烧伤和灼伤、电能转化成化学能或机械能造成的电印记、皮肤金属化和机械损伤等。电弧温度高达 6000℃，除烧伤人体表面，还会伤及体内，造成死亡或残疾。电伤多是局部性伤害，在人体表面留有明显的伤痕。

9.1.3.2　触电急救

触电急救的要点是动作迅速、方法正确。人触电以后，会出现神经麻痹、呼吸中断、心脏停止跳动等征象，外表上呈现昏迷不醒的状态。但不应该认为是死亡，而应该看作“假死”，并且迅速而持久地进行抢救。抢救不可轻易中断。

脱离电源基本原则：当触电人失去控制，不能自行摆脱带电体时，应尽快帮助他脱离电源。使触电人脱离电源应防止事故扩大，防止救护人自己触电，还应注意防止触电人摔伤。

低压电源触电事故，可采用下列方法使之脱离电源：拉开开关或拔出插头；用绝缘工具切断电线或挑开电线；用绝缘物拉开触电人。

高压电源触电事故，可采用下列方法使之脱离电源：尽快通知前级停电；佩戴安全用具，按要求拉开开关；强迫短路，造成掉闸停电。

现场急救时，触电人呼吸停止后实施口对口（鼻）人工呼吸法，触电人心脏停止跳动后要施行胸外心脏挤压法。

此外，对于与触电同时发生的外伤，应分情况酌情处理。对于不危及生命的轻度外伤，可放在触电急救之后处理；对于严重的外伤，应与人工呼吸和胸外心脏按压同时处理。如伤口出血，应予止血。为了防止伤口感染，最好予以包扎。

9.1.3.3　工作现场用电安全

42V、30V、24V、12V、6V 为工业安全电压。特别危险环境的手持电动工具可采用 42V 安全电压；有电击危险环境中使用的手持照明灯和局部照明灯应采用 36V 或 24V 安全电压；金属容器内特别潮湿处等特别危险环境中使用的手持照明灯应采用 12V 安全电压；水下作业等场所应采用 6V 安全电压。电压在 25V 以下时，一般不考虑直接接触电击的防护。

生产工作中，工艺操作人员经常会遇到电气设备检修和临时用电问题，电气设备需要检修时一定要按停送电的相关程序办理“停送电作业票”，并悬挂“有人作业　请勿合闸”字样

的警示牌，对断电的设备进行最后的确认。临时用电时要办理“临时用电作业票”，如果在装置内用电钻、电锤等工具还要办理“用火证”，用电前要注意检查临时电线是否完好，用临时照明要确认安全电压是否符合工艺要求，行灯安全罩是否完好，作业时一定要将行灯固定好。临时用电后要及时通知电工停电，并拆除。

9.1.4 季节性安全生产

9.1.4.1 防超温、超压、自聚

（1）易产生超温、超压、自聚的部位

顺丁橡胶生产的主要原料是丁二烯，丁二烯在储存和运输管道的死角中由于长期的不流动容易发生自聚，在常温下容易气化，在聚合反应中会放出大量热，如果聚合釜内的反应热不能及时带走，就会发生超温、超压现象。溶剂油回收装置和凝聚装置在夏季生产中由于气温较高，生产负荷的影响会出现超温、超压现象。

（2）预防措施

丁二烯系统：夏季要加强对丁二烯系统的检查，特别是不经常流动的部位，包括管线和液面计的倒淋阀、排空阀、安全阀、仪表一次表阀和调节阀的副线阀，要定期检查阀门开关情况，确保阀门开关灵活好用。丁二烯要在低温下储存，输送管线要求管线保温良好，保温不能出现破损，如有破损易使管线“出汗”，对管线造成一定的腐蚀。对丁二烯阻聚剂加入量进行严格操作，确保丁二烯阻聚剂能够足量地加入丁二烯系统当中。

聚合系统：因为聚合反应用的溶剂油是在常温、常压下进行储存和输送的，所以受外部温度影响较大，聚合在夏季生产中要保证冷却盐水的温度，如盐水温度偏高可适当降低丁浓进行操作。为节约盐水用量，其他各釜也尽量用充油来降温。

回收和凝聚系统：在生产负荷不大时，要对空冷器散热片进行分台清理，要定期检查风机皮带的松紧度和风机的润滑情况。注意装置内所用的循环水和盐水温度的变化，如果循环水和盐水温度变化较大，可适当降低生产负荷。

丁二烯和溶剂油储存：加强对丁二烯储罐的保温，加强对丁二烯储罐安全附件的检查，关注丁二烯储存温度的变化，如有变化查找原因及时处理。加强对溶剂油安全附件的检查，在有必要时可用罐上喷淋水对储罐进行降温。

9.1.4.2 溶剂丁二烯回收塔的防自聚

溶剂丁二烯回收塔的防自聚是顺丁橡胶合成工艺中不可缺少的一部分，溶剂回收系统对橡胶合成的稳定起着关键性的作用。溶剂丁二烯回收塔是溶剂回收的核心部分，因溶剂回收系统的进料来自于水析法凝聚的凝聚系统，生产系统中带入了微量氧；根据生产分析，溶剂丁二烯回收塔回流罐放空尾气中的微量氧含量在5.5%左右。溶剂回收丁二烯中残存催化剂“活性”种，为丁二烯在溶剂回收生产系统形成自聚物创造了有利的条件，防自聚措施不好，溶剂丁二烯回收塔的运行周期只有3~5个月，装置的高负荷连续生产周期短，且增加了维修费用，若不及时处理将给安全生产埋下后患。

（1）自聚物形成原因

1,3-丁二烯属共轭双烯烃，化学性质极为活泼，在低温条件下与氧发生化学反应，生成含氧活性自由基和过氧化物，据某厂对该塔回流罐放空尾气中的微量氧的分析可知，放空尾气中的微量氧高达3%~6%，氧的存在，为形成丁二烯过氧化物创造了条件。丁二烯活性自由基在系统中与丁二烯继续反应生成端基自聚物，这种自聚物会导致管线和设备的堵塞；而丁二烯过氧化物则属于一种很不稳定的物质，受热或剧烈撞击容易分解，引发火灾和爆炸

事故。这些自聚物主要存在于设备的死角处，因为死角处的丁二烯物料更新慢，自聚物很容易在这里积累下来。

（2）丁二烯与氧反应原理

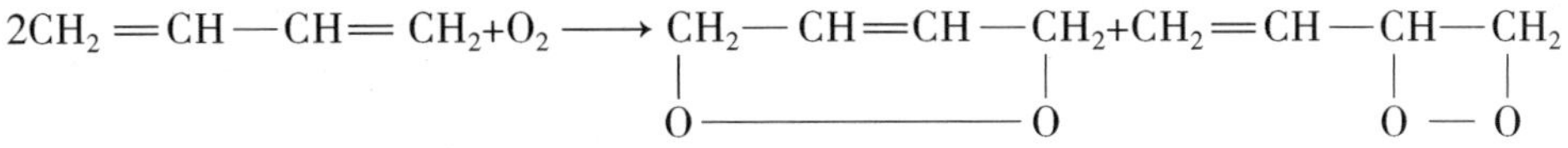

低温下这两种过氧化物比较稳定，但是随着温度的升高会变得很活泼，迅速分裂成自由基与丁二烯反应生成自聚物，造成管线堵塞。

（3）TBC 的阻聚原理

防止丁二烯自聚物和丁二烯过氧化物产生的首要条件是尽可能地除去氧。选用高效的阻聚剂。目前常用的阻聚剂是 TBC，它被广泛地应用于烯烃单体蒸馏或储运，尤其适用于苯乙烯、丁二烯和其他乙烯基单体。

TBC 中的叔丁基使其两羟基上的氢具有很高的活性，很容易与自由基结合终止链增长，其阻聚原理有两个方面：

1）自身吸收氧

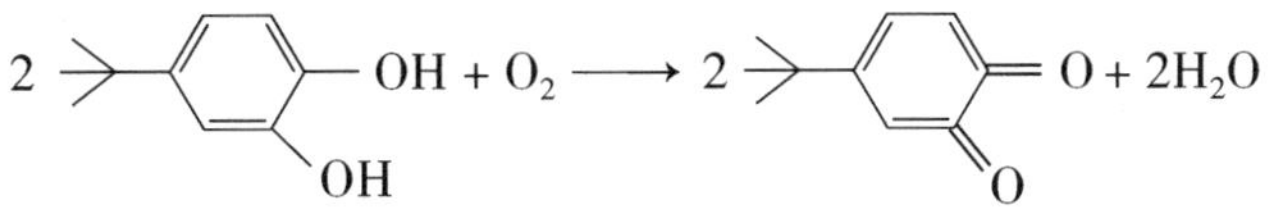

2）吸收游离自由基

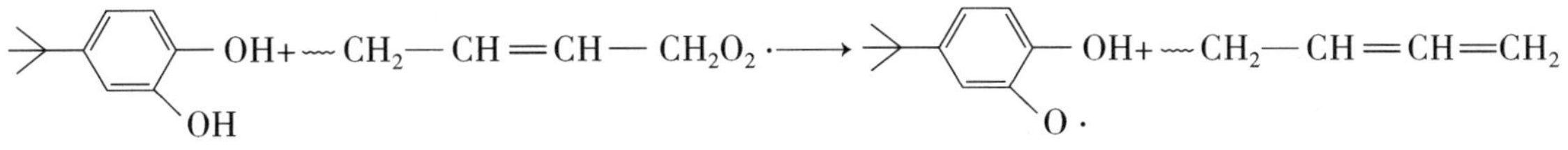

（4）TBC 的加入

考虑到溶聚回收物料的自身物理和化学性质特点，溶剂丁二烯回收塔使用的阻聚剂 TBC 用甲苯溶液溶解后，再加入部分溶剂油稀释，效果理想，能够防止出现 TBC 在管线内结晶，堵塞泵、管线的问题。具体的做法是用溶剂油溶解含 20%TBC 的甲苯溶液，温度在 45℃时，其相容性能够满足生产的要求。能够实现 TBC 连续加入，弥补间断加入存在的不足，其加入点也需进行优化，选在易发生自聚的气相管线、进料线。

加入方法：首先将 TBC 预热到 45℃左右，使其具有较高的活性，然后泵送至各加入点。据资料显示，TBC 在 60℃时的活性最高，所以正常生产中阻聚剂加在进料管线和气相管线比较合适。加入气相管线内的 TBC 同物料流经塔顶冷凝器，进入回流罐，同回流液进入塔内，强化了塔精馏段的阻聚效果，是整个塔内都较均匀地分布阻聚剂 TBC。

9.1.4.3　防静电

静电放电一般是因带电物体产生的静电场达到空气绝缘击穿场强（约 30kV/cm）时而产生的电离现象。产生静电放电时，储存于带电物体的静电能量，作为放电能量而释放于空气中，变为热量、声音、光、电磁波等而消耗。这种放电能量变化时，就会引起可燃性物质着火，成为静电灾害、故障的产生原因。

出现静电爆炸和燃烧必须具备三个条件：静电荷积聚使电场强度高到放电的程度；放电能量超过混合气的点燃能量；放电空间具有适宜的燃烧爆炸混合物。为防止静电对生产产生破坏，结合静电灾害条件可以对静电加以控制。

(1) 人体静电控制

1) 消除人体静电

在人体与大地之间通过鞋和地板提供一条导电性途径可以减少人体静电。用于这一目的的鞋有两种，即导电鞋和防静电鞋。只要地板不阻碍电荷的泄漏，两种鞋都是有效的。导电鞋用于没有 250V 触电危险的场所、防静电鞋用于有 250V 触电危险的场所。两种鞋的电阻都随使用时间的延长而增加。鞋底上形成的绝缘层(如油层、蜡层)也会增大鞋的电阻。因此，应该按时检查防静电鞋。

2) 消除衣物静电

在存放易燃易爆物的场所可能形成敏感度很高的可燃气混合物，不应穿着高电阻率材料制作的服装，应穿着经过抗静电处理的材料或导电材料制成的抗静电衣物。

(2) 设备防静电接地

静电接地的作用是泄放导体上可能集聚的电荷，对爆炸、火灾危险环境内可能产生静电危害的物体，应采取静电接地措施。

1) 固定设备的静电接地

生产、输送、装卸和储存易燃、可燃、易爆的气体、液体、固体物料产生静电的固定设备，管道等的金属外壳或外壁均应作静电接地措施；设备、机组、储罐等设备的底座或底板边缘上钻孔套丝或焊接接地端子，用直径不小于 M8 的螺栓固定，且应有防松措施，以螺母压紧进行接地线的连接；容量大于 $50m^3$ 的储罐，其接地点应不少于两处，接地点的间距应不小于 30m，并应在罐体底板周围对称地与接地体相连接；钢筋混凝土制作的储罐或储槽，沿其内壁敷设的静电接地导体，应与引入储罐的金属管道或电缆的包装、金属护套相连接，并应引至罐或槽的外壁外面与接地线相连接，再接至接地体上；与大地相绝缘的金属件等应用跨接线引出和接地线相连接；为消除人体静电，在罐、塔等设备梯子的进口处，应装设接地金属棒，或在已接地的金属栏杆上留出 1m 长的裸露金属体，以便于手摸时导出人体上的静电；在储罐、储槽、塔体取样操作台面上，于操作口两侧各装设一接地端子，以便取样时在上风向给取样绳索、检尺等工具接地使用。

2) 金属管道的静电接地

金属管道之间及其与设备、机组、阀门之间的连接法兰，当接触电阻大于 0.030Ω 时，应用金属线跨接；在非金属构架上平行敷设的金属管道之间的净距小于 100mm 时，应每隔 20m 左右用金属接地线跨接；相互交叉敷设的金属管道之间的净距小于 100mm 时，也应用金属接地线跨接；露天敷设的可燃气体、易燃或可燃液体的金属管道，做防感应雷接地的同时，管道每隔 20~25m 处应有一处用金属接地线接地，每处的接地电阻值应不大于 1000Ω；管网在进出装置区处，通常不同爆炸危险环境的边界、管道分岔处、管道无分支管道时每隔 80~100m 处，均用金属接地线与接地干线或专用接地体相连接；铸铁承插管应用 25mm×4mm 扁镀锌铁板或扁钢板搪锡制成卡箍卡在管口两侧，并以跨接线相连接；工艺管道与加热伴管之间，除应用固定管卡作连接，还应使伴管的进汽口及回水口(或排汽口)与工艺管道用跨接线相连接，也可接至接地干线或专用的接地体。

3) 非金属管道的静电接地

非金属管道、设备等，应在其外壁缠绕金属丝带、网等导电体，使其紧贴管道、设备的表面均匀牢固地缠绕，并应予可靠的接地、较长的屏蔽导电体，还应分段接地；金属配管中间非金属(非导体)管段，应做屏蔽保护，其两端的金属管应分别与接地干线相连接，屏蔽保护应用跨接导体与两端金属管相连接；管网中的软管，应尽量使用带有金属螺旋线或金属保护网的软管，金属螺旋线、金属保护网和软管两端的金属部件，应相互连接，并在一端接地，如采用导电橡胶软管或涂导电漆的硬质绝缘管，应装设与管子紧密结合的金属卡箍，并予以接地或与两端金属管相连接。

4）装卸站(台)的静电接地

有静电危害的装卸站内所有的管道、设备、建(构)筑物的金属体和铁路钢轨等，均应连接成导电通路，并予以接地；在装卸货位附近合适的地方，装设若干个接地端子或裸露的金属体，以便装设静电接地线。

5）移动设备的静电接地

各种装载易燃、易爆物品的容器(如铁桶、钢瓶等)，应放置在可导电的地坪上，导电地坪应无绝缘油垢并进行接地；计量用的台秤、地衡等应用 $6m^2$ 的多股软绞导电线与接地干线或专用的接地体相连接；皮带运输机的皮带应尽量选用导电性材料，当皮带是绝缘材料时，皮带的接头应采用胶接，不使用金属材料连接，皮带上的防静电接地刷和皮带罩应接地。

9.1.4.4 防雷击

雷电会产生极高的过电压和极大的过电流，破坏电力线路和电气设备，可能造成大规模停电，还可能引发火灾和爆炸。

（1）雷电的危害

① 电性质破坏：雷放电产生高达数万伏甚至数十万伏的冲击电压，可毁坏发电机、变压器、断路器、绝缘子等电器设备的绝缘；烧断电线或劈裂电杆，造成大规模停电，绝缘损坏会引起短路，导致火灾或爆炸事故；反击的放电火花也可能引起火灾或爆炸；绝缘的损坏，为高压串入低压和设备漏电创造了危险条件，可造成严重触电事故；巨大的雷电流泄入地下，会在雷击点及其连接的金属部分产生极高的对地电压，可直接导致接触电压或跨步电压的触电事故。

② 热性质破坏：当几十到上千安的强大电流通过导体时，在极短的时间内将转换成大量热能。雷击点的发热能量为500~2000J，这一能量可熔化 $50\sim200mm^3$ 的钢。故在雷电通道中产生的高温，往往会酿成火灾。

③ 机械性质的破坏：由于雷电的热效应，还将使雷电通道中木材纤维缝隙和其他结构中间缝隙里的空气剧烈膨胀，同时使水分及其他物质分解为气体，因而在被雷击物体内部出现强大的机械压力，致使被击物遭受严重破坏或造成爆炸。

（2）防雷措施

采用防雷装置(利用其高出被保护物的突出地位，把雷电引向自身，然后通过引下线和接地装置，把雷电流泄入大地，以保护人身和生产装置免受雷击)，常用的防雷装置包括避雷针、避雷网、避雷带、避雷线、避雷器等。

9.1.4.5 防冻、防凝

冬季防冻工作好坏直接关系到装置的平稳运行，所以防冻、防凝在季节性安全生产中的地位是非常重要的。根据冬季气温低的特点，各装置在入冬前要做好防冻的准备工作，特别是含水的管线要保持物料的长流动，不能长流动的应将其进行保温，对蒸汽管线要配有蒸汽倒淋，并安装疏水器，对含水的液面计要加伴热，对含水的设备要加强定期检查，在防冻期内要加强对各装置防冻点的检查，发现问题及时处理。各装置要对本装置操作平台上的积水和雪及时清扫，防止结冰，对有结冰的地方及时处理。

9.2 环　　保

9.2.1 废水

在顺丁橡胶生产过程中废水排放量大，废水的水质复杂，有机物含量高，如不经处理而直接排放，会污染生态环境。

9.2.1.1 顺丁橡胶生产废水的水质特性

根据文献，以清水为对照，用美国 HP589015970 型气相色谱/色质联用仪（GC/MC）分析顺丁橡胶废水中的有机成分，测试结果发现 12 种有机物。其中苯乙烯占 12 种有机物的 51.49%，乙烯基环乙烯占 11.74%。

GC/MC 测试顺丁橡胶生产废水结果见表 9-2。

表 9-2　GC/MC 测试顺丁橡胶生产废水结果

有机物名称	废水质量浓度/(mg/L)	有机物名称	废水质量浓度/(mg/L)
甲苯	0.33	苯甲醛	0.79
乙烯基环乙烯	0.98	乙烯基环己烯	0.07
乙苯	0.08	呋喃甲醛	0.16
苯乙烯	4.3	乙基环己烯基酮	0.28
环辛二烯	0.09	苯乙酮	0.12
环乙醛	0.65	甲基环戊二烯	未定量

顺丁橡胶废水的有机污染指标（GC/MS COM 测定）见表 9-3。

表 9-3　顺丁橡胶废水的有机污染指标（GC/MS COM 测定）结果

12 种废水有机物总量/(mg/L)	TOC/(mg/L)	COD/(mg/L)	TOC/COD
8.35	25.6	73.68	0.347

在没有无机还原性物质存在的条件下，TOC/COD 值为 0.395～0.417。顺丁橡胶废水的 TOC/COD 值为 0.347，小于 0.395，说明水中含有相当数量的无机还原性物质，如 Fe^{2+} 等。

9.2.1.2 顺丁橡胶废水的处理方法

目前，合成橡胶废水的处理方法主要有混凝沉降法、电解絮凝法、生物处理法以及用于深度处理的吸附法。

(1) 混凝沉降法

顺丁橡胶废水中含有很多胶体物质，它们因带有一定的电荷相互排斥，稳定地分散在废水中。当加入带有相反电荷的混凝剂后，废水中胶体物质上的电荷会被中和发生凝聚，然后通过大分子助凝剂的架桥作用，将小胶粒聚集成大絮团，可通过外力去除。生产上以硫酸铝为混凝剂，以聚丙烯酰胺为絮凝剂，在最佳混凝剂用量、pH 值、温度及搅拌条件下，COD 去除率约为 37%。此方法技术成熟、操作简单、易管理，但排出的污泥含水率高、体积大。

(2) 电解絮凝法

电解絮凝法是以铁为阳极，在直流电的作用下，阳极溶蚀，产生 Fe^{2+}，再经过一系列水解、聚合及铁的氧化过程，使废水中的胶态杂质和悬浮杂质发生絮凝沉淀而得到分离。同时，带电的污染物颗粒在电场上泳动，其部分电荷被电极所中和，使其平稳聚沉。废水采用电解絮凝法处理不仅对胶态杂质和悬浮杂质有凝聚沉淀作用，而且由于阳极的氧化作用和阴极的还原作用，能去除水中多种污染物。采用电解絮凝法处理顺丁橡胶废水，COD 去除率可达 70%~80%。此法占地面积小，投资和运转费用低，管理方便。但此法只适用于处理废水排放量不大的小型橡胶厂，且需与生物法相结合才能使出水各项指标达到排放标准。

（3）生物处理法

生物处理法根据需氧与否主要分为厌氧生物法（A）和好氧生物法（O），而用于顺丁废水处理时，主要有活性污泥法、生物接触氧化法等。

1）活性污泥法

是以活性污泥为主体的废水处理法，是利用活性污泥中的各种微生物具有很强吸附和氧化分解有机物的能力来处理有机废水的一种方法。此法的优点是工艺简单、易于管理，适用于顺丁橡胶污水处理。

2）生物接触氧化法

在橡胶废水处理技术中，生物接触氧化法因其负荷高、有机物去除效果好而成为顺丁橡胶废水好氧处理工艺。生物接触氧化工艺的主要优点是技术成熟、操作简单，能有效去除废水中的 COD，对冲击负荷有较强的适应性，剩余污泥少。

（4）吸附法

主要是利用活性炭等吸附剂吸附废水中污染物的方法。对顺丁橡胶废水进行一级物化、二级生化和三级强化活性炭吸附处理，出水可达到冷却塔回用水水质的标准。活性强化处理首先要筛选优质的水质处理用活性炭，用体积分数为 5%~10%的稀硫酸浸泡酸洗，强化其表面的吸附能力，进一步强化其活性，打通其中孔与孔之间的通道，可增强其吸附能力 15%左右。然后再用质量分数为 2%~5%的高锰酸钾溶液将其浸泡，增强其表面的再氧化能力，并能增强其对放射性物质特殊离子的吸附能力。强化活性炭吸附塔高 4.5~5.5m，滤速 10m/h，活性炭装卸采用水力输送装置和自动卸炭装置。处理后的水可以回用于生产，为橡胶废水深度处理创造了条件，同时，不用人力装卸炭，减轻了工人的体力劳动强度，改善了劳动条件。

在生产中，应根据实际废水的组成和浓度、处理难度等选择投资少、收效大的处理方法。同时，很有必要进一步探讨顺丁橡胶生产废水在深度处理方面的研究方法，使之再生回用。

9.2.2 废气

顺丁橡胶生产中废气主要来源于橡胶分离过程、溶剂和单体回收过程，其主要成分为溶剂油、丁二烯。这些物质直接排入大气造成生产上原材料巨大的浪费，同时对当地环境造成巨大污染。

回收单元生产中会产生大量的不凝气，对回收系统不凝气进行如图 9-2 冷油吸收工艺流程处理，解决回收系统废气问题。

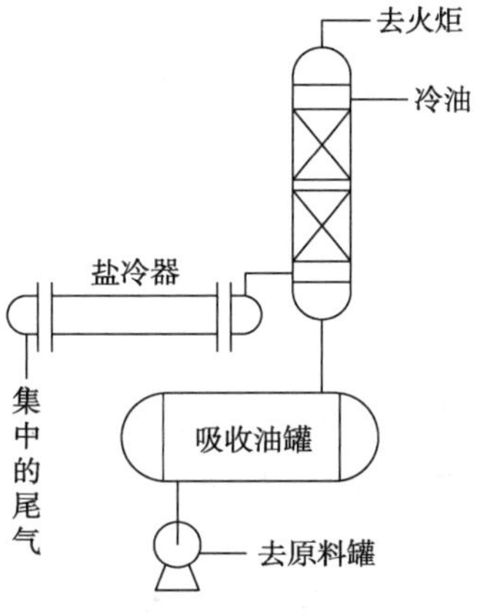

图 9-2　尾气回收工艺流程图

后处理单元脱水筛和干燥箱产生的废气则可采用催化氧化技术处理，即干燥橡胶产生的废气经空气稀释、过滤除雾等预处理后，再经换热器、加热器预热到一定的反应温度后，进入催化燃烧反应器，在催化剂的作用下，废气中的有机物与氧气发生氧化反应，生成二氧化碳和水，废气经处理后达标排放。图 9-3 为催化氧化工艺示意图。

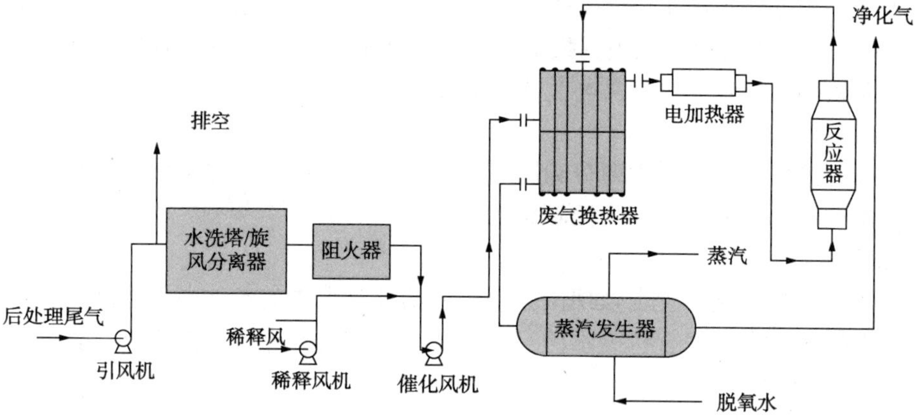

图 9-3　催化氧化工艺示意图

凝聚单元油罐、油水分层罐内的油气可采用尾气深冷回收，即采用“冷凝”法将油气（丁二烯、己烷）逐级从常温冷却至-60℃左右，使混合气体中的大部分油气直接液化回收，废气经处理后排入火炬系统，回收的己烷和丁二烯进入溶剂油罐。图 9-4 是尾气深冷回收工艺示意图，本系统由风泵、气气换热器、一级冷凝器、二级冷凝器、三级冷凝器、制冷压缩机、储液罐和油泵等设备组成。

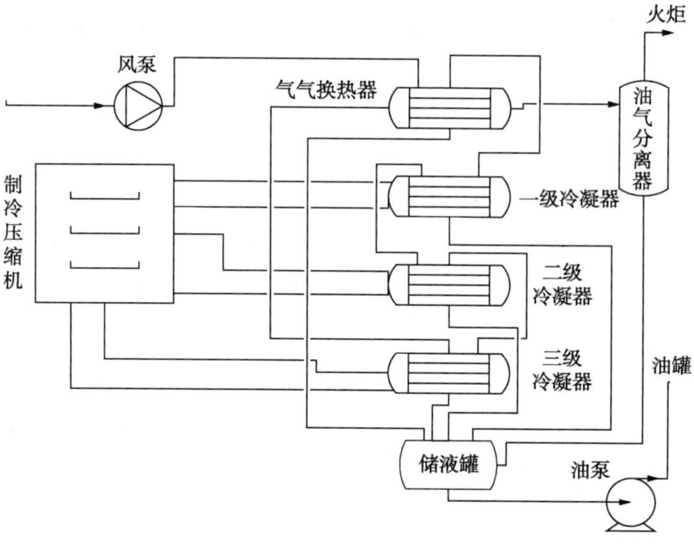

图 9-4　尾气深冷回收工艺示意图

9.2.3　废渣

顺丁橡胶在生产过程中产生的废渣较少，主要有废胶和丁二烯自聚物及过氧化物。

清理胶液过滤器、检修和取样过程中产生废胶，同时橡胶干燥过程中流化床（提升机）及其风道都会产生一些废胶。为减少污染和资源的浪费可采取相应措施。首先，可用其来制作各种工业橡胶制品或日用品，如制造橡胶板材。对于日常分析积累的废胶，可再压块回收，用于制作垫圈、衬套或小的橡胶制品，如轻型汽车的配件。其次，可用其制造增塑剂。

顺丁橡胶热分解温度为380~450℃，降解得到20%~60%液体产品，30%~65%树脂产品，其他为气体。降解的液体和树脂产品可用作橡胶的增塑剂，其制品的增塑和抗撕裂强度效果较好。废胶除采用热法降解，还可采用催化降解。主要用于清洗聚合釜壁黏着的结构化橡胶。如采用阴离子催化体系的2-丁基锂-四甲基乙叉二胺络合物降解废胶，用于苯乙烯、甲基丙烯酸甲酯的改性。最后，可用于建筑工业中。如作建筑用密封胶的增塑剂以节省植物油，并可延长其增塑产品的使用寿命。

丁二烯自聚物主要存在于回收系统各过滤器，丁二烯系统各冷凝器、回流罐、塔等。在生产中使用由抑制剂二乙基羟胺和亚硝酸钠的复配溶液可有效防止丁二烯自聚物及过氧化物的生成。可对丁二烯回收系统碳钢设备内壁进行防腐涂层处理，同时提高设备与管线内壁的光洁度来降低因铁锈引起的丁二烯过氧化自聚物的生成。清理丁二烯过氧化物及过氧化物自聚物时，可用适量的亚硝酸钠和氢氧化钠溶液加热至约90℃浸泡，将丁二烯过氧化物破坏。也可用5% NaOH溶液破坏已生成的过氧化物，对已生成的米花状聚合物可用$FeSO_4$水溶液蒸煮灭活。对于处理及新清理出的丁二烯自聚物及过氧化物，必须由专人及时对其进行收集并焚烧处理。

9.2.4 噪声

9.2.4.1 噪声对人的危害

人们休息时，要求环境噪声小于45dB，若大于63.8dB，就很难入睡。噪声分散人的注意力，容易使人疲劳，反应迟钝，影响工作效率。长期在强噪声下工作，会引起听觉疲劳、听力下降。长年累月在强噪声的反复作用下，耳器官会发生器质性病变，出现噪声性耳聋。噪声可以使交感神经紧张，表现为心跳加快、心律不齐、血压波动。噪声引起神经衰弱综合征，如头痛、头晕、失眠、多梦、记忆力减退等。此外，噪声还能引起胃功能紊乱、视力降低。当噪声超过生产控制系统报警信号的声音时，淹没了报警音响信号，容易导致事故。

9.2.4.2 噪声标准

我国《工业企业噪声控制设计规范》(GB/T 50087—2013)规定了各类工作场所噪声限值，顺丁橡胶生产沿用表9-4标准。

表9-4 《各类工作场所噪声限值》

工作场所	噪声限值/dB(A)
生产车间	85
车间内值班室、观察室、休息室、办公室、实验室、设计室室内背景噪声级	70
正常工作状态下精密装配线、精密加工车间、计算机房	70
主控室、集中控制室、通信室、电话总机室、消防值班室，一般办公室、会议室、设计室、实验室室内背景噪声级	60
医务室、教室、值班宿舍室内背景噪声级	55

注：生产车间噪声限值为每周工作5d，每天工作8h等效声级；对于每周工作5d，每天工作时间不是8h，需计算8h等效声级；对于每周工作日不是5d，需计算40h等效声级。

9.2.4.3 噪声的控制

(1) 噪声的控制程序

理想的噪声控制工作应当在车间、机组修建或安装之前进行预测，根据预测的结果和允许标准确定减噪量，再根据减噪效果、投资多少及对工人操作和设备正常工作影响等三方面来选择合理的控制措施，在基建的同时进行施工。完工后，做减噪量测定和验收，达到预期效果，即可投入使用。

(2) 噪声源的控制

减小声源强度：用无声的或低噪声的工艺和设备代替高噪声的工艺和设备，提高设备的加工精度和安装水平，使发声体变为不发声体等，这是控制噪声的根本途径。例如选用低噪声的风机、电机、压缩机、机泵等。无声钢板敲打起来没有声音，如果机械设备部件用无声钢板制造，将会大大降低声源强度。

合理布局：把高噪声的设备和低噪声的设备分开；把操作室、休息间、办公室与嘈杂的生产环境分开；把生活区与厂区分开，使噪声随着距离的增加自然衰减。

吸声：用吸声材料装饰在房间的表面上，或者在空间悬挂吸声体，噪声就会降低。吸声材料大都比较松软或多孔，表面积很大。常用的吸声材料有玻璃棉、泡沫塑料、毛毯、聚酰胺纤维、矿渣棉、吸声砖、加气混凝土、木丝板、甘蔗板等。吸声材料对于高频噪声很有效，对于低频噪声就不太有效了。

隔声：发声的机器或需要安静的场所，封闭在一个小的空间内，使它与周围的环境隔离起来，这种方法叫隔声。典型的隔声设备有隔声罩、隔声间和隔声屏。隔声要选用传声损失(平均隔声量)大的隔声材料，重而密实的材料(如钢板、砖墙、混凝土等)是好的隔声材料。

隔振与阻尼：防止机器通过基础将振动传给其他建筑物，而将机器噪声辐射出去，通常采用的办法是防止机器与基础及其他结构件的刚性连接。

个人防护：技术和经济上的原因，在用以上方法难以解决的高噪声场合，佩戴个人防护用品，则是保护工人听觉器官不受损害的重要措施。理想的防噪声用品应具有隔声值高、戴起来舒适、对皮肤没有损害作用。此外，最好不影响语言交谈。常用的防噪声用品有软橡胶(或软塑料)耳塞、防声棉耳塞、耳罩和头盔等，可根据实际情况进行选用。

9.3 节能新技术

9.3.1 变频技术

顺丁橡胶生产中，电量的消耗在能耗中占有较大的比重，当前在能源供应紧张、能源价格不断上涨的形势下。在风机、泵上采取节能措施是一个至关重要的举措。

随着电力电子技术由晶闸管发展到功率集成器件，达到了功率变频的突破。一些实用型变频器不断开发出来，并以其节约电能、优化生产过程的显著特点日益广泛地应用于合成顺丁橡胶工业。20 世纪 90 年代开始了变频调速的推广应用，大量机泵、风机实现了变频调速，不仅方便了岗位操作，优化了生产过程，而且节约了能源。在实现异步电动机调速过程中，其控制方法有自控、手控及综合控制三种，分述如下。

1) 自控

利用生产装置自动控制仪表(一般为调节器)或工业微机，输出 4~20mA 直流信号(也可用 0~10V 电压信号)到变频器输入端子，变频器依据该直流信号的大小，将输入的三相 50Hz 交流电变成不同频率的三相交流送到异步电动机达到调速目的。电动机转速可从零到额定值(50Hz)间无级变化。这种自控方法又分流量自控、压力自控和液面自控三种。

第一，在流量自控中又有单台变频器控制单台和双台电机之分。以单台为例，其自控过程是，将交流电源送到变频器，改变频率后，电动机以变化的速度拖动机泵转动，流量的大小由流量计检测，并变换成 1~5V 的直流信号送到控制室的调节器处理后变换成 4~20mA 的直流信号到变频器，形成一套自动正反控制的闭环操作系统。开机时，打开机泵出入阀，变频器送电，调节器设定流量值(即设定值)并置手动位，进行手动调节，输出电流信号，使变频器频率增高，电动机加速，当达到一定数值时，调节器的显示值接近设定值后停止手动调节，转自动位。现场流量的电压信号(1~5V)，在调节器中与设定值相比较，形成正反控反馈系统。正控时当检测值低于设定值时输出信号加强，变频器输出频率加大、电机加速，机泵送出物料流量加大，反之减小。当调节器极性变换开关转向反控时，恰好相反。当测量值与设定值相等时，变频器维持固定频率输出，电机转速不变，整个系统处于平衡状态运行。变频器除调频节电以外，又具有自动调节阀的功能，采用调节器控制变频器调速的设备，调节阀可取消。喷胶泵，即属流量控制方式。为了节约资金，可采用两台互为备用泵共用一台变频器的流量控制方法。当一台电机从变频器上切除后，另一台电机可使用同一台变频器调速。

第二，压力自控，空冷风机可采用变频调速。如凝聚釜顶压力经变送器变成1~1.5V电压信号的测量值到调节器，与设定值比较后变换成4~20mA电流信号到变频器，达到风机变频调速的目的。釜顶压力变小说明空冷风量过大，应降低风机转速或者减开台数，反之应提升风机转速或增开台数。采用变频调速后，用空冷量调整釜顶压力，保证釜内的温度在规定值，无须再从釜底大量通进蒸汽。空冷风机变频调速后不但节约电能，还大量节约蒸汽。

第三，液面自控，水胶粒泵(由釜间泵的双釜凝聚方式)便可采用变频调速控制。排、送物料泵电机采用变频器调速后，其速度靠两釜内液面高低来控制。当釜内液面高于调节器设定值时，调节器输出信号加强，变频器输出频率增大、胶粒泵加速，反之减速，以控制各自排料速度，改变了以前靠人工开关阀门量，或用调节器控制热水管线上调节阀的开度，调节进入釜内的热水量以平衡釜内设定液面高度的落后操作，既稳定了工艺过程，又节约了电能。液面变送器反映的液面高度，实际上是釜底和釜顶两种压力信号的差值，即压差值，差值越大表示液面越高，所以也称差压力变送器，归结起来也属于压力信号控制变频器输出频率。这三种控制方式，都是调节器控制变频器的输出频率。

2）面板手控

利用变频器面板上的电位器调节输出频率达到调速目的，该种控制方法简单，无须其他设备配合，可在缺乏调节器、调节阀、变送器等自动装置条件下使用，同样可方便地实现设备调速。如后处理单元干燥箱排风机、聚合单元配制防老剂泵等。

3）综合控制

就是采用除调节器自控、面板手控以外的其他控制方法，或者是二者相结合的方法，以实现变频调速及其他功能的转换，可以是工业微机控制，也可以是电气自动化元件控制等。如某厂后处理单元采用工业微机(PC机)和面板手控相结合的方法，以改变电机运行速度和状态，送料机的两台变频器，采用面板手控设定一种输出频率(50~60Hz)称之高速；再由自动秤、工业微机输出一对常开触点到变频器二段速度输入端子短接，成为第二种速度，称为慢速。运行时先由高频率输出、电机高速、快速送料，经一定时间，第二种频率输出、电机低速，之后再转向高速，这样周而复始地循环。该综合控制实现了送料机结合自动秤加料，开始时高速，到接近规定值(25kg)时转换为慢速填料。改善了以前电机二种转速使加料称重不准确，重量合格率低的局面。

变频器不仅具有变频调速的优良特性，而且还具有正转、反转、步进、制动(反接制动，DC制动、自然停止)、报警、显示等众多功能，因而其控制方法也是灵活多样的，这就为变频器的推广应用开拓了广阔的前景。

变频调速和众多新技术、新产品一样，并非完美无缺，同样有其问题所在，应引起注意。首先要从生产工艺需求程度和综合效益考虑，若仅有节电效益，回收投资期大于四年以上，不宜采用。非调速标准苛刻场合，不宜选用高档进口变频器，要从适用、节约、维修方便出发，尽量选购普传变频器。变频器结构复杂、元件寿命有限，要强化变频器的正确安装、调试、使用和精心维护。要加强对变频调速回路的电气参数测量和调查。高压电动机目前使用变频调速先例极少，价格昂贵，故暂不宜采用。低压大容量电动机，采用变频调速投资高，一般应慎重考虑。恒转矩负载皿配套电动机容量余度小的设备，电动机低速条件下运转，过载能力差且散热条件恶化，有可能不能正常工作，故采用变频调速亦应慎重。离心泵等设备，低速下输出压力降低大、扬程小，在设备额定扬程与实际需要扬程差别少的情况下，选用变频调速应慎重计算，以免降速后满足不了生产需要。内部带机械油泵的设备，主机采用变频调速后润滑系统将受影响，因此要慎重。

9.3.2 高效塔盘

目前一些生产厂家对回收系统进行了改造，引入高效塔盘，在不更换塔的情况下，实现了生产能力的大幅提高。有的厂家使用了 ADV 高性能浮阀塔盘，有的使用了筛板式高效塔盘，下面介绍 ADV 高性能浮阀塔盘在顺丁橡胶回收系统使用的情况。

9.3.2.1 高效浮阀塔盘的特点

图 9-5 ADV 微分浮阀结构示意图

ADV 微分浮阀在阀顶部开有各式水平喷射的小阀孔，充分利用浮阀上部的传质空间，使气体分散更加细密均匀，气液接触更充分。此外，由于部分气流经阀顶小孔喷出，降低了阀周边喷出的气速，也减少了高负荷时各阀间的气流对冲，从而减少了雾沫夹带，相应提高了气相处理量(如图 9-5 所示)。

ADV 微分浮阀分圆形浮阀和矩形浮阀两种。ADV 圆形浮阀具有独特的阀脚和阀孔结构，使其不会旋转。这不仅克服了传统 F_1 型浮阀旋转带来的弊端，还使 ADV 圆形浮阀具有一定的导向作用。ADV 矩形浮阀和圆形浮阀具有相同的阀孔面积，矩形浮阀不可能旋转，只要在阀脚上增加一个导向孔，即可使其具有一定的导向作用。ADV 微分浮阀的导向作用有利于消除塔板上的液体滞流现象，提高液体分布的均匀性(如图 9-6、图 9-7所示)。

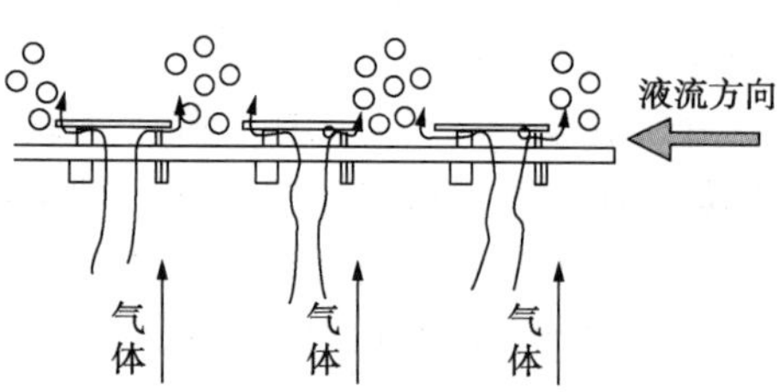

图 9-6 传统塔鼓泡状态

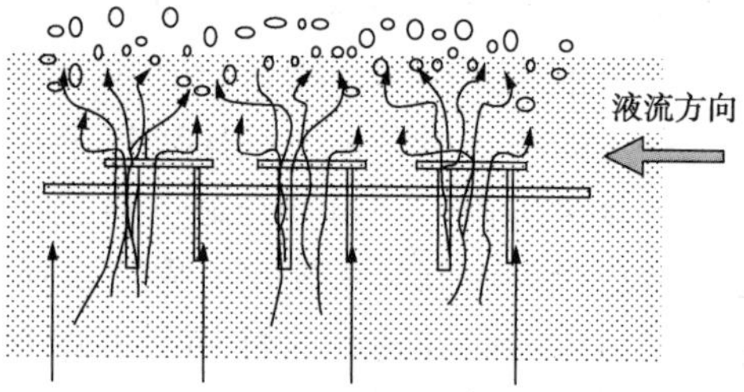

图 9-7 ADV 微分浮阀塔鼓泡状态

采用鼓泡促进器使整个塔板鼓泡均匀，同时使气体分布也趋于均匀，从而增加了塔板处理能力，提高了传质效率。试比较图 9-8、图 9-9。

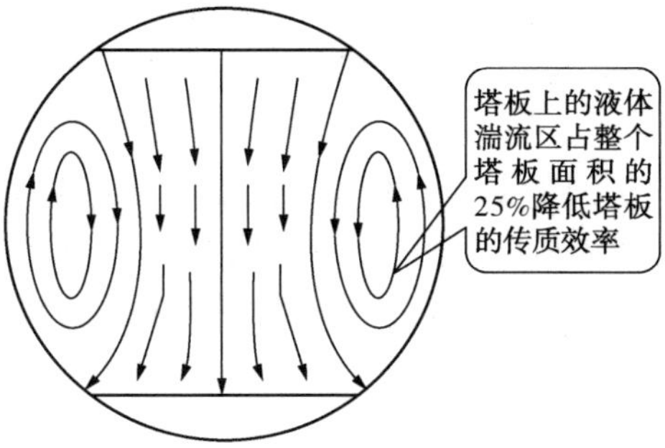

图 9-8　传统塔塔板上液体流动状态

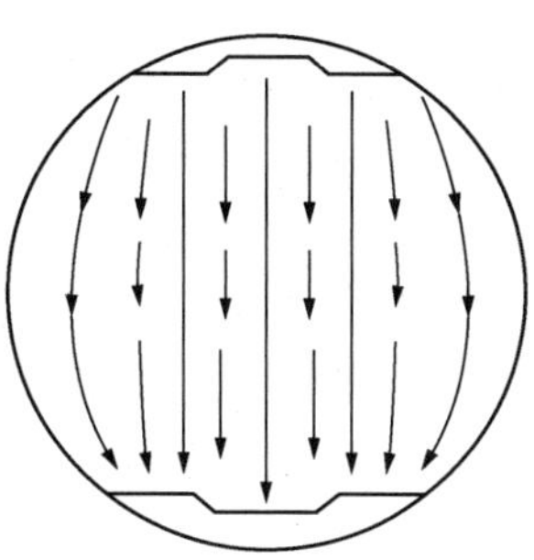

图 9-9　ADV 塔塔板上液体流动状态

9.3.2.2　ADV 高效微分浮阀和 F_1 浮阀的比较

ADV 高效微分浮阀具有比较先进的设计特点。

雾沫夹带：ADV 微分浮阀与 F_1 型浮阀雾沫夹带相比，在低气速时，两种浮阀的雾沫夹带率相差无几；而在较大气速时，ADV 微分浮阀的雾沫夹带率明显小于 F_1 型浮阀。

液体泄漏率：ADV 微分浮阀与 F_1 型浮阀的泄漏率相比，ADV 微分浮阀明显小于 F_1 型浮阀。

塔板压降的比较：ADV 微分浮阀与 F_1 型浮阀压降相比，ADV 微分浮阀的压降较 F_1 型浮阀略低。

传质效率：ADV 微分浮阀与 F_1 型浮阀的传质效率相比，在相同条件下，ADV 微分浮阀明显高于 F_1 型浮阀，说明 ADV 微分浮阀具有良好的传质性能。

以上结果表明，ADV 微分浮阀比 F_1 浮阀具有更大的处理能力、更优的传质性能和更好的操作弹性。鼓泡促进器、新型塔板连接方式的使用与降液管的改进还会进一步提高 ADV 浮阀塔板的性能。

9.3.2.3　高效浮阀塔板在顺丁橡胶回收系统应用的效果

国内部分厂家使用 ADV 微分浮阀塔板后，产品质量能够满足顺丁橡胶生产的需要，工艺指标变化不大。顺丁橡胶溶剂回收系统使用 ADV 微分浮阀塔板后回收剂油产能增加 25%左右，这充分证明 ADV 微分浮阀比传统的 F_1 型浮阀效率高，为国内顺丁橡胶生产、挖潜增效提供了新的借鉴。

9.3.3　提浓技术

在凝聚单元，利用胶粒与载体水之间存在的密度差，经过提浓器中的特殊结构改变凝聚胶粒水的流动状态，可分离得到高浓度胶粒水和高温纯载体水，将高温水直接回用到凝聚首釜，减少高温热水在后处理与凝聚单元间循环过程中的热能损失，从而节约部分加热蒸汽以实现节能目标。该项技术原理清晰，但细胶粒堵塞的问题一直难以解决，燕山石化经过 20 年的四次改造在 2022 年取得了突破，并申请了专利。

在凝聚单元中，第二凝聚釜与第三凝聚釜之间增加了新型管道提浓器，减少了热水在后处理闪蒸的热量损失，降低了第一凝聚釜的蒸汽消耗。经过提浓器提浓的第三凝聚釜内胶粒水密度较第二凝聚釜内胶粒水密度提高了 20%~40%，有效地增加了在第三凝聚釜的凝聚时间 0.25~0.42h，提高了凝聚效果。

9.3.4　高效疏水器

该高效疏水器适用于工业饱和蒸汽加热系统，满足工况环境压力在 2MPa 以内，温度在

285℃以内的各项工艺(不适合全凝工况)要求。可广泛应用在军工、船舶、石油、化工、石化炼油、油罐伴热、橡胶、造纸、油漆、纺织、印染、食品工程、木业、制药、饲料加工和建筑取暖等各种行业蒸汽加热设备。

该高效疏水器的凝结水排出流道设计成文丘里喷管，从根本上改变了传统的设计理念，利用流体喷射原理及材料特性。汽液二相流通过疏水器喷管时，利用凝结水、蒸汽之间的密度及速度差别和通过量孔时二相流对蒸汽的阻滞作用，凝结水可排出流道的独特结构，既能及时连续地排除凝结水，又能有效地阻止蒸汽流失，实现了高效排除冷凝水和节约蒸汽的双重目标。

该技术特点：①选用润滑、耐压、耐磨、耐高温的高分子材料，通过新型工艺精细加工，并严格控制喷嘴各部位的参数精度，延长了疏水器的使用寿命，提高阻汽、保压、快速输水的效果，并使设备使用寿命延长，理论设计使用寿命为现有疏水器的20倍。

② 相变器设计为沿同心多层圆周呈迷散型均布若干直径不同文丘里喷嘴，当实际凝结水负荷改变时，不需切段汽源，随时旋转虹膜柄调整虹膜内孔径确定喷嘴数量和喷嘴直径，即可改变疏水器的凝结水排量，能及时连续排除凝结水，同时有效阻止蒸汽流失。

③ 集冷凝、过滤、疏水器于一体，结构紧凑、体积小，便于安装、调试、维护，使用方便。

技术优势：①一改以往疏水器设计理念，以连续高速排水方式取代了传统疏水器间断式排放方式，解决了传统疏水器在排放过程中蒸汽资源的浪费问题，同时也彻底将蒸汽封闭在加热设备内进行热交换，确保了用汽设备用汽压力，提高了生产效率和产品质量。②采用文丘里喷嘴射流原理及优质高分子材料作为设备核心部件，壳体为不锈钢材料，使用寿命持久稳定。③自身设计为在线可调，可根据季节及工况变化进行在线宏观调整和自身微观调整，操作简单易行，在保证用汽设备正常工作的情况下使蒸汽的应用更加合理。④体积小、重量轻，安装更换方便。⑤疏水器阀组连接装置自带排污旁路，在安装时无须另行配置旁路管线。⑥疏水器阀组连接装置自配保温外壳，大大降低了节能器本体热能的损耗。⑦由于设计理念的变化，将其分别安装到不同用汽压力的用汽设备上时，通过调整，在保证用汽设备压力、温度等工艺参数的前提下，可将各个疏水点的疏水温度控制在100℃或85℃以内，确保回水管网中常压态，杜绝以往回收系统中回水管网中的汽阀汽阻现象。⑧在不同背压度和不同过冷度的条件下，均能及时连续地排除凝结水，适用于大部分工艺条件。

9.3.5 节水

9.3.5.1 顺丁橡胶生产用水的划分

根据顺丁橡胶生产中水的用途，可划分为生产性用水和非生产性用水。

(1) 生产性用水

1) 冷却水

在顺丁橡胶生产中需要将工艺物料的热量带走，而冷却剂主要是水。目前各厂家主要使用间壁式换热器，工艺物料与冷却水之间只有热量交换，在正常情况下，冷却水仅提高了温度而化学成分不变，且冷却过程本身对水质要求亦不太高，因此为循环使用冷却水创造了先决条件。

2) 锅炉给水

生产的主要热源为水蒸气。在加热、精馏、蒸发、干燥等单元操作中，需要消耗大量的水蒸气。锅炉给水对水质的要求很高，对悬浮物、硬度等参数都有明确的许可范围。与冷凝冷却过程一样，化工生产所使用的水蒸气80%～95%都是通过换热界面将热量传给工艺物料的，从疏水器排出的是洁净的冷凝水，将它回收利用既可节能又可节水，成为目前化工行业和能源界讨论的热点。

3）工艺用水

工艺用水是指为完成工艺过程所必须加入工艺系统内的那部分水，如配料水、洗胶水等。由于工艺用水直接与工艺物料混合进入系统内，因此对水质的要求也较高，且不同的工艺过程对水质有不同的要求。工艺水的去向主要有①在生产固体产品时由干燥过程带入大气中；②在生产过程中重新脱离系统被排放。这些排放的工艺废水虽经一定程度的净化，但总是带有一些工艺物料，会对环境造成污染，回收复用亦有一定困难。

（2）非生产性用水

非生产性用水主要为冲洗用水、消防用水、生活用水等。在对设备进行清洗、除垢、维修等作业时，在水溶性物料发生泄漏时，都需要用大量的水进行冲洗。发生火警时，则需用水进行灭火、降温。非生产性用水的特点是使用不连续、用量不定，用后一般直接进入地沟排放并带有污染，其污染物的组成亦不稳定。

9.3.5.2 顺丁橡胶生产中节水减污措施

（1）采用节水工艺和设备

在缺水地区顺丁橡胶生产厂家采用需水量较少的工艺和设备。如采用空冷器，则可将这部分水节约下来。

空气冷却器是以空气作为冷却剂的换热器，对缺水地区是很适用的。但由于它存在空气侧给热系数低、噪声大、设备庞大等缺点，其应用受到限制。随着水资源的日益短缺、强化传热技术的改进，以及在材料、设备结构形式方面的进步，提倡在缺水地区推广使用空气冷却器。

（2）回收蒸汽冷凝水

间接蒸汽冷凝水高温、洁净，将它回收重新作为锅炉给水不但可以节能、节约水处理费用，而且从其数量上看，也是一项重要的节水措施，目前已有许多单位在这方面有了重大突破。

（3）少排或零排

顺丁橡胶生产所排污水主要为工艺用水和非生产性用水。在目前的技术条件下，还不能十分满意地解决污染问题，应提高工人的操作水平，加强对设备的维护，尽量减少因泄漏等意外事故造成的不必要污染和耗水。这样，从原理上说，可以做到“少排放”甚至“零排放”，即少向或不向环境中排放废水和污染物，只需补充少量蒸发和漏失等消耗掉的水分即可长期继续生产下去。当然，由此而引起的给排水管网复杂化、设备投资增加和操作难度提高等问题，应结合当地水资源状况、技术经济条件等统一解决。

（4）加强用水管理

要实现节水减污，科学管理是必不可少的。实践证明，凡是有健全的用水计量、分配、考核制度的工厂，节水程度一定高；那些没有用水制度的单位，浪费一定是惊人的。因此，顺丁橡胶生产厂家必须坚决贯彻实施国家有关法规，做到加强用水管理、合理利用水资源、挖掘节水潜力、发挥水资源的综合经济效益。

参 考 文 献

[1] 中国石油和石化工程研究会．合成橡胶[M]．北京：中国石化出版社．2000.

[2] 于清溪．橡胶原材料手册[M]．2 版．北京：化学工业出版社．2003.

[3] 杨清芝．现代橡胶工艺学[M]．北京：中国石化出版社．2004.

[4] 朱偶夫，李世英．合成橡胶工艺学[M]．北京：中国石化出版社．1992.

[5] 刘连海．化学世界[J]．2002，（增刊）：26-28.

[6] 王作龄．最新橡胶工艺原理[M]．世界橡胶工业．2003.

[7] 张旭之，马润宇．碳四碳五烯烃工学[M]．北京：化学工业出版社．1998.

[8] 黄健．合成橡胶工业[J]．1999，22(1)：1-4.

[9] 张晓琳．化学工程师[J]．2001，83(2)：28-29.

[10] 朱寒．窄分子量分布超高顺式稀土顺丁橡胶的合成与性能[J]．合成橡胶工业，2018，41(2)：7.

[11] 崔小明．我国稀土顺丁橡胶生产技术进展及市场前景[J]．上海化工，2016，41(2)：21-26.

[12] 杨慧，翁国文．橡胶生胶与助剂问答[M]．北京：化学工业出版社．2019.

[13] 龚光碧．合成橡胶技术[M]．北京：石油工业出版社．2022.